中国城市规划学会乡村规划与建设学术委员会学术成果

2015 年 乡村发展与乡村规划
学术研讨会报告及乡村规划实践案例

中国城市规划学会乡村规划与建设学术委员会

同济大学建筑与城市规划学院　　编

上海同济城市规划设计研究院

U0248142

中国建筑工业出版社

图书在版编目（CIP）数据

2015 年乡村发展与乡村规划学术研讨会报告及乡村规划实践案例／中国城市规划学会乡村规划与建设学术委员会，同济大学建筑与城市规划学院，上海同济城市规划设计研究院编 . —北京：中国建筑工业出版社，2016.12
ISBN 978-7-112-20173-0

Ⅰ. ① 2… Ⅱ. ① 中… ② 同… ③ 上… Ⅲ. ① 乡村规划－案例－中国－2015
Ⅳ. ① TU982.29

中国版本图书馆CIP数据核字（2016）第295765号

责任编辑：杨　虹
责任校对：王宇枢　赵　颖

2015 年乡村发展与乡村规划学术研讨会报告及乡村规划实践案例
中国城市规划学会乡村规划与建设学术委员会
同 济 大 学 建 筑 与 城 市 规 划 学 院　编
上 海 同 济 城 市 规 划 设 计 研 究 院
*
中国建筑工业出版社出版、发行（北京海淀三里河路9号）
各地新华书店、建筑书店经销
北 京 嘉 泰 利 德 公 司 制 版
北京画中画印刷有限公司印刷
*
开本：880×1230毫米　1/16　印张：15³/₄　字数：500千字
2016年12月第一版　2016年12月第一次印刷
定价：**98.00**元
ISBN 978-7-112-20173-0
　　　　（29664）

序

伴随着中国快速的城镇化进程，经济发展和城市建设日新月异，也深刻地影响着乡村地区的发展。传统的乡村自然及历史人文环境受到冲击，社会、经济问题日益突出，对乡村地区的长期稳定发展形成严峻的挑战。新时代的乡村规划事业发展，必须直面乡村地区发展所面临的现实问题，承担引领乡村地区健康发展的历史使命。

为此，中国城市规划学会正式成立乡村规划与建设学术委员会，并与同济大学、金经昌城市规划教育基金联合举办"乡村发展与乡村规划学术研讨会"，同时举办"乡村规划实践案例展"，共同交流乡村规划在面对乡村研究方法、乡村规划策略和乡村社会治理方面的经验。

面向实践是乡村规划的重要特点，也是乡村规划工作逐步走向成熟的关键一环。我国地域广阔，乡村问题差异性大，加强实践领域的交流是举办此次"乡村规划实践案例展"的主要目的。本次展览得到各方的大力支持，参加单位来自全国各地，覆盖全国 18 个省、直辖市、自治区和地区共 49 家单位，包括设计单位、研究机构、高校和政府部门，展出 95 个乡村规划实践项目。为了更好地促进交流，特将参加展览的实践项目编辑出版。在此向所有致力于乡村发展与建设的工作者致以敬意，衷心希望中国的乡村发展走向更加美好的未来。

编者

2015 年 3 月

编委会

目录

乡村发展与乡村规划论坛主旨报告

乡村发展与乡村规划论坛分论坛报告

分论坛一：乡村研究方法

分论坛二：乡村规划策略

分论坛三：乡村社会治理

乡村发展与乡村规划论坛

主旨报告

沈关宝 · 戴星翼 · 李京生 · 阮仪三

小城镇研究与新型城镇化

沈关宝 | 上海大学教授
中国城市规划学会乡村规划与建设学术委员会顾问委员

各位专家，各位同学大家上午好。我本人虽然在 1980 年代跟随我的导师费孝通先生在江苏吴江的一个乡村做了为期 6 年的实地研究，但是尽管如此我觉得跟在座研究乡村规划和乡村建设的专家相比，我还是知之甚少。所以，我想把有限的时间留给比我更有造诣的专家，我这里想主要讲 1980 年代我们所进行的小城镇研究以及当前的城镇化两者之间究竟有什么样的组织的相同。

一、小城镇一文的强烈反响

先让我们回顾一下 1980 年代，我跟随费孝通教授做的小城镇研究。当时是 1983 年，我的导师发表了一篇在学术界非常有影响的学术论文《小城镇大问题》，这篇论文引起了很大的影响，不仅在学术界就连当时中共中央总书记胡耀邦也对此做了批示，他正在思考乡村问题，正在思考中国的城市化问题。他觉得全党从中央到地方对这个认识不够深，他觉得费先生的这篇论文对这方面起到了理论的引导和时间的指导作用。当时在中央的各个部门，这篇论文也引起了一定的反响，比如，杜润生认为这篇论文是从实践中挖掘了材料，从生活中捕捉了新鲜的信息，是一篇难得的好文章，当时他还写了一个序言。

为什么这篇论文有这么巨大的影响？我觉得最关键是抓住了当时中国经济发展和社会发展的关键问题。而这个关键问题在实践中是由民众创造了丰富的经验，而这个丰富的经验在江苏看得很清楚，我们东部的农民、江苏的农民创造了伟大的业绩，用乡镇企业支撑了江苏的半壁江山。同时小平同志对中国农民起家的乡镇企业，也有了新的认识，他提出这是一股巨大的经济力量，是"异军突起"，异军表示非国营的。大家都知道"苏南模式"和"温州模式"在我导师的总结下，不断推向新的发展阶段。这篇论文对于中国社会主义市场经济的确立打响了"第一炮"，是学术的论文又是全国人民经验的总结，所以才会有这么巨大的影响。

二、小城镇一文的主题

这篇论文到底在讲什么呢？因为时间有限，我只好简单地提一下。第一个提出来的是导师一贯倡导的乡村工业化，这个乡村工业化在费先生的眼里，他认为这是从我们中国的历史和我国长期以来乡村的经济结构里突发出来的新的工业化路子。所谓新的工业化路子，大家都知道在我国的历史上，很长一段时间，可能有几千年我们都是用家庭的这样一个外壳包裹着家庭的农副业，这个副业有时候的表现是男耕女织，是家庭工业，我们中国的经济结构是由家庭的农业和工业混合在一起发展的。

我的博士论文写过"中国的牛郎织女的神话可能不仅仅是对绵绵情爱的认同，而是中国社会经济结构的一个真实的写照"，这是一个重点，我不展开。

第二个问题是人口城镇化。人口城镇化是伴随工业化必然产生的一个现象，而这个现象在我们国家走得很艰难。我的导师提出能否让乡村企业的工业发展起来，从事乡村企业的工人就地城镇化，进入到当时我国有5万多个小城镇的城镇里去，这样就可以加速城市化的进程。经济市场化和功能视角的研究方法我就略去不讲了。

三、小城镇一文的来龙去脉

我们再来看，我们的这篇论文到底是怎么来的，讲一点有趣的事对于年轻人来说可能更有益。在纪念这篇论文发表30周年的会上，李培林副院长问我一个问题，他说这个论文是不是在江苏一次讲话上形成的，我回答说既是又不是。所谓的是指的是那篇文章里面的主要问题都是费先生在江苏小城镇研究的研讨会上提出来的；我说的不是，是指这篇论文是经过导师牵头，一批年轻人经历了两年的研究写成的。

我们这样的研究指出的问题跟当前我国新型城镇化到底有什么关系？特别是跟农村的城市化、农村的建设、农村的发展究竟有什么关系？我个人认为这次党中央提出的新型城镇化不仅仅是规模的扩张，不仅仅是人口的增多，更实质性的内涵是人的现代化，这一点跟我们当年的研究是一致的，我们研究乡村工业化是让中国的农村富裕起来，我们研究人口的城镇化是希望通过这样的过程，使得中国的民众进入发达状态，所以这一点是互通的。

四、当前新型城镇化及其问题

我个人认为当前我国的城镇化有三个阶段，人口增长要关注到三个群体。

1984年所谓的城镇化率大概是47%，到今天大概是54%。每天都有村庄在消失，我们的村庄从最初2002年的360万，到2012年的270万，10年我们减少了90万个村庄。这样的一个快速发展的过程当中，我们很多人都被纳入城镇人口，但是，是不是真正的城镇化呢？我在重庆和四川走了两条小街，和当地百姓聊天，他们土地被征用了，一条小街有23个麻将桌，我说你们的钱用完了怎么办，他说到时候再说。

中国的实地农民据我研究的结论是1.1个亿，请大家注意是1.1个亿，这1.1个亿标志着这部分农民再也不可逆，不像城市搞坏了可以躲到乡下依靠土地生活，是不可逆的。这三大群体实际上构成我们三个阶段，第一个阶段小城镇复苏，第二个阶段城市扩张，有2.4个亿的农民进城打工，既不是城市人口，也不是乡村人口，农二代也是不可逆的，这样的人口是2.4个亿，亦工亦农的人口0.8个亿，实地农民1.1个亿，三个数字加起来4个亿，加上改革开放这个时期我们城镇人口3个多亿，正好是城镇化率54%，可是他们现实的境况到底如何呢？这几年我们做了很多的研究，希望以后有机会的话再跟大家做深入交流。

我个人认为从社会学的角度来看，中国目前的乡镇发展也好，城市化也好，政治和社会发展也好，我们有三个大问题需要解决。第一个大问题就是我刚才说的，这么巨大的人口即4亿多人真正的市民化问题。上海为什么是全国最规矩的地方，是经过了那么多年的训练，我们这样的三类人口的市民化究竟能不能落到实处这是一个拉开问题。第二个是最大的问题，目前不管是城市建设还是乡村建设，就是一个公共产品的均等化问题，这个牵扯到我们整个的政策安排，而政策安排现在正有苗头，这个苗头实现起来非常困难，因为地区间的不均衡，带来的问题是地区化的，原先的城乡的两元结构，转变为不均衡的多元结构，均等化的问题是最核心的问题。第三个问题跟这里的讨论可能也有关，就是怎样考虑城乡一体化问题，我们的会议正在朝着这个方向努力，在考虑乡村规划和建设的问题，我祝愿有这方面能力的专家，可以提出更好的意见让我们整个国家发展得更好一些，谢谢大家。

（原文登载于中国城市规划学会官方网站，速记稿整理，未经专家本人审核）

新型城镇化背景下的乡村环境治理

戴星翼 | 复旦大学教授
中国城市规划学会乡村规划与建设学术委员会顾问委员

总的来说，城镇化对农村的环境、对农村意味着什么？第一，我认为城镇化最大的影响就是农村的空心化，空心化问题需要综合治理，给我们农村带来了一系列问题。第二，我们之所以要城镇化是因为城镇与农村相比城镇的效率更高，是效率推动着我们的城镇化，既然如此我们的这种效率就应该表现在各个方面，所以城镇化必然是节约土地的。我们的城镇却不断地吞噬我们的土地，我们可以这样讲这种潜力没有被释放出来。第三，随着城市人口比重的增加，城市反哺农村，工业反哺农业的力度，从国际上的经验来看会不断地加大。其实很简单，以前在城镇化20%的时候，两个城里人支持八个农村人，如果反过来力度就非常强。

第一个关键词"反哺自然"

改革开放以来，不客气地说我们对国土资源的开发利用是掠夺式的，它使得我们整个国土资源我们的大地母亲自然生产力下降，发生了普遍的土地退化，这一点我们无可否认。比如说内蒙古大草原，从纬度、降雨、海拔等各个方面讲，其实我们内蒙古大草原跟阿根廷的潘帕斯草原非常接近，但是单位面积的产出只有人家的二十分之一，这是为什么？总的来说，这就表明我们的国土承载力出现了严重的下降。我们都懂"天苍苍，野茫茫、风吹草低见牛羊"。这里讲的是一种类型的草原叫草甸草原，现在草甸草原基本上已经从我们国家消失了。大家夏天去旅游的话看到满目苍翠确实感到心旷神怡，但是对不起仔细一看那只是一层草皮。这就意味着我们不仅需要对农村反哺，还需要对祖国的大地进行反哺。

城镇化占有的土地总是最好的土地，这两个方面导致我们国家希望对我们的国土资源系统进行全面的反哺，要大投入。比如说，依然是草原，我们要更换草种，可能要像国外一样铺设节水灌溉体系，正如此类把我们整个草原产出提高10倍，我们粮食安全问题可以说基本上没有问题了，中国不要说承载15亿人就算承载30亿的人也没有问题。

第二个关键词"空间重构"

首先，大量的农村现在是空心化了，空心化严重的地方，我曾经看到过有一个一千几百人的村庄，人去楼空，房倒屋塌几乎变成自然保护区了，野猪在里面进进出出，变成了野猪的乐园。村委会还有，但村委会的牌子挂到城里面去，而政府下达的任务还要完成。这个例子当然是极端的，但是在大量的农村中年轻人基本上跑光了，这是不可辩驳的事实。由此还有几个问题，我们需要做几件事情，第一刚刚已经讲了要释放因为城镇化产生的土地节约潜力，这块我相信我们规划界应该大有可为。

第二，我们需要整合农田、水系、森林以及各种生态要素跟人工建成的人工林、绿化等方面，整合成一个完整的体系。让它更好地为城市服务，构建为城市服务的生态服务体系，这一条对于像以上海为中心的长三角城市群这样的地区，应该说意义尤其重大。长期以来，乡镇企业，我认为肯定起到了非常重大的作用，甚至在我们国家一段时期内起到了决定性的作用，也由此造成了很多问题。比如，我们打开上海地图，我们看到所谓的农村都破碎化了，斑斑驳驳到处都是工业区。这么小的地方光是正规的工业区就有 104 块，把我们的农村割裂了、破碎化了。我们能够享受到的各种生态服务其实也已经严重退化了。

有人问我上海的生态恢复到怎样才算满意，我希望春天可以让小朋友看到小蝌蚪，夏天可以看到大片大片的萤火虫，在座的年轻人们你们看到过吗？我相信你们不一定看到过。什么时候你们把这些东西重新召唤回来，让他重新来到我们的家园，这个时候我们的生态服务体系就应该算是完整的。说老实话实现这个指标真是任重道远。

第三，我们需要重构镇村体系，提高公共服务的效率，吸引商业进入，提高农村的经济活力。这包括三个方面：一个公共服务体系，我们的生产服务、生活服务、环境设施、生活设施、文化站、医疗室、村里面的小学，随着我们农村的空心化已经失去了效率。由于农村都是老人小孩，商业化服务不愿意进来，这是一种恶性循环的过程。由于缺乏活力，这些因素全部跑掉了，由于跑掉了就更缺乏活力，也导致农村除了农业之外产生不了更多的经济机会，这样的问题严厉的拷问了我们。

在这个问题上我们可能要仿效日本，我们的村庄应该不断的拼起来，但是怎样做呢？是不是像国家某些地区一样，某些人大手一挥我们就重整山河，可能一年之间我们就消灭了很多农村，这个是不是正确的，值得我们总结。因为这种以城市为模板的新农村的建设或者并存，极有可能导致消灭农村的个性，消灭农村的多样性，消灭农村传统，消灭农村文化，最后留给我们的就是白茫茫一片大地，这个问题我们不得不认真的考虑。

第三个关键词"省力化"

农村的空心化意味着人口的减少，意味着劳动力价格的提高，在男耕女织的传统社会，人的劳动时间是不值钱的。一直到 1990 年代我到湖南去访问，当地有一个副业，就是搓鞭炮的纸卷，做 100 个可以得到 1 分钱，做一万个可以得到 1 元钱，这个事情听起来非常荒谬，但是那个村每个家庭都在干，说明劳动力不值钱，但是这些年来随着农民大军的进城打工，农民知道了我们的时间是值钱的，我干什么事情的时候都有一个引申价值。比如，到城里打散工一天是 200 块钱，这样就有参照了，在这种情况下，原来在农村大量干的活不再愿意干了，这就导致了非常多的问题。比如，秸秆的焚烧问题，为什么农村喜欢一烧了之，因为其他的方式更为麻烦，更为消耗时间、消耗体力。我们不能仅仅谴责农民这样干增加 PM2.5，甚至还开着警车跑下去执法。你说农民不应该这么干，就必须要有一个不这么干的方式，要有一个有效的替代路径。所谓的替代路径就是要有这样一种方式，是农民愿意选择的。比如沼气，我们国家每年要建几百万座户用沼气的沼气池，但是不过一年就全部废弃，因为沼渣和沼液非常麻烦，特别是对老年人来说根本没有办法。还有养殖业的废弃肥，如果不用养殖业大量的废弃物，就会污染环境。对于这一问题，我们上海是有一个认识过程的，开始的时候希望农民欢天喜地开着拖拉机去买，400 多块钱一吨，一吨的肥效只有化肥的几十分之一，结果农民不愿意。1990 年代初的时候，一共建了 20 多座堆肥厂，但是之后全部关闭了，农民不愿意，后来要补贴 25 块钱一吨，我们想想现在该可以用了吧，可农民还是不愿意用，因为一份化肥的效力等同于几十份有机肥的效力，消耗钱不算，最重要的是消耗时间。最后是我们乡镇每年都接到任务，政府掏钱把肥料买来，送到农民的田头你总该用了吧，农民虽然用了但是嘴里嘀咕还是不愿意用。省力化现在已经重要到何种程度？怎么做到省力化就是设施化，我们需要关注以尽可能的成本来实现我们农村环境保护的目标，不管是生活污水、生活垃圾、农业的废弃物、各式各样的废弃物都要推动设施化。但是这个设施化有一个基本的背景，其前提就是我们要有适当的规模，我们的村落应该有规模的，否则建这些设施又会变得无效。

第四个关键词"家园"

我们现在无论是学术界还是政府在帮助农村时，往往抱着一种救世主的态度出现在人们的面前。新农村建设其实绝大多数的村都是让农村袖手旁观，政府在那里为人民群众办好事，办实事，这是社会主义的新农村吗？社会主义新农村的核心不应该是硬件，不是我们投入多少，而是要让农村群众真心把自己的村当做自己的家园。这听上去很荒谬，但是我们过去做的调查表明农民确实没有把自己生活的地方当作自己的家园。

我们需要建设强有力的基层组织，要能让党员和党团员干部，带领群众去建设家园。从思想上，我们不一定要求我们的农村要怎样怎样，但是要培养、培育村民的家园观、归属感，要以生活在这个地方感到自豪，我认为这样我们的新农村建设才算是成功了。因为我也来自农村，至少我们那个时候农村是那个样子，如果你家门前有杂草，这一家人要被人家笑话，到你家的路不平你要被人家笑话，如果进了你家门你家里没有擦干净，你家的女主人要被笑话，这个做到了我们才可以称之为社会主义新农村。同时把农村打扫干净，装扮的美丽会给农村带来新的基础。

其实我们农村过往总是试图生产某种产品，不管是工业品还是农产品，以后可能所有的农村都会向服务经济转型。

第五个关键词"食品安全"

小农经济条件下，食品安全很难做到。我们知道农民是朴实的，是好的。但是农村也有农村的问题。我们需要重组生产方式，强化农业生产的组织化程度。

解决这个问题是两个系统：第一个是基础服务体系，让农民怎么干，对农民有好处的，像日本那样多少个农户有一个政府出钱的指导员告诉人们怎么干。第二个是农业生产资料必须实现管制，甚至垄断，这块绝对不应该市场化，做到这两块我们才能在城市建设一个让人们安全的食品安全体系。

（原文登载于中国城市规划学会官方网站，速记稿整理，未经专家本人审核）

乡村空间的解读

李京生 | 同济大学教授
中国城市规划学会乡村规划与建设学术委员会顾问委员

　　大家好，我想借这个机会把我们研究的一些进展给大家汇报一下。我们同济乡村规划这门课，独立出来设置是在 3 年前。但事实上，通过渗透在城市社会学课程、研究生讲座里面，20 年来我们一直在探讨这个课题。

　　我今天试图讲一些我所发现的问题，尽可能通过城市规划、空间演变的角度谈谈个人的想法。从学术上讲，旧村新村跟旧城新城是一个概念，在一个村上往往有这两种不同的形态。旧村指工业化之前的村庄，村民如果没有在城里落户的可能性，旧村的村庄空间会不断蔓延。最早是按照姓氏家族蔓延，大概是 25 年可以盖一栋房子，新生代要结婚形成一种过渡。现在有一些根据城市规划标准、宅基地用地和建筑面积标准来规划、建设的新村，在很多村庄实现了，有的地方尽管很美但是是空心化的。有的村庄大搞旅游，有的村庄利用自然遗产和文化遗产，比如大量的梯田，宣称是祖祖辈辈形成的，事实上都是在新中国成立之后建设的。

　　我想借用 4 个 W 给大家分析一下。我们做规划的人更关注的是怎么做（HOW），但我觉得需要从头梳理一下。我们首先要知道乡村是什么（WHAT）？为什么要保留它？有什么功能？乡村规划是什么？第二是为什么要做乡村规划（WHY）？很多人觉得很困惑，认为是不是不需要做？第三还有谁来做（WHO）？给谁做？现在很多乡村规划说的不客气就是给领导做，搞一个样本出来。最后是怎么做（HOW）？这 4 个 W 是一个完整的体系，明确的共识非常重要。

一、乡村是什么

　　简单说一下乡村的定义。乡村主要是相对城市来说，人口比较分散的地方，也是农业为主要生活来源的地方，这个特征随着城镇化的进程会改变。另外，乡村的主要功能是为人类生存提供基础的服务，没有农业的话人类生存就会受到困扰。乡村的特点是主要依靠自然规律组织生产活动，如日照、风等因素，同时由血缘、地缘和业缘结成社区。关于乡村的类型，很难按照新建、改建和拆建来划分，还是应该以农村、山村、渔村、牧区等产业来分，可以清楚体现空间类型。从城乡划分的依据来看，我们国家系统的行政辖区、土地制度和户籍制度，也给了乡村具体的定义。建设密度方面，我们通常用区域面积是否超过一平方公里来判断是否是城市，还有很多国家将区域人口密度每平方公里在一万人以上的地区叫做城市。在我们国家，很多人生活在农村而是城市户口，有的农民工生活在城市，要根据具体情况去识别城乡边界。

二、乡村空间构成的特点

　　关于乡村空间构成的特点，第一是自然性，最原始的乡村往往充分利用自然的生态系统服务，形

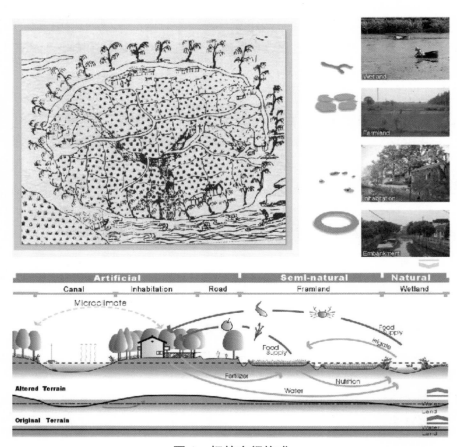

图 1 圩的空间构成

成适宜人居的环境，比如利用坡度朝向采用自然做法，形成小气候；第二是明确的领域性，乡村由强烈的血缘和地缘关系构成，虽然内部有动态变化，但是基本上是稳定的，有明确的界限；第三是复合性，生产生活空间是叠加和重构的，很难清楚区分开来。

长三角区域以前都是冲积平原，由海潮冲击形成。当地村民最早在地里面围出一个土圩（wei）子进行开垦，这样形成的空间形态被称为"圩"，由堤、宅、田、塘四要素构成。第一要注意堤坝，这个堤坝就是在海平面上挖一条沟作为运河，挖了一条沟等于修了一条路，土堆起来成为堤坝，村庄就很难淹没到。第二要注意塘，当暴雨降临的时候，很多水必须存起来用于灌溉，退水的时候闸门打开，流到道路附近的河里面去。从剖面看，圩有一个坡度，生产的实物、生活废弃的食品和资料可以还田，最后到鱼池，而鱼池和农田则提供源源不断的粮食，形成一个物质资料的循环。河道两边种树抗风，尤其是抵抗较严重的西北风，南边种一些落叶树。这样的空间要素布局在小区域里面形成一个自我循环的小环境，整个看起来像设计比较精密的设备，体现了高效利用能源、节省资源、省时省力的设计原理，这个格局一直沿用到现在。另外，独立的社区之间会产生联动，当一个圩区的水很多，就需把多余的水排到社区共通的湖里面去，社区之间就产生联动。

由圩所提炼的基本尺度的空间单位大概是东西长一公里左右，以中心 500m 为半径的这样一个地区。利用自然的排水坡度将水排到中间，每个自然村落大概 30 到 40 户。

和南方散布的村庄不同，北方的村庄就相对比较集中，因为北方不是水田是旱作，地块能够有雨水灌溉的时间比较短，作物生长仅 1 季到 2 季，又面临游牧民族不断的侵扰，需要集中起来保护自己和参与竞争。

以贵州为例，贵州很多群落根据历史研究是保留上古文化最多的地方，当时皇帝和蚩尤大战的时候，蚩尤跑到贵州去，很多民俗保留到现在。这些聚落的选址充满智慧、安全、土地肥美、小气候较

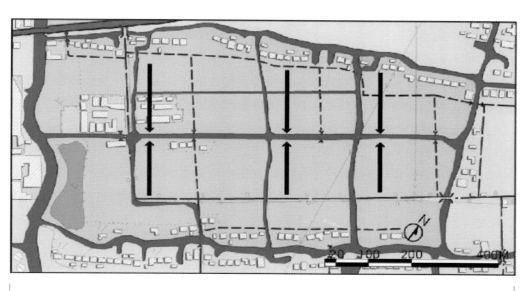

图 2　圩的基本尺度空间单位

好。山区因为气候原因往往缺水，传统村庄里的水塘承担了调蓄洪的重要作用，我们现在的乡村消防体系应该结合这些东西来做。这些村庄建在每个小山头上，下面是容易被雨水冲刷的区域。一个家族可能就占领这么一个系统，有一块耕作的田，家族的领域非常清楚。

三、乡村空间的演变

接下来是关于乡村空间的演变。以人民公社和上海虹桥地区的演变过程为例。我们发现人民公社现在已经变成了现代集团农业、规模农业和都市农业，形成了新的空间格局。上海虹桥地区现在已经变成开发区，所有的工业都已经和水脱节了，逐渐城市化了。乡村原始的、利用自然的空间肌理是有相互联系的，当用类似的方法分析城市的时候，是非常有意义的。我特别喜欢把城市和乡村两者联系起来看有什么意义，特别强调乡村的价值。

在工业化之后，乡村的价值已经被人看得越来越低，但乡村其实拥有重要的价值。第一，乡村对地球环境有好处。乡村虽然不是一个完全的自然环境，而是伴随人工雕琢的过程，但乡村带有强烈的自然属性，因此，其对地球环境的改善，对可持续发展、整体生活质量的提高有好处；第二，乡村对国家安全有好处，包括生态安全、粮食安全和食品安全；第三，乡村是我们的精神家园，承载着我们永久的文化，我们在经过战争、倒退和各种新事件之后，不论怎么样我们的农业是丢不掉的，你可以没有电视机但是不能不吃饭；最后，乡村还有很重要的科学价值。通过研究乡村怎么演变到城市，发现城市的很多问题再返回来联系乡村，是城市研究的源泉之一。我在做生态研究的时候，用了乡村的概念，虽然尺度不同，但是基本的原理比如从资源利用的角度、从社会文化的角度仍然是有效的，单纯在城市调研里面你是发现不了这样的问题，很多想法需要互相启发。

四、乡村规划的意义

最后，我认为要回到乡村规划的原点，乡村应该有类型之分。第一种类型是要发展经济的乡村，大量的乡村规划都是产业发展为主的，还有政府环境整治和遗产保护两种类型，但如果没有社会经济尤其是没有农业的支持，搞不了另外两种类型。所以，我们可能需要三种类型同时做。此外，规划应该社会、资产、空间三位一体，因为这三者是交织在一起的。一个农民可以是农民，也可以是工人、商人、军人等，农民的身份是多重的。社会规划方面，人的现代化、公共环境建设、社区发展、扩大城乡交往很重要，我们的精神家园非常重要。农民不愿意待在农村，国家投资农村建的很好、设施配的很好，可能也无济于事；资产规划方面，资源管理是很重要的，不能把已有的东西用低价出让出去，还要和产业发展、资产的保护和经营、建设资金与政府补贴联系在一起，很多农民是有创意的，搞设施农业的时候有的人知道政府的政策可以先搞，之后就有政府的补贴，农村、农业没有补贴是不行的，补贴要有理，这些都是规划要考虑的；空间规划方面，生产生活空间的统筹、居住环境的改善和景观生态系统的维护这三个东西怎么整合在一起，的确是我们需要研究的课题，研究必须对现有的空间现状进行深刻的解读。我就讲这么多，谢谢各位。

（原文登载于中国城市规划学会官方网站，速记稿整理，未经专家本人审核）

乡土中国——智慧之道与今日困境

阮仪三 | 同济大学教授

很多老的乡村给我们很多的智慧，我所担心的就是：智慧是不是大家理解的？是不是大家能够很好地来传承？

乡土中国的智慧之道包括多个方面，如环境的艺术、营造的技艺、生态的科学和文明礼仪都是乡土中国应该具备的内容，这是我们生存的智慧、建造的技艺、社会的伦理、审美意识，是民族文明成果最丰富最集中的载体。我们中国的传统里面蕴含着中华文化的基因，在世界建筑中独具一格。我们山西民居一家一户整体性非常强，每家每户形成一种家庭的气氛，大家对此所形成的中华文明的基因内容是不是理解呢？

一、乡土中国与智慧之道

我们地大物博，各地民居风格迥异，一套邮票展现了全国各地各种各样的民居，无论从北方到南方还是到台湾都有他自己独特的中华民族共生共融的特点：因地制宜、"天人合一"、和谐共生的理念。拿江南水乡来讲，人家问我你做那么多水乡我看都差不多，都是小桥流水人家，我说错了，你不会看。这些水乡的特点是什么？周庄你去看水巷，你到乌镇就应该想到一首唐诗，家家都整合，都是水阁房；到同里家家都有花园，到了西塘都是廊子围起来，廊子围起来的还有不一样的。在那个时候，水乡的人们建造这些房子的时候考虑到一个公德心，所有的江南水乡的桥正面反面都有对联，对联都是写景、写情、写捐献的，这些都是很重要的文化承载的内容，是我们中国民间文化素养和生活的艺术。

因借自然，自我调节的生态的水环境。水塘汇水、水巷引水、水上交通、水上贸易、水利灌溉、水乡物产，上游共遵用水公约，下游排灌自我消纳。

我们独具匠心的营造技术，不仅美观更加实用。丽江城里有很多建筑，中间是幕府，它所反映的很重要的内容就是木结构。1997年申报世界遗产的时候，1995年提出来做报告，报告的时候也就是1996年年初发生了里氏7级大地震，7级多厉害啊。对方是中国人，他问唐山地震是几级。他讲唐山启发了我，因为唐山地震我看了，当时有很深刻的印象：所有木结构的房子没有塌。所以我就讲了一句，罗工你看木结构的房子没有塌，砖混的房子全塌了。我当时问丽江的时候，我想应该都是木结构，应该不会造成唐山的损失，果然，现场一看塌的房子不多。你看我们那个时候木结构学得很仔细，要把所有的结构拆下去再安上去，现在没有了，这是中国人几千年来形成的智慧，但是这些智慧我们没有传承。钢筋混凝土的房子要认真建造才不会塌，我觉得技术要传承，尤其是造房子的技艺可以传承可以发展。

"5·12"地震的房子，昭化古城都是木结构，你要找到木头，找到工匠，按照我的规划我就可以修好，这些房子老百姓都不肯拆，违章建筑也不肯拆，他们说我的比例漂亮。"5·12"地震之后，所有老百姓盖的房子百分之百塌掉，我们修的木结构房子百分之百不塌。当时四川省的省委书记来了，看到我说，阮老师好极了，马上拨款1.8个亿，所有坏房子修好了。雅安大地震以后我们调查古镇的房子，当时说房子木结构这么好，这是中国人民智慧的结晶，还有其他的，比如砖石瓦，整个木头房子考虑的关系，所有的顶都是双重的顶。所有的房子很重要的特点，就是反映了很多科学理念，它的防火墙、观音兜墙、水巷、水埠、水缸都考虑到这些因素。昨天记者问我有没有规范，我说规范非常清楚，都有防护，但是问题是我们不去执行、不去做它就烧掉了。各位有时间去翻翻宋代孟元老写的《东京梦华录》，对东京城防火的要求，对专业消防队的职责、人员及灭火器具都做了详细的记载和说明，一旦发生火灾就要留出防火通道，那个时候有严格的防火规范。现在我们都放弃掉了，说木结构保护不够，你不采取措施当然就会烧掉。

我们敬畏天地，尊礼崇文，我们要合理利用天地山川，刚刚谈到古村落的选址都是按照一定的地方形式看的。印象深刻的是1992年我们江南地区大水，我当时就去看了，乌镇、同里所有镇的外面都淹掉了，古镇浮在水上，古镇几百年来选择位置的时候就考虑得非常好。我们现在的城镇不考虑天、地、人的关系，不考虑很重要的自然地理环境，我们现在只考虑到科学性、交通便利。

从城镇来讲，天、地、文、武。城市里面有文庙、有武庙，府是城隍府，衙就是衙门。我们还有土地庙，在现代城市当中我们对于这些的敬畏之心已经没有了。

二、礼仪空间与家庭氛围

我们中国很重要的观念就是中国的传统民居都是合院式。无论北方、南方、山区、平原都是合院式的，象征阖家团聚的意思，这种合院到了大理就变成"三房一照壁"，这种合院到了徽州就是徽州民居。合院式从一开始就强调人的居家礼仪，从你住在这个房子里面开始，就形成这样一个重要的理念。厅堂房屋围起来不仅安全、保暖、隔热、前进后退，而且是中国传统的主尊有序，男女有别，尊老爱幼的礼仪空间。中堂是子女们在这里向父母长辈请安、嘘寒问暖、体现孝道礼仪的场所。还有天井，上通天，下通地，上面通天，做的好事坏事上天知道，不要以为做坏事没有人管。阖家团聚，子女们在这里向父母长辈请安，中国所有的房子，所有的特点都反映了这个。一到江南的祠堂就更加严格，上海的石库门也有这个合院。还有泉，泉是水之源，泉也是钱，汉朝的钱币大泉五十。天井是人们对于天地感恩的反映，同时也是对于家庭、祖宗、资源的认识，合院式的布局也是数千年的，形成了以家庭为核心的观念，这是中国很重要的一个特点。

我们一个个合院连成了里弄、胡同、街巷，这些街巷形成了睦邻友好的邻里关系。这种邻里关系，江南水乡连成了街巷、水巷，每家每户互动的内容就是在这样的环境里，虽然生活很艰苦，但是邻里的关系向来很和美。上海没有一个里弄的老乡亲分别的时候不会抱头痛哭的，这里形成了一种亲情、和睦、恋家、公德、互助的关系。里弄都是不分阶级的，大宅、小宅相连，孩子们都会成群结帮，也就有了青梅竹马、过门亲家……上海现在也有，不过拆掉了。住在里面觉得很安全，旁边都是我的邻居们，"兔子不吃窝边草"，里弄人不欺负的，也绝对不会有人捣蛋，这就是亲情关系形成的良好的社会网络的关系。在苏州、扬州的里弄也一样，不可能出现妈妈去上班家里两个小女孩就饿死掉了，邻里之间完全会照应的。

村庄里面有祠堂、有私塾、有书院，反映了中国传统的耕读文化，呈现了中华儿女孝道、睦邻、爱家、爱乡、有文化、重道德、懂礼仪的民族精神。

乡土文化的消失与蜕变，结束了以乡村型社会为主体的时代，进入了现代城市时代。今天的新城市住房，你看看平面关系，西方过来的教学可以好好研究研究，但实际上就把中国传统的东西扔掉了，只讲究个人空间的舒适、私密和所谓的科学的经济原则，原来中国的那套礼仪呢？你对父母亲的尊重呢？家庭阖家团圆没有了，只有个人的舒适性。小区形成的排排房很现代化，但是哪座房子有100年、200年，（周庄那个老房子可能100年还能留下去）这就不具有人性，不具有恋情。乡愁乡愁是你对故乡的一种愁苦的回忆，无奈的一种心情的反映。乡愁是依附在具体的物质形态上的，物质形态就是现在的这些老房子。不懂礼仪、对父母不亲不孝自然会遭到报复。从全国来讲留着代表性居民建筑的不足 3000 个，这些数字跟几十万相比微乎其微，这些村镇保护的并不好。

商业化当中，我们会出现难以再生的遗产和难以生存的境地。上海的七宝老街，从唐宋元明清以来，颜色都有规定的，不可以有颜色的，有人允许用红颜色吗？这些都有问题。我们重点的保护单位，很多东西都非常危机了，大规模的建设、彻底的改造，拆掉旧房建新房，把亲情、和睦、礼让有序的人文全部都丢弃了，未来的 10 年到 20 年，是中国城镇化快速发展期，成千上万的古村落、古民居不可避免地要面对如何保护的困境。有的村庄看看还有一点点东西，但是基本上是保不住了，我觉得能够保的应该说能保尽保，因为越来越少了。今天像大型宫殿、庙宇、高塔等多列为世遗名录，其价值已为世人公认，但是难做到的就是我们的民居。民居这类建筑，尚未引起人们的重视，或许他们比那些巨厦更可贵。

在建设新房屋、新城镇时有的吸取了苏州古民居的特点，你看小桥流水人家，但是此小桥非彼小桥，白墙黑瓦一看就是现代的建筑。我们希望大家都来吸收我们传统的历史的精华，借今天的氛围创造出既有中国传统特色又满足现代需求的天人合一、人与人和谐相居的文化中国。我们并不是说完全要让大家再去造那些老房子，问题是能不能取得其中的精髓。

（原文登载于中国城市规划学会官方网站，速记稿整理，未经专家本人审核）

乡村发展与乡村规划论坛

分论坛报告

分论坛一：乡村研究方法

分论坛二：乡村规划策略

分论坛三：乡村社会治理

分论坛一：乡村研究方法

主持人：冯长春（北京大学城市与环境学院城市与经济地理系系主任、教授，中国城市规划学会乡村规划与建设
学术委员会副主任委员）

乡村规划是乡村的社会、经济、科技等长期发展的总体部署，乡村规划的研究方法，涉及乡村建设、新型城镇化，城乡一体化的统筹发展等若干方面。本分论坛的报告，主要集中在研究方法及其应用方面，希望通过对这些理论方法和技术、实践方法和创新，及其在不同类型和地区的典型案例研究，来提出问题、思考问题，共同探讨乡村规划和乡村研究方面的理念思路，促进城乡和谐发展。

报告一：规划视角下乡村认知的逻辑与框架
洪亮平　华中科技大学建筑与城市规划学院

从城市规划视角，提出了乡村认知的逻辑与框架。报告指出认知乡村不能仅仅从空间视角出发，还必须从社会学、文化学、乡村地理学、人类生态学以及行政管理学等多学科角度去认知。乡村之于城镇最根本的区别不在于其建成环境的差异，而在于其"乡土性"。中国传统乡村乡土性的核心基础是家庭和土地。改革开放以后，乡村发展所面临的主要问题就是家庭和土地的流动性加强，甚至是解体。因而，从家庭和土地衍生出来乡土性的关系来认识乡村，才能认识到乡村的本质。我们必须认识到乡村发展与建设的相关法规和制度仍不完善。首先，《宪法》所赋予村民自治的权力在实际农村土地管理和村庄规划管理中没有得到落实。其次，现有以国有土地为对象的自上而下的城乡规划体系和以农村集体土地为对象的自下而上的乡村规划体系之间存在冲突。我们必须要构建多学科视野的乡村认知框架。从规划视角出发，总体上乡村认知应涵盖乡村地理与建成环境、乡村经济与产业、乡村社会、乡村文化四大基本领域。因而，乡村建设需要多学科的视野，多学科的方法，多学科的研究队伍相互交叉、相互交流。

报告二：都市边缘区农村社会经济变迁及农地规模化经营问卷调查方法
陈世栋　中山大学地理科学与规划学院

报告采用问卷调查方法重点研究了都市边缘区农村社会经济变迁及农地规模化经营问题。该报告基于农地产权改革，以实证分析的方法研究探索了都市边缘区农村社会经济变迁的趋势。作者以广州白云区北部为研究案例，以三镇 97 个行政村共 1088 个村小组（经济社）为调查对象，采取问卷全覆盖和重点访谈的方式进行调查，并分析得出了几个主要的结论：第一，在快速城市化带来大量外部机

会下，都市边缘区农村总体上已经实现了收入非农化，农产品的非粮化趋势也十分明显。农地也成为了农民的财产性收入来源，农地的资本化功能得到加强，技术及资本对劳动的替代在农业生产中逐渐加强；第二，地权分散的状态依然在持续，农业生产组织化和专业化程度不高，收入非农化为农地规模化经营创造了客观条件，但仍需有效的制度供给作为配合；第三，农地大规模流转、农业专业合作社及农业龙头企业空间分布具有一致性，同时三者存在数量上的相关性。

报告三：基于价值提升的严寒地区村镇庭院优化策略
王翼飞　哈尔滨工业大学建筑学院

报告基于价值提升的严寒地区，提出了村镇庭院优化的若干策略。通过对严寒地区黑、吉、辽三省，以及内蒙古自治区的村庄庭院进行大量调研，报告认为庭院对于严寒地区的村镇居民具有重要价值，其具体价值包括社会价值、经济价值、生活价值和文化价值等四个方面。同时指出，目前庭院空间存在着农机与汽车保有量增加而带来的停放空间不足，以及老龄化带来的空间环境缺少适老化应对等两大问题。基于存在的问题，作者对严寒地区的庭院提出了一系列的价值提升策略。

报告四：乡村产业与乡村景观的关系研究——以贵州省松桃县乌罗镇桃花源村为例
李京生　同济大学建筑与城市规划学院

报告以贵州省松桃县乌罗镇桃花源村为例，研究了乡村产业与乡村景观的关系。其研究的目的是通过对乡村产业和乡村景观两者之间的关系研究，阐明乡村景观在乡村产业发展过程中的重要作用。乡村产业和乡村景观都是由"需求"和"资源"这两个要素共同决定。其中"需求"决定了产业和景观的组成结构，"资源"决定了产业和景观的地域特异性。"乡村景观"、"乡村产业"、"地域性资源"、"需求"这四者之间存在相互密切关联的循环系统。乡村产业升级的实质，是需求变化的驱动下资源利用方式的变化。产业升级后带来乡村景观的变化，而乡村景观又反作用于产业发展。特别是随着乡村旅游业的发展，乡村景观变为了一种地域性资源，乡村景观在原有的循环系统中扮演了双重角色。

报告五：农村发展差异及影响因素——基于佛山市高明区的案例研究
林楚阳　同济大学建筑与城市规划学院

以佛山市高明区的案例为研究对象，研究了农村发展差异及影响因素。作者选取佛山市高明区的

53 个行政村作为调查对象，对其中 48 个行政村的村干部和村民做了访谈，完成了 44 个村合计 353 份面对面的问卷，通过分析得出结论。方案将农村划分为城边村、平原近郊村和山区远郊村等五个类型。规划研究发现目前村庄存在的一些共性：①人口方面，老龄化较为严重，房屋空置率较高；②经济方面，集体经济主要依靠租地；③设施和公共服务方面，教育设施经过撤并，幼儿园和小学基本集中在镇区，医疗设施和养老设施建设较为落后，供水、电力等市政设施建设较好，污水系统建设比较落后。从农村发展的差异性来看：①人口结构上，城边村和平原近郊村外来人口达到 56%，而山区外来人口相对较少，只有 9.5%，留守人口具有很强的乡土情结；②经济收入上，平原近郊村和城边村的集体收入较多，山区村集体收入相对较少；③设施和公共服务建设上，山区村比平原村相对落后，平原村和城边村可承担村民全部的医疗保险费用，而山区村需要村民自己支付一半的费用。通过分析现有村庄发展差异的原因，作者认为空间区位、工业发展、征地情况、地形特征及资源条件是造成农村发展产生差异的重要因素。这些因素相互交织，相互影响，最终通过影响集体土地使用的情况来影响农村的经济收入，进而影响农村的发展。

报告六：洞庭湖区村民退田还湖的社会成本研究——以岳阳市君山区钱粮湖镇三个典型安置点为例

莫正玺　湖南大学建筑学院

以岳阳市君山区钱粮湖镇三个典型安置点为例，讨论了洞庭湖区村民退田还湖的社会成本问题。该研究主要围绕洞庭湖区村民退田还湖的社会成本问题展开，作者通过构建指标体系，建立模型，然后选取岳阳市君山区钱粮湖镇三分店、古月湖、六门闸三个安置点为案例，通过问卷调查收集数据，继而进行量化分析，得出结论。研究发现社会成本在三个安置点呈现空间差异性，其中三分店安置点的社会成本最大，古月湖次之，六门闸最小。社会成本在社会发展层次、邻里社区层次、个人家庭层次表现出差异性，社会发展层次主要体现为对政府的评价降低，社会不和谐集体行为频率有所上升，社会稳定性下降；邻里社区层次表现为邻里关系下降，生活环境质量降低，公共服务设施配置水平明显提高；个人家庭层次表现为大部分村民经济收入来源缺失，人均居住面积减小，生活方式发生改变。

报告七：贵安新区平寨村调查

戴文红　贵州师范大学地理与环境科学学院

重点进行了贵安新区平寨村调查。研究发现贵安新区平寨村正在发生着骤变。2013 年至 2014 年，平寨村从一个非常传统的布依村寨变成一个新农村，所有农民就地变成了市民。骤变带来了深远的影响，村庄风貌、产业结构、村民收入来源、村民心理状态、村民生活节奏、村落文化等方面都发生了明显的改变。研究认为，我们有必要重新思考乡村的发展，倡导保留村落文化基因，延续农村的传统文化、生活习俗和生活方式，不要让骤变经常发生，使得一个社会可以有渐变改进的可能。

报告八：云南省第一批（国家级）传统村落保护发展规划理论与方法

刘智安　云南省城市规划设计研究院

重点研究了云南省第一批（国家级）传统村落保护发展规划理论与方法。报告认为传统村落是物质和非物质文化遗产的结合体，是立体的、活态的遗产，村民的生产、生活基地。通过现有案例的分析和研究，可以发现传统村落保护与发展之间存在明显的矛盾，现有的规划经验非常有限，村庄的户籍政策、土地制度、利益格局、社会关系、管理体系等都比较特殊，规划实施涉及的主体比较多。规划的内涵和职能需要重新审视。我们规划的核心目的是保护物质和非物质文化遗产，同时要促进村庄的持续发展。现实目的是能够向下指导村民保护和建设，向上争取保护资金。规划提出借鉴保护体系中的分类保护、分区保护、分级保护方法。同时，提出乡村规划体系中应坚持问题导向和鼓励村民积极参与的方法。

报告九：北京郊浅山地区村庄调研——以顺义区龙湾屯镇村庄为例

刘建　清华大学城市规划系

以顺义区龙湾屯镇村庄为例，对北京郊浅山地区村庄进行了调研。其报告来源于面向本科生的总体规划教学成果，在整个教学实践过程中，提出了自己的思考。乡村的价值评估来源于生态、生产、生活、美学等方面。乡村的产业升级应该尊重发展实际，乡村的更新改造重点在公共空间、公共服务和基础设施，以及社会教育这些方面。乡村的发展方式必须靠居民参与，形成社区氛围。在规划过程中，我们更深地了解到乡村之间存在的巨大差异和乡村本身产生显著的脆弱化；规划者应更加深入地认识乡村，理解乡村。

分论坛二：乡村规划策略

主持人：王凯（中国城市规划设计研究院副院长、教授级高级规划师，中国城市规划学会乡村规划与建设学术委员
会副主任委员）

当经济的增长方式发生了改变，当积累了 30 年的社会问题集中爆发，当大量的生态环境问题接
踵而至，当文化传承也出现了比较严峻的局面，中国的城镇化已经到了一个实实在在的转折时期，从
关注城市到关注乡村，这是一个历史的必然。我们对乡村规划和乡村建设的认识，首先要基于对乡村
价值、乡村意义的再认识，这是做好规划工作的基础。乡村规划不是改天换地，是实实在在的解决问题，
包括物质层面、社会层面的、生态环境等层面的。这个分论坛主要关注乡村规划策略，不同于一般的
畅想，而是直接结合实际案例，对于不同地域、不同发展阶段的村镇建设提出规划策略，提出了乡村
规划的单词、语法，长此以往希望可以形成乡村规划自己的语言体系。

报告一：基于隐含空间模型的农村社区空间单元探索

马恩朴、惠怡安　西北大学城市与环境学院

重点基于隐含空间模型对农村社区空间单元进行了研究探索。研究认为目前中西部地区农业现代
化水平较低，农户耕作半径普遍较小。因此，有必要引导乡村聚落格局从耕地指向型向服务指向型转变，
以真正实现城乡统筹发展。报告从乡村社会交往的角度出发，提出社会关联视域下的社区生成理论。
研究发现契约型社会关联在社区形成过程中推动居民向特定节点聚集，产生行为的趋向性；而非契约
型社会关联则在家庭或聚落之间形成一个高聚集系数的内部网络。该研究结合社区的隐含空间模型法
和 GIS 的属性数据管理功能，分别通过建立稀疏矩阵、网络初步检验、建立相似矩阵、多维量表分析、
内聚子群探测、模型矫正六个步骤对延安市安沟乡新型农村社区空间单元的划分进行实证研究。研究
基于"村际联系稀疏矩阵"构建社会网络空间模型，进而对农村社区空间单元进行划分，并论证了运
用 Ucinet 和 Arc GIS 进行农村社区空间单元划分的可行性。

报告二：基于生产生活方式的村庄用地分类研究——以成都市为例

刘倩、毕凌岚　陕西省城乡规划设计研究院、西南交通大学建筑学院

以成都市为例，从乡村生产生活方式的角度，对村庄用地分类进行了研究。报告认为目前相关技术
规范和法规中，对以乡村为核心研究对象的用地分类研究较少，也缺乏对村庄用地分类规范的深入探讨。

报告基于农村地区生产、生活方式的未来发展趋势，将村庄用地作为研究主体，以成都市典型村庄和村庄规划作为调研对象，探讨现阶段及未来我国村用地分类的制定模式，以期为今后制定村庄用地分类标准以及研究村庄用地发展打下基础并提供参考。报告主要是从闲暇方式、出行方式、消费方式三方面来研究生活方式变化对用地的影响。除此之外，研究发现社会结构的转变对用地的影响尤为重要。人口结构的规模小型化、代际简单化，社会组织结构的地缘、业缘使得在用地的考虑方面需要更加全面的认识。

报告三：绿隔乡村的嬗变与未来：北京绿隔乡村的土地利用演变及保留村庄研究

吴纳维、王月波、张悦　清华大学建筑学院

重点研究了北京绿隔乡村的土地利用演变及村庄保留问题，以此探讨绿隔乡村的嬗变与未来。报告以位于北京第二道绿化隔离带内的典型乡村地区作为研究对象，关注北京城乡结合部地区的乡村在不同政策作用下的演变过程和未来的发展路径。基于社会、经济和用地的现状调研，报告提出了需要保留村庄的五条标准，包括流动人口与户籍人口比、产业特色、农宅风貌、是否经过新农村改造、近期是否有城市大型项目带动城镇化。严格符合上述五项标准的村庄，才能被认定具有潜在保留价值。在此基础上，报告以其中一个初步选定的保留村庄为例，提出四项指标作为现状建设用地评价标准（这四项评价指标包括，土地出租合同的到期年限、建设用地合法性、单位建设用地租金以及建设用地上的建筑质量），以甄别村域内值得保留升级与必须腾退绿化的建设用地。

报告四：基于公共空间梳理与公共设施建设的乡村更新实践——浙江郭吴村的经验

贺勇、王竹、金通　浙江大学建筑系

以浙江郭吴村的经验为基础，基于公共空间梳理与公共设施建设层面，介绍了乡村更新的实践经验。研究认为政府应该大力推进乡村公共空间与设施的建设，因为政府的职责原本就应提供公共服务，而公共空间与公共设施的建设和完善对于乡村环境发展以及居民日常生活质量的提高具有关键性的作用，因为它是在结构性的层面提升乡村居住与生活环境的水平。同时，公共空间与设施的逐步完善，会引导乡村产业的转型、促进社区精神的培育，塑造具有新地方性的建筑风貌，从而带给乡村长远、健康的发展。报告认为公共建筑与设施的布局特点，可以概括为：规模小、分布散、内在系统性强。规模小，可以使得建筑的投资少、布局灵活、用地宽松，在实际建设中很容易操作，建成后的建筑可以很好地融入原有的街巷空间与肌理；分布散，可以使得这些公共设施相对均衡的置于村落之中，如针灸般激发不同部位的活力，同时也使居民有平等的机会享用这些设施；内在系统性强，是指这些设施在功能相互支撑，在交通上相互联系，在风格上相互呼应，在管理上相互统一，从而构成公共空间的结构骨架系统。在建筑的具体形式与风格之上，则延续文脉，但创造一定差异，可以考虑非正式的建造方式，尊重地方习惯与经验。在建筑的运营中利用市场，但权属与利益还是要归于社区。

报告五：杭州市魅力乡村的时空演化路径研究——以下满觉陇、龙井、龙坞为例

武前波

以下满觉陇、龙井、龙坞为例，对杭州市魅力乡村的时空演化路径进行了研究和探讨。报告重点探讨了美丽乡村的建设和大都市发展之间的互动关系。由于这种不同区位条件的分布，形成了不同圈层乡村的一个分布。在城市的核心圈，它的城乡流通能力非常强，它的外部区位条件非常好。中间圈层的这些乡村要依靠村民组织和政府组织来推动乡村的发展，是一个半生产和半消费的空间。最远处的圈层实际上是一种生产型的消费空间，可能会做一些文化营销，但是这种文化营销具有一些季节性。

报告六：遵义实验——从原生走向可持续发展的乡村有机更新

浙江大学乡村人居环境研究中心

结合案例研究，重点围绕从原生走向可持续发展的乡村有机更新展开讨论。该项目是华润集团投资建设的两个案例——韶山和遵义，这两个案例都得到了实施，韶山开始使用，遵义到 2016 年上半年也可以投入使用。农村发展有自己的规律，它是一个自下而上的，有一个内在的自组织的机制。因此对乡村的态度、策略应是有机更新，聪明增长，人地共生。首先是对空间结构要真实性的还原，尊重村落的格局，因为村落是一天一天养出来的，因为人和地是共生的。其次，乡村风貌一定是在大区域内有相对统一的特点，比如马头墙、粉墙黛瓦的特色，是整个一个大徽州地区乡村共同的文化符号，"小桥流水人家"则是大江南地区，一个地区会有共同的语境，会产生它的语系，每个山，每个水，每个村子，村头村尾村中间，都会自然形成不同的空间、小微空间，极为丰富多样。

报告七：上海市嘉定区徐行镇曹王村村庄规划

深圳市城市空间建筑设计有限公司

重点介绍了上海市嘉定区徐行镇曹王村的村庄规划实践。该项目是首批编制的嘉定村庄规划。该

规划涉及一个关键问题就是：村庄规划是否是一个减量化规划？从上海总规增量规划到存量规划这个角度来看，乡村规划一直以来有一种诉求，就是要把土地指标拿出来，拿这个土地指标去用到其他的用途。在对村庄来说，以土地指标为诉求的这样一种规划价值，可能还是一个比较强的导向。同时，该村庄是上海大都市郊区工业化的典型表现，它有一定的产业功能、集镇功能和农村功能，互为渗透、相对复杂，需要做深入的研究和分析。

报告八：苏州市相城区渭塘镇凤凰泾村保留村庄规划
苏州科技学院

交流了苏州市相城区渭塘镇凤凰泾村保留村庄规划。苏州乡村规划从原来的"城乡一体化阶段"的大力撤并农村居民点到"美丽乡村阶段"的适度增加、保留村庄数量，规划也在逐渐趋于理性，乡村规划指导思想上，规划要见物，更要见人，规划的本质是以空间组织的形式参与社会改良，社会活动，乡村规划实践应与具体人的需求与发展来建构空间。对于苏州乡村而言，外来人口的涌入导致乡村居住人口结构的转变，农地丧失和产业发展导致本地人口职业转变，人口老化外来化成为区别传统乡村的重要特点。因此突出对真正居住的两类人群的关注，强化公共服务设施和基础设施的投入，在控制增量的前提下，通过乡村的美化和设施完善来保持乡村的生命力，是实现乡村持续循环发展的动力，从长远来看，外来人口引至乡村结构性转变，是苏南乡村发展的新常态，规划应当思考乡村功能更新，社会网络融合和社会空间优化的深层次问题。

报告九：重庆市南川区古花乡天池魅力乡村建设规划
同济大学建筑城规学院

介绍了重庆市南川区古花乡天池魅力乡村建设规划。该报告基于 59 个典型案例，结合重庆市的社会经济发展条件，明确了这六种模式，就是城郊生态休闲、远郊生态旅游，以及民宿文化走廊，包括特色村，以及远郊交通服务等六种模式。在整个规划过程中，重点关注了几个方面，包括：调研尊重村民的意愿，发展乡村产业和农业观光旅游（涉及休闲、避暑等）；通过院落的形式，重塑乡民精神，塑造乡村文化的特色旅游氛围；最后通过村民自荐委员会与物业的建构，使农村有一个比较好的发展的机制。

有关思考：

当经济的增长方式发生了改变，当积累了 30 年的社会问题集中爆发，当大量的生态环境问题接踵而至，当文化传承也出现了比较严峻的局面；中国城镇化经过了 30 年的发展，已经到了一个实实在在的转折时期，从关注城市到关注乡村，这是一个历史的必然。

我们对乡村规划和乡村建设的认识，首先要基于对乡村价值、乡村意义的再认识，这是做好规划工作的基础。乡村规划不是改天换地，是实实在在的解决问题，包括物质层面、社会层面和生态环境层面等。

专家们在本分论坛报告中，对于不同地域、不同发展阶段的村镇建设都提出了很好的观点，提出了乡村规划的单词、语法。希望长此以往可以形成乡村规划的语言体系。

分论坛三：乡村社会治理

主持人：袁奇峰（中山大学地理科学与规划学院教授，中国城市规划学会乡村规划与建设学术委员会副主任委员）

　　乡村是我国社会治理的有机组成部分，乡村规划是乡村建设的一部分。但是乡村规划不同于城市规划，乡村的规划必须根植于当地的乡村社会，在中国乡村发展的过程中，乡村社会的重建，是最大的话题，也是乡村规划所必须面对的问题，但也是十分困难的问题。在新的经济格局背景下，在乡村建设的进程中，如何把乡村治理落到实处？希望分论坛的讨论有助于推动这方面的思考和工作。

报告一：生活世界理论视角下的乡村公共空间演进分析

谢留莎、段德罡　西安建筑科技大学建筑学院

　　从生活世界理论视角，探讨了乡村公共空间演进历程。纵观我国城镇化历程，乡村空间的发展展现出不同时期的形态特征。本文从乡村公共空间的角度，将其置于哈贝马斯的生活世界理论视角下，来理解中国乡村社会的演进历程。乡村公共空间作为一种人类活动地域空间系统，包含着物质空间和社会空间两个方面，通过综合分析系统与生活世界理论并构建其解释框架，分为三个演进阶段，即新中国成立前－新中国成立初期、新中国成立初期－人民公社－改革开放和改革开放－当代。研究认为，社会进化是系统与生活世界相互依存、相互补充的双重发展过程；生活世界内部的结构性要素此消彼长，互相依存互相影响，它们之间的关系也正反映出生活世界再生产的稳定性；中国乡村社会必然要经历分化的过程，绝大多数村庄现代化分化过程缓慢而痛苦；可以通过文化改良的方式（即重建以公共性为特征的公共领域）达到社会合理化。

报告二：资本介入乡村地域后的演化特征及规划应对研究

宋寒、魏婷婷、陈栋　南京大学城市规划设计研究院

　　重点围绕资本介入乡村地域后，研究了乡村的演化特征，并提出了规划应对。报告指出近年来资本介入乡村地域，表现出投资强度持续增加、投资主体日趋多元化、投资方式更加关注品质与创新的趋势。本文以"资本介入乡村地域"的角度，探寻如何从乡村规划革新与促进乡村治理的角度来承载与包容这些资本，探索新的乡村地域形态，以应对新型城镇化背景下乡村地区的变革，实现对乡村地域的治理转型与活力再生。研究认为，资本与乡村的结合存在两种类型，即介入农业领域并带动农业产业链的升级与创新，介入乡村生活与休闲旅游领域并更新乡村内涵与形态。政府的引导规范、乡村

自投资强度与自组织力的提升是使资本更好带动乡村发展的重要条件，土地制度和乡村治理传统的国情差异是影响资本与乡村地域结合的两大重要因素。由此，报告提出乡村规划革新方向，即以提升乡村内生活力与可持续能力为目标，制定差别化的投资鼓励与规划政策，为乡村地域土地利用提供规划支撑和革新的镇村体系。

报告三：从曹家村的灾后重建看村庄自治下的规划管理

周珂　上海同济城市规划设计研究院

结合曹家村灾后重建的具体实践，探讨了村庄自治下的规划管理问题。报告指出当前，村庄规划的编制、实施和管理的主体是乡镇政府，而不是村民委员会，这与《中华人民共和国宪法》对乡、村两个层级的制度设计的本意相违背，主体和客体的错位导致了村庄规划和实际建设经常处于各说各话的状态。本文以四川省宝兴县曹家村灾后重建实践为案例，探讨村庄自治下的规划管理。研究认为：村庄规划应尊重村庄的自然和人文特征，居住重建与产业重建并重，以规划最少干预和政府最少干预来全面推进村民的自主重建。通过"灾后重建自建委员会"和"产业发展自建委员会"的组织，以导则的方式引导平面功能、建筑风貌、设施配套和院落景观，并通过对"私人空间"和"公共空间"的严格区分，总结提出在村庄规划编制、实施和管理上一定要以"村民自治"为工作基础，要着重关注行政权和自治权之间的关系，国家法规和村民自治章程之间的关系，成文法和不成文法的关系，结合村庄的实际情况，因地制宜地制定当地的村庄规划。

报告四：规划下乡——现代国家建构视野下国家对乡村社会与空间的整合

王伟强、丁国胜　同济大学建筑与城市规划学院

基于现代国家建构的视野，深入探讨了国家对乡村社会与空间的整合问题，分析了"规划下乡"这一现象发生的机制。报告认为改革开放以来，我国乡村建设探索日益多元，呈现全面重塑乡村社会的局面。为什么这些乡村建设实践和探索得以发生？本文透过这些政策和实践，以现代国家建构的视角去考察乡村建设实践和探索得以发生的逻辑。报告认为：在现代国家建构视野下，乡村建设现象可以概念化为一种"规划下乡"活动，这里形象地概括了现代国家对乡村社会与空间的"规划"、干预和改造过程。城乡统筹发展、社会主义新农村建设及社会组织参与或农民主导的不同乡村建设实践案例生动地展现了现代国家整合乡村社会和空间的手段、过程及影响，现代

国家对乡村社会与空间的整合是"规划下乡"实践现象得以发生的机制和逻辑。乡村建设实践和探索得以发生的重要原因是现代国家在新时期整合乡村社会和空间的需要，是现代国家建构和成长的结果。

报告五：村庄规划转化为现代村规民约的路径研究

叶红、张汉燊　华南理工大学

重点研究了村庄规划转化为现代村规民约的路径问题。报告指出作为公共政策的村庄规划和作为村庄自治基础的村规民约，如何实现合理、合法和有效的转化？本文结合近年来广东大量村庄规划实践，从理论和实践层面对这一问题进行探讨，以明确村庄规划转化为村规民约的必要性和转化的路径。研究认为村庄规划只有纳入公共管理政策属性才能更有效地发挥其引导村庄发展与建设的作用，实现"技术工具"向"公共政策"的转变，确保村庄规划的可操作性与实效性。村庄规划不应在村规民约中缺位，村庄规划转化为村规民约是加强其执行力的必要途径，同时村规民约中体现村庄规划也是提升村民自治价值的有效手段。村庄规划与村规民约转化存在三个有效途径，即利用宗族血缘传统约束实现、与村庄集体利益绑定实现、通过加强村治实现。

报告六：小团山实验

郭中一　合肥智上农业有限公司　小团山香草农庄庄主

介绍和分享了"小团山实验"的实践。报告以民间公益机构的角色与大家分享小团山所做的事情，把景观变成一种行动艺术，通过行动艺术进行教育。第一个项目是湘桥村的农场体验园。该项目主要是把农工文化和农业生产景观通过自然教育的途径，与城市里的人产生互动，形成文教农业。在一亩三分地之上开展一些活动，呈现一些乡土的内容，如乡土博物馆、蔬菜花园等。第二个项目是在崇明长兴岛一个农场举办的"一亩布"活动。该活动在一个收割过的稻田上举办，希望发掘一些乡土文化，让这个稻田产生价值。该活动能让参与者亲密地接触到土地，关键是给农场主和当地农民信心，使他们觉得这块稻田没有增加任何东西，但是通过一千块钱的布和其他方面的准备，用完了还可以产生其他方面的价值。第三个项目是在湖北恩施一个村庄的小学做一个读书亭。这个读书亭完全用当地的材料建造，在搭建过程中当地小学的小学生一起参与，形成了社区营造的概念。

报告七：中国工程院重大咨询项目《村镇规划建设与管理》

曹路　中国城市规划设计研究院

介绍了中国工程院重大咨询项目《村镇规划建设与管理》。该项目是 2014 年中国工程院启动的重大咨询课题，分四个课题和一个综合报告。工作目前主要分成两部分，一是从全国层面进行基础数据政策条文、技术规范的梳理工作，二是针对全国各典型地区的村镇调研。通过村镇调研发现村镇现状的各种问题，包括城中村的问题，农民身份转换的问题无法解决；乡镇财政困难的问题，集体经济弱造血功能不足；自助管理权限低的问题，在一些地方存在新社区补偿偏低，与当地工业产业化冲突等；村镇的环境污染问题仍然在加剧；建设风貌缺失和文化保护困难的问题等。同时，还有一些新的现象和趋势值得关注，如有些地区的村镇开始从劳动密集型产业向资本密集型产业转型。另一些地区的劳动密集型产业开始从原来的纵向一体化的整合转向一种平面化和多元化。一些地区的政府和镇村两级在不断地推动这个地区的转型和发展，如佛山南海区推动集体用地的第二轮"三旧改造"，东莞试图借助大型城市公共设施的建设推动村镇产业链转型。还有一些地区的企业迫于环保压力将加工基地转到国外，昆山正在探讨工业用地的分期退出机制。珠三角等地由于放权过度，思考乡村自治和建设管理如何融合，不同层级的政府如何界定事权。这些问题都有待感兴趣的学者进一步深入研究和分析。

报告八：知行合一

汪小春　江苏省住房和城乡建设厅城市规划技术咨询中心

重点分析了乡村规划中"知行合一"理念和实践。报告指出当前，乡村规划面临很多困境，对乡村规划本身的认知也存在偏差。报告建议在知行合一的指导下以时效指向为根本，积极探索乡村规划，做接地气的村庄规划。通过乡野调查和理论方面的思考，确实了解农民、农村的需求和农村的治理方式，使得乡村规划成为灵活使用和接地气的规划。建议成立区域层次、村域层次和村庄层次三个层次的规划，不同层次解决相应的问题。同时，乡村规划一定要有严谨的精神来分析各个要素的情况，分析要素之间的相互影响关系，有助于更加切实了解现有的乡村。在乡村实践方面，以规划的需求和现有资金情况为基础，把规划落实到村民相关的村规民约和行动上。

报告九：安徽岳西水畈村美好乡村规划设计

安徽建筑大学建筑与规划学院

安徽岳西水畈村美好乡村规划设计的实践。2012 年安徽省出台了美好乡村建设规划。水畈村作为 2014 年十大美好乡村之一，是红色大别山区的一个典型山村，该地自然景观资源丰富，除村民建筑之外还有一些存留下来的老祠堂等历史建筑。规划建议将祠堂改造为村民婚丧嫁娶的公共集会场所，在村委会附近建设水上公园。规划实施以村长领衔，吸引国家资金。同时，成立开发公司，以市场开发为主导，吸引社会资本。规划深入分析了村庄的多功能植入、提升风貌品质、对公共服务设施和旅游服务设施的梳理等建设美好乡村的核心问题。

有关思考：

乡村是我国社会治理的有机组成部分，乡村规划是乡村建设的一部分。在新的经济格局背景下，在乡村建设的进程中，如何把乡村治理落到实处？乡村规划不同于城市规划，在中国乡村发展的过程中，乡村社会的重建是最大的话题也是十分困难的。

─ 案例目录 ─

案例名称	单位	推荐委员
哈密市天山乡头道沟村村庄规划	新疆新土地城乡规划设计院	归玉东
阿亚克乌吉热克村村庄整治规划	上海复旦规划建筑设计研究院	敬东
乌鲁木齐县永丰乡公盛村2小队村庄规划设计	北京中社科城市与环境规划设计研究院新疆分院	归玉东
陕西省古村落调研纪实	陕西省城乡规划设计研究院	史怀昱
湟源县东峡乡下脖项村村庄规划	青海省住房和城乡建设厅　西宁市城乡规划局　湟源县人民政府　青海省建筑勘察设计研究院	吴志城
中国历史文化名村塑头村保护规划	华南理工大学建筑学院叶红工作室（方略设计）	叶红
珠海市唐家湾镇会同社区幸福村居建设规划	华南理工大学建筑学院叶红工作室（方略设计）	叶红
珠海市万山区担杆村幸福村居建设规划	华南理工大学建筑学院叶红工作室（方略设计）	叶红
增城区仙村镇西南村村庄规划建设实践	华南理工大学建筑学院叶红工作室（方略设计）	叶红
从化市良口镇仙溪村灾后重建规划	华南理工大学建筑学院叶红工作室（方略设计）	叶红
甘肃省岷县村庄现状调研	西安建筑科技大学建筑学院	段德罡
四川凉山马鞍桥村震后重建研究	西安建筑科技大学建筑学院　香港中文大学建筑学院	段德罡
湖南省安化县仙溪镇城乡统筹实验项目规划	同济大学建筑与城市规划学院	宋小冬
中国工程院重大咨询项目《村镇规划建设与管理》	中国城市规划设计研究院	王凯、靳东晓
拉萨市尼木县吞达村村庄规划	中国城市规划设计研究院城乡所	靳东晓
上海市嘉定区徐行镇曹王村村庄规划	深圳市城市空间规划建筑设计有限公司	唐曦文
宁波北仑区柴桥街道紫石片区新农村建设规划	深圳市城市空间规划建筑设计有限公司	唐曦文
从化市城郊街黄场村村庄规划	广东省城乡规划设计研究院	马向明
宁波市韩岭历史文化名村现状调研	上海同济城市规划设计研究院　邵甬教授工作室	邵甬
哈尔滨市呼兰区双井镇护路村改造规划	黑龙江省城市规划勘测设计研究院	赵景海
济南市历城区港沟街道办事处芦南村发展建设规划	济南市规划设计研究院	赵奕
贵安新区平寨村调查	贵州师范大学地理与环境科学学院	但文红
富裕县友谊乡三家子传统村落保护发展规划	黑龙江省城市规划勘测设计研究院	赵景海
上海市崇明县新河镇卫东村村庄规划设计	上海复旦规划建筑设计研究院	敬东
章丘市旭升村新农村建设规划设计	济南市规划设计研究院	赵奕
哈尔滨市依兰县道台桥镇永丰村建设规划	黑龙江省城市规划勘测设计研究院	赵景海

案例名称	单位	推荐委员
奉贤区金汇镇梁典村居民点详细规划	上海复旦规划建筑设计研究院	敬东
杭州市美丽乡村发展特征——以下满觉陇、龙井、龙坞为例	浙江工业大学城市规划系	陈前虎
佛山市高明区与海门市的村镇调研与相关研究	同济大学建筑与城市规划学院	张立、赵民
浙江省安吉县山川乡高家堂美丽宜居示范村建设实践	浙江省城市化发展研究中心　浙江大学经济学院	张晓红
重庆市南川区古花乡天池美丽乡村建设规划	重庆大学建筑城规学院	徐煜辉
重庆市永川区大沟村传统历史文化村落保护规划	重庆大学建筑城规学院	徐煜辉
云南省第一批（国家级）传统村落保护发展规划理论与方法	云南省城乡规划设计研究院　云南省传统聚落规划研究室	任洁
大理市洱源县梨园村保护规划方案	云南省城乡规划设计研究院	任洁
政府主导下的村庄保护与更新实践——以弥勒市可邑村为例	云南省城乡规划设计研究院　云南省传统聚落规划研究室	任洁
云南红河哈尼族彝族自治州泸西县秀美村庄发展规划	云南省城乡规划设计研究院	任洁
郫吴实验——基于"低碳乡村"导向下的在地营建	浙江大学乡村人居环境研究中心	王竹
韶山实验——乡村人居环境有机更新方法与实践	浙江大学乡村人居环境研究中心	王竹
遵义实验——从原生走向可持续发展的乡村有机更新	浙江大学乡村人居环境研究中心	王竹
知行合一	江苏省住房和城乡建设厅城市规划技术咨询中心	梅耀林
珠海市斗门区斗门镇南门村幸福村居建设规划	珠海市住房和城乡规划建设局	王朝晖
斗门区白蕉镇孖湾村幸福村居建设规划	珠海市住房和城乡规划建设局	王朝晖
珠海市三灶镇海澄村幸福村居建设规划	珠海市住房和城乡规划建设局	王朝晖
珠海市红旗镇三板村幸福村居建设规划	珠海市住房和城乡规划建设局	王朝晖
珠海莲洲八村乐幸福村居组团协调规划	珠海市住房和城乡规划建设局	王朝晖
珠海市斗门区莲江村幸福村居建设规划	珠海市住房和城乡规划建设局	王朝晖
珠海市幸福村居城乡（空间）统筹发展总体规划	珠海市住房和城乡规划建设局	王朝晖
海南三亚市槟榔河乡村旅游总体规划	雅克设计有限公司海南规划二所	周安伟
东方市大田镇报白村村庄建设规划	雅克设计有限公司	周安伟
石柱县三河镇拱桥农民新村规划	雅克设计有限公司重庆规划一所	周安伟
石柱县鱼池镇巴渝新居岩口居民点建设规划	雅克设计有限公司重庆规划一所	周安伟
南京市汤家家生态旅游示范村规划	南京大学城市规划设计研究院规划设计三所	罗震东
奉化市滕头村发展研究	南京大学城市规划设计研究院	罗震东
北京远郊浅山地区村庄调研——以顺义区龙湾屯镇村庄为例	清华大学建筑学院城市规划系	刘健

续表

案例名称	单位	推荐委员
美丽乡村建设之探索与实践	上海麦塔城市规划设计有限公司	陈荣
青浦金泽古镇保护与再生设计、杭州长河来氏聚落再生设计	同济大学建筑与城市规划学院建筑系	常青
陕西省美丽乡村建设试点——汉阴县涧池镇现状调研	北京大学城市与环境学院　城市规划与设计学院（深圳研究生院）	冯长春
村镇调研介绍——2014年调研典型村镇案例	北京大学城市与环境学院城市与经济地理系城市与区域规划系	冯长春
严寒地区村镇调研	哈尔滨工业大学	冷红
严寒地区村镇调研	哈尔滨工业大学	冷红
巴楚县多来提巴格乡塔格吾斯塘村村庄规划	上海同济城市规划设计研究院规划十所	高崎
宁波市北仑区柴桥紫石片区大河洋新农村建设规划	上海同济城市规划设计研究院	温晓诣
廊下镇万亩设施良田动迁安置小区规划设计	上海同济城市规划设计研究院	王颖
都市边缘区村庄社会经济变迁调查：村村差异及动力机制	中山大学地理科学与规划学院	袁奇峰
安徽岳西水畈村美好乡村规划设计	安徽建筑大学建筑与规划学院	储金龙
隆回县花瑶崇木凼村传统村落保护发展规划	湖南大学建筑学院	焦胜
湖南省江永县兰溪瑶族村历史文化名村保护规划	湖南大学建筑学院城市规划系	焦胜
北碚区五个乡镇城乡统筹战略规划及新木村村庄规划	深圳市城市规划设计研究院	司马晓
舒城县舒茶镇山埠村山埠中心村美好乡村规划	安徽建筑大学城乡规划设计研究院	储金龙
蓟县渔阳镇西井峪村国家级历史文化名村保护规划	天津大学建筑学院城市规划系	陈天
贵州省黎平县地扪—登岑侗族传统村落保护与发展规划	上海同济城市规划设计研究院	周俭
大溪乡曹家村灾后重建规划	上海同济城市规划设计研究院复兴研究中心	周珂
高碑店市陶辛庄新民居规划	同济大学建筑与城市规划学院城市规划系	彭震伟、裴新生
吉林省长白县鸡冠砬子村村庄规划	同济大学建筑与城市规划学院城市规划系	彭震伟
江西安义千年古村群的保护规划与实践	上海同济城市规划设计研究院	阮仪三
银川市通贵乡总体规划	同济大学建筑与城市规划学院城市规划系	李京生
北方四省典型泉水聚落调研	山东建筑大学建筑城规学院	陈有川
上海市奉贤区四团镇拾村村村庄规划	上海市城市规划设计研究院	孙珊
苏州市相城区渭塘镇凤凰泾村保留村庄规划	苏州科技学院城乡规划系	栾峰
登封市大冶镇朝阳沟村"美丽乡村"规划	上海同济城市规划设计研究院三所	裴新生
上海市青浦区朱家角镇张马村村庄调研	上海市城市规划设计研究院	孙珊
介休市张兰镇旧新堡村村庄规划设计	同济大学建筑与城市规划学院城市规划系	潘海啸

案例名称	单位	推荐委员
上海市嘉定工业区灯塔村村庄规划	同济大学建筑与城市规划学院	彭震伟、耿慧志、陆希刚
嘉定区外冈镇葛隆村村庄规划	同济大学建筑与城市规划学院	彭震伟、耿慧志、陆希刚
上海市外冈镇葛隆村概念性村庄规划设计	同济大学建筑与城市规划学院	彭震伟、耿慧志、陆希刚
上海市嘉定区外冈镇泉泾村村庄规划	同济大学建筑与城市规划学院	彭震伟、耿慧志、陆希刚
上海市嘉定区徐行镇小庙村村庄规划	同济大学建筑与城市规划学院	彭震伟、耿慧志、陆希刚
上海市崇明县三星镇育德村和绿华镇绿港村村庄调研	同济大学建筑与城市规划学院	张尚武、栾峰、杨辰
卫辉市狮豹头乡小店河村村庄规划设计	同济大学建筑与城市规划学院	王德、庞磊、朱玮
浙江省台州市黄岩区屿头乡：沙滩村"美丽乡村"规划	同济大学建筑与城市规划学院	杨贵庆
Tiny Touch 微触——基于自然教育的乡土文化复兴实验	同济大学建筑与城市规划学院	刘悦来
设计丰收：一个针灸式的可持续设计方略	同济大学设计创意学院	娄永琪
广西百色华润希望小镇乡村建设实验	同济大学建筑与城市空间研究所　同济大学建筑设计研究院（集团）有限公司	王伟强
中国银川设施园艺产业园规划设计	农业部规划设计研究院　北京中宇瑞德建筑设计有限公司	齐飞
永州市东安县烟竹村概念性村庄规划设计	农业部规划设计研究院　北京中宇瑞德建筑设计有限公司	齐飞
内蒙古巴林左旗后兴隆地村整治规划	中国人民大学公共管理学院规划与管理系	邬艳丽

哈密市天山乡头道沟村村庄规划

新疆新土地城乡规划设计院

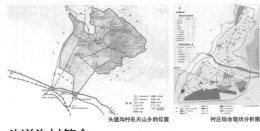

头道沟村在天山乡的位置　　村庄综合现状分析图　　村庄用地现状图

头道沟村概述

　　天山乡位于哈密市区偏东54km处，地处天山山脉东段，北与伊吾县盐池乡接壤，南与陶家宫镇、黄田农场毗连，西与西山乡、白石头乡为邻，东与大泉湾乡相连，辖区面积2247平方千米。
　　头道沟村位于乡政府以西7公里处，西与石城子村相邻。村庄处于山区逆温带，自然环境优美、气候温和，是1500年前的回鹘文书《弥勒会见记》的发现地。

头道沟村简介
Village Brief

头道沟村现状

　　村庄产业以种植业和畜牧业为主。村庄耕地总面积为941亩，种植小麦、玉米、大豆等农作物；总林地1200亩，杏树1104亩，核桃96亩；天然草场30万亩，但近年来草场退化严重，严重影响了畜牧业的发展。
　　截止2011年年底，全村共有住户112户，户籍总人口数为448人。常住人口为415人，长期在外务工33人，季节性务工68人。全村户籍人口均为维吾尔族人，是典型的维吾尔族村。
　　村庄依山就势而建，依山傍水，自然天成。但由于是贫困山村，长期以来建设资金投入不足，房屋质量均达不到抗震要求，公共服务设施严重缺乏，市政设施尚不健全。生产和生活用地不分，人畜混杂，村庄环境卫生状况差。

土木结构房屋　　　砖木结构房屋

围墙　　　　　　　牲畜圈棚

宅间小路　　　　　清真寺

村内道路

规划实施前，自来水并未通到每家每户，且经常停水，一到冬天，水管就会被冻裂。

现状技术经济指标表

项目	计量单位	现状
现状居住户数	户	112
现状居住人数	人	448
户均人口	人/户	6
宅基地面积	m²	1000～2600
总建筑面积	m²	19264
住宅建筑面积	m²	18614
公益建筑面积	m²	650
户均住宅建筑面积	m²/户	166
人均建设用地面积	m²/人	714.2
村庄现状建设用地总面积	ha	32
村庄现状建设用地面积	ha	

现状建筑质量统一表

序号	项目名称	单位	数量	比例(%)
1	现状人口	人	448	
2	现状户数	户	112	
3	砖混结构建筑	m²	3601	19
4	砖木结构建筑	m²	1119	6
5	土木结构建筑	m²	14614	75
6	总建筑面积	m²	19264	100

2010年抗震安居房

果园

村委会

图例
居住用地　　　　草地　　　　砖混结构房屋　　　村庄规划用地界线
公益型公共设施用地　墓地　　　砖木结构房屋
生产设施用地　　水域　　　　土木结构房屋
果林　　　　　　冲沟　　　　现状道路

头道沟村特色格局

　　头道沟村规划前的院落布局是每家一户一庭院，布局分散，占地面积大。由于维吾尔族村民有宅院种植果树的传统习惯，每户都有一个1000～2600 m²的种植园地，集中居住，果树成林。现状调查中，村民普遍希望规划后保留宅院的果树林木。

庭院与果树林木

村庄鸟瞰

小组成员：李江宏　林凌　何恭　祖比卡木　刘晓霞　史磊　如则　吐尔孙　欧阳静

哈密市天山乡头道沟村村庄规划

新疆新土地城乡规划设计院

规划人员向村民讲解调查问卷　　　村民认真听取调查问卷内容　　　干部统计调查结果

村庄现状基本情况调查汇总表			
村庄名称		哈密市天山乡头道沟村	
发放表格（份）	100	回收表格（份）	75
村庄人口	448人	民族构成	维吾尔族
村庄类型	农牧结合	村庄现状用地面积	990亩
户均宅基地面积	3.3亩	宅基地面积	370.5亩
牲畜养殖形式		各家小规模饲养和集中养殖	
现有公共设施情况		村委会、警务室	
现有基础设施情况		严重缺失	

村民对规划建设的主要意见
（需增加的公共设施、基础设施、住宅及猪圈的建设、形式、环境整治急需解决的问题等）

1. 建幼儿园
2. 加强绿化
3. 修建道路
4. 解决畜牧养水

头道沟村简介
Village Brief

村庄建设现状

村庄现状总用地面积为66ha，现状建设用地32ha，南北长约1400m，东西宽约570m，地形呈不规则多边形。

1、建筑现状

村庄现状建筑以土木结构（75%）为主，有少量砖混结构（19%）及砖木结构（6%）。现状村民住宅院落面积多在1000～2600㎡之间。

2、公共服务设施现状

村委会位于村庄南部，现状用地面积850㎡为砖木结构，建筑面积220㎡，村委会含警务室，为砖木结构，建筑面积为50㎡。清真寺位于村庄的北侧和南侧各一座，为砖木结构，现状用地面积1000㎡建筑面积350㎡。

3、绿化现状

村庄现状无集中的公共绿地。

4、道路现状

村庄仅一条东西向通向乡镇府驻地的道路为沥青路面，其中沥青路面宽约6m，长1100m。部分路段破损比较严重难以通行。村庄内部其余为土路，路面宽2～5m，长度约为2500m。；小巷狭窄，既不利车辆通行，又不能满足消防需要，遇到雨天泥泞不堪，影响村民日常生活。

5、市政基础设施现状

给水工程：村庄没有自来水水源，现状供水主要采用东部山区截潜水，现状主管DN80mm，给水设施老化、破损严重。

排水工程：村庄内无排水管网，生活污水随意排放，对西侧的头道沟水系水质影响较大；

供热工程：村庄内村民采暖自行解决，采用小型土锅炉。

电力、电信工程：现状电力供电线路接村中部100KVA变压器，目前电力线路因年代久远老化严重，线路采用架空的方式，村庄无电信线路敷设；

环卫设施：村庄目前无水冲式厕所，村民自家均使用旱厕，村庄内无垃圾集中收集点。

感谢党，感谢政府

家庭年收入情况

家庭年收入主要来源渠道

主要交通工具

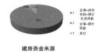
宽带使用情况

期望的家庭住宅面积

建房资金来源

家畜饲养位置情况　　　农机械摆放位置情况

规划设置了以农村合作社为经营单位的集中养殖区，改变了村民人畜混居、环境卫生"脏乱差"的状况。

义务巡诊点

阅览室

文化活动中心

规划目标

按照"生产发展、生活宽裕、乡风文明、村容整洁、管理民主"的要求，从实际出发，科学规划，以城乡一体化为指导思想，注重农村文化事业和谐发展，提高农民文化素质，以"高标准"进行居民点建设，配备完善的基础设施和公共服务设施，将头道沟村建设成为功能明确、生活便利、环境优美、社会和谐、可持续发展的新型现代化村庄。

（1）经济发展目标：第一，建立优质主导产业和现代化产业，建立长效农民增收机制；第二，农村经济快速增长，产业结构进一步优化，提高服务业的比重，形成具有鲜明特点的区域经济结构和农产品优势产业。

（2）社会发展目标：民主法治不断完善，社会事业不断提高。

（3）文化发展目标：加强农民培训，提高农民素质，丰富农民文化生活。

（4）环境发展目标：加强环境保护，培育村庄自然生态环境。

（5）村落建设目标：主要设立目标是建设基础设施，完善公共服务设施，改善农牧民居住条件和卫生状况；进一步提高农村村落建设风貌，完善和升级配套设施，控制村庄整体景观特色，最终形成一个既有完善基础设施和物质文明，又有清新空气和自然风光的社会主义新农村。

幼儿园

村民健身广场

规划实施后，村民跳着麦西来甫，庆祝乔迁之喜

小组成员：李江宏 林凌 何恭 祖比卡木 刘晓霞 史磊 如则 吐尔孙 欧阳静

阿亚克乌吉热克村村庄整治规划——现状分析

上海复旦规划建筑设计研究院

阿亚克乌吉热克村区位分析

喀什地处新疆维吾尔自治区南部，是南疆最大的城市，与多国接壤，是我国面向中亚和欧洲的门户。叶城县距离喀什246公里，车程约4小时，铁路普通列车约5小时车程。

阿亚克乌吉热克村位于叶城县西北郊，毗邻泽普县与加依提勒克乡，具有广阔的客源腹地。阿亚克乌吉热克村具有十分明显的交通优势。村庄距315国道三公里、距新建的喀和高速公路两公里，而这两条道路是喀什到叶城的必经之道。村庄同时具备一定的发展基础和展示带动效应。

叶城在新疆的区位　乌吉热克乡在喀什的区位　乌吉热克村与叶城县城的关系　乌吉热克村在乡域的区位

阿亚克乌吉热克村简介
Village Brief

阿亚克乌吉热克村现状

阿亚克乌吉热克村对外交通便捷，可通过315国道与乡驻地和县城联系。村庄三条主要道路已实现路面硬化，基本满足使用要求。阿亚克乌吉热克村具有较为完整的原生态村落景观和民族建筑。村庄内较能体现民族特色的资源主要为两类：一是当地清真寺、民居；二是非物质民族特色文化，包括民族歌舞、斗羊、猎鹰等。但是，阿亚克乌吉热克村基础设施尚不完善，产业不发达，农民生活水平较低。村庄现有四个村民小组，还有村委会、小学、幼儿园和三座清真寺等公共建筑，以及其他如养殖场等建筑类型。建筑质量参差不齐，外观缺乏民族特色。村内公共活动空间匮乏，无文化、活动、娱乐场所。

塔吉克传统民居　传统民居　传统建筑工艺展示　特色民居

民居院落

农家乐——首富家

清真寺　村委会

农家乐——教师家

小学　幼儿园

胡杨林

清真寺

民居院落　民居内饰　硬化路面

塔吉克族传统民居分析

高原地区塔吉克民居特点
1. 整体布局：四周有院墙围成院子，大门朝东或朝南的方形土木、石木结构的平顶房，牲畜棚紧靠住房。
2. 房间组成：由门厅、正房、客房、库房组成，正房有为"蓝盖力"，其他房间围绕其布局。
3. 室内装修：窗开无窗，有土根柱子，中央开天窗。柱子、天棚、天窗、檐口等部位精雕细刻，彩绘鲜艳。墙壁饰以塔吉克挂毯。
4. 建筑色彩：外墙以白色为主，大门、柱子施以鲜艳色彩，喜用红、黄、蓝、绿等高纯度颜色。
5. 建筑材料：以土、石头为主，就地取材，因地制宜，生态自然。
6. 家庭形式：家长式的大家庭生活方式，几世同堂非常常见。

平原地区塔吉克民居特点（本村塔吉克族民居为平原地区塔吉克族民居）
1. 整体布局：四周有院墙围成院子，大门朝东或朝南的方形土木、石木结构的平顶房，牲畜棚一般设置在宅院的后面。
2. 房间组成：由门厅、正房、客房、库房组成，一般多采用向内开放的院子——一侧有开放的连廊。
3. 室内装修：一般对外开窗小窗，室内有4或6根柱子，中央开天窗。柱子、天棚、天窗、檐口等部位精雕细刻，彩绘鲜艳。墙壁饰以塔吉克挂毯。
4. 建筑色彩：外墙以白色为主，大门、柱子施以鲜艳色彩，喜用红、黄、蓝、绿等高纯度颜色。
5. 建筑材料：以土、石头、木材为主，就地取材，因地制宜，生态自然。
6. 家庭形式：家长式的大家庭生活方式，几世同堂非常常见。

项目组成员：王新军 施海涛 罗继润 万勇 敬东 黄涌 孙剑杰 钱诗曈 刘洋 王元 路坦 孟震 吕勤兴 李宁 胡大勇

阿亚克乌吉热克村村庄整治规划——现状分析

上海复旦规划建筑设计研究院

现状道路系统分析图　　现状土地使用分析图　　现状建筑质量分析图　　村庄资源分布图

现状分析

道路系统

村庄内主要道路已实现路面硬化，硬化路段已形成"一横两纵"的格局，基本满足使用要求，道路宽不一，其他村内部道路路均为土路。村民的主要出行工具以畜力车和摩托车为主，仅少量机动车。

土地使用情况

村庄目前以农林种植地（条田）为主，其余主要为村民住宅用地和道路用地，现状总用地面积为405.36公顷。

建筑质量

全村现有共262户居民，以及村委会、小学、幼儿园、三座清真寺等公共建筑，另有其他如各地局等建筑类型。建筑质量参差不齐，外观缺少特色。

村庄资源分布

村庄内较能体现民族特色的资源分两类：当地清真寺、民居及非物质民族特色文化，包括民族歌舞、斗羊、猎鹰等。村庄自然资源包括：具有保留价值的古树名木及原生态果林、沙枣林等。

阿亚克乌吉热克村简介
Village Brief

现状问题分析

1、基础设施不完善
阿亚克乌吉热克村基础设施建设落后。村内大部分次要道路仍为土路，道路两侧没有任何照明设施。

2、公共活动空间匮乏
阿亚克乌吉热克村缺乏文化、活动、娱乐场所，精神建设比较贫乏。

3、产业不发达
村民经济收入以传统农业种植为主，兼适当家禽养殖。但由于土地贫瘠，含沙量大，发展后劲不足，农民收入增长缓慢。

4、景观环境质量一般
村落景观多为原生态景观，环境质量一般。

5、居民生活条件一般
村民生活水平较低，用水、如厕、家电等设施尚不完善。

6、资源闲置问题
资源闲置问题突出，农民住宅空间布局分散，人均宅基地面积大，利用率低。

整治规划实施情况

阿亚克乌吉热克村整治规划于2013年上半年开始实施，目前已竣工。2013年11月我院对该项目进行了深化设计回访，重点考察村口三角绿地、村大门、民族团结中心、团结中心小广场、道路绿化、饮水思源景点、民居住宅门前环境等内容。此次设计的主要成果为民族文化团结中心，村内所有民居的改扩建以及沿街立面的更新，凸显塔吉克民居的特色，使村庄风貌更具民族特色。

民居建筑现状分析
外观造型：地方民族特征不明显、外观单调、色彩单一
居住质量：部分民居功能不齐全、面积偏小，人畜未分离、居住质量偏低
结构类型：除部分抗震安居房外，多为传统的土木、木石结构，存在结构安全隐患
监院内部：院内空间未有效利用

规划目标

通过对村庄物质空间的改造提升，公共设施的配备完善、产业经济的整体升级、民族特色的强化凸显，打造南疆地区社会主义新农村规划式发展的典范。

近期规划内容

1、实现富民安居工程目标
2、完成道路硬化、绿化、亮化
3、宅前屋后环境整治
4、公共设施齐全、分布合理
5、村落景观有序、亮点突出
6、重点区域人畜分离院落改造
7、完成农家乐等旅游试点地试点建设

实施后的民族村大门景观

已经实施的道路绿化

民族团结中心实景

施工中的村头三角绿地

道路两侧施工概览

民族团结中心实景

民族团结中心休闲铺装实景

饮水思源（景点）实景

民族团结中心广场一角

施工工程中安装的休闲设施　　住宅绿地小品实景　　民族团结中心广场一角

阿亚克乌吉热克村近期规划图

塔吉克族民俗文化

概述

塔吉克族主要分布在我国西北边境的塔什库尔干塔吉克自治县境内。他们崇尚黑色、蓝紫色、肤色红润、发色金黄或黑褐，喜晴蓝蓝或实褐，是我国的欧罗巴人，也是中亚最古老的土著民族之一。

宗教

塔吉克族是我国唯一的信仰伊斯兰教什叶派的民族，居民普遍信仰伊斯兰教的伊斯玛仪派，清真寺少、较处不封闭、不斋戒。一般群众仅在节日礼拜时，宗教首领称"依禅"，各户居民世代从某一依禅及其后裔的继承人。

语言

塔吉克族有自己的口头语言而无文字，他们的语言属印欧语系伊朗语族帕米尔语支。塔吉克语属于东伊朗语的帕米尔语支，塔吉克语有两种方言，大多数塔吉克族使用瓦罕塔尔方言，少部分使用瓦罕方言，两个方言差别很大，不能沟通，现有60%以上人通用维吾尔文。

服饰

塔吉克妇女喜爱刺绣挑花，带耳围的前顶绣花独帽，外出时帽子上披方形大头巾；爱穿鲜艳服装，黑多对襟；喜穿长筒皮靴。塔吉克男子一般戴黑绒面、高立里的圆形高筒帽，青少年喜同式样的白色帽。男装多为青、白、蓝色彩。

项目组成员：王新军 施海涛 罗继润 万勇 敬东 黄涌 孙剑杰 钱诗曈 刘洋 王元 路坦 孟震 吕勤兴 李宁 胡大勇

乌鲁木齐县永丰乡公盛村2小队村庄规划设计——现状分析

北京中社科城市与环境规划设计研究院新疆分院

公盛村所在区位与行政划分概况

乌鲁木齐县位于新疆维吾尔自治区中部，天山北麓，准噶尔盆地南缘，亚洲地理中心就在其县境内永丰乡的包家槽子村。乌鲁木齐县东与达坂城区接壤，南以天山吐格格达坂为界与托克逊县、和静县相依，西以乌屯河为界与昌吉市为邻、北和米东区毗邻。

乌鲁木齐县是乌鲁木齐市唯一的下辖县，位于乌鲁木齐中心城区的南部，目前县政府驻址位于板房沟乡，距离市区约30公里。

乌鲁木齐县下辖1个镇——水西沟镇，5个乡——永丰乡、板房沟乡、托里乡、甘沟乡、萨尔达坂乡，以及41个行政村。由于多次的行政区划调整，乌鲁木齐县辖区范围不断缩小，且目前无县城。县委、县政府暂驻于板房沟乡，其余县级机关分布于乌鲁木齐中心城区和县域内其他乡镇内。

公盛村位于永丰乡中部，有S110省道贯通整个村庄，向西通往永盛村，向东通往永新村、永丰乡集镇中心。

公盛村简介
Village Brief

公盛村现状

公盛村有6个村民小组和一个牧业小队，2013年公盛村现状居住1716人，474户，现状户均人口为3.6人/户。村中劳动力人口有858人，外出务工人员230人，老人343人，6岁以下儿童60人，6个村民小组中97%人口为汉族，3%人口为回族，牧业小队人口均为哈萨克族。

永丰乡公盛村2013年年实际总收入375万元，实现人均纯收入1.25万元。村民收入主要来源依次是农业60%、养殖业20%、劳务输出20%。村里畜牧业是传统畜牧业，主要为村民自家圈养形式，其中养殖牛430头，羊2500只，鸡3000只。

此次村庄整治规划范围为公盛村第6小队，小队现状的建设用地呈线型布置，南北距离较长，现状建设用地面积为10.87公顷，人均建设用地面积为364.77m²/人。现有耕地1000亩，集体用地150亩，均可灌溉。

新建完成的抗震安居房（未入住）

路边随意开挖的地窖

任意堆放的施工建材

仅有的农家乐

人畜混居的院落布局

凌乱的堆场场

破败的围墙

废气的面粉厂

图例

- 砖木结构
- 抗震安居房
- 土木结构
- 对外交通
- 现状沥青路面
- 现状土路路面
- 现状建设用地界线

公盛村2队居住现状

废弃房屋　土木结构房屋　砖木结构房屋　土院墙　破院墙

已建抗震安居房（已入住）

自建盖顶　院内简易硬化　村庄内砂石路面　已建S110省道　自建花卉大棚

新建院墙大门　新建抗震安居房屋内

小组成员：刘双海 刘鸿燕 刘子昕 李婷 李正 全海燕 杜辉 王新欢 蒋晓峰 王建斌 万军

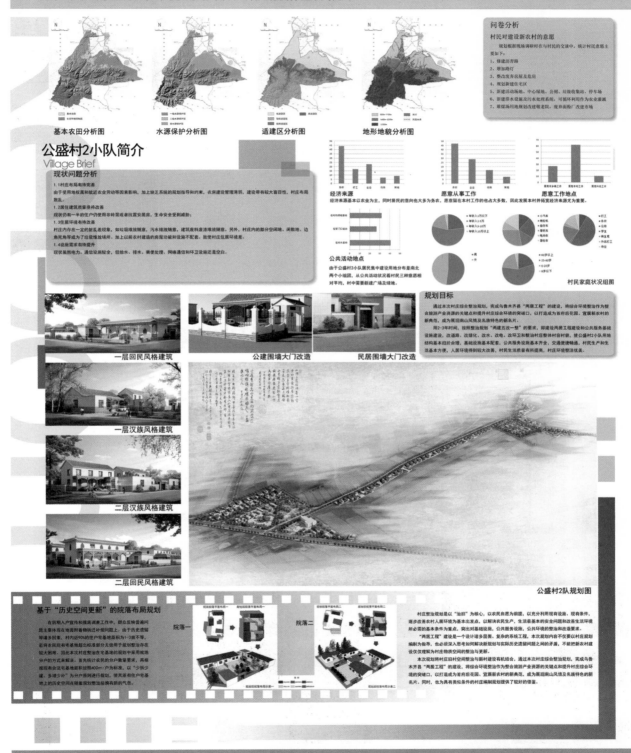

乌鲁木齐县永丰乡公盛村2小队村庄规划设计——现状分析

北京中社科城市与环境规划设计研究院新疆分院

基本农田分析图　水源保护分析图　适建区分析图　地形地貌分析图

问卷分析
村民对建设新农村的意愿

公盛村2小队简介
Village Brief
现状问题分析

规划目标

一层回民风格建筑　公建围墙大门改造　民居围墙大门改造

一层汉族风格建筑

二层汉族风格建筑

二层回民风格建筑

公盛村2队规划图

经济来源　愿意从事工作　愿意工作地点

公共活动地点

村民家庭状况组图

基于"历史空间更新"的院落布局规划
院落一　院落二

小组成员：刘双海 刘鸿燕 刘子昕 李婷 李正 全海燕 杜辉 王新欢 蒋晓峰 王建斌 万军

踏三秦大地　寻沧海遗珠
陕西省古村落调研纪实

古村落现状

陕西省古村落现状情况

陕西自古帝王都，在中华民族五千年的文明史上陕西先后有十三个封建王朝在此建都，是我国历史上建都朝代最多和时代最长的省份之一。特别是近代陕西作为抗日战争和解放战争时期的大后方，为新中国的诞生和中华民族的解放，产生了重要影响和发挥过十分重要的作用。在漫漫的历史长河中，陕西遗存了极其丰富的历史文化积淀。

改革开放以来，陕西进入了社会经济发展的快速阶段，在大力发展经济的同时忽视了对古村落的保护。在快速城镇化的过程中，作为承载丰富历史文化载体的古村落，被大量拆除、改造和合并。

据初步调查，陕西现有古村落88个，列入国家级历史文化名村和中国传统村落的数量仅有30个。从全国来看，列入国家名录的村落数量很少，排名十分靠后，与陕西文化大省的地位很不匹配，影响着陕西在国内、国际的形象。

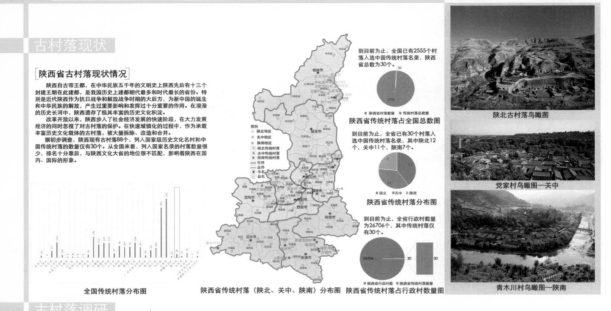

全国传统村落分布图　　陕西省传统村落（陕北、关中、陕南）分布图

到目前为止，全国已有2555个村落入选中国传统村落名录，陕西省总数为30个。

陕西省传统村落占全国总数图

到目前为止，全省已有30个村落入选中国传统村落，其中陕北12个，关中11个，陕南7个。

陕西省传统村落分布图

到目前为止，全省行政村数量为26706个，其中传统村落仅有30个。

陕西省传统村落占行政村数量图

陕北古村落鸟瞰图

党家村鸟瞰图—关中

青木川村鸟瞰图—陕南

古村落调研

调研编纂路线

2014年初 确定课题组负责人 ── 专家领衔

2014年初 选定课题组成员 ── 专业协同，骨干配备

在国家级历史文化名村党家村，对骨干进行了为期一周的培训，回校后对调研资料进行了整理归纳，形成了本次调研编纂范例。

概况部分
古村落布局部分
建筑特色部分
非物质文化遗产部分
保护与管理部分

2014年4月6日 现场调研

2014年4月-11月 文字编撰 ── 成立编辑委员会

2014年11月14日 内部审查 ── 召开技术委员会，邀请省内著名专家进行审查。

进行中 出版发行

调研人员

专家领衔
史怀昱（建设部城乡规划委员会委员、陕西省城乡规划设计研究院院长）
张　新（国家传统村落保护委员会委员、院顾问总规划师）
杨鹏飞（高级规划师、院副总规划师）

专业协同
从课题组人员的专业构成看，有城乡规划、建筑设计、风景园林等专业，不同专业共同协作，开展调研。

骨干配备
从年龄构成看有50～60多岁的老专家，也有20～40多岁的中青年工程技术人员，形成了老中青相结合的专业团队。

调研区域

根据初步掌握的古村落情况，结合地域特征和的分布，课题组又分为陕南、关中（陕北）二个小组，共选取64个传统村落进行调研。

古村落调研分布图

整个现场调研工作实际历时**8**个多月，调研组**北至**陕北榆林市佳县的神泉村，**南至**陕南旬阳县的中山村，足迹涉及**陕西十市一区，31个县（区）**。

调研内容

概况部分 ── 地理位置 / 行政区划 / 形成原因

古村落布局部分 ── 村落选址特点 / 村落格局特征 / 街巷体系

建筑特色部分 ── 居住建筑及公共建筑特点 / 公共空间节点 / 建筑小品

非物质文化遗产部分 ── 非物质文化遗产的级别 / 非物质文化遗产的类型 / 原住居民情况

保护与管理部分 ── 保护规划编制 / 审批情况 / 保护管理机构设置及保护的 / 地方性法规条例 / 村上对未来发展的意见

The Ancient Village Research Theme In Shaanxi Province

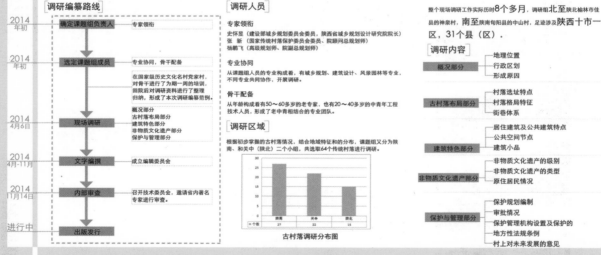

调研方法

1 现场踏勘
2 访谈
3 问卷调查
4 资料收集
5 文献查阅

陕西省城乡规划设计研究院

踏三秦大地　寻沧海遗珠
陕西省古村落调研纪实

调研成果展示

[陵村合一　三水唐家]

1 概况及历史沿革

唐家村位于陕西省咸阳市西北方向的旬邑县，距县城7公里，距211国道2公里，东距三水河4公里。唐家村得名于明末清初名扬西陲的"三水唐家"。"三水唐家"原是当地财主，从清代道光五年开始，到同治七年末，经过四十三年的不断发展建设，形成了拥有戏楼、嘉善、庭院式建筑87院、房屋2700间，规模庞大的唐家大院。

唐家村区位示意图

2 古村落布局

村落选址

唐家村坐北朝南，村落选址在黄土台塬上，纵横交错的五条主胡同，将村落联系起来。院落采用传统的民国四合院形式，布局严谨，主次分明，建筑雕梁画栋，营造出家族制度的威严和封建制度的森严。

唐家村现状图

古树彰显村落历史

村内现有古树2棵，树龄分别为400年和1100年。作为村落的历史活标本受到保护与重视的同时为延续村落生态及历史环境起到了重要作用。

唐家村内的古树

3 建筑特色

民居建筑

唐家村传统建筑多为四合院，砖木结构，基础多为石砌。院内置天井，飞檐斗拱，多进数重院。

唐家村民居精美石雕、木雕

唐家大院

唐家大院采用传统的民居四合院形式，布局严谨，主次分明，建筑雕梁画栋，十分精美，营造出家族制度的威严和封建制度的森严。现仅存两进相毗连的三院和其它两院及一座完整的墓葬。

唐家大院外景　　唐家大院内院

唐家陵园

唐家陵园建于1851年，为唐家第六代地主唐廷铨陵墓，墓园采用南北向布局，轴线居中，主踏出家中轴线伸展，串联整个墓园。主体建筑墓穴坐北向南，位于轴线端点，呈庭院楼阁式形制，顶部以脊兽和琉璃瓦装修，富丽堂皇。山门、牌楼、墓穴贯穿整个轴线，轴线两侧设置有石人、石马等翁仲，整座墓园的布局排列有序，构成了一组完整肃穆的空间序列。

唐家陵园入口　　唐家陵园石人　　唐家陵园石雕

非物质文化遗产

家谱：唐氏家族至今仍保留着家谱一册；民俗文化：秧歌、社火、信子、高跷等。

家谱　　秧歌

保护与管理

唐家村的保护不仅要保护单体传统建筑，更要保护村内格局的整体性及其自然环境的相融性。

唐家村目前尚未编制完整而系统的保护规划，传统建筑缺乏有效的保护措施。

唐家村保护资金需求较大，需要上级政府和社会组织的支持，多渠道、多方式的投入，才能更好的保护古村落。

陕西省古村落调研（64村）分布图

陕西省古村落调研总结

1 基本摸清了全省古村落的分布及数量

从地域来看　从地域来看，古村落主要分布在历史上经济较为落后，交通不便的地区。如，关中西、北部山区，陕南地区，陕北的黄河沿岸及历史上的大漠边疆。关中平原的中部，陇海铁路及国道沿线地域，分布很少。

从年代来看　从本次收录的古村落的年代看，大部分为明清时期遗存的村落，一般具有几百年及其以上的历史；也有部分主要形成于民国时期、抗日战争和解放战争时期的村落，这部分村落一般都具有70年至百余年的历史；还有部分在20世纪60~70年代前后修建的村落，这些村落一般都具有50年左右的历史，有的是重大历史事件的发生地，有的出现过著名历史人物和重要的组织机构。

从等级来看　据有关调查，全省现有古村落572个，目前没有国家级历史文化名村、国家传统村落30个。列入国家级名录的古村落占全省古村落的比例仅为5.24%，与全国以及其他省份相比差距很大。

2 进一步加深了对陕西传统民居建筑风格认知

分类特征总结　陕西古村落传统民居建筑形式大致可划分为：关中以四合院式建筑形式为主；陕北以窑洞式建筑为主；陕南以山地建筑为主。

陕北地区的古村带有明显的村落游牧与定居相融合的特点。古村落的建筑形式以窑洞为主，窑洞有为靠山式、独立式、下沉式等多种。

关中地区古村落的村址和房屋营造，严格地按照阴阳五行的传统堪地形、查水证，定朝向，还要在房屋建造过程中严格地遵守礼仪秩序。

陕西南部古村落大多选址在自然环境优秀之地，群山环抱、溪水穿流。村落规模较小，有相互分散。安康市的古村落具有湖北、安徽一带"徽派"建筑风格特色；汉中市的古村落具有川蜀、陇南一带"川西"建筑风格特色。也有部分带有强烈民族建筑风格的民居建筑。此外，还有部分吊脚楼、长挑檐等山地式建筑。

The Ancient Village Research Theme In Shaanxi Province

1 资金缺乏
大部分古村落位于经济较落后的山区，传统建筑未列入文物保护单位和历史建筑名录，没有资金支持。在未来的发展中，如果没有进行保护，在小农经济主导的村落中，这些传统建筑及历史遗迹将逐渐衰败、消失在历史的烟尘中。

面临？问题

2 缺乏规划引导
我们调研的村庄中除了镇驻地的村庄外，大部分村庄没有编制保护规划，也没有村庄建设规划，整个村子都在无组织的状态下发展。传统建筑破坏，现代建筑层出。具有保护意识的村民在建房时会考虑在另址建房，没有保护意识的村民则会原址重建。一部分古村落中出现了新旧建筑并存，现代建筑严重影响古村落传统风貌的现象。

3 村庄基础设施配套差
古村落大部分属于自然村，缺乏财政拨款，在城镇化过程中，面临被拆除与合并的危险。村内基础设施配套差，给排水、垃圾等处于原始状态，对整个村庄的环境产生了不良影响。

陕西省城乡规划设计研究院

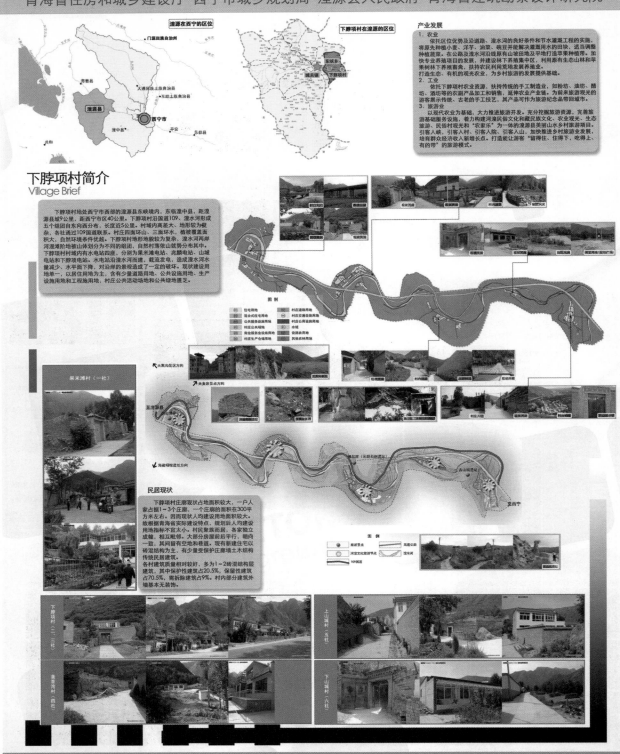

湟源县东峡乡下脖项村村庄规划——规划成果

青海省住房和城乡建设厅 西宁市城乡规划局 湟源县人民政府 青海省建筑勘察设计研究院

规划定位

下脖项村作为青海省村庄规划试点村,本着探索村庄规划理念、方法、内容、深度及组织实施管理机制等难点,编制符合农村实际的优秀村庄规划的愿景,本次规划编制不套用城市模式、不搞大拆大建、不搞异地搬迁,通过保护和梳理原有村落肌理,打造旅游性质的河湟文化民俗村。

总体布局结构

下脖项村各社沿湟水河和国道109展开,呈带状分散分布。下脖项村(二、三社)作为行政村成为其他各村行政、社会、经济和文化中心,服务周边各社。规划沿国道109形成社会经济发展轴,加强各社联系,各社依山就势形成组团发展。

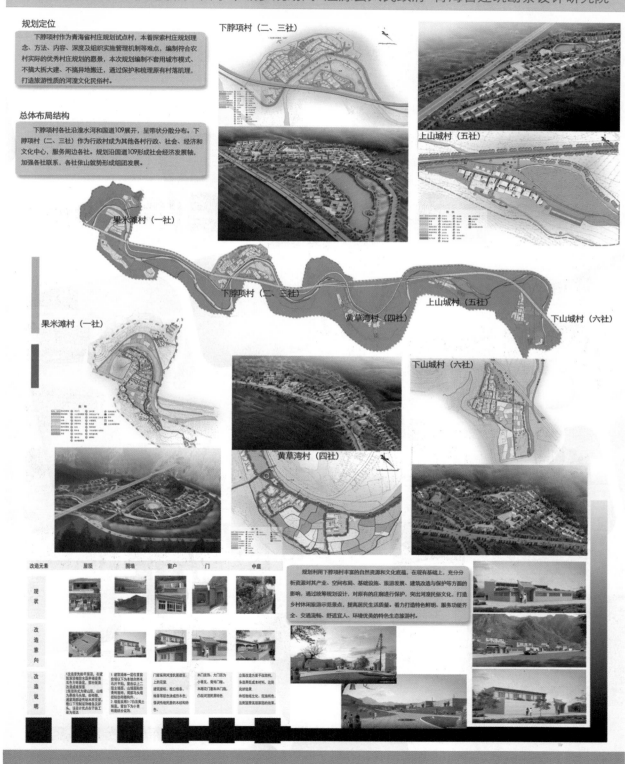

中国历史文化名村塱头村保护规划——现状分析

华南理工大学建筑学院叶红工作室（方略设计）

市域层面区位分析图　　区际层面区位分析图　　镇际层面区位分析图

塱头村区位优势分析

广州市是由国务院在1982年第一批批准的国家历史文化名城，简称穗，别称羊城。位于珠江三角洲北部，濒临南海，历史悠久，秦为南海郡郡治所在，岗朝称吴越，尚有南越宫殿遗址、三国时为孙吴所辖，为交州治所，明代后是岭南地区政治、经济中心，主要对外港口城市。

市内著名风景区有白云山、广孝寺、六榕古寺、南海神庙、镇海楼等；革命遗迹众多，有三元里平英团遗迹、黄花岗七十二烈士墓、广州农民运动讲习所、广州公社旧址、黄埔军校旧址等。粤剧、粤曲、广东工艺美术闻名海内外。

花都区位于广州市北部，东连从化，南邻市区，西邻三水，西南连南海，北接清远，素称"省城之屏障，南北粤之咽喉"。

塱头村是中国历史文化名村，位于花都区炭步镇中心区西2公里处，南粤珠江流域巴江河畔，地理环境优越，离广花高速公路、京广铁路8公里，距广州市25公里，禅炭公路、花都大道横贯全境，到广州白云国际机场15分钟车程，交通便利。未来将作为炭步镇镇区一部分，承担历史保护、旅游休憩功能。

塱头村简介
Village Brief

塱头村现状

塱头村先祖黄氏从南雄珠玑巷南下，元朝时建村，至今已有六百多年。古建筑群整体风貌风貌保存较完好，保留了周边环境如鱼塘、风水池、开阔的农田地带等，与之一起构成了完整的建筑肌理和乡村环境氛围。少量祠堂建筑轻微损毁，包括黄氏祖祠、俭斋公书室、稚溪公书室等，其中云涯公祠目前已成危房。许多设施已经严重老化，商业网点少且分散，塱头村原有的古建筑渐渐不能适应现代的居住功能。黄氏宗族几百年来都是聚族而居，生活安定祥和，村民勤劳、热情、纯朴，并且尊师重学之风一直在塱头盛行，被称为"进士村"。但随着村民的外出和外部文化的进入，几百年来延续的生活方式，生活观念难免被改变，民风、民俗和地方传统文化正渐渐流失。

景徽公祠　　谷诒书室

留耕公祠

履中蹈和门楼

黄氏祖祠

积墨楼

以湘公祠　　乡贤栎坡公书室　　云涯公祠

鲲轩公书室

渔隐公祠

菽园公书室　　台华工书室

村前广场

经纬阁门楼　　宜重光门楼

风水塘　　旗杆石、古树　　友兰公祠　　文湛公书室　　升平人瑞牌坊　　青云桥

塱头村传统民居分析

塱头村传统民居以三间两廊建筑为主，通过一个或多个天井进行采光、通风。天井的设置是增加了建筑的外立面，分布于那不能直接通风采光处的房间可利用的通风采光。天井面积可小一般不大。但对于居民的内空气流通，起着"拔风"的效果，可较好地通过建筑内部处，除湿降温。

天井　　趟栊门　　神龛　　石雕　　木雕　　壁画　　砖雕　　灰塑

民居就地就近利用当地材料，工艺上和技术的特长。用材就地，建筑装修一般呈以青木梁、石涯、彩画等、室外有石板、砖墙、陶瓷、建筑的构造考虑到适应阳碧润功能。从建筑材料上来看，建筑的结构主要为砖石木型、砖木型。

塱头村20号平面

项目成员：叶红　郑书剑　覃子洋　黄启岚　吴增城

中国历史文化名村塱头村保护规划——现状分析

华南理工大学建筑学院叶红工作室（方略设计）

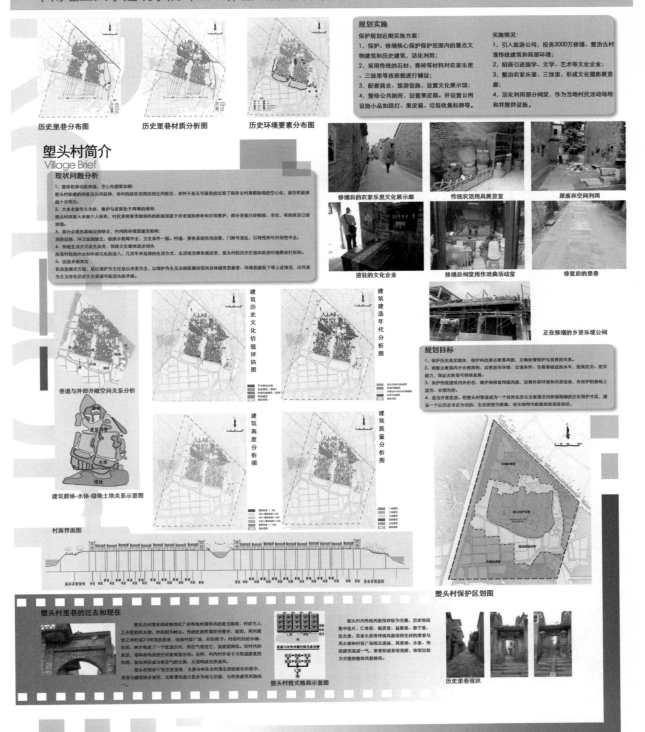

项目成员：叶红 郑书剑 覃子洋 黄启岚 吴增城

珠海市唐家湾镇会同社区幸福村居建设规划

华南理工大学建筑学院叶红工作室（方略设计）

市际层面区位分析图

区际层面区位分析图

社区层面区位分析图

会同社区区位优势分析

珠海位于广东省南部，珠江出海口西岸，濒临南海，东与深圳、香港隔海相望，南与澳门陆路相连。珠海是国家经济特区、珠江口西岸的区域性中心城市和亚热带海滨风景旅游胜地。

唐家湾镇位于珠海中心城区北部，距离珠海中心城区11公里，南距澳门18公里，北上广州110公里，与香港、深圳隔海相望，是在原唐家镇、金鼎镇基础上组建而成。

会同社区位于唐家湾镇西南部，凤凰山与赤花山山谷地带。

荷花塘 **会同画家村** **会同驿站** **农家书屋** **《太安堂.玉井传奇》外景拍摄地**

人村道路 **莫氏大宗祠等** **三街八巷**

自然景观 **栖霞仙馆** **镇芦**

南碉楼

UIC

会同社区简介
Village Brief

会同社区现状

会同社区是一个集庄严古朴与朝气活力于一身的矛盾集合体。百年古村落的存在使得会同社区庄严古朴，宁静深远。而UIC新校区的落户有使其充满朝气与活力。

特色与优势：

区位优势显著，邻近港湾大道，毗邻大学校园（北师大、北理工、UIC等）；人文资源深厚，会同古村是近代香山文化集大成的古村落，有近280年历史；环境优美，处在凤凰山与赤花山山谷地带，山体、池塘、溪流、农田、果园等自然资源丰富；重大项目的带动作用，UIC公租房项目落地会同，为经济发展带来重大契机。

制约与不足：

尚未形成特色产业：社区现有少量工业，集体收入较少，尚未利用周边优势资源形成特色产业；古村与社区发展脱节，会同古村空心化严重，急待新的业态注入古村，使古村焕发生机；校园与社区关系疏远，传统大学的围合式管理，使大学与社区隔绝，未能给社区带来显著的社会、经济效益。

柏叶林村住宅建筑 **柏叶林老年人活动中心** **变电房** **北师大附属外国语学校**

会同古村文化资源分析

会同古村，始建于清雍正年间（1732），位于珠海市唐家湾镇会同西南10公里，主要建筑包括祠堂4座、两座碉楼、3座庙宇和40多座民居。由于会同村选址曲奥，规划格局严整。整体风貌带中西合璧，建筑质量上乘，保留了约200年的中国近代政治经济的历史容颜，仍以其完整的古村风貌，被认为是珠海保存着完整的近代村落群。

北碉楼

莫氏大宗祠 **南闸门及南碉楼** **北闸门** **与如斯家塾**

调梅门 **镇芦**

小组成员：叶红 李贝宁 孔祥莹 葛慧蓉 董明利 张洪剑 程雪平

珠海市唐家湾镇会同社区幸福村居建设规划

华南理工大学建筑学院叶红工作室（方略设计）

会同社区规划
Village Planning

发展愿景

大学与社区完美的结合，用大学带动整个社区的发展。把会同社区打造成集生态、文化、艺术、休闲、运动、教育、科研、旅游于一体的大学小镇。

规划定位

依托会同古村、UIC新校区，以发展文化休闲旅游、高校配套服务两大产业为主，集近代香山文化之大成，融汇古今、中西方文化艺术的高品位文化休闲社区。

规划结构

规划形成"一环、四片区"的空间结构。

规划重点

1、打造特色产业。依托UIC公租房打造大学小镇，依托百年古村打造文化旅游产业，依托凤凰山、赤花山郊野公园打造休闲旅游业。
2、改善村容村貌，铺设石板街、改造LED灯、绿化美化道路，打造一个整洁，美丽，舒适的居住环境。
3、完善公共设施，进一步补充完善休闲、文体、公共活动空间等设施。
4、传承特色文化，修缮家祠、编写会同村史、传承会同特色香山文化。

重点项目示意图—UIC公租房

重点项目示意图—会同文体广场

重点项目示意图—村容村貌美化绿化

重点项目示意图—会同古村特色旅游项目

会同社区实践
Village Practice

实施成效

会同社区规划才做完不到1个月，实施成效还不大。UIC公租房的项目还在施工阶段，会同文体广场则还在征地阶段，其他市政管线、道路的绿化美化等也都还没怎么实施。仅会同古村文化旅游项目已初显成效。

会同古村八条小巷实施效果图　　　会同古村10号会所实施效果图

小组成员：叶红 李贝宁 孔祥莹 葛慧蓉 董明利 张洪剑 程雪平

珠海市万山区担杆村幸福村居建设规划

华南理工大学建筑学院叶红工作室（方略设计）

珠海市际层面区位分析图

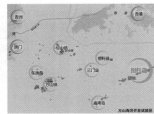

万山区际层面区位分析图

担杆村区位分析

珠海，珠江口西岸的核心城市，经济特区，珠江三角洲南端的一个重要城市，位于广东省珠江口的西南部，是珠三角中海洋面积最大、岛屿最多、海岸线最长的城市，素有"百岛之市"之称。

万山区是我国沿海十大岛群之一，位于珠江和南海交汇处，属于珠三角区域经济圈，岛屿海域有大西、大濠等6条著名国际水道纵横其间，是珠江三角洲乃至华南腹地出入南海的咽喉要道和祖国南部海疆的重要关口，经济战略地位极为重要。

从担杆村区域位置来看，处在珠海市万山区的最东边，东临南海，西距二洲岛950米，南距珠海市香洲区市中心73公里，北距香港九龙30公里，与香港隔海相望。

担杆村是典型的海岛渔村，位于担杆岛中面积最大的担杆岛，也是担杆岛上仅有的海岛渔村，背山靠海。居民点分布在担杆岛的担杆头和担杆中，村民收入主要依靠出海捕鱼，经济来源单一。

担杆村通过客船与外界进行交通联系，天气情况良好时每周有两班快船和一班慢船，其他时候船期受天气情况的影响较大，对外交通不便。

担杆村简介
Village Brief

担杆村现状

担杆村的现状基本处于一个忧中有喜的状态，忧的是渔村整体发展陷入停滞状态，渔村本身对外交通、产业、设施方面基础薄弱，不完善自身条件难以持续发展；渔村存在与海岛不协调的建设的情况，不仅造成了建设的浪费，而且破坏了海岛的整体风貌，亟待整治。同时由于海岛生活的艰辛和海岛设施不完善，导致大量人口外流，驻岛村民后继乏力；喜的是随着珠海市的发展和对海洋发展的重视，担杆村的区位优势逐渐得到体现；同时自然环境资源和人文建筑资源都很优秀，有独具特色的石屋以及原生态的自然环境；海岛渔村独有的猕猴、海钓和海景没有得到良好的开发，游客稀少。与此同时，投资的不足也导致石屋的保护渐渐成为问题。因此开发利用现有特色资源，整合渔村空间两者应在规划中齐头并进。

1.村委会

2.码头

3.招待所

4.发电房

5.文化室

6.篮球场

担杆村建筑质量图　　担杆村基础设施图　　担杆村公共设施图

问卷分析

担杆村建设现状主要问题如下：

经济就业方面

1、大多数村民不愿意单纯靠捕鱼收入生活，愿意从事其他工作增加收入，行业组成比较单一；
2、海岛对年轻人吸引力不强。

居住与基础设施方面

1、住房面积小，且建筑由于年代过久，屋顶、栏杆等出现严重破损；
2、给水系统建设不完善，枯每季节供水不足；

3、村内污水处理系统、垃圾处理系统等基础设施；
4、村内电视信号差，至今最多只能收看三个台；
5、村内缺少互联网，不通电话。

教育医疗方面

1、村内没有教育设施，儿童都在香洲区上学；
2、岛上看病难。

公共服务设施方面

1、公共活动场所的不多，现有设施利用率不高；
2、公共活动场所缺乏，村民外出活动不便；
3、卫生绿化状况较好。

调研方法

本次调研考虑到海岛的特殊性，采用（出海捕鱼）方式。通过多次调研，每次持续一星期跟随与与渔民同吃同住同劳动，参观渔民的生产生活（出海捕鱼、晾晒、集市售卖等），真实记录村民的生活环境，从而真实出渔村当地，让村民"看得懂、想参与、能实现"的幸福村居建设规划。调研主要从村民的生活环境、生产方式、生态资源出发，收集海岛建设的生活习惯及与严实，确保测验成果能够客观、较细地反映现状情况。调查模式：深入渔村中，走遍村头巷尾，访谈村民，收集文献资料。

现状问题分析

1、产业落后

渔业发展利润日益低下，渔民收入越来越不稳定，一旦水资源匮乏衰竭，加上过度捕捞，严重下降，二生成本的提高，特别是燃油收入工艺本身的加剧了渔业生产投入与收益产出的矛盾，三市场因素制约，使得暗产不畅的不断日趋突出。

2、对外交通困难

担杆村主要通过与外部进行行交通联系，间接影响村民的日常生活、也制约着村子的发展。担杆头与担杆中之间的陆上交通通过渡船的肘窘况，这严重制约了担杆村的未来发展。

3、基础设施

担杆岛内的供电、排污、垃圾处理、电视信号和通信信号均不完善，严重影响村民的日常生活，也不利于大规模开发。

4、人才缺乏

岛内没有文化教育设施，与此同时，岛内各类相关人才和经营管理人才缺乏。担杆岛内常住人口较少，岛上住民基本以中老年劳动力，由于岛上的产业发展尚未成熟，考招入新居住人口，缺乏新鲜人口，人口流失严重，或成无人岛。

5、与周边岛的发展方向矛盾

担杆村有着多座、海岛基础、海岛优势，但并不是独有的。网站其他渔村有相同或类似的发展优势，如东澳岛、外伶仃等等，与之相比并非处于明显的优势地位，甚至可以区区在分于劣势场。在东海的发展下，担杆村抓住珠海市幸福村居建设规划的契机。充分的利用现有的些特色资源和特色文化，克服自己的不足，将不同产作转化为有利条件。加速担杆村发展的步伐，注重与周边地区的协调与分工，寻量错位发展，或成无人岛以竞争为地区合作，变海区竞争为地区协作并形成区域发展相影响。

船舶出海捕鱼

村民生活场景

村委访谈

村民访谈

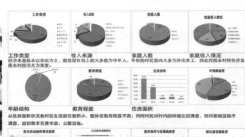

工作类型　　收入来源　　家庭人数　　家庭收入情况

工作类型

经济来源基本以务农为主，愿意留在岛上的大多数为中年人，年轻的村民意向大多为外出务工，对挖掘本村特色并发展本村经济尤为重要。

年龄结构　　教育程度　　住房面积

从住房面积状况来看村民生活居住教育水平，整体受教育程度水平低；同时村民对村内的环境比较满意，但对基础设施不满意，迫切要求完善村内公共设施、公厕设施。

室内卫生间的地砖要求满意　　结束与评估满意度　　绿化建设满意度

村居设施满意程度

担杆岛猕猴保护区

1982年林业部门将担杆列岛列为猕猴保护区，1989年11月经广东省有关批准成立省级自然保护区。岛上有山峰438米，野生猕猴85群。岛内珍稀动植物种类繁多，有维管植物种12科，有国家三级保护的植物39科，一级保护动物1种，二级保护猕猴是广东最大的猕猴集居生态环境良好保护地，属于保护地之一，猕猴又得名著，属于灵长目，猕猴中面积分布于长江以南各省，被列为国家二级保护动物，岛猕猴上自然保护区，于1982年有过300只，30个发展到约1300多只，成为相对岛上土生土长，其体型100厘米人工繁育，栖与人岛中一角，岛内主要分布在村中和部分猕猴之种，规模最大的担杆岛村岛猴另外一角时是对附近的树林居。

海钓——矶钓

担杆岛附近海域海钓资源属于万山其他海岛的支有优势，岛上天然丰茂的海钓资源的钓点，是天然的海钓基地。担杆岛鱼类资源多样，不仅脚有万山区海岛特有的鱼类资源，而且由于担杆岛的大大规模开发建设，鱼类资源相比是多丰富。由于万山区特殊的洋流环境，每年的10月及次年的3月是鱼类最丰富的时期为洄游性的鱼钓、鱼种鱼类，万山其他海岛的渔业资源都有明显的季节性。而担杆岛附近海域域等随着增加性的鲷科、鲈科类鱼，在某岛海每年不同的丰茂季节的恒温有着温暖常年生活在此的担杆鱼类，受季节影响较小。

海底潜水

小组成员：叶红　李贝宁　孔祥莹　严广州　陈雪

珠海市万山区担杆村幸福村居建设规划

华南理工大学建筑学院叶红工作室（方略设计）

担杆村特色简介
Village Brief

担杆岛在星罗棋布的万山群岛中风格独特，水蓝景美。海岛周边的水域，清澈见底，是垂钓、潜水的好去处。
担杆岛山峰绿荫俊秀，山上植被茂密，繁花野卉缀布其间。山上有动物猕猴，海鸟等动物栖息，山岛有近日等自然景观。

(1) 猕猴——岛上的物种灵，人类的自然朋友
1989年11月当广东省人民政府批准成立担杆岛猕猴保护区，并于6月由珠海市批准建立保护区管理处。猕猴数量从1982年的不足300只，如今发展到1300只，其中近100只是人工驯化，常与人往来，十分有趣。漫步丛林中，频听猕猴的欢快鸣叫，感受自然之乐。

(2) 海钓——青春活力运动，奢华海上之旅
担杆岛拥有较为丰富的渔业资源，鱼类的品种丰富，是海钓的圣地。现阶段主要为周边的海渔游客驾驶游艇来与海钓，以及部分从珠海慕名前来的海钓爱好者，具有一定的知名度和发展基础。
另外，由于担杆岛附近海域海钓运动比万山群岛海域的开发较晚，现有规模不大，鱼类资源更加丰富，渔获体型更大，品种更多，发现已经越加获得越来越多的海钓爱好者的青睐。

(3) 石屋——任住历史见证，海上布达拉宫
石屋是60-70年代人民公社时期村民集体建造的新村，这些石屋的建造就地取材，非常好的反应了岛上独有的风貌与特色，也代表了那个特殊年代的历史记忆。

(4) 观日——魅力担杆日出，宁静傍晚落霞
担杆岛有中国四个最佳观看日出的地方之一项目里。当清晨阳露一缕阳光升起重。阳光、沙滩、海水，构成了担杆岛的一幅动人的画卷，置身的人们在这更享受阳光的礼赞，犒赏蓝天白云己。当太阳慢慢投入大海的怀抱，霞辉映海，渔舟唱晚，与宁静的渔村构成一幅和谐的画面。

海滨——风光秀丽迷人
石屋建筑群——海上布达拉宫
海水蓝蓝蓝海清澈
海钓——青春活力运动
猕猴——岛上的动物精灵
伶仃三宝——蒋军福
伶仃三宝——鸡爪螺
伶仃三宝——石贝鱼
海底潜水——多彩多姿海底世界
海上日出——魅力担杆日出
海上落日——宁静傍晚落霞

担杆村规划简介
Village Brief

产业发展规划
产业发展是幸福村居建设规划的核心，也是村民关注的重点。要平平抓住发展渔村经济、增加渔民收入这个根本原则，推动担杆村集体经济的快速发展，建设幸福富裕的海岛渔村。

区域旅游规划
规划建设将外伶仃岛、担杆岛和庙湾岛打造成区域海上运动中心，通过串岛旅游路线，形成：外伶仃岛（观光旅游）——担杆岛（海上运动）——庙湾岛（休闲度假）的海岛精品旅游路线。

海上休闲运动基地
根据担杆岛的海钓环境和担杆岛居民点内现有建设情况，把海上休闲运动基地划分为"一线四区"的布局结构。"一线"指联系担杆头居民点与海上休闲潜水区。海上休闲运动海钓区之间的游艇旅游线路。"四区"指以担杆头提供餐饮、住宿区域的海上休闲运动配套服务区；以担杆头码头为基础的海上休闲运动的游客服务；以担杆头海为基础的海上休闲运动水区；以担杆岛海岸线的内的为基础的海上休闲运动海钓区。

担杆猕猴风情主题岛
依据居民点和保护区内的现有建筑情况，把担杆猕猴风情保护区划分为"一线两区"的布局结构。"一线"是指联系担杆头居民点与猕猴主题公园之间的电瓶车旅游线路，以及游线的观景休息；"两区"是指以担杆头的保护区管理处为基础的游客服务区，形影汉松种植区。为基础的猕猴主题公园。

生态环境保护
担杆岛猕猴保护区是广东珍贵稀有生物型自然保护区之一，也是研究其繁殖生地和发展史的重要基地。从整岛适宜性分析出担杆的海岛生态格局图。规划主要从保护担杆岛生态整性、生态系统保护、水环境保护与水污染治理，建立垃圾分类回收和无害化处理体系，保持海滩清洁，防治垃圾污染等方面进行环境保护。

产业规划
串岛旅游线路图
猕猴影视客服务区
海上休闲运动基地
猕猴风情主题岛
担杆头适宜性分析图
担杆头高程图
担杆中高程图
担杆头总平面图
担杆头鸟瞰图
担杆头建筑整治图
担杆头建筑意象图
担杆村规划图

规划目标
充分利用担杆岛自然资源和猕猴风情，建设生态低碳环保旅游示范基地，发展海岛海上运动基地。对村容整洁、环境宜人，营建宜居宜业宜游的幸福海岛渔村。

发展策略
(1) 产业互动，提升经济
传统渔业应改造升级，从传统的捕捞作业向规模化海产养殖，海上垂钓、海上运动、海上渔家乐等产业转移，整理优化产业结构，壮盛宜业宜游的幸福海岛渔村。
(2) 完善设施，提升环境
公共服务设施的配套：卫生站、渔民活动站、公园、广场等，注重与旅游服务的配套；市政基础设施的完善：水、电、能源；海上运动的建设海港的需求；旅游服务设施的完善。
(3) 塑造品牌，提升文化
打造猕猴风情品牌、海产品、海上运动品牌。海岛风光：海上绿道、石屋建筑观光、猕猴风情体验；海产特色文化：中船"海上布达拉宫"、海钓、猕猴猴等成为地域特色性品牌；海上活动：海岛风光拍摄基地、海底潜水、海上运动观光等。

规划定位
以海岛旅游、海上运动和海岛休闲为主导，打造具有东方风情的原生态的宁静海岛为主题岛，健康高端的海上垂钓休闲基地，珠海海岛石屋特色的精品渔村典范。

担杆村规划图

担杆村上岛人口控制

担杆村在规划实施后将接待大量的游客，随之而来的是对环境的影响，作为一处数据数据率的目的规划的底泥发展。因此只选充分利用担杆村珍源，将增多尽失数据率的价值。因此数据区必须合理发展制度对人口进行控制，并根据科学的计算得数据实施。

(1) 生态环境容量分析
根据建设标准和景观环境力的有关人均海岸率的人口总数预测。即，担杆岛土地生态的人口容量为2020人。

(2) 水资源容量分析
担杆岛内没有大规模的水库，主要靠岛上的一个水池，储蓄水资源和村民自备集雨蓄集吸集的水资源。综合计算上款数据测计算，担杆岛人口容量为1000人。

(3) 人口容量分析
担杆人口容量需测游客游客、外来游客、服务职工、当地居民三类。

外来游客：
通过系列环境，游路法和卡口法综合推测出得：担杆猕猴风情岛游客保护区旅游上岛的预期游数据为420人，日容量为552人，年接待为14.6万人次。

服务职工：
医务客容量的计算公式为：游者设施用地面积/游客人均占用地指标。游客设施用地人口比例系数均为0.2，最终得出服务职工容量为51人。

当地居民：
村内居民上学就学户迁出，而迁出的户口更重新迁入村将变将游客为游疏，将减少人口迁出，使村民人口基数保持。上学迁出的人口。因此在规划中将户籍之源制度，规划将不考虑人口上。而将其纳入服务职工。

综合生态环境容量分析和人口容量分析，担杆村的人口容量为：外来游客+服务职工+当地居民=552+51+207=810人。

海钓——矶钓

小组成员：叶红 李贝宁 孔祥莹 严广州 陈雪

增城区仙村镇西南村村庄规划建设实践

华南理工大学建筑学院叶红工作室（方略设计）

市际层面区位分析图

镇际层面区位分析图

西南村发展历程

西南村位于增城市新塘镇镇内，北靠广深铁路，南临广园快速路，交通便利，可方便到达广州市和增城市中心城区，及花都、番禺等周边区域。总面积 4.7 平方公里，耕地面积 930 亩，工业开发区位于村城区北部，总人口 1147 人，305 户。

西南村是 1995 年从沙头新划分出来的行政村，村民均源自同一祖先何姓，由 5 个经济合作社组成，全村户籍人口 1000 人左右。当时的西南村，村容村貌破旧不堪，集体经济十分薄弱，村民生活大部分处在贫困的状态中。

西南村从 90 年代中期一个默默无名的贫困乡村发展成为广州市社会主义新农村建设的典范。1995 年—2006 年，西南村在村长何铁标带领下依托区位优势大力发展村级工业，集体经济得以壮大。

西南村简介
Village Brief

西南村村庄整治建设历程

2006 年—2013 年，西南村抓住国家建设社会主义新农村的契机，争取成为增城市社会主义新农村建设的试点，在乡村规划师的协助下，进行有效的村庄整治，实现村庄建设的全面升级。

旧村的建设基本上都是村民自发进行的，没有整体规划，村居建筑更谈不上建筑设计。旧村内新旧建筑与历史建筑混杂，如何通过有限的整治实现全村风格整体协调是规划师需要挑战的难点。规划师基本不改变原有建筑的使用功能和建筑结构，只是通过调整墙面的色彩、线条、窗套、局部贴青砖的装饰，达到改变建筑外观目的。

西南村整治取得成功后，村民的思想、想法发生了的转变，在建筑审美的方向上有意识地向村庄整体的风格靠拢，模仿整治房屋的风格进行建设，不再乱建，使得全村的风貌得到自主的统一和谐。

西南村整治规划建筑整改规划图

西南村工业区控制性详细规划土地利用规划图

西南村建筑整改效果图-01

规划师与村干部逐一核实整治房屋

村民从村公所的房屋前面走过

西南村旧村整治效果示意

西南村建筑整改效果图-03

西南村建筑整改效果图-02

在全面规划的基础上，旧村的整治遵循合理保留；传承传统文化；充分尊重村民意愿三大原则。明晰保留建筑、立面建新建筑、立面整治建筑以及拆除建筑，均得到村委的确认，制定补偿标准。通过青灰色的墙面、深灰与白色的线脚和窗口套、女儿墙上的装饰瓦，仿红砂岩的墙裙，使原本五花八门的旧村建筑形成雅致、协调的整体风格，并具有岭南建筑的传统特色。

清晰合理的功能分区

西南村在建设过程中在全村域实现了有效的功能分区，将村域范围内各类用地科学划分为工业区、农业区、居住区，实现村庄功能布局合理，生产生活有序，高效发展的目标。规划中在工业园区布置了居住用地以统一建设外来工宿舍，有效地解决了外来工的居住问题，防止其在周边的村庄租赁村居。

旧瓶新酒更弥香——历史建筑的整治利用

作为一个传承百年的村落，西南村内拥有不少的历史遗存，包括有气派的何氏大宗祠、素雅的私塾书室、庇佑一方的包公庙、盘根错节的老榕树……这些堪称村庄历史最好的见证，是乡土有别于城市的文化底蕴，为旧村整治提供很好的创作源泉。

整治采用修旧如旧的手法，对墙面进行打磨、擦洗，露出青砖墙面，对局部破损的地方修缮翻新，在恢复复其外观原貌后，结合宗祠、书室在村中央的核心位置，及村民公共娱乐生活的需求，对其内部进行改造及活化。

大宗祠依旧保留原来祭祖祀先、商议家族大事的功能；对于书私塾，则改造为文化展览厅、文化活动室和老人活动室，内设图书馆阅览室、棋牌娱乐室、科教室等村民交流活动服务的场所；包公庙依然协助其香火鼎盛。

粤公宗祠　村情村史展览馆

何氏宗祠

应忠何公祠　古树

小组成员：叶红 李贝宁 孔祥莹 容艳媚 梁凯

增城区仙村镇西南村村庄规划建设实践

华南理工大学建筑学院叶红工作室（方略设计）

问卷分析

通过问卷调查，我们发现西南村村民对村庄的社区环境与设施服务有较高的满意度，对西南村有较强的认同感与归属感；同时希望村集体经济可以进一步发展；希望对旧村得到进一步改造，居住质量可以进一步提高。

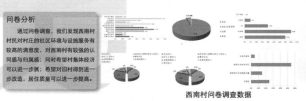

西南村问卷调查数据

西南村经济发展面临的问题和挑战

西南村村域有限，用于农业发展耕地少，不利于农业规模化生产，产品结构仍较为单一，生产方式相对比较传统分散。乡村旅游资源并未能实现资源的充分有效利用。农业产业链条较短，产业化尚未形成。工业产业层次较低，附加值有待提高。示范村没有带来相应的经济效益，参观人群并没有带动旅游消费。

新型岭南乡村社区示意

未来发展策略

2013年以来，西南村开展了新一轮的村庄规划。规划对西南村取得的成绩与继续发展面临的问题进行了认真的分析，描绘了"村庄整治—经济发展—文化提升"的未来发展路径。规划认为西南村面对周边地区域镇化发展的趋势，应保持其岭南田园乡村的宝贵特质，坚持明确的功能分区，将工业区转向发展城市商贸服务业，同时依托乡村资源发展现代农牧业与特色休闲旅游业。同时，在村庄建设中着力保持岭南乡村特色，提升文化品位与底蕴。

西南村简介
Village Brief

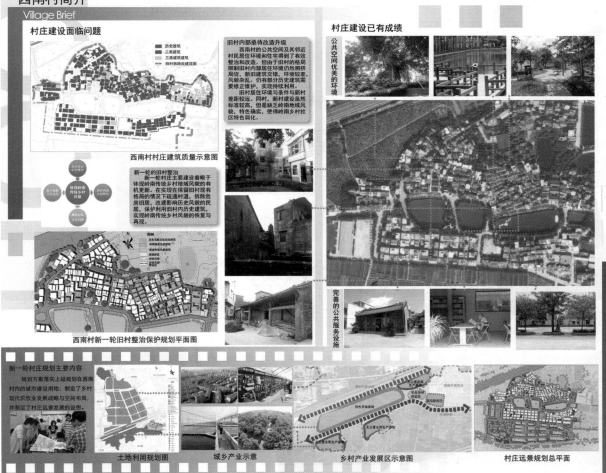

村庄建设面临问题

■	历史建筑
■	三类建筑
■	三类建筑改建
■	旧村拆除改造范围

旧村内部亟待改造升级
西南村的公共空间及其邻近村民居住环境和住宅得到了有效整治和改造，但由于旧村的格局限制旧村内部居住环境仍然拥挤局促，新旧建筑交错，环境较差，风貌杂乱，仍有部分历史建筑需要修正维护，实现持续利用。
旧村住宅环境与条件与新村差距较远。同时，新村建设虽然标准较高，但是缺乏岭南地域风貌，特色确实，使得岭南乡村社区特色弱化。

西南村村庄建筑质量示意图

新一轮的旧村整治
新一轮村庄主要建设着眼于体现好岭南传统乡村地域风貌的有机更新。在实现在保留旧村现有格局的情况下疏通村道，拆除危房旧居，改造影响历史风貌的民居，保护利用村内历史建筑，实现岭南传统乡村风貌的恢复与再现。

西南村新一轮旧村整治保护规划平面图

村庄建设已有成绩

公共空间优美的环境

完善的公共服务设施

新一轮村庄规划主要内容

规划方案落实上级规划在西南村内的城市建设用地，制定了乡村现代农牧业发展策略与空间布局，并制定了村庄远景发展的设想。

土地利用规划图　　**城乡产业示意**　　**乡村产业发展区示意图**　　**村庄远景规划总平面**

小组成员：叶红 李贝宁 孔祥莹 容艳媚 梁凯

从化市良口镇仙溪村灾后重建规划

华南理工大学建筑学院叶红工作室（方略设计）

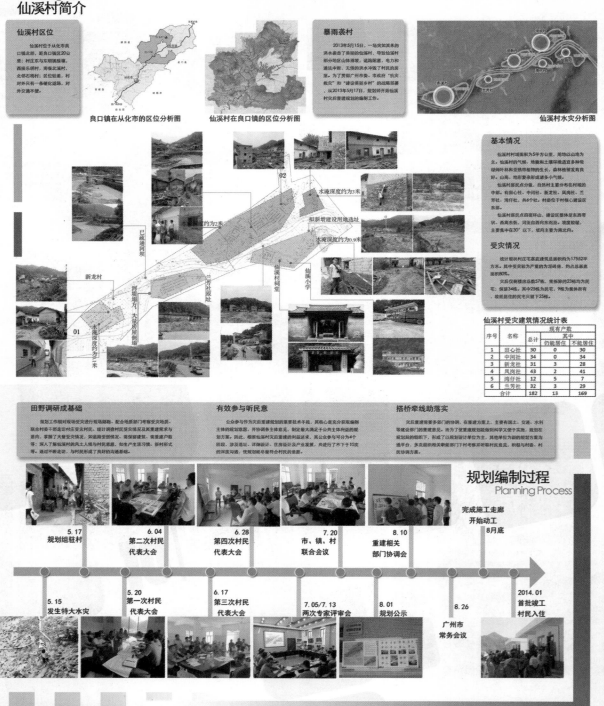

Village Brief
仙溪村简介

仙溪村区位

暴雨袭村

仙溪村水灾分析图

良口镇在从化市的区位分析图　　仙溪村在良口镇的区位分析图

基本情况

受灾情况

仙溪村受灾建筑情况统计表

序号	名称	总计	现有户数	
			其中	
			仍能居住	不能居住
1	田心社	30	0	30
2	中间社	34	0	34
3	新龙社	31	3	28
4	凤岗社	43	2	41
5	湾仔社	12	5	7
6	兰芳社	32	3	29
	合计	182	13	169

田野调研成基础

有效参与听民意

搭桥牵线助落实

规划编制过程
Planning Process

完成施工走廊
开始动工
8月底

5.17
规划组驻村

6.04
第二次村民
代表大会

6.28
第四次村民
代表大会

7.20
市、镇、村
联合会议

8.10
重建相关
部门协调会

2014.01
首批竣工
村民入住

5.15
发生特大水灾

5.20
第一次村民
代表大会

6.17
第三次村民
代表大会

7.05/7.13
两次专家评审会

8.01
规划公示

8.26
广州市
常务会议

小组成员：叶红　张汉燊　李文豪　李智豪　熊婷婷　林志伟

从化市良口镇仙溪村灾后重建规划

华南理工大学建筑学院叶红工作室（方略设计）

规划特色
Plan Features

异地搬迁 or 原址重建

特色一：遵民意灾后原址重建

兰芳社规划方案

受灾严重的兰芳社现状

特色二：保平安填土筑堤建墙

挡土墙护坡规划

特色三：谋共和按社分片居住

按社分片居住

特色四：循民俗护山新居改向

仙村靠山的保存

第一轮方案

见水来不见水去的新居改向

第二轮方案

特色五：延脉忆留祠修庙引溪

梳理原有山水作新村水景观

重建土地庙

保留宗祠和扩建前广场

特色六：适惯习建附房扩厨厕

建设杂物房和饲养房

大厨房和杂物间

卫浴共用的厕所

建设杂物房和饲养房

仙溪村重建规划总平面图

仙溪村重建规划鸟瞰图

实施成效
Implement Achievements

2012年11月11日仙溪村Google图（受灾前）

2013年10月2日仙溪村Google图（受灾后）

2014年1月29日仙溪村Google图（重建中）

规划评价

受灾情况 → 重建过程 → 初步建成 → 规划回访与民同乐

小组成员：叶红 张汉燊 李文豪 李智豪 熊婷婷 林志伟

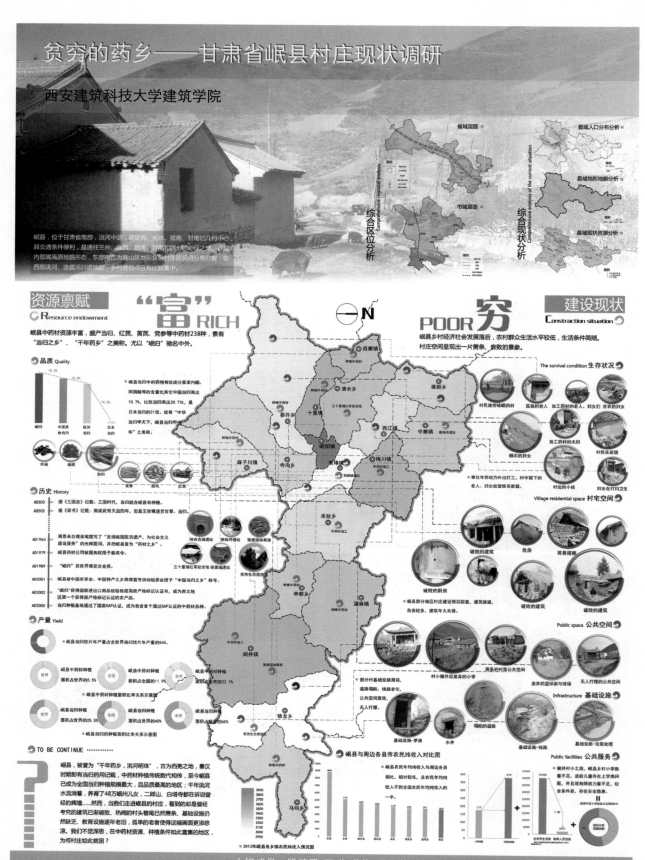

贫穷的药乡——甘肃省岷县村庄现状调研

西安建筑科技大学建筑学院

现状问题分析
Analysis of Current problems

■ 劳动力视角分析

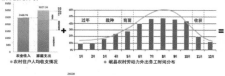

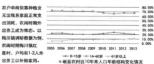

秦许乡马烨村养老福利院

● 农村住户人均收支情况

● 岷县农村劳动力外出务工时间分布

● 岷县农村近10年来人口年龄结构变化情况

农户单纯依靠种植业无法维系家庭正常支出消耗，农闲时期外出务工成为常态，以梅川镇调研数据为例，农闲时期梅川镇红崖村，户均有1-2人外出务工从事种植业。

根据统计年报数据，近年来，岷县农村60岁以上老年人所占比重逐年上升，已超过10%。若按照农村留守人口计算，（梅川镇红崖村）人口扶养比为60%，且其养者多为女性，反应农村"空心化"现象严重。

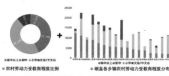

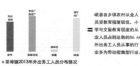

● 农村劳动力受教育程度比例

● 岷县各乡镇农村劳动力受教育程度分布

● 茶埠镇2013年外出务工人员分布情况

岷县各乡镇农村从业人员受教育程度较低，小学与文盲教育程度的从业人员占比到数56.64%，外出务工人员从事行业多为劳动密集型行业。

小结：随着近年来岷县教育、建房成本升高，单纯农业生产收入已不能满足日常的支出。因此，农闲时期户均约0.8个劳动力外出务工。利用农闲时期外出务工的人数占到县外出务工人数的60%以上，即农村外出务工时间较短，同时受制于受教育程度，劳动力外出务工可选择行业类型较少。劳动力数量偏少。劳动力教育水平偏低是导致岷县农村贫困的重要原因之一。

■ 土地视角分析

● 岷县耕地分布示意图

岷县农村种植业经营模式，依然是"自给自足"的小农生产方式，耕地流转较难，规模经营程度较少。以岷县乡为例，耕地1年承包价约为1000元/亩，承包1亩地地块当约，亩产约为200千克，以2014年当拼价格3-4元/斤为标准，1亩地的种植收益约为1200-1600元，减去亩均农业生产费用，基本上无利可图。由于岷县近年来，当拼等药村价格流动较大，一定程度上抑制了耕地流转承包的热情。

● 岷县当归价格变化示意图

岷县耕地大部分分布在山区，山区乱产农田占到了耕地总量的三分之二，其分布零散，且无农业生产设施，农作物亩产量较低，全县人均耕地1.6亩，面积较小，不利于规模化、机械化生产。

小结：受制于岷县的气候特征及中药材种植特性，户均较小的地面积难以完成从青苗-成熟-播种的三年历程，一方面，农户间较乏相互合作的能力，另一方面，土地流转价格较高，因此各家往往构置中药村品，因此各往构置种植主。土地分散经营导致商生产者农户市场博弈过程中应对风险的能力较低。

□ 案例比较分析·首阳镇

镇区概况

● 首阳镇区位置

首阳镇，人均耕地1.7亩，川道地区地势广阔，土壤气候条件适宜药村生长。由于临近渭海线，又离兰渭高速和G316岸过，交通条件较好，逐渐吸引外省来本地经营，因而形成交易市场。

耕地流转承包

首阳镇多川道地处优质耕地，土地平坦，适合大规模经营，政府鼓励农户通过耕地流转承包，形成集体化的农业合作组织，扩大中药村种植规模，提高生产效率。

产业发展模式

首阳镇的中药材产业发展依托巨大的交易市场，在镇区建设形成循环经济产业园，吸引外来务工人员，带动集销消费，推动城镇第三产业发展和完善公共设施配套。

农户 → 合作社 → 企业

● 首阳镇中药材交易模式

首阳镇的中药材生产中，"合作社"作为交易平台，代表农户进行交易，减少了中间环节的成本，为农户带来更多利润。

■ 收入视角分析

● 岷县三产增加值变化情况

● 岷县三产从业人员数量变化情况

● 县内务工人员工资收入占农户人均总收入的比例变化

近年来，岷县的二三产业发展迅速，三产结构不断优化。但农村人口外出务工收入占总收入的比例却在下降，药村产业链延伸带动的相关二三产业的发展未能有效惠及农民。农村劳动力外出务工报酬与配存在不公现象，劳动力价格偏离其价值。

● 城乡收入差异分析图

岷县经济底子较薄弱，城镇居民可支配收入与农村人均纯收入的比例约为4:1，大于全国和全省的比例，反应岷县城乡差距较大，产业发展中利益分配不均衡。

小结：受制于现状利益分配不均衡现象和村庄"自给自足"的农业生产方式。一方面，农村外出务工劳动力对于家庭收入水平并未随着务工经济增长而提高，农民工收益分配不公现象明显，另一方面，受缺乏农民合作组织，在销售过程中中间商博弈对占据利润，造成了农民务工和交易两方面遭到利益损失。

结论 Conclusion

农村合作化
构建农村合作社，一方面，提供技术培训，提高劳动力素质，另一方面提供销售渠道，联合购销，以应对市场风险。

农民组织化
加强农民的自治与凝聚力，加强农户间合作，建立企业+合作社+农户的组织关系，以减少农民与市场的交易复杂性。

政府服务化
转变政府职能，增强服务意识，为健全中药材市场提供土地、环境及税收优惠政策，建立信息总交易平台化等。

建议

小组成员： 段德罡 王瑾 黄梅 马远航 赵亚星 刘慧敏 邹伦斌 李小盼 刘煦 马克迪

授之以渔，本土营造 ——四川凉山马鞍桥村震后重建研究

西安建筑科技大学建筑学院 香港中文大学建筑学院

地理位置
Location

马鞍桥村位于四川省凉山彝族自治州会理县最新安傣族乡，地处滇川交界，面积约 16 平方公里。

马鞍桥村简介

马鞍桥村被一条大河与外界阻隔，地处偏远山区。在 2008 年 8 月发生了 6.1 级的攀枝花地震，使该地区成为继川西之后又一个重灾区。马鞍桥村是该地区最具代表性的受灾贫困村落之一该村以传统夯土合院民居为主的大量农宅损毁严重。

1. 问题与挑战

震后当地村民重建家园面临着来自各方面的巨大挑战，村民普遍地对传统夯土房屋的抗震性能丧失信心。但在滇北川南广大农村地区，广泛采用的这种夯土合院农宅，是人们应对当地特定的经济、资源、气候等客观条件，历经千百年探索凝炼形成的传统民居形式。至今仍符合当地村民日常生活生产的传统民居形式。而从周边村落由政府震后统建的三开间砖混住宅来看，如果简单照搬常规建造模式用以重建，不仅不利于当地生态环境的保护和传统文化的传承，而且很难克服村民生产生活面临的实际问题：

(1) 基于烧结砖、混凝土的常规建材价格飞涨；
(2) 年人均纯收入仅为 1000 元，重建资金短缺；
(3) 交通条件落后，受河水阻隔，从外界大量运入建材既不现实也不可能；
(4) 还存在本地教育与技术水准相对低下等问题，都严重限制了当地展开灾后重建。

2. 策略与方法

针对上述村民所面临的一系列挑战和问题，团队通过对当地大量损毁房屋的实地勘察和村民访谈发现，基于本土建造传统，充分利用震后废墟和当地自然资源的重建模式，是当地灾后重建叠为现实和有效的技术路径。而关键在于有效提升传统夯土农宅的安全性能，重建居民对建造传统民居的信心。

项目推进策略与各阶段工作内容
Methodology

3. 居住空间与环境的优化设计

当地传统合院由于人畜共居，院内卫生条件普遍较差，建筑室内光线昏暗，夏季湿热，通风不畅。团队通过走访村民，在充分了解各户生产生活习惯与重建、重建需求的同时，和村民一起研讨重建方案并纠正一些认识误区。根据各户家庭结构、经济条件、宅基地面积和地形条件，形成了 12 套新的合院改良设计方案，以供村民灵活选用。

5 Spans for 6 people　4 Spans for 3-4 people　3 Spans for 3-6 people　4 Spans for 3-6 people

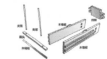

志愿者团队深入各户开展访谈调研和方案论证工作　对传统夯土技术改良方法进行现场结构试验

本土材料的运用：九成以上的材料来自免费的震后废墟以及村内自然材料，只需购入少量的水泥和熟石灰

材料试验：房屋抗震性能的提升

4. 传统营建技术的改良与标准化

马鞍桥村所在的西南地区自古便是地震多发地带。经现场勘察发现，当地传统农宅在结构整体性和夯土墙体力学性能方面的缺陷是导致其大量损毁的核心原因。团队结合已有研究成果，通过一系列材料优化和现场建造试验，充分利用本地可得的自然材料和震后废墟，发掘和优化当地传统夯土建筑结构体系和营造技术，全面提升当地传统夯土建筑抗震性能。这其中主要包括：

(1) 优化房屋结构体系
(2) 施工方法、工具的改良和标准化

1 通孔孔洞　9 草泥
2 墙檐　10 水榴
3 木垫片　11 瓜柱
4 木圆梁　12 木榴
5 墙内木柱　13 瓦
6 木榴桓　14 整窗窗套
7 墙内木扁　15 门通梁
8 竹筋

传统做法室内通风不畅，居民在室内闷热不适，通过开设高窗使得房屋夏季通风效果大幅度提升

Improvement of Indoor Ventilation　Before　Improvement of Indoor Ventilation　After

5. 示范培训

马鞍桥村文盲率高达 50%。如何使村民学习掌握这些房屋建造优化措施，是团队面临的又一大挑战。为此选择了一户示范户，发动全村各户出一个劳动力为其兴建房屋，并派驻两名志愿者与村民同吃同住，通过这一实际操作的培训模式，示范房屋建成后，全体村民已经掌握了各种新颖建材措施的基本要领，并积累了充分的经验。更为重要的是，恢复和村民对传统夯土技术的信心。

根据夯筑墙体性能限定房屋最大开间、进深、层高、窗墙比等参数、明确有利于抗震的合理体型参数范围；利用竹木林料，完善并规范由构造柱、拉接竹筋、上下圈梁等构件形成的抗震结构体系；优化夯实墙体分层、屋面和墙体、以及基础等连接构造措施，进一步提升房屋整体性。

小组成员：穆钧 周铁钢 万丽 吴恩融 马劼 杨华 黄梅 王正阳 李唐

授之以渔，本土营造——四川凉山马鞍桥村震后重建研究

西安建筑科技大学建筑学院　香港中文大学建筑学院

抗震 Anti-Selsmlc	生态永续 Sustainable	循环利用 Recycling	适宜实用	Community	社区互动	Appropriate	授人以渔	Cost-effective	重建示范	Empower	经济节约	Demonstration	综合提升	Enrichment	真心关爱	Love

挖掘与提升传统建造技术，改良农宅建造技术，提供更安全舒适的居住空间。

在建筑的全寿命周期内考虑降低能耗和污染。

坚持循环利用的原则，材料尽多取自震后废墟。

尊重当地文化传统与村民自己的意愿，设计图纸项目的实际情况展开。

积极发动本地居民，鼓励村民的积极参与到建设的整个过程中来。

传统农村建设新方法，组织村民自力重建家园。

我国家建设部作为实后重建示范点建设。

通过多种方法大幅降低建设成本，手均造价仅为当地常规砖混结构农宅的1/10。

除了农宅的建设建设之外，支援当地进行包括村民活动中心与桥梁在内的基础设施的建设。

真正关心村民的实际需求，在现场与当地村民同吃同住，与村民成为一家人。

8. 成果与综合提升

众所周知，我国类型多样的传统民居营造工艺，是各地区人们在本地特定的气候、资源等客观条件下，历经千百年探索总结形成的智慧结晶，可以说是当地解决房屋建造问题最为经济实用，同时往往是最具生态潜力的技术路径。通过震后农宅重建和村民活动中心的建设，马鞍桥村的整体居住环境取得了显著提升，村民恢复了正常的生产生活。完成后居住质量甚至相比于震前都有了很大的提升。基础设施的完善也为村民的生活带来了更多的活力元素。

地震灾后重建的 10 个原则
10Rules of Rebuilding

BEFORE

AFTER

村民自力更生完成了家园重建，从各户户的重建成果看，村民展现出的创造力和民间智慧令人欣喜，毕竟只有他们才真正了解自身的条件和需求，相比于震后的百废待兴，如今的马鞍桥村已经恢复到震前的宁静和祥和。

6. 家园重建

通过示范户建设，全村村民基本掌握了新的夯土农宅技术措施要领，同时恢复了对夯土农宅的信心，随即通过邻里互助的传统组织模式，自发展开各户房屋重建工作。针对震后普遍出现的侵占农田重建房屋的现象，团队向各户提供不同程度的资助，鼓励村民原址重建。在志愿者进一步的技术指导下，历时3个月，全村33户村民自力更生完成了家园重建。

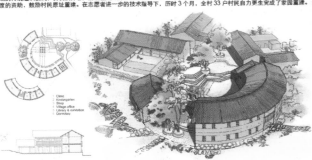

在示范项目建设的同时，发动内地与香港的志愿者建造了马鞍桥村第一座真正的桥，方便了当地村民的通行，加强了村庄与外界的沟通。

9. 性能与成效

通过对马鞍桥村震后为期三年的跟踪观测和统计，可以看到与当地常规砖混结构农宅相比，村民自主建造的房屋出现明显的优势，不仅可以在邻里互助下完成重建，而且除少量水泥、熟石灰等工业原料不得不从外界购入，重建材料90%免费取自本村自然资源和震后废墟，这使得村民自建的平均造价远远低于常规砖混农宅。而热工性能也优于后者，而且新宅院在居住环境质量及房屋综合性能方面的提升获得了村民的普遍认可。

热学性能的提升：相比于一般砖房，热舒适性有显著提高

> ¥200/m² 11%
¥100-200/m²
< ¥100/m² 54%

Stat. of Construction Cost of All Families

Earth House
Conventional House

All Material Manpower

Comparision in Construction Cost

Earth House — Outdoor Temperature
Conventional House

Comparision in Indoor Temperature
室内温度相比

green building award 2010

Grand Award 大奖

7. 村民活动中心的建设

在总结最新的研究成果和实践经验的同时，团队根据当地村民的习俗和公共生活需求，设计并组织村民兴建了一个具有诊所、图书馆、商店、幼儿园等功能的村民活动中心。其中，弧形墙、弧形屋面、两层上大露面、落地门窗等传统夯土建造完成的"现代"元素得以充分应用，以期在丰富和满足村民日常公共生活的同时，向村民诠释这种夯土"明天"的应用潜力。

马鞍桥村震后重建研究和示范项目完成至今，先后获得了联合国教科文组织"2011年度传统创新奖"、香港2010年度环保建筑大奖等多项国际专业奖项。同时总结成果与经验，针对农村用户，图文并茂编撰出版了《抗震夯土农宅建造图册》。

小组成员：穆钧 周铁钢 万丽 吴恩融 马劼 杨华 黄梅 王正阳 李唐

湖南省安化县仙溪镇城乡统筹实验项目规划

1

指导老师：宋小冬 卓 健 肖 扬　　　小组成员：宝一力 陈柯宇 姜 懿 丁 冬 蔺芯如 马一翔 唐杰颖 王 博 王 越 薛皓颖 尹嘉晟 张梦怡 张顺豪

区位分析

市域——"安化位于"一都""两轴""三带"空间格局中的资水沿线发展轴之上，逐步形成经济区，是益阳市的东大门。

县域——仙溪镇位于安化县东部的中心，东与大福镇毗邻，西与渠溪乡接壤，北与长塘镇交界，南与烟。

镇域——规划区位于镇域北之处，东邻资水，西邻国道，同时紧邻二广高速出口，交通便利。

STRENGTH 优势
1. 交通便利
西邻国道并且正处于规划公路出口处，拥有卓越的地理交通优势。
2. 特色民居
村内的特色建筑风貌保存完整，有文化特色。
3. 资源丰富
东靠资水，水资源丰富。任存有农田以及丰富的林地资源

WEAKNESS 弱点
1. 基础设施不足
满足基本生活需求的给排水、垃圾处理等设施不足
2. 环境保护
对目前有的生态资源并没有建立保护措施
3. 组团布置形式
基本自由布置，土地利用效率不高

OPPORTUNITY 机遇
1. 经济产业
由海螺水泥厂的规划带来的经济效益，促进本地就业
2. 对外交通
由规划的高速公路出口带来的对外交通联系

THREAT 挑战
1. 资源利用
民俗文化资源、农业资源、水资源等等如果有效的集中体现
2. 生态环境
在引导新农村的城镇化进程中降低对环境的影响

基本情况介绍

基本信息介绍：
占地：230公顷
气候：亚热带季风性湿润气候
语言：普通话、湖南话
民族：汉族

人口特征
常住人口去户籍人口90%左右，有一定镇的外出务工人口；60岁以上人口较，人口分布在山区中。

常住人口＜户籍人口　　人口老龄化严重　　镇域人口分布分散

产业特征
仙溪在安化县属于工业相对发达的乡镇，拥有水电厂、水泥厂等工厂，同时有一部分外来打工者。

安化的"建材之乡"　　改建中的水泥厂　　小型水电厂

建筑特征
仙溪镇拥有悠久的文化这一历史渊源，有独特的建筑风貌。基地内没有得到延续的延伸。

在建乱建随处可见　　废弃危房散落田间　　自建房屋比例怪异

相关现状图

现状排水排污图　　现状电力电信图　　现状道路交通图　　现状建筑质量图　　现状用地分类图

湖南省安化县仙溪镇城乡统筹实验项目规划
2

指导老师：宋小冬 卓 健 肖 扬　　　　小组成员：宝一力 陈柯宇 姜 懿 丁 冬 蔺芯如 马一翔 唐杰颖 王 博 王 越 薛皓颖 尹嘉晟 张梦怡 张顺豪

基地问题概述

人口问题

全镇人口主要集中在镇区，然而镇区仍有大量务农的非城镇人口，另有大量人口外出务工，留在镇区居住的老人儿童比例较高。

农业人口占比大

镇域：户籍人口 **5.4万人**　农业人口 **4.6万人**

镇区：户籍人口 **1.2万人**　农业人口 **0.5万人**

外出务工比例高

镇域：户籍人口 **5.4万人**　常住人口 **4.9万人**

就业拉动力不足

第一产业从业人员 **1.5万**

第一产业从业占比 **73%**

经济发展问题

安化县为国家级贫困县，在湖南省内属于西部地区，因此基础设施配置总体较为落后。仙溪镇位于安化东部，地理位置较好，但受到梅城集聚效应影响一直得不到发展。

经济发展刚起步

2013年生产总值：**1.54亿**

23个乡镇中排位：**18位**

居民点空间分布问题

人口分散地居住在山区，基础设施配置难度大。

[人口分布示意]　[土地适建示意]

房屋自建乱建，户型房型严重不合理，地方特色没有延续。

[进深、面宽严重不合理]

居民在住宅面宽邻里空间限制住的情况下，疯狂的加大进深，户型不合理。

[乱建多层房屋]

没有统一的建设标准，居民为了更多的建筑面积，建造大量风格不一的多层住宅。

资源、问题与对策

基础设施与交通现状

○ 幼儿园　○ 小学　○ 中学　○ 邮局　○ 医院　○ 市场　□ 周边居住范围

· **交通优势：**
镇区西侧有建南北向二广高速，出入口与穿过镇区的东西向道路相通，并且向东通往仙沩公路。
· **公共服务设施不足：**
公共服务设施主要集中在镇区中心，两侧村居民少，因此难以全部享受镇区基础服务设施不足。
· **基础设施配置滞后：**
用边分散村居住用地，导致居民点基础设施配置难度较大滞后，且由于农村居民点分散，政府难以负担统一配置的费用。
· **对策：**
充分依托交通优势，带动产业发展，提供就业；集中部分农村居民向镇区集中，鼓励城镇化就地创业。

建材产业

■ 建材加工厂　建材销售

· **资源：**
镇区内有较多经营建材销售，多以家庭经营，另有几处小型建材加工厂。
· **问题：**
产业规模较小且分散，仍无法形成足够的产业链。
· **对策：**
依托较好的交通条件与产业基础，进一步扩大建材产业的发展，提供更多就业，带动城镇经济发展。

土地适宜性评价

坡度因素

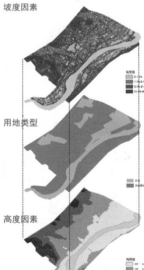

用地类型

高度因素

农业养殖

◆ 养猪场　主要农田

· **资源：**
现状镇区周围有农户，镇区南侧仙中村有多户养殖，经济效益好。
· **问题：**
养殖产业水分散难以管理，随意排放废物，对附近水体环境污染大。
· **对策：**
未来在保留的农业中应当以发展养殖业，通过统一化规模化经营，统一管理，建设沼气池生态处理设施。

旅游产业

中国梅山文化园　G207国道　仙溪镇区

· **资源：**
中国梅山文化园位于仙溪镇富溪村，镇有着丰富的旅游资源，与镇区通过国道联系，车程30分钟即可到达。
· **问题：**
镇区目前不具有足够的旅游吸引力，但他集聚如全镇结合考虑互相利用资源，应当充分发挥镇区的服务功能。
· **对策：**
在镇区配置一定高等级的服务设施，联系旅游景点，可以作为旅游路线中转站，充分带动全镇的资源整合。

当地居住空间特色

当地居民仍保有比较传统的生活习惯，室内空间也充分反映出他们生产生活的习惯，在未来规划中应考虑保留其室内空间需求。

仙溪镇典型住宅一层平面

1、院落

农具堆放／自留地／大型喜丧

2、堂间
室内布置

招待亲友／家庭聚餐／祈福聚餐

规划策略概述

土地 ⟩⟩ 人群 ⟩⟩ 生活

外部机遇

+

内部需求

由对外交通的建设带来的区位上的优势，改府对镇内工业的扶持发展为仙溪镇带来了经济腾飞的机遇，也为镇内居民带来了本地就业的机会。规划区迁村并点的实施将为规划区带来大量的外来人口，使镇区内有足够的劳动力。

不同的人群在区内越居需要有足够的空间，同时也需要多样化的居住空间满足不同人的需求。

城镇化以及工业的发展会对生态环境造成一定影响，在建设的同时要注意环境的保护和基础设施的完善，建立绿色、生态的新农村。

区内的农田带需人为的安排，同时城镇化的进程中要考虑保留居民原作的生活与城市居住生活需协调。

湖南省安化县仙溪镇城乡统筹实验项目规划 3

指导老师：宋小冬 卓 健 肖 扬　　　　小组成员：宝一力 陈柯宇 姜 懿 丁 冬 蔺芯如 马一翔 唐杰颖 王 博 王 越 薛皓颖 尹嘉晟 张梦怡 张顺豪

居民按从业分类

人群构成：
1. 生产销售经营人群　2. 一般务工人群　3. 工厂务工人群　4. 务农人群　5. 留守老人、儿童

需求：公共活动空间　就近工作 — 非务农人群 … 良好生态环境 … 务农人群 — 人气　公共设施

住房形式

居民按来源分类

居民按年龄分类

外出务工中青年　留村务农中青年　照顾儿童　留守儿童　留守老人　务农

现状人口中，14岁到65岁的人口占75%，14岁以下的儿童占9%，65岁以上的老人占16%。而中青年之中60%的人口外出务工，40%的人口留村务农。

由于大量青壮年人口外出务工，留守的老人既要肩负务农工作，又要照顾家里的儿童。

基于对规划区域现状人口，同时考虑到外部迁入的人口，对规划区内人口的大致预计如下：

总户数	500户
总人数	2000人
均人户数	4人
14岁以下	160人
14岁~65岁	1540人
65岁以上	280人

77% 劳动人口所占百分比

75% 中青年所占百分比　25% 老人儿童所占百分比　50% 外出人口所占百分比　90% 非外出劳动人口占劳动人口百分比

其中对于非外出劳动人口主要有以下几类：
农业劳动人口　工业劳动人口 300人　服务业劳动人口　其他劳动人口 200人

各类居民的不同需求

留守老人与儿童

[问题]　[需求]

经济状况
人均收入统计：经济有保障。
从业情况统计：耕地多弃置。

[基础] 安享晚年、物质殷实

[混居]

[物质] 老年、儿童服务完善

生活服务
服务设施统计：山村配置差。（镇区／山区）

[共享]

居住状况
住房类型统计：居住环境差。
基础设施统计：设施配置差。

[居所] 房屋完整、设施齐全

[混居]

心理健康
老年心理问题：老无所依。
儿童心理问题：幼无所养。

[心理] 邻里陪伴、和谐相处

[陪伴]

镇区原住居民
[相似的收入水平]
镇区内经商、服务镇区和镇域人口，获得较为殷实的收入；多从事第三产业，也有一部分本镇居民在镇区水泥厂、建材厂务工。

[相似的服务需求]
镇区内虽然生活服务设施较为齐全，但分布大多过于分散，没有形成集中的服务中心；同时服务设施的类型也有待扩充。

外来务工人群
[相似的住所需求]
务工人员大都居住在临时搭建的棚屋中，基础设施配置非常差，也存在一定的坍塌危险；更有居住在工地的工人，宿舍建设置有待提高。

[相似的心理问题]
常年在外奔波劳累，务工人员有较为严重的心理问题，非常思念家乡的孩子和老人，对于不能照料老人、教育孩子有很大的愧疚感。

规划策略与定位

交通区位条件 » 产业发展 » 外来务工 » 人群混居 » 发展定位

交通条件带来的区位优势带动地块产业经济的发展，工业纺织产业、竹木、建材加工等产业。

由交通条件带动的产业发展对地块内社会经济的发展端出贡献，同时提供了就业机会。

由产业发展所提供的就业机会吸引了地块周边地区的劳动力，使得外来务工人数的增加。

由外来务工人数的增加，地块内人群的混合——本地、外地；各行业、各年龄阶段人员混居。

建立起一个环境友好，减少污染、绿色**生态**；适宜务工、务农、经商等各色人群**混居**的以**人**为核心进行发展的新型农村。

湖南省安化县仙溪镇城乡统筹实验项目规划 4

指导老师: 宋小冬 卓 健 肖 扬　　**小组成员:** 宝一力 陈柯宇 姜 懿 丁 冬 蔺芯如 马一翔 唐杰颖 王 博 王 越 薛皓颖 尹嘉晟 张梦怡 张顺豪

居民访谈

迁居与就业方案

60户 全部搬迁
50户 原地安置
25户 宅基地保留
42户 搬迁
54户 保留60%
80户 保留80%
16户 搬迁

现状人群从业情况		从事农业	从事非农产业
基地外	农村人口	仍然以务农为主	倾向于外出打工,不愿继续务农
	非农人口		居住在农村,但在镇区工作
基地内	农村人口	仍然以务农为主	倾向于外出打工,不愿继续务农
	非农人口		住房位于沿街,商住混合经营生意

规划未来从农业从业去向		从事农业	从事非农产业
基地外	农村人口	迁入农民新村保留原有农田	迁入住宅小区就业从事商业、建材加工
		不搬迁保留原有农田和宅基地	
	非农人口		迁入住宅小区继续从事原有工作
基地内	农村人口	迁入农民新村置换基地外农田	不搬迁原有住宅转化为特色民宿、饭店
			迁入住宅小区就业从事商业、建材加工
	非农人口		不搬迁保留原有店铺
			迁入住宅小区旅游从事服务工作

宅基地升级方案

宅基地 → 新宅基地
原有宅基地置换为农民新村的农民住宅,可以自主选择是否保有有宅基地所有权,宅基地面积差值按照房价补偿。

宅基地 → 公寓
放弃原有宅基地,置换农民新村内的公寓住宅。原土地的价值得到补偿,部分转业者不再务农,成为城镇人口。

宅基地 → 扩大宅基地
坚持保有原有宅基地,基础置出建筑面积,周边居民迁出或退出,周边的原宅基地可以选择购入并置周围宅基地。

宅基地 → 转业功能
保有原有宅基地,在原来宅基上经营,部分可以选择经营民宿、观赏性农业,部分本地产业转为从事服务产业。

各类居民从业安置策略

搬迁务农
务农意愿 ★★★★☆
转业意愿 ☆☆☆☆☆
搬迁意愿 ★★★★★

原本居住在周边村庄,从事农业劳动,村庄内基础设施配套落后,农业生产经济效益有限。

通过搬迁至农民新村,获得更好的基础设施与公共服务条件。

随着一部分农民转业,还可以选择扩大自己的农田范围,规模化经营。

搬迁转业
务农意愿 ☆☆☆☆☆
转业意愿 ★★★★★
搬迁意愿 ★★★★☆

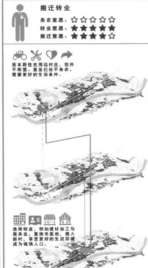

原本居住在周边村庄,但并不希望务农,需要更好的生活条件。

选择转业,例如建材加工与迁入新村,置换宅基地,享受更好的生活环境,成为城镇人口。

继续务农
务农意愿 ★★★★☆
转业意愿 ☆☆☆☆☆
搬迁意愿 ★☆☆☆☆

经济条件较好的农民,有能力改善自己的居住条件,不愿意迁入新村,并可以对周边迁走的农民的农田,扩大自己的生产。

旅游服务
务农意愿 ★★☆☆☆
转业意愿 ★★★★☆
搬迁意愿 ★☆☆☆☆

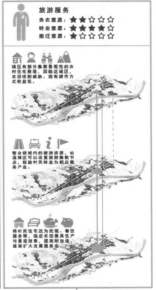

镇区有部分具有展观性的农村住宅聚落,因临近城区,农田收割制约。保有耕作方式收益低。

整合镇镇域内的旅游资源,仙溪镇区可以设置旅游集散节点,使村民转业为为相应服务产业。

精村民住宅改为民宿、餐饮服务等,并对农田展其展观性,逐渐扩大发展服务业。

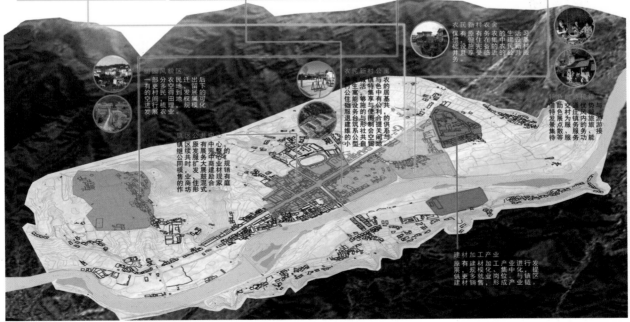

中国工程院重大咨询项目《村镇规划建设与管理》——村镇调研

中国城市规划设计研究院

中国工程院重大咨询项目《村镇规划建设与管理》开始于2014年初，计划于2015年末结题。该咨询项目下设综合报告和四个课题，由邹德慈、崔愷、孟伟、石玉林四位院士牵头，多家单位共同参与。研究任务和目标包括：

1. 进一步明确当前中国社会经济发展背景下，村镇的意义与价值，村镇规划、建设与管理的历史使命，村镇在新型城镇化进程中的内涵与作用。

2. 从时间维度和空间维度出发，预估国家宏观社会经济背景下的村镇发展趋势。

3. 综合剖析我国村镇规划建设与管理的现状与困境。

4. 提出加强村镇规划建设与管理的举措与建议。截至2014年末，题组已完成对山东邹平、北京周边、河北宣化、江苏昆山、江阴、广东南海、东莞、深圳、广州等地区村镇的调研工作。

项目下设课题名称	承担单位
课题1、农村经济与村镇发展研究	中国中国科学院地理科学与资源研究所
课题2：村镇规划管理与土地综合利用研究	中国城市规划设计研究院
专题1：村镇规划管理与土地综合利用	中国城市规划设计研究院
专题2：以人为本的农村管理制度改革与创新	中国人民大学
课题3：村镇环境基础设施建设研究	中国环境科学研究院
课题4：村镇文化、特色风貌与绿色建筑研究	中国建筑设计研究院

北京朝阳区崔各庄乡何各庄村简介

自然地形	平原
主要产业类型	租赁经济
土地流转比例	100%
人口	户数	301户
	常住人口	3150人
	户籍人口	1150人
农民人均收入	3万元以上
主要收入来源	农房出租
村庄建设用地规模	1101亩
其中	宅基地	632亩
	集体经营性建设用地	469亩
公共设施	幼儿园	有
	小学	有
	养老设施	无
	文化设施	有
基础设施	通电	有
	网络	有
	自来水	有
	硬化路面	有
	厨房能源	天然气
	供暖方式	壁挂炉
编制村庄规划	有
建设项目报批	宅基地改造项目报乡规划科审批
建设违章管理	违章少

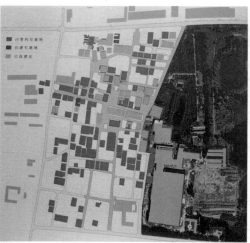

何各庄宅基地划分图

何各庄村邻近北京东五环，交通便利。自2007年开始推动村庄自我更新，到目前为止，已有200户左右村民与村委签订了《委托改造运营协议》，占约总户数的2/3；完成改造66户，占签约户数的34%。改造后纳入罗伯公学、一号地国际艺术区等文化创意产业纷纷入驻。经过7年探索，何各庄模式在保障农户宅基地用益物权、增收等方面取得了一定成效，但也存在村庄内部未改造和改造农户混杂、收入分化、公共设施投入不够、亟待升级等问题。

《村民委托改造运营协议》：

以167平米（北京宅基地标准）的房屋为标准，农户每年获租金6万，房屋面积增加1平米，年租金增加100元，租金每3年增加10%，租赁期限为10年。租赁期满后，村委会将改造后的房屋无偿交还给农户，由农户决定继续出租或收回自用。

房屋改造坚持自愿参与的原则，签订协议的农户自愿将自有房屋委托给村委会进行改造经营。

江苏江阴周庄镇华宏村简介

自然地形	平原
主要产业类型	工业
土地流转比例	1/3
人口	户数	2263户
	常住人口	19000人
	户籍人口	8000人
农民人均收入	3.2万元
主要收入来源	本村工厂上班
村庄建设用地规模	3700亩
其中	宅基地	1800亩
	集体经营性建设用地	1900亩
公共设施	幼儿园	有
	小学	无，和镇共享
	养老设施	无，和镇共享
	文化设施	有
基础设施	通电	有
	网络	有
	自来水	有
	硬化路面	有
	厨房能源	天然气
	供暖方式	无
编制村庄规划	无，镇统一编
建设项目报批	报江阴县一级部门审批
建设违章管理	违章少

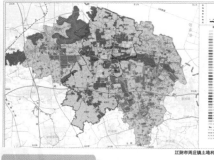

江阴市周庄镇土地利用现状图

华宏村区位图

华宏村影像图

江阴是著名的苏南模式发源地。周庄镇是其下数一数二的工业强镇，拥有4家上市公司，年工业产值875亿。华宏村是周庄镇的一个缩影，突出特点是村企共生、工业和居住混杂，这和苏南模式依托村集体办乡镇企业的历史是分不开的。华宏村近些年的新变化主要是居住社区化，将村内的农民进行集中安置，目前已安置居民5000人左右，约占全村居民的60%。可以说华宏村在用地整合上有了实质性的举措，但面临光建新、不拆旧、负债高等问题。

周庄镇三次产业结构
3.22%
29.43%
67.35%
一产
二产
三产

周庄镇就业结构
0.77%
25.60%
73.63%
一产
二产
三产

华宏村人口结构
8383人
11000人
本地人口
外来人口

华宏村房屋权属结构
65%
15%
8%
老房屋
安置房
商品房
集体房

华宏村老村居

华宏集团

华宏村集中安置小区

华宏村安置小区生活场景

参加单位：城乡所 深圳分院 上海分院 西部分院   小组成员：王凯 靳东晓 曹璐 谭静 赵迎雪 石爱华 陈宇 许顺才 魏来 王璐 蒋鸣 华传哲

中国工程院重大咨询项目《村镇规划建设与管理》——村镇调研

中国城市规划设计研究院

山东村镇调研简介

山东省邹平县临池镇北台村

自然地形	丘陵	
主要产业类型	粮棉种植、打工	
土地流转比例	15%	
人口	户数	260户
	常住人口	720人
	户籍人口	870人
农民人均收入	2万元	
主要收入来源	附近打工	
村庄建设用地规模	78亩	
其中	宅基地	70亩
	集体经营性建设用地	少量
公共设施	幼儿园	镇区共享
	小学	镇区共享
	养老设施	无
	文化设施	文化活动站
基础设施	通电	有
	网络	有
	自来水	有
	硬化路面	有
	厨房能源	燃气、煤、柴
	供暖方式	煤
编制村庄规划	未编制	
建设项目报批	公共建筑镇报批，其他自主改造	
建设违章管理	违章少	

北台村区位图

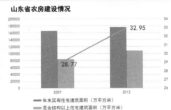

北台村村庄影像图

北台村距离淄博15公里，距离济青高速、滨博高速11-12公里。邹平县所在的鲁北地区是国家重要的粮、棉主产区，邹平是著名的全国工业百强县，主导产业为纺织、印染、冶炼、化工、造纸。处于丘陵地区的临池镇工业并不发达，北台村村民多以就近打工为主，人均收入不高，村庄处于衰败状态。北台村保留有清代"李氏庄园"的部分古建筑，古建筑多数空置，少数仍由村内老年人居住。

传统村落保护困境：根据北台村的区位条件及现存古建筑数量和质量判断，村庄很难以旅游开发的方式获利。根据抽样调研问卷，北台村民大多不愿继续在村内居住，部分村民希望能将村庄整体拆除，并通过"增减挂"的方式，原址建设农村新型社区，改善居住条件。

问题：是否愿意搬离现在的住房？

不愿意 10.53%
愿意 89.47%

山东省农房建设情况

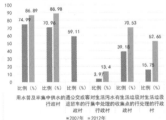

28.77 32.95

— 年末实有住宅建筑面积（万平方米）
— 混合结构以上住宅建筑面积（万平方米）

山东省农村基础设施建设情况

86.89 88.98
74.99 70.96
59.11
70.53
52.65
39.18
13.4 15.75
3.97

比例(%) 比例(%) 比例(%) 比例(%) 比例(%) 比例(%)

用水普及率集中供水的通公交或客对生活污水有生活垃圾对生活垃圾
行政村运班车的行集中处理的收集点的行处理的行政
政村 行政村 村 村

■2007年 ■2012年

山东省农房设施建设情况

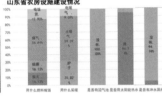

用什么燃料做饭 用什么采暖 是否有沼气池 是否用太阳能热水 是否有水冲厕所

小尾寒羊养殖合作社

村内景象

村庄外侧沿省道修建的厂房

村内清代居民建筑群

深圳村镇调研简介

深圳市南坑社区

自然地形	平原	
主要产业类型	物业租赁、市场	
土地流转比例	无农用地	
人口	户数	1200户
	常住人口	3万人
	户籍人口	2174户
农民人均收入	15-20万元	
主要收入来源	房屋出租，非农就业	
村庄建设用地规模	3.61平方公里	
其中	宅基地	土地全部转为国有，由村股份公司和个人员管理
	集体经营性建设用地	
公共设施	幼儿园	与城市共建
	小学	与城市共建
	养老设施	有
	文化设施	社区工作站
基础设施	通电	接城市线网
	网络	接城市线网
	自来水	接市政管网
	硬化路面	有
	厨房能源	接市政管网
	供暖方式	接市政管网
编制村庄规划	更新单元规划	
建设项目报批	规划局	
建设违章管理	城市管理	

南坑社区区位图

南坑社区影像图

南坑社区地处深圳市龙岗区坂田街道南端，辖区面积为3.61平方公里，下辖南坑村民小组、星光天景小区、家和花园及四个工业区，属于典型的"村改居"社区。辖区内企业137家，规模以上9家，出租屋109000m²。社区组织采取"一站，一委，两居，两会，一中心的组织架构模式"优化服务，通过设立社区工作站加强政府管理与公共服务。

区政府   街道办

大社区发展平台

城中村大社区发展平台可以将区街社、政府市场与社会企业、组织等多方面的资源整合起来，加强对城中村的服务和管理。

多个社区   股份公司

时间	名称
2004	深圳市城中村（旧村）改造暂行办法
2005	关于深圳市城中村（旧村）改造暂行规定的实施意见
2006	关于推进宝安龙岗两区城中村（旧村）改造工作的若干意见
2006	关于宝安龙岗两区自行开展的新安旧身工业区等70个旧城旧村改造项目的处理意见
2007	关于开展城中村（旧村）改造工作有关事项的通知
2008	关于宝安龙岗两区城中村（旧村）全面改造项目有关事项的通知
2009	深圳市城中村综合整治项目投资管理暂行办法
2007	关于工业区升级改造的若干意见
2008	关于推进我市工业区升级改造试点项目的意见
2009	关于加快推进我市旧工业区升级改造的工作春意见
2009	关于推进"三旧"改造提效的集约用地的若干意见（粤府【2009】78号）
2009	深圳市城市建筑物业（深圳市人民政府令第211号）
2010	关于试点拆除重建类城中村更新项目建立基本程序的通知
2010	深圳市城市更新单元规划制定计划申报指引（试行）
2010	深圳市城市更新单元规划编制操作规则（试行）
2010	深圳市城市更新项目保障性住房配建比例操作规定
2010	拆除重建类城中村更新项目用地产权证注销操作规定
2010	深圳市宝安、龙岗区、光明新区及坪山新区拆除重建类城市更新旧屋村范围认定办法（试行）
2011	深圳市城市更新单元规划编制技术规定（试行）
2012	深圳市城市更新办法实施细则（深府【2012】1号）
2012	关于加强和改进城市更新实施工作的暂行措施（2012年版）
2013	深圳市城市更新历史用地处置暂行规定
2013	深圳市城市更新建筑物信息核查及历史用地处置操作规程（试行）
2013	城市更新单元规划审批热点问题指引
2014	关于加强和改进城市更新实施工作的暂行措施（2014年版）

南坑社区街景

南坑社区居民安置楼

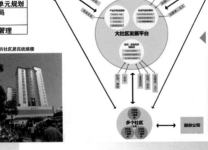

南坑社区股份合作公司、居委会承担对社区发展承担不同责任。

社区工作不仅承担管理职能，而且为社区居民提供大量免费的服务设施。

南坑股份有限公司及社区居民各自拥有物业产权，一栋建筑可能混合多种产权。

参加单位：城乡所 深圳分院 上海分院 西部分院   小组成员：王凯 靳东晓 曹璐 谭静 赵迎雪 石爱华 陈宇 许顺才 魏来 王璐 蒋鸣 华传哲

拉萨市尼木县吞达村村庄规划 —— 现状情况与村庄特征

中国城市规划设计研究院城乡所

获奖情况： 全国社会扶贫创新案例（国务院扶贫办）
2013年度全国优秀城乡规划设计奖（村镇规划类）一等奖

吞达村简介
Village Brief

吞达村现状

村庄地处自治区两个重点城市拉萨、日喀则之间，并通过藏南"黄金旅游线"——中尼公路与其相连，具备独特的资源环境优势与交通区位优势。吞达村有着1300多年的历史，是藏文创始人吞弥·桑布扎的故乡。吞弥·桑布扎是吐蕃王朝赞普松赞干布时七贤臣之一，藏族早期伟大的语言文字学家和翻译大臣，御前大臣。村庄是西藏自治区著名的"藏文鼻祖之乡、藏香之源"。

建筑质量分析图

土地利用现状图

植被现状分析图

民房调查汇总表

村庄现状照片

主管院长：李晓江　主管总工：靳东晓　小组成员：蔡立力　张清华　茅海容　邓鹏　陈宇　张昊　介潇寒　曾浩　陈晓明　周觅　达瓦次仁

拉萨市尼木县吞达村村庄规划 —— 规划特点与实施效果

中国城市规划设计研究院城乡所

获奖情况： 全国社会扶贫创新案例（国务院扶贫办）
2013年度全国优秀城乡规划设计奖（村镇规划类）一等奖

村庄规划特点

规划突出整体保护和原真性保护的理念，重点保护村庄"依水为脉，落于自然的整体聚落布局"特色与"居作相宜，疏密有致的村落空间"特色。

突出文化旅游发展，"村景一体"统筹村庄建设全局。本规划重点突出三个结合：一是村景结合，规划考虑对南部火车站的建设，提出"南居北游"的空间发展蓝图，保护北部旅游资源集中区的同时也对旅游资源利用景区划分进行了统筹安排，实现"村景一体"。二是点线结合，规划空间结构形成"三点一线五景区"，以"点、线"为核心安排布局主要旅游景点和服务设施；三是规划和设计相结合，并对村庄整体建筑风貌控制、村民住宅选型、村庄景观整治等方面提出了规划设计意见。

全程突出公共参与，强调村民集体组织作用。规划特别强调集体自治组织对村庄发展的带动作用。村庄成立了"藏香生产合作社"等多种类型的村庄合作社或自治组织，调动了群众的积极性。

多渠道筹措建设资金，技术援藏全程跟踪实施，规划重点梳理中央各部委及相关部门的援藏资金和援藏政策，研究不同渠道资金使用效率，强化资金的整合利用。同时我院与当地政府达成了《共同援建尼木县吞达村新农村的合作协议》，继续以技术援藏的形式全程参与吞达村的规划建设。

村庄土地利用规划图
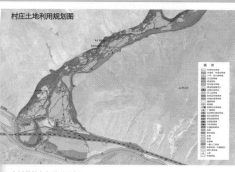

村庄保护规划图

古村落特色与价值分析

1 村庄选址遵循了"因地制宜"自然法则，体现了"背山面水，负阴抱阳"的理念和"山""水""城"和谐相处的自然观念。

背山面水

2 村庄布局特色：一是"依水为脉，落于自然"的聚落布局；二是"居作相宜，疏密有致"的村落空间；三是"巧用水系，梳理功能"的用水智慧。

依水为脉

居作相宜

巧用水系

3 文化遗存价值分析：吞达村的历史悠久，具有众多的文化价值较高的历史遗存。最具核心文化与旅游价值的历史遗存共4处，分别为吞弥·桑布扎故居、水磨长廊（非物质文化遗产——藏香手工制作工艺的主要场所）、吞巴庄园和古堡遗址。

4 传统建筑特色：吞达村的居民全为藏族，其建筑风格也凸显出浓郁的藏族民居特色，有着十分独特和优美的形式与风格，与雪域高原壮丽的自然景观浑然一体，给人以古朴、神奇、粗犷之美感。

建筑特色元素

文化遗存资料

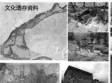

得到有效保护的水磨藏香设施

文物修复——吞弥故居

按规划修建的旅游步行栈道

按规划修复的吞巴庄园

按规划实施的太阳能路灯照明

建设吞达社会主义新农村
——吞达村村庄规划问与答

尼木市人民政府
西藏自治区住房和城乡建设厅
中国城市规划设计研究院
2013年01月

为便于规划实施而面向普通村民编制的"规划双语宣传手册"

聘请自治区社科院知名专家撰写《吞巴家族历史考》报告，填补吞巴家族历史研究空白。

藏香合作社大订单发货

村支书代合作社兑现货款

村庄网站与藏香销售淘宝店

规划实施效果

规划实施以来，村庄整体面貌发生了较大变化。一是植被得到有效保护，村庄景观风貌大大改善，2012年被授予"自治区级生态文明村"称号；二是在规划组指导与驻村工作组帮扶下，成立了村庄网站、藏香销售淘宝站点，促进了藏香销售量和农民脱贫增收；三是文物保护与旅游发展快速推进，发掘与抢救性修复了吞弥·桑布扎故居、吞巴庄园，建设了藏文化博物馆、尼木三绝博物馆等文化游览设施和接待设施，2014年3月村庄被列入第六批"中国历史文化名村"名单；四是基础设施和公共服务设施加快推进，吞达村至吞普村公路项目正式启动、村庄饮水工程实施完毕、太阳能路灯垃圾收集池等基础设施逐步到位，村民生产生活水平显著提高。2013年，吞达村规划案例还获得了国务院扶贫办颁布的"全国社会扶贫创新案例"称号。

按规划实施的吞达吞普公路

按规划实施的饮水工程

按规划实施的太阳能路灯照明

技术援藏全程跟踪服务

1 签订一揽子援助合作协议

2 邀请村民代表赴京津参观新农村建设

主管院长：李晓江　主管总工：靳东晓　小组成员：蔡立力 张清华 茅海容 邓鹏 陈宇 张昊 介潇寒 曾浩 陈晓明 周觅 达瓦次仁

上海市嘉定区徐行镇曹王村村庄规划——现状分析

深圳市城市空间规划建筑设计有限公司

① 区位分析

位于嘉定区东北部，徐行镇中部偏东，与钱桥村、小庙村、红星村、劳动村和安新村接壤。

村域面积约4.1平方公里，常住人口14628人。

村域内部及周边有浏翔公路、前潭公路、大新建一路等，村域东部还规划有沪通铁路和S7外环北延伸线。

距离徐行新市镇镇区仅10分钟左右车程。

村庄名称	村域面积（公顷）	常住人口（人）
曹王村	410	14628人，其中户籍人口3274人
钱桥村	238	5600人，其中户籍人口2997人
小庙村	686	12182人，其中户籍人口4636人
红星村	226	6878人，其中户籍人口1778人
劳动村	345	12348人，其中户籍人口2886人
安新村	399	11326人，其中户籍人口3122人

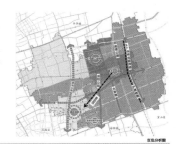

区位分析图

② 土地使用现状

■ 总建设用地规模较大，且55.60%位于规划集建区外，分布零散、混杂

徐行工业园范围：80公顷 建设用地面积75公顷
曹王新社区范围：44公顷 建设用地面积40公顷
集建区外建设用地面积：120公顷

用地分类	现状（公顷）
村庄住宅用地	45
工业用地	61.87
公共设施用地	7.79
村级公共服务设施用地	0.68
市政设施用地	0.02
道路广场用地	4.81
合计	120.17

集建区外现状建设情况一览表

村域内总建设用地面积：220公顷。其中，村庄建设用地127公顷，城镇建设用地93公顷。

土地使用现状图

③ 宅基地现状

■ 宅基用地遍布整个村域，共约52.09公顷，占总用地的12.69%

村组名	户数	户均基底面积(㎡)（含一起翻建基，需一步确权调查）	户均居住地面积(㎡)
刘圩	43	172	437
庞庄	49	216	589
周庄	75	205	441
北郎	32	226	578
金家	24	223	529
戴圩	68	222	536
大哲	64	193	692
鸿圩	51	193	627
后湾	47	213	526
镇岗	42	232	536
冯岗	10	215	450
华东	38	178	472
宏村	37	188	524
阿吕	66	176	471
东巷	87	217	544
曹王	58	193	522
合计	806	207	528

宅基地及人口密度分布图

④ 产业发展现状

■ 总村域工业企业数量多，工业经济较为发达，但对环境影响较大

用地性质	用地规模（公顷）	企业数（家）
198工业企业用地	61.87	78
195工业企业用地	5.8	12
104工业企业用地	39.52	34
合计	107.19	124

产业类型以电气机械、金属制品、塑料制品、化工等传统制造业为主，对环境影响较大，村企矛盾比较突出。

工业企业地块现状图

■ 农业初步实现集体流转，但规模化、特色化不明显，运作模式和效益欠佳

现状农用地：2000多亩，种植水稻、番茄、黄瓜及少量鱼虾养殖等。

水稻种植面积：1047亩
蔬菜种植面积：353.4亩
农用地租金：1000-1500元/亩

村民退休后能分到土地流转金450元/人/月，没退休时土地流转金为1350元/人/年。

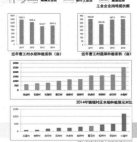

2014年镇域村庄水稻种植情况对比

⑤ 人口发展现状

■ 总体人口规模较大，外来人口占比较高

曹王总人口15375人，其中户籍人口3311人，外来人口12064人，外来人口占常住人口78.5%。

■ 户籍人口非农化、老龄化明显

非农人口与农业人口比例：62：38；60岁以上人口占总户籍人口36%以上。

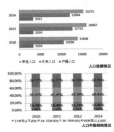

人口规模情况

人口年龄结构情况

■ 外来人口以大学以上学历和初中学历为主，主要在工业企业就业，居住在农宅出租屋

企业	建筑行业	商业服务	回乡务农	其他
曹王村	73	1	4	
曹王村	873	20	33	8
合计	946	21	15	8

2014年6月曹王村外来人口就业结构情况调查

总户数	出租房间数	农宅	单位宿舍	租间房	其他
曹王社区	590	622		145	478
曹王村	1145	7738	6189	1356	87	111

2014年6月曹王村域外来人口居住情况统计

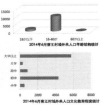

2014年6月曹王村域外来人口文化教育程度统计

⑥ 经济发展现状

■ 村集体经济较薄弱，村民家庭纯收入较低

2013年村级可支配收入301.92万元，在全区150个村庄中居第118位，主要来源于少量厂房出租和上级财政补贴。

另据调研问卷统计，曹王村58%的农村家庭年收入不足5万元，2013年农村家庭户均纯收入为4.46万元，低于嘉定区平均水平（5万元）。

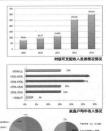

村级可支配收入发展情况

家庭户均年收入情况

■ 村民主要收入来源为非农性收入

从收入结构看，村民收入其主要涵盖工资性收入、转移性收入、财产性收入和家庭经营纯收入四大项。

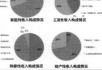

家庭纯收入构成情况 / 工资总收入构成情况

转移性收入构成情况 / 财产性收入构成情况

⑦ 村庄风貌现状

■ 建筑风貌

三上三下开间式+部分辅助用房或违章搭建用房，住户主要为退休老人和外来用户。

少数村民住宅近年经过翻修，为套间式、洋房+院落，一般自住，不再出租。

■ 自然风貌、人文风貌

房前屋后自留地种植桂花树、柿子树、葡萄及少量蔬菜瓜果；

基本每家每户均有自挖水井；

徐行草编是中国汉族传统手工艺品，已有近千年历史。曹王村少数老人仍在从事草编工艺；

老人们有定期开堂会的习惯。

参与成员：陈晓勤 辜桂英 郭艳 王蒙

上海市嘉定区徐行镇曹王村村庄规划——现状分析

深圳市城市空间规划建筑设计有限公司

⑧ 问卷调查

■ 居住情况
35%的村民对目前的居住条件不满意。
84%的村民表示无条件接受拆迁，同时28%的村民希望能够安置到镇里居住，表现出对城镇生活的向往。
对于居住类型，大部分人仍希望延续现在的居住模式，采取独门独户式。

■ 出行情况
由于距徐行镇区较近，且公共交通较完善，村民出行主要依靠自行车、公共交通和摩托车。
大部分村民一周至少去一次徐行镇区。还有约28%的人每天都去，主要目的为接送小孩上学和购买生活必需品。
而85%的人1个月或更久才去一次嘉定主城区，表明曹王村的生活和就业主要依托徐行镇。

■ 公共服务设施
曹王村老龄化现象严重，村民对敬老院、托老所的需要较为迫切，同时文化体育设施也是村民急需增加的基础设施。

敬老院、托老所 21%
公园 19%
体育运动场所 17%
文化活动中心 16%
公共绿地 11%
垃圾收集站 8%
卫生服务站 7%
0% 5% 10% 15% 20% 25%
本村最需增加的公共设施

■ 基础设施及生活环境情况
曹王村域内部部分道路路面损毁严重，影响通行舒适度，同时田间路连贯性差，畅通性有待于进一步提高。村民改善道路交通的要求最为强烈，其次是清洁水面，污水处理等相关环境卫生方面。

改善道路照明 22%
清洁水面 17%
铺设污水管网 14%
拆除危房 13%
污水集中处理 13%
增设垃圾收集点 13%
拆除临时建筑 10%
0% 5% 10% 15% 20% 25%
村容村貌急需改善的方面

⑨ 意愿调查

方案设计过程中，提出农村居住点远期发展的三种方式（平移、上楼、原地改造），并进行补充调研，针对三种方式对村民进行意愿调查。

■ 拆迁进镇接受度高，主要原因是资金困难。

■ 若无条件拆迁进镇，平移新建住宅可接受，比较关注三个方面的问题：
——政府要有补贴：村民表示：完全由自己掏钱，平移新建住宅比较困难。
——保留自留地：村民希望依然能够有少许自留地，自行开展瓜果蔬菜种植。
——改善环境：访谈过程中村民多次提及外来人口多，村庄环境杂乱等问题，希望能够提升居住环境质量。

北戴戴老伯：
（1）比较关心政府补贴；
（2）希望能够统一规划，防止杂乱无章；
（3）交通要好。

梅园徐老伯：
（1）考虑沪通铁路和高压线的影响，愿意平移新建；
（2）关心政府补贴（完全自己掏钱平移新建住宅有困难）；
（3）关心是否还有自留地；
（4）认为环境要有所改善。

金家潘阿姨：
（1）表示村庄外来人口过多，直接影响生活水平；
（2）迫切希望能够改善村庄环境，希望政府能够统一建设，其中污水处理首先要弄好。

对于保留整治居住点，重点关注四个方面：
——现状建筑太密，翻建需局部在外围平移新建；
——改造、拓宽村庄道路；
——整治村庄内部及周边河道水系，改善环境卫生；
——完善养老设施和文化体育设施；
——（在改善环境的前提下，愿意拆除违章建筑）

陈吕老村民组长对陈吕改造的看法：
（1）拓宽道路。现状道路太窄（2-2.5米），车无法开进。拓宽道路需碰到部分住宅，政府应给予补贴，在外围平移新建。
（2）抽疏住宅。现状陈吕住宅太密，全部就地翻建困难，应局部抽疏，在外围平移新建。
（3）整治河道。村里河道环境太差，只要环境能搞好，愿意拆除连接。
（4）村民的收入差距较大，改造资金需市、区、镇、老百姓共同分担。
（5）规划起点应高一点，若未来能够吸引城里人回流居住，那村庄改造就成功了。

小结：曹王村的典型性和复杂性

上海大都市郊区工业化、集镇居民点村庄
产业功能、集镇功能和农村功能都为渗透、社会发展特殊而复杂。

以点带面，进行上海市郊工业化、集镇居民点村庄整体转型发展、美丽乡村建设的有益探索

⑩ 方案设计

城镇化新农村
——作为集镇镇所在地，且包含部分徐行工业区，具有城镇化发展的适宜区位。
——现状村民非农就业和非农收入比重高，且向往城镇化的生活方式。

平移集中新建的现代新乡村
——尚具有一定的田园基底和农业生产功能。
——适应"村庄"的基本定位，既响应上海郊区发展"三集中"的基本原则，又保留并提升村庄居住、农业和生态功能。

保留整治为主的恢复性美丽乡村
——与当前美丽乡村建设的政策导向相适应，防止大拆大建，探索梳理、恢复水乡田园风貌的路径。

参与成员：陈晓勤 辜桂英 郭艳 王蒙

宁波北仑区柴桥街道紫石片区新农村建设规划——现状分析

深圳市城市空间规划建筑设计有限公司

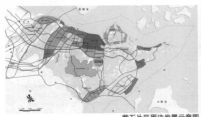

紫石片区周边发展示意图

紫石片区规划范围

紫石片区区位优势

北仑区现辖5个街道二镇一乡，即新碶、大碶、小港、柴桥、霞浦5个街道和白峰镇、春晓镇、梅山乡3个乡镇。其中，柴桥街道位于北仑区境中部，是穿山半岛的集散重镇，素有"小宁波"的美称。紫石片区位于柴桥南片区，北临临港大工业区，西依九峰山风景旅游区，南接春晓临港工业加工区。随着规划中穿山疏港高速公路的修建，片区的交通地位将得到进一步提升。

紫石片区规划范围

本次规划范围为柴桥街道规划穿山疏港高速路以南的区域，即紫石片区，包括洪岙村、洪溪村、上史村、前郑村、后郑村、东六房村、大溪村、甘溪村、上龙泉村、下龙泉村、陈胜村、高村村、四合村、久勤村、王家麓村、河头村、岭下村17个行政村。总规划面积为41平方公里。

紫石片区简介
Village Brief

紫石片区现状

洪山村紫石片区总占地面积约为45平方公里，辖17个行政村。规划区内山水环绕，大部分用地是基本农田保护区，属于生态保育地区，因此生态环境保护非常好。当地村民长期以来已发展花卉苗木生产为主，各村经济基础较好，是国内三大"杜鹃之乡"。但是由于种植产品以苗木为主，却是一片花乡不见花的景象，对当地旅游产业的发展难以形成卖点。

地形地貌

紫石片区丘陵与平原交错，整体地势西南高，东北低。西南依天台山余脉——九峰山脉，地形变化比较复杂，东北部属大碶—柴桥平原，地势平坦。域内水资源丰富，河网密布，主要河流大河洋河属江水系，贯穿整个规划区域，向北汇入庐江河，直入东海。

生态环境

本区自然资源丰富，生态环境良好。西南部山地森林覆盖率较高。区内现原始植被几乎绝迹，取代者为针叶林、阔叶林、灌丛、草丛等次生植被及人工引种的植被。其中，林地又以松、杉等针叶林植被分布为主，阔叶林植被则多为次生阔叶林，主要由石栎、青冈、苦槠、枫香等树种为主组成，分布较普遍。其中瑞岩寺省级森林公园植被保存较好，四合村、河头村、上龙泉村等村存有小面积风水林，绿化情况良好。

河头村

河头村

洪溪村

河头村

河头村

洪溪村

洪岙村

大溪村

大溪村

东六房村

上龙泉村

王家麓村

王家麓村

东六房村

上龙泉村

王家麓村

王家麓村

东六房村

人文景观资源优势分析

紫石片区历史悠久，区内现状各村都存有一定比例的晚清民居建筑，其中四合村、上龙泉村传统格局完整，历史风貌维护较好。区内分布五处区级文保建筑，分别为三代尚书第（前郑村）、黄氏宗祠（大溪村）、盛家府新屋（四合村）、乾房连三进（四合村）、瑞岩寺碑廊等。包括这五处区级文保建筑在内，历史风貌建筑大都未经修缮、保护，部分已成为危房。区内佛教文化发达，各村都藏有寺庙，祀奉等宗教活动场所。其中正阳禅寺、永华禅寺和瑞岩寺香火最盛，建筑群较为壮观。瑞岩禅寺作为浙东三大禅寺之一，知名度较高，配套设施齐全，是九峰山风景旅游区的核心景点之一。

2011年紫石片区村人口基本特征表

现状各村文化遗存一览表

项目组成员：唐曦文 陈晓勤 曹东川 潘洁燕 冯筱莉 王雷 万旦斐 史慧劼 鲍永佳 朱雪峰 尹启超

宁波北仑区柴桥街道紫石片区新农村建设规划——现状分析

深圳市城市空间规划建筑设计有限公司

水体景观资源

紫石片区水资源较为丰富，总水域面积达167.45公顷。大河洋河、东直河为区内的主要河道，大河洋河属沪江河水系，从隔岭向北贯通整个规划区域。同时境内有端崟寺、王家翼、乌坑下等众多水库，水库周边多为群山环绕，绿化较好景色优良，其中端崟水库，库容为302.91万立方米，水质指标为II类，可作为备用水源使用。

区内村庄多沿河建设，沿村河道岸线基本完成硬化处理，并沿河布置洗衣台、活动场等设施，地方特色明显。

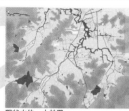
现状水体、山林图

紫石片区简介
Village Brief

现状问题分析

1、产业发展遭遇瓶颈，产业结构面临调整
2、"杜鹃之乡"不突出
3、对外交通造接不畅
4、发展空间不足
5、资源利用
6、生态保护

土地利用现状

道路交通现状

发展目标

发展定位

山水资源的保护与利用　　景观农田改造示意图

目标与原则

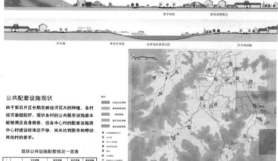

公共配套设施现状

现状公共设施配套情况一览表

公共设施现状照片　　现状公共设施分布示意图

延展柴桥杜鹃之乡风华

赞颂紫石旖旎田园风光

树立北仑新农村建设样板

项目组成员：唐曦文 陈晓勤 曹东川 潘洁燕 冯筱莉 王雷 万旦斐 史慧劼 鲍永佳 朱雪峰 尹启超

项目小组成员：骆文标 邱鹍 刘伟仪 冯启胜 钟永浩 李彦鹏

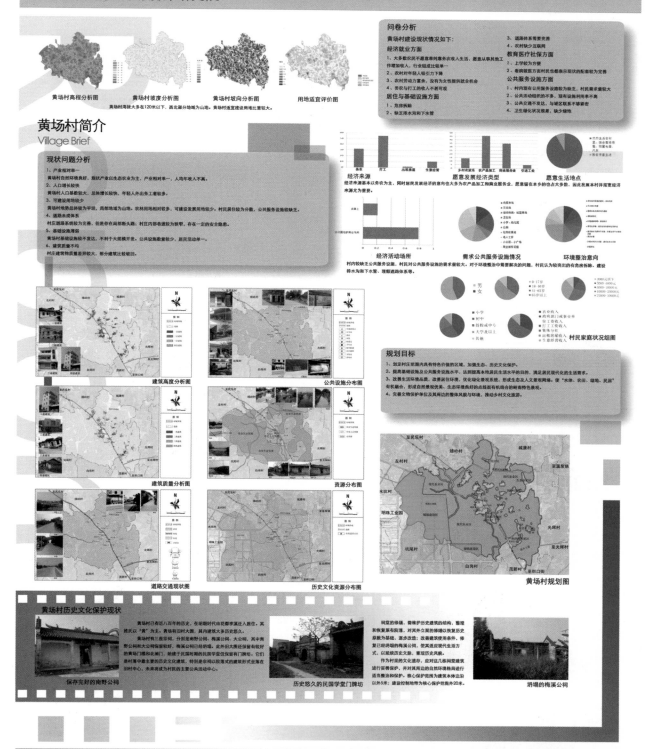

项目小组成员：骆文标 邱鹏 刘伟仪 冯启胜 钟永浩 李彦鹏

宁波市韩岭历史文化名村现状调研

上海同济城市规划设计研究院 邵甬教授工作室

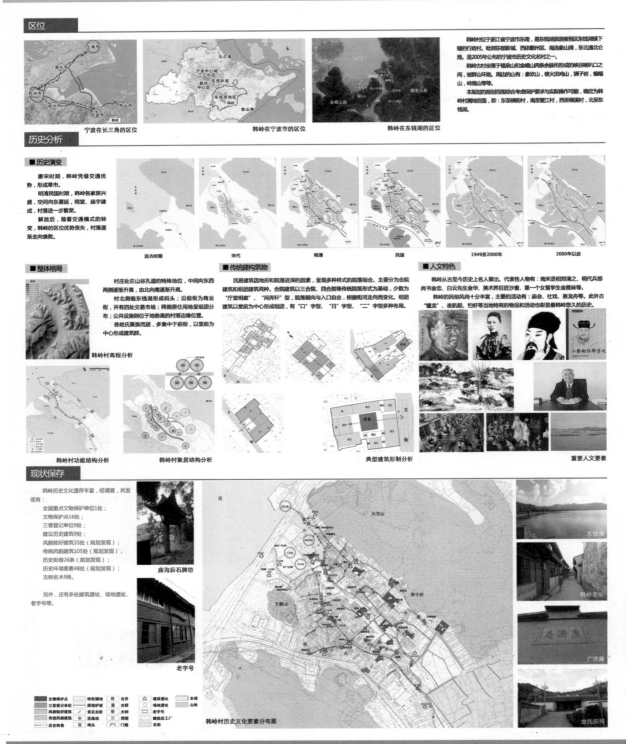

区位

宁波在长三角的区位 韩岭在宁波市的区位 韩岭在东钱湖的区位

历史分析

■历史演变

唐宋时期，韩岭凭借交通优势，形成草市。

明清民国时期，韩岭各家族兴盛，空间向东蔓延，祠堂、庙宇建成，村落进一步繁荣。

解放后，随着交通模式的转变，韩岭的区位优势丧失，村落逐渐走向衰败。

远古时期 宋代 明清 民国 1949至2000年 2000年以后

■整体格局

韩岭村高程分析

韩岭村功能结构分析 韩岭村聚居结构分析

■传统建构筑物

典型建筑形制分析

■人文特色

重要人文要素

现状保存

庙沟后石牌坊

老字号

东钱湖 韩岭老街 广济庙 金氏宗祠

韩岭村历史文化要素分布图

项目组成员：邵甬 胡力骏 陈悦 应薇华 张伟潇 惠彦杰 徐刊达 李浩

宁波市韩岭历史文化名村现状调研

上海同济城市规划设计研究院 邵甬教授工作室

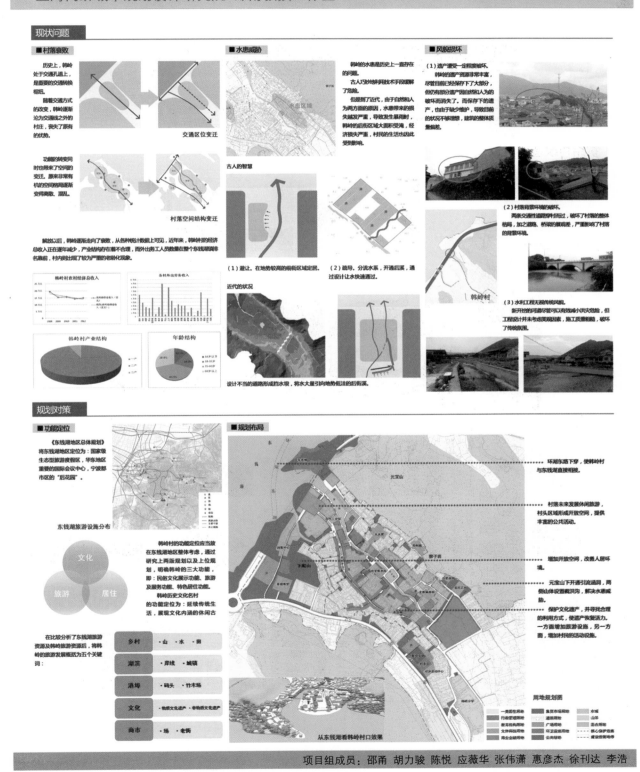

现状问题

■ 村落衰败

■ 水患威胁

■ 风貌损坏

规划对策

■ 功能定位

■ 规划布局

项目组成员：邵甬 胡力骏 陈悦 应薇华 张伟潇 惠彦杰 徐刊达 李浩

哈尔滨市呼兰区双井镇护路村改造规划

黑龙江省城市规划勘测设计研究院

哈尔滨市呼兰区双井镇护路村改造规划

黑龙江省城市规划勘测设计研究院

护路村简介
Village Brief

呼兰区双井镇护路村位于呼兰区城东10公里处，距离哈尔滨市区35公里，距离哈绥公路1.8公里。该村共有户数262户，人口1870人。

护路村改造任务包括拆除现状泥草房并新建住房，和对现有的房屋立面、围墙、大门、道路、排水沟、广场、绿化、基础设施等项目进行改造、更新，同时新建一处生态农业观光园，以发展生态经济，带动护路村经济发展。

现状水塘　　　　　现状绿地

现状草房　　　　护路村小学

规划原则

1.整体的原则：护路村空间布局应既有利于自身的发展，还应有利于整个村域的发展。
2.高效的原则：严格控制护路村建设用地规模，充分挖掘现有用地潜力，提高土地利用率。实行改建与新建相结合，使村庄紧凑发展，节约基础设施布设的成本。
3.生态的原则：以"生态观"作为规划的重要诉求，加强绿地建设，实行人畜分离，改善绿化景观，创造优美恬静的乡村景观。
4.可持续发展的原则：用地布局应处理好建设与环境的协调发展关系，必须注重对基本农田等特殊区域的保护，在有利于长远发展的前提下进行。
5.因地制宜原则：尊重农村建设的客观规律，从满足村民的实际需要为导向，防止盲目照抄城市建设模式。贯彻分利用现有条件和设施，凡是能用的和经改造后能用的不要盲目拆除，不搞不切实际的大拆大建，防止以行政命令的方式强行推进。
6.村民参与原则：坚持一切从农村实际出发，尊重村民意愿，确立村民在村庄规划中的主体地位，使村民在建设新农村的过程中提高自身的综合素质，让村民得到实际利益，凡是村民不认可的项目，不能强行推进；凡是村民一时不能接受的项目，要先试点示范，让村民逐步理解接受。

护路村改造
Village renovation

旧房改造

对现有有砖房进行立面修缮、改造，对破损的门窗进行拆换，通过对原有旧房改造使农房内外环境优化，功能流线明断，布局合理。

改造效果图

改造前

改造后

改造效果图

改造前

改造中

改造后

泥草房改造

对现有的土房进行拆除，并在原址统一新建。对新增居住建筑，规划设计了住宅建筑的形式以及院落的造型，每户有一独立庭院，每个院落配有菜园和仓房。新建住房一律建设节能省地型住房，其设计平面布局合理，使用功能齐全、立面造型美观。其中改造泥草房16户；新建节能房14户。

道路整治

对村内主要道路实现了硬化，使路网结构更加完整，为村民出行创造便捷的交通条件，对通村路实行拓宽，新建2条村内路，对村内四条主干路进行建设红色人行道板的铺设，共计修建白色路面7600平方米，铺设人行道板8600延长米。

对全村的道路边沟进行清理、整改、新建，对重要地段根据规划实行暗沟形式，既保证排水通畅，又照顾了美观。新建排水沟4800延长米，其中暗沟为排水1080延长米，改造排桥242户。

改造前

改造后

大门整治

现状村庄中农宅围墙大门破损、形式风格与环墙不协调，围墙大门材料单一、饰面短缺，遍型纸不一致、外观的原则，对原易外较好大门进行修复的改造，条件较差则予以拆除，新建大门采用排透式做法，满足农用车进出需要。

改造前

改造后

围墙改造

村内围墙统一设计，对破有状花栅好墙采取局改造方式进行美化，对发有围墙及破坏严重的围墙要求统一建设。围墙控制高度在1.8米以下，并加以图案符号进行美化。临街与围墙一齐建要求立面协调，图案与提被式样相协调。围墙改造210户。

改造前

改造后

小组成员：高春义　宫金辉　曲仓健　丁冠华　王家成　李晓晶　张雷　秦磊　谢尔恩　郎朗　宋扬

济南市历城区港沟街道办事处芦南村发展建设规划——现状分析

济南市规划设计研究院

济南市区区位分析图

南部山区层面区位分析图

镇际层面区位分析图

芦南村区位条件分析

芦南村位于济南市南部山区北部，与中心城区有便捷的交通联系，南部山区重要的南北向道路港九路沿村域西部穿过。芦南村与港沟镇、仲宫镇镇锦绣川办事处联系方便，具有近城郊发展的优越地理优势。与周边村庄相比，该村旅游资源丰富，区位条件较好。

芦南村周边环境分析

芦南村位于泰山穹隆的北侧，为典型的山地丘陵地形，山地梯田较多，自然地形变化丰富。周边分布着众多自然生态型旅游区，北有蟠龙山森林公园，南有锦绣川水库、红叶谷生态文化旅游区等，西有卧虎山水库等，芦南村境内云台寺、玉漏泉、龙泉、月牙泉、古村落等突出旅游资源，在南部山区具有突出的资源优势。

芦南村简介
Village Brief

芦南村现状

芦南村现有人口543人，175户，村域面积为209.14公顷，人均耕地一亩，现状经济发展较为滞后，村民主要从事农业种植和畜牧养殖等简单农业生产，人均收入不足千元，因此造成大量年轻劳动力外流，村庄整体发展与快速发展的港沟镇相不相符，村集体收入较低，借助济南主城区快速发展的动力，芦南村具有强烈的发展意愿，并寻求各种发展途径努力改善原有生活状况，提高生产、生活水平。结合芦南村土地利用增减挂钩政策的实施，现有村庄可统一实行旧村改造，原有村庄拆旧区按照土地政策实行农田复垦，利于节约土地资源，为村庄整体发展提供了良好机遇和便利条件。为彻底改变现有落后面貌，村两委提出依托现有自然资源和人文历史资源建设云台风景旅游区，对云台山等森林植被进行恢复性保护，对芦南村现有旅游资源进行积极拓展，通过新村安置、农田复垦、云台寺扩建等措施，努力开拓发展致富的新途径。

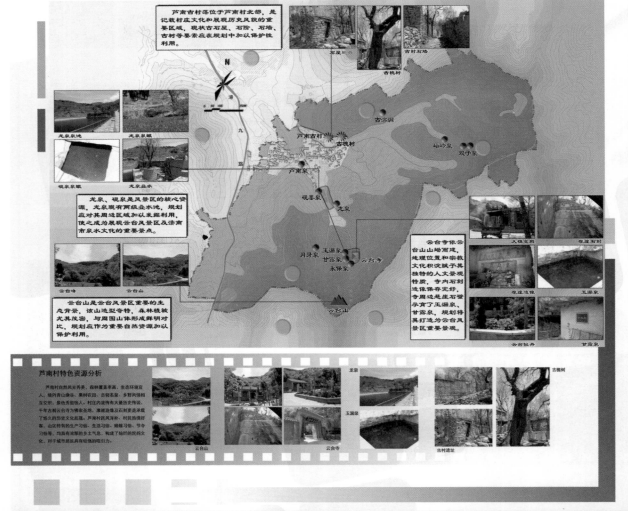

芦南村特色资源分析

芦南村自然风光秀美，森林覆盖率高，生态环境宜人。境内青山叠合、泉村农田、古村名泉、乡野风情相互交织，鱼色秀丽怡人，村庄内蕴传有大量历史传说，千年古刹云台寺为蜂蜜名胜，芦南村民淳朴、好客。山区特有的生产习俗、生活习俗、蜂蜜习俗、节令习俗等，构成了绚烂的民俗文化，对于城市居民具有较强的吸引力。

项目组成员：赵弈 李嵩 周东 邵莉 张江 徐其华

济南市历城区港沟街道办事处芦南村发展建设规划——现状分析

济南市规划设计研究院

现状道路分析图

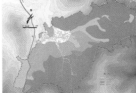
现状农田及山体分析图

现状水系及主要设施分析图

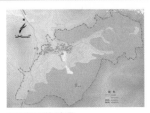
现状建设用地分析图

芦南村简介 Village Brief

现状问题分析

1、村庄经济基础薄弱：
芦南村虽然拥有优秀的历史文化资源，但经济基础薄弱。村民主要从事农业种植和畜牧养殖等简单农业生产，大量年轻劳动力外流，村集体收入较低。

2、基础设施落后：
村庄道路、公共服务设施及其他基础设施建设缺乏，公共设施种类及数量较少，村民生活不便，对外界依赖较大。

3、资源尚未加以利用
芦南村拥有自然资源丰富，历史文化悠久，拥有云台山、云台寺、玉漏泉、甘露泉、龙泉、鲍泉等得天独厚的自然资源和人文资源，如得不到合理开发和旅游的支持，难以将其传承下去。

村域现状分析图

村域用地分区图

规划目标

1、资源利用与环境保护相结合
尊重芦南村原有乡土遗存，尊重场地的肌理脉络，景区规划应充分利用云台山、云台寺、玉漏泉、甘露泉、龙泉等天然资源，强调保存、恢复生物多样性与景观多样性的自然生态环境，除必要的旅游道路和旅游设施建设，不宜大兴土木、大搞人工造景，尽力保持风景区山形地貌和植被群落，维护生态环境的稳定。

2、风景旅游区规划与村域土地利用相结合
云台风景旅游区源有良好资源和农田、山林用地的秩序性较弱，需要从整体用地规划上加以梳理和整合。城市近郊风景旅游区的规划不应以景区规划为单一的，需要与紧防设芦南村整体发展相结合，体现多效益复合特征。现阶段建设社会主义新农村政策鼓励开拓农村市场，云台风景旅游区的规划会推动周边农业观光的发展。

3、风景旅游发展与农业结构调整相结合
依托芦南村地处济南南部山区的区位优势、云台风景旅游区规划旅游发展与郊野旅游的优势，使游客体验山区郊野集游的纯真野趣，并发展传统农业观光、果林菜园种植体验、农业知识科目等旅游项目，使风景旅游区成为反哺农业生产的有力措施，以农业生产为基础、以发展旅游为契机，有效促进芦南村整体发展。

总体布局图

核心区总平面图

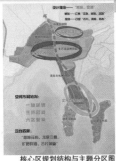
核心区规划结构与主题分区图

芦南村规划实施效果

规划已经济南市人民政府批准实施，成为芦南村规划建设的法定依据。规划范围为村域总用地209.14公顷，规划期末（2020年）村庄总人口控制在570人以内，规划总户数为250户，村庄建设用地3.46公顷，安置房总建筑面积36300平方米，建筑密度26%，绿地率34%，规划云台风景旅游核心区用地面积20.4公顷。

目前，在该规划指导下，芦南村作为济南南部山区进行统一发展的框架已经启动，云台寺等重要旅游资源亦得到维护和利用，农业复垦区已经开始土地整理。村庄安置区居民楼已基本建设完成，村民居住条件得到剧改善，芦南村旅游知名度进一步提升，游客数量不断增加，济南南部山区村庄建设发展的示范作用逐步显现。

建设中的村民安置房
整治后的村容村貌

村庄旅游

项目组成员：赵弈 李嵩 周东 邵莉 张江 徐其华

"换脸"：贵安新区平寨村调查

贵州师范大学地理与环境科学学院

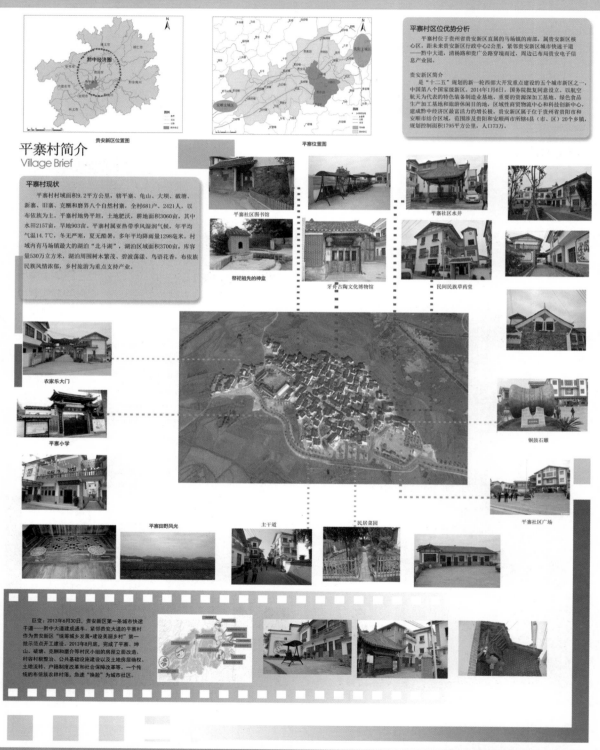

平寨村区位优势分析

平寨村位于贵州省贵安新区直属的马场镇的南部，属贵安新区核心区，距未来贵安新区行政中心2公里，紧邻贵安新区城市快速干道——黔中大道，清杨路和贵广公路穿境而过，周边已布局贵安电子信息产业园。

贵安新区简介

是"十二五"规划的新一轮西部大开发重点建设的五个城市新区之一，中国第八个国家级新区。2014年1月6日，国务院批复同意设立。以航空航天为代表的特色装备制造业基地、重要的资源深加工基地、绿色食品生产加工基地和旅游休闲项目的基地、区域性商贸物流中心和科技创新中心，建成黔中经济区最富活力的增长极。贵安新区属于位于贵州省贵阳市和安顺市结合区域，范围涉及贵阳和安顺两市所辖4县（市、区）20个乡镇，规划控制面积1795平方公里，人口73万。

贵安新区位置图

平寨位置图

平寨村简介
Village Brief

平寨村现状

平寨村村域面积9.2平方公里，辖平寨、龟山、大坝、破塘、新寨、旧寨、克酬和磨界八个自然村寨，全村681户、2421人，以布依族为主。平寨村地势平坦，土地肥沃，耕地面积3060亩，其中水田2157亩，旱地903亩。平寨村属亚热带季风湿润气候，年平均气温14.7℃，冬无严寒，夏无酷暑，多年平均降雨量1298毫米。村域内有马场镇最大的湖泊"北斗湖"，湖泊区域面积3700亩，库容量530万立方米，湖泊周围树木繁茂、碧波荡漾、鸟语花香，布依族民族风情浓郁，乡村旅游为重点支持产业。

平寨社区图书馆　　平寨社区水井

祭祀祖先的神盒　　牙舟古陶文化博物馆　　民间民族草药堂

农家乐大门

平寨小学

铜鼓石雕

平寨田野风光　　主干道　　民居菜园　　平寨社区广场

巨变：2013年6月30日，贵安新区第一条城市快速干道——黔中大道建成通车，紧邻贵安大道的平寨村作为贵安新区"统筹城乡发展·建设美丽乡村"第一批示范点开工建设。2013年8月底，完成了平寨、坤山、破塘、克酬和磨界村民小组的房屋立面改造、村容村貌整治、公共基础设施建设以及土地房屋确权、土地流转、户籍制度改革和社会保障改革等。一个传统的布依族农耕村落，急速"换脸"为城市社区。

小组成员：但文红　何茂旭　高媛　余瑞　肖锦汉　田林子　方媛　杨佳　孙彦龙

"换脸"：贵安新区平寨村调查

贵州师范大学地理与环境科学学院

平寨社区院落

平寨农家庭院小门

平寨清幽的小路

农民·市民：

进入平寨村，干净、整洁，盆栽的花卉遍布，没有卫生死角，立面改造后的村容村貌给人"新"的视觉刺激，并泉边遇到一位大妈正在清洗白菜，随意询问是否能卖给我们一些，大妈根紧张地说：这不能卖，我们自己都不够吃。在村里转了转，没有看到任何"动物"，周边的大片农田也没有耕种的迹象。走访中了解到：为保持村落的干净、整洁和无异味，政府不准养猪、牛和鸡，狗只能养宠物狗，不能杀土狗，更不能自家酿酒（酿酒是布依族的古老传统）。为招商引贵，政府正在将平寨的耕地以1000元/亩的价格"流转"给外来的农业投资者，年初的时候半数村民接种，又没有完成流转程序，大片的土地撂荒了，大多数村民也没有拿到土地租赁金。胆子大的村民不顾禁令，零星地种了一点蔬菜，维持自家的需要。那些世代以耕种、养殖为生计的农民，突然不种地、养牛、养猪、养鸡，45岁以上长期在家务农的村民戏称自己现在是"闲人"。其实，不再依靠土地为生计的人们，自然地转变为了"市民"，他们依靠什么为生计？

平寨村调查
Village Brief

旅游生计
2014年6月12日，在政府的动员、鼓励和支持下，平寨23户农户开办了"农家乐"，还有一家"咖啡厅"，一家"卡拉OK"厅，四家"布依足疗养生馆"。从开张到10月的四个月里，到访的游客比较多，经营好的农户每个月大概每月有1万元左右的收入，而经验缺乏的农户收入在5000元/月左右。但是，"咖啡厅"和"卡拉OK厅"基本亏钱。11月以来基本没有游客，"农家乐"大多数都关门了，农户们很担忧未年的生意。经营"农家乐"的农户基本上都依靠借用社的贷款，债务在15-25万不等。平寨"农家乐"的客多是周边承接工地的老板、工人和政府工作人员。大部分农家乐的主人没有经营的经验，是跟着同村人学样子。也有农户也把客馆租赁给外来人经营，学习一些经验。因没有种植土地，平寨"农家乐"的所有原料均需要到马场镇采购，成本高、风险大。

打工生计
自2012年以来，贵安新区建设需要大量的工人，工资与东部地区基本持平，许多在外务工的人都回来参加新区建设。平寨靠近贵安新区的电子信息产业园，已有富士康电子工业园区、大数据国园区等项目的进入，部分外出务工的年轻人回来进入了周边的工厂。45岁以下的人基本上在周边从事非农产业。

自己做主厨也做老板

农家乐厨房

贵安区七大产业片区图

平寨社区特色牌坊

王氏中药足疗堂

土地租金：
对于每年得到的1000元/亩的土地租金，农户的态度差异较大。45岁以上的农户大多数都不愿意流转土地，希望能自己耕种解决全家人"吃饭"，农闲时打工挣钱，解决自己"花钱"，保障自己养活自己，孩子们在外面即便没有挣钱也没有关系，粮食也能有饭吃，自己也不是孩子们的累赘。1000元/亩的土地租金拿在手上，很快就用完了，孩子们在外面没有挣钱，日子就过不下去了，这可以说是"老农民"心态的代表。而年轻的农户就觉得流转土地，原本就不会，不喜欢种地的年轻人，都想出去打工、见世面，拿了土地租金就走人，这完全是一个"新市民"行为。

旧装·新衣
传统的魅力：平寨原本是一个传承了布依族文化传统的农耕村落，村民们友善、互助、勤劳、孝顺、守法。在布依族传统礼仪与制度的约束下，
村里很少有吵架的现象，也未没有出现过偷窃，是一个路不拾遗、人人诚孝德的淳朴村落。开办"农家乐"以后，面对激烈的竞争，农户们首先达成了价格一致，大家都遵循一样的价格和服务，遇到有客人来的时候，也相互谦让，让客人自己选择，没有拉客的现象。生意好的农户，主动招呼
生意让给"本家亲戚"，客气地说：我这里忙不过来。其实是担心破坏了村落里原有的邻里平衡关系。
现代的诱惑
年轻人都向往城市的生活。平寨村已改为平寨社区，基本按照城市社区的管理模式进行管理，村里道路硬化、绿化、庭院美化、生态污水处理。
垃圾收集清运等工程都已落实，下一步将把天然气接入每家每户，"乡村城市"已具雏形。年轻人们已不再顾忌老人们的劝告，又无反顾地投入
到"脱农入城"的转变之中，向着代表更好物质生活的"城市"迈进。
一群老人围坐在电子烤火炉边讨论"取暖"的话题。煤炉子烧起来全家都热和，一个冬天用不到1000元钱，可是有很多煤灰，把家里弄得很
脏，还要生火、加煤、倒煤灰，非常不喜欢。电炉子摆上就用，方便、干净，可是很贵，一个月就要用1000元钱，还不热和。老人们很纠结，
钱从哪里来？平寨的老人都觉得儿孙们很孝顺，村落里还没有出现过不孝顺的家庭，子孙堂也总是把照顾好家中的老人作为义务，尽心尽力；老
人们也总是为儿孙着想，尽力帮助儿孙们照顾家庭，承担力所能及的劳动，呈现"父慈子孝"、其乐融融的祥和家庭气氛。

农家乐储藏室

待情画意的巷道

足疗室

平寨社区广场

结束语
平寨疾风暴雨式"城乡一体化建设"行动带来的"换脸"现象，使传统农耕生计模糊消失，生活及成本增大和生计风险增加，文化变迁的滞后性更放大了这种快速变迁的不稳定性。

小组成员：但文红 何茂旭 高媛 余瑞 肖锦汉 田林子 方媛 杨佳 孙彦龙

富裕县友谊乡三家子传统村落保护发展规划——现状分析

黑龙江省城市规划勘测设计研究院

东北三省满族分布

富裕县在齐齐哈尔市的区位

三家子在富裕县的区位

满族分布情况及三家子区位

满族分布：满族主要分布在中国的东三省，以辽宁省最多。黑龙江省是满族的发祥地，现有满族118.449万人，主要分布在哈尔滨、齐齐哈尔、黑河、双城、五常、宁安、瑷珲、绥化等地，形成大分散、小聚居的特点。满族大多居住在农村，从事农业生产。满族有自己的文字和语言，现在极少部分满族仍使用满族人的文字和语言，大部分地区已通用汉语。富裕县的三家子村是我国目前唯一保留着完整满语口语的村落。

区位：三家子村位于黑龙江省西部齐齐哈尔市东北部，距齐齐哈尔市40公里，距富裕县城西南部25公里。

行政区划上属于齐齐哈尔市富裕县友谊乡管辖，境内有嫩江和引嫩两条河流经过，村北距嫩江1公里，东接农垦牧场大草原南至铁路10公里正西夏季一片绿海。

三家子简介
Village Brief

三家子缘起

地处偏僻的"依兰包掏克索"是古老的满族村落，距今已有三百多年历史，译为三家子村。追溯渊源，康熙十三年（1674年），清政府派副都统萨布素将军率两路水师由宁古塔开往齐齐哈尔和瑷珲。康熙二十九年（1690年）指挥所又由瑷珲迁往"莫尔根"（嫩江县），尔后又从嫩江迁至齐齐哈尔（卜奎）。清政府禁令："兵丁家属不得随军，可在兵营百里之内安家落户。"

清军奉命在城周百里内建村耕田，加之打鱼传统生活方式影响，计、孟、富三姓家族先后在嫩江转弯处、距现在村西侧五公里左右安家，当时三家结伴而居，因此得名"三家子"；然而嫩江十年九涝，后二次落脚现在村西北岗不足一公里处，指地为界，圈地不成。生活若干年后，由于地势条件，第三次搬家到地势高的现位置定居。

主要传统民居

主要传统民居

县级文物保护单位

县级文物保护单位

主要传统民居

传统仓囤

主要传统街巷

原古井位置

古树名木

古树名木

主要传统街巷

主要传统街巷

萨满活动场地

主要传统街巷

主要传统街巷

原古井位置

三家子传统民居分析

院落：由于三家子古村落属于自然演变，所以各家院落面积均较大，远远超出新农村建设标准；院落大体呈十四合院形式，具有鲜明特色的满族建筑特点。

造型："窟子房、万字坑，烟囱建在墙面上"是满族居室的，三家子满族旧式住房多为河坝、三间，东侧或者中间开门，两坡为置，有西窗，窗和门上的纸糊在外面，烟囱从屋角。墙后分房眼门已改造，屋顶用小片棉草苫置笔苔盖。屋内是房间有南、北、西三面炕（俗称弯炕），西坑为供祖先处，并供大小神位等。

取材：建的材料、房木、门窗多数取之于江上房椽或由外购，其他材料利用为多。

建造地点：村中心为早期第一批传统满族民居群外，南北两侧则均属于后来移民建造，其中：北部建筑基本都建于七六十年代，南部建筑则是04年以来的现代农村砖瓦房。

北炕

西炕   小搁

南炕   灶膛

烟囱

传统民居布局平面

落地烟囱

给房子穿棉衣

西窗

建筑分布平面图

小组成员：刘东亮 王艳秋 银小娇 赵丽晔 孙英博 邵凯 房益山 岂野 王锐 刘春阳 张蕾 魏文琪 原帅 吴明昊

富裕县友谊乡三家子传统村落保护发展规划——现状分析

黑龙江省城市规划勘测设计研究院

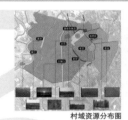

村域资源分布图

格局风貌分析图

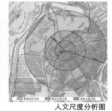

人文尺度分析图

研究方法

1. 文献研究
收集整理国内外有关传统村落保护、空间形态研究等方面的书籍、研究专著及论文，在参考和吸取现有相关理论研究成果基础上，构筑规划体系。
2. 实地勘探调研
通过现场调研，调查富宁屯村落的文化气息和空间环境特征，采用拍照、手绘、调查问卷、访谈等手段收集基础资料，把握传统村落的自然环境、空间形态以及社会、经济、传统文化等方面的问题和特征。
3. 资源评价
对现状资源进行相应价值评估或者现状评价，是科学合理划定其保护区划、制定其控制要求和整治措施的基础。
价值评估包括：历史价值、社会价值、科学价值、艺术价值评价。
现状评估包括：真实性、完整性、延续性评价。

三家子简介
Village Brief

现状问题分析

1. 新农村建设与传统保护的矛盾
新农村建设中，不考虑传统村落文化的保护传承，简单提出"旧村改造"口号，盲目高起点高标准，大规模齐划一的砖瓦住宅模式，使传统村落格局风貌和乡土建筑遭受"毁灭性破坏"。
2. 具有村庄特色保护体系的缺失
三家子历史文化遗存分布较散，古建筑历史文化价值不高特点，若按国家相关规范对的要求，传统村落无法达到有效保护。
3. 对传统村落精神认识不足、保护乏力，造成乡土建筑"自然性毁损"
传统居民的使用者大多没有足够的维修经费或不愿对原住的房屋进行修缮，年久失修带来建筑的老化和破损，导致建筑内部许多特色构件残缺不全，老建筑被拆除，原址上建起红砖瓦房，古村落风貌面临挑战。
4. 民间文化遗产消亡
随年轻人受现代生活念冲击，对传统技艺和民间艺术普遍缺乏兴趣，民族语言的严重退化也是导致以口授为主要传播途径的技艺日渐消亡的根主要原因。
5. 基础设施不完善
三家子道路交通、给排水、电力电讯等基础设施欠缺，不能满足现实生活的需求。
6. 村容村貌与环境治生水平这差
缺乏科学规划指导，拆老房建房建新房未加约束的建设活动对传统村落风貌造成较大破坏，导致环境卫生"脏、乱、差"较严重。

价值评估表

序号	编号	历史价值			社会价值			科学价值			艺术价值			总体价值得分评价	评估结论
		高	中	低	高	中	低	高	中	低	高	中	低		

注：根据遗产的历史价值、社会价值、科学价值、艺术价值的评价，将四方面的因素综合得出总体价值的等级，高为3分，中为2分，低为1分。历史价值、社会价值、科学价值、艺术价值四项得分之和即为总体价值得分，根据得分可分为三个级别：价值较高，总体评分为10以上；价值一般，总体评分为7-9；价值较低，总体评分为4-6

现状评估表

序号	编号	真实性			完整性			延续性			总体评估得分评价	评估结论
		好	中	差	好	中	差	好	中	差		

注：根据遗产的真实性、完整性、延续性评估现状的等级，好为3分，中为2分，差为1分，真实性、完整性、延续性三项得分之和即为保存现状总得分，根据得分可分为三个级别：现状好，总体评分为7-9；现状一般，总体评分为5、6；现状较差，总体评分为3、4

评估结论表

序号	编号	保护价值		
		高	中	低

注：综合价值评估得分和现状评估得分得出保护价值的等级，根据得分可分为三个级别：得分14分以上为保护价值高，得分10-13分为保护价值中，得分6-9分为保护价值低。

破坏因素归纳评估表

名称	主要影响因素	
	自然因素	
		人为因素

注：表中字母表示对传统建筑的影响程度，A表示影响较小；B表示影响一般；C表示影响较大。

规划内容

1. 深入挖掘三家子特色与价值，对三家子村落内部资源及村域资源进行整体保护。
2. 明确三家子的保护框架及保护要求，并制定相应保护、利用措施和管理事事。
3. 界定三家子村文物建筑保护范围和建设控制地带，制定相应管理要求和保护利用措施。
4. 制定三家子村重点地段和重要节点的环境整治与修缮措施。
5. 制定三家子发展和利用规划，从村民自身出发，正确处理保护与发展的关系，达到满族传统生活与现代生活的协调共融。

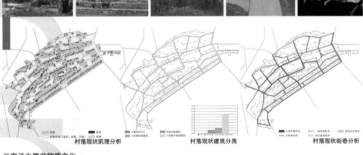

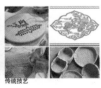

村落现状肌理分析　　村落现状建筑分类　　村落现状街巷分析

三家子保护区划图

三家子主要非物质文化

传统节日　　传统生产生活方式　　民间饮食　　传统技艺

传统活动　　乡风民俗

三家子满语的过去和现在

建国前，三家子满族村地处偏僻，无乡间道、也无通讯设施，所以得以保留了纯正的满族语言和古老传统的民风民俗。满语由世界首屈一指的鬼宝，也是那固统失的民族语言之一。三家子满语口语作我国唯一一保留比较完整的满族语言，三家子满语也被我国誉为满族语的"活化石"，堪称满语唯一一块宝宝石。为了保护全世界唯一的满语故乡，富裕县三家子满语在2008年4月被评为市级非物质文化遗产。

2013年6月三家子满语口述民间故事被评为黑龙江省第四批非物质文化遗产。

另外，三家子的老年人仍保留了在来余饭后带有自己生产的烟草，用满语口头讲述当年相亲传下来故事的习惯。老满族交宏松桦子村来由，满族的神话传奇习的简朴样、老鸭雅、青鸟、大青马、蔡祖氏花夫人等满族传说故事。最为人熟悉的当属满族百姓"不吃狗肉、不戴狗皮帽子、不打乌鸦"的由来。

三家子满语　　三家子满语口述民间故事　　三家子满语论坛

小组成员：刘东亮 王艳秋 银小娇 赵丽晔 孙英博 邵凯 房益山 岂野 王锐 刘春阳 张蕾 魏文琪 原帅 吴明昊

上海市崇明县新河镇卫东村村庄规划设计——现状分析

上海复旦规划建筑设计研究院

上海市崇明县新河镇卫东村村庄规划设计——现状分析

上海复旦规划建筑设计研究院

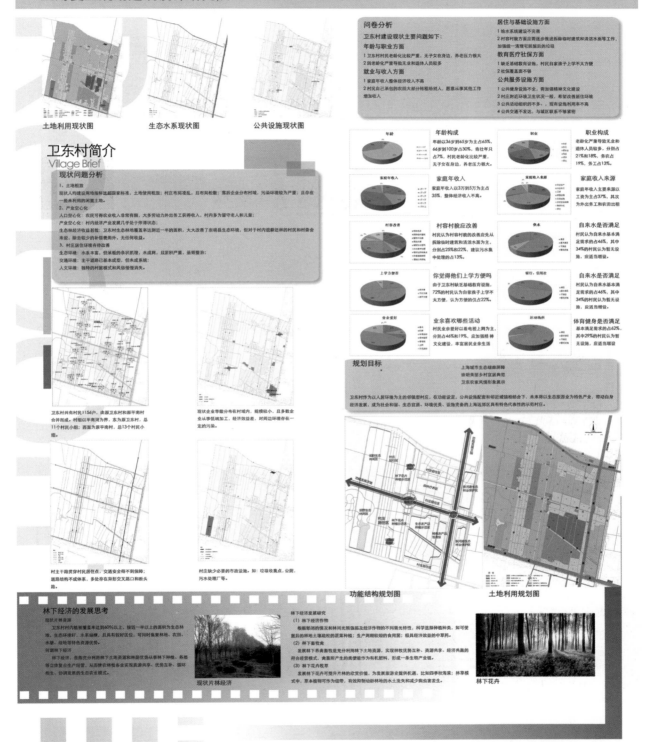

土地利用现状图　　生态水系现状图　　公共设施现状图

卫东村简介
Village Brief

现状问题分析

1、土地粗放
现状人均建设用地指标远超国家标准，土地使用租散；村庄布局凌乱，且布局松散；落后企业分布村域，污染环境较为严重；且存在一些未利用的闲置土地。

2、产业空心化
人口空心化：农田可得耕农业收入非常有限，大多劳动力外出务工获得收入，村内多为留守老人和儿童；
产业空心化：村内经济产业发展几乎处于停滞状态；
生态林经济收益甚微：卫东村生态林地覆盖率达到将近一半的面积，大大改善了崇明县生态环境，但对于村内退耕还林的村民和村委会来说，除去极少的补偿费用外，无任何收益。

3、村庄居住环境有待改善
生态环境：水系丰富，但采桥的条状肌理，未成网，且淤积严重，亟需整治；
交通环境：主干道路已基本成型，但未成系统；
人文环境：独特的村景模式和风俗慢慢消失。

卫东村共有村民1156户，由原卫东村和原平南村合并而成。村组以平南河为界，东为原卫东村，总11个村民小组；西面为原平南村，总13个村民小组。

现状企业零散分布在村域内，规模较小，且多数企业从事低端加工，经济效益差，对周边环境有一定的污染。

村主干路贯穿村民居住点，交通安全得不到保障；道路结构不成体系，多处存在异形交叉路口和断头路。

村庄缺少必要的市政设施。如：垃圾收集点，公园，污水处理厂等。

问卷分析

卫东村建设现状主要问题如下：
年龄与职业方面
1 卫东村村民老龄化比较严重，无子女在身边，养老压力很大
2 因老龄化严重导致无业和退休人员较多

就业与收入方面
1 家庭年收入整体经济收入不高
2 村民自己承包的农田大部分转租给别人，愿意从事其他工作增加收入

居住与基础设施方面
1 给水系统建设不完善
2 村容村貌方面应需逐步推进拆除临时建筑和清洁水面等工作，加强统一清理村庄废旧的垃圾

教育医疗社保方面
1 缺乏基础教育设施，村民自家孩子上学不太方便
2 社保覆盖面不够

公共服务设施方面
1 公共健身设施不全，需加强精神文化建设
2 村庄附近环境卫生状况一般，希望改善居住环境
3 公共活动组织的不多，现有设施利用率不高
4 公共交通不发达，与城区联系不够紧密

年龄构成	年龄以36岁到65岁为主占65%，66岁到100岁占30%，青壮年只占7%，村民老龄化比较严重，无子女在身边，养老压力很大。
职业构成	老龄化产量导致无业和退休人员较多，分别占21%和18%，务农占19%，务工占13%。
家庭年收入	家庭年收入以3万到5万为主占35%，整体经济收入不高。
家庭收入来源	家庭年收入主要来源以务工为主占37%，其次为外出务工和农田出租。
村容村貌应改善	村民认为村容村貌的改善应从拆除临时建筑和清洁水面为主，应占25%和22%，建议治污水集中处理的占13%。
自来水是否满足	村民认为自来水基本满足需求的占46%，其中34%的村民认为暂无设施，应适当增设。
你觉得他们上学方便吗	由于卫东村缺乏基础教育设施，72%的村民认为自家孩子上学不太方便，认为方便的仅占22%。
自来水是否满足	村民认为自来水基本满足需求的占46%，其中34%的村民认为暂无设施。
业余喜欢哪些活动	村民业余爱好以看电视上网为主，分别占46%和19%，应加强精神文化建设，丰富居民业余生活。
体育健身是否满足	基本满足需求的占62%，其中29%的村民认为暂无设施，应适当增设。

规划目标

上海城市生态绿廊屏障
崇明美丽乡村宜居典范
卫东农家风情形象展示

卫东村作为以人居环境为主的邻镇型村庄，在功能设定，公共设施配套和邻近城镇相结合，未来将以生态旅游业为特色产业，带动自身经济发展，成为社会和谐、生态宜居、环境优美、设施完善的上海远郊区具有特色代表性的示范村庄。

功能结构规划图　　土地利用规划图

林下经济的发展思考

现状林资源
卫东村村内被覆盖率高达60%以上，将近一半以上的面积为生态林地。生态环境好，水系缜密，且具有较好区位，可同时鱼菜果林、农田、水塘、绿地等特色资源交叉。

何谓林下经济
林下经济，是指充分利用林下土地资源和林荫优势从事林下种植、养殖等立体复合生产经营，使农林牧各业实现资源共享、优势互补、循环相生、协调发展的生态农业模式。

林下经济发展研究
(1) 林下经济作物
根据郁闭的情况和林内光照强弱及经济作物的不同需先特性，科学选择种植种类，如可使盖的林地土壤起松的蔬菜种植；生产周期较短的食用菌；栽具经济效益的中草药。

(2) 林下畜牧
发展林下养畜畜牧业是充分利用林下的土地资源，实现林牧优势互补、资源共享、经济共赢的符合经营模式。禽畜所产生的废弃物作为有机肥料，形成一条生物产业链。

(3) 林下花卉牧草
发展林下花卉可提升升林的欣赏价值，为发展旅游业创造机，如四季秋海棠；林草混作中，草本植物可作为饲牧，有效控制幼林树地的水土流失和减少病虫害的发生。

现状片林经济　　林下花卉

小组成员：谭艳　王春晖　王雪霏　牛爽　王欢　陶然

章丘市旭升村新农村建设规划设计——现状分析

济南市规划设计研究院

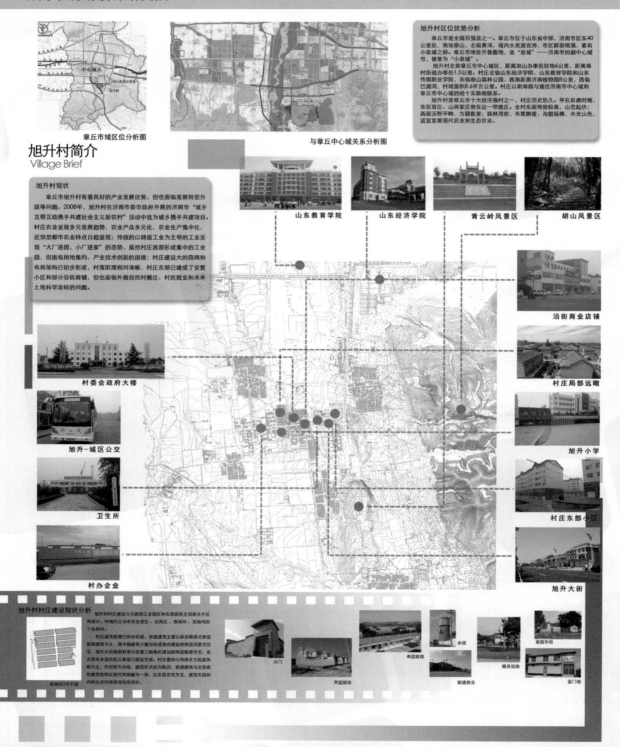

章丘市域区位分析图

与章丘中心城关系分析图

旭升村区位优势分析

旭升村是全国百强县之一。章丘市位于山东省中部，济南市区东40公里处，南依泰山，北临黄河，境内水资源充沛，市区群泉竞涌，素有小泉城之称。章丘市地处千鲁腹地，是"泉城"——济南市的副中心城市，被誉为"小泉城"。

旭升村在依章丘市中心城区，距离双山办事处驻地6公里，距离埠村街道办事处1.5公里。村庄北临山东经济学院、山东教育学院和山东传媒职业学院、东临胡山森林公园。西南距离济南植物园8公里，西临巴漏河，村域面积8.6平方公里。村庄以刚埠路与通往济南市中心城和章丘市中心城的经十东路相联系。

旭升村是章丘市十大经济强村之一，村庄历史悠久。早在后唐时期，东张官庄、山阉家庄曾在这一带建庄，全村东面地势较高，山峦起伏；西面沃野平畴，方圆数里；森林茂密，米菜飘香，沟壑纵横，水光山色，适宜发展现代农业和生态农业。

旭升村简介
Village Brief

旭升村现状

章丘市旭升村有着良好的产业发展优势，但也面临发展转型升级等问题。2008年，旭升村在济南市委市政府开展的济南市"城乡互帮互助携手共建社会主义新农村"活动中选为城乡携手共建项目。村庄农业呈现多元发展趋势，农业产品多元化、农业生产集中化。近郊型都市农业特点日趋显现；传统的以铸造工业为主导的工业呈现"大厂进园、小厂进家"的态势，虽然已在西部形成集中的工业园，但面临用地集约、产业技术创新的困境；村庄建设大的路网和布局架构已初步形成，村落肌理相对清晰，村庄东部已建成了安置小区和部分沿街商铺，但也面临外围自然村搬迁、村民就业和未来土地科学流转的问题。

山东教育学院

山东经济学院

青云岭风景区

胡山风景区

沿街商业店铺

村委会政府大楼

村庄局部远眺

旭升-城区公交

旭升小学

卫生所

村庄东部小区

村办企业

旭升大街

旭升村村庄建设现状分析

旭升村村庄建设分为西部工业园区和东部居民生活居住片区两部分。村庄域内又分布宫官庄、北闸庄、西鸿坞、东鸿坞四个自然村。

村庄建筑肌理已初步形成，房屋建筑主要以单层联排式单层低矮建筑为主，其中穿插有少量旧宅或独自建设的两层回层院式住宅。旭升大街南部和东部分安置回迁建设的两层联排住宅，东北部有多幢民房实施建设安置项目。村庄整体以传统古石瓦民风格为主，色彩较为灰暗，建筑形式以围为周边；新建建筑与之形高校建其的现代风格融为一体，以多居住宅为主。建筑布局和内部生态环境营造布局良好。

大门

两层联排

单层联排

水塔

家庭作坊

新建商企

健身设施

过门埋

章渊063号平面

小组成员：赵奕 尹艳伟 周东 邵莉 隋春光 孙红光 王警

章丘市旭升村新农村建设规划设计——现状分析

济南市规划设计研究院

旭升村土地资源使用现状

旭升村村庄建设现状

规划突破：

针对当前旭升村所面临的问题，村庄建设规划从以下几个方面考虑：

（1）突出多层次规划，拓展规划内容

本项目在内容结构上与其他新农村建设规划有别大拓展，根据不同范围和重点进行了分层次规划。不仅包涵村域用地分区和村庄建设规划、村域道路交通、村域配套设施规划和工业园区专项规划，还包括对重点地适两和重点开发地块的建筑规划设计。

（2）凸显区位优势，打造城郊型农村社区

旭升村属于章丘市中心城南部的域郊型村庄，规划加强其村中心城的产业服务功能与特色产业研究，强化村庄建设用地标准与城市建设用地标准紧密衔接。

（3）凸显环境优势，打造生态型村庄特色

针对村域内绿化面积广阔，动植物种类丰富，山势秀丽的生态资源优势，规划青云岭风景区为章丘市南部的山林生态涵养区，营造生态型农村社区的生态资源环境。

旭升村简介
Village Brief

现状问题分析

1、产业面临转型升级

旭升村虽然具有一定规模的产业园区，但企业面临产品市场竞争压力较大，技术创新能力较弱，工业用地集约性较弱，单位土地产出较低，产业发展遂着与章丘市、济南市的产业发展形成错位关系，亟需打造服务于章丘市域的产业体系。

2、村庄建设需改造

以一层和两层联排为主的灰色格调的传统建筑质量较差，已经不适合现代生活居住要求，而且造成土地的大量浪费，影响村庄整体生态环境的提升。

3、生态资源缺乏有效保护和利用

东部的胡山森林公园和南部的青云岭风景区生态环境优美，有章丘市南部生态后花园之称，但长期以来缺乏良好的山体保育和生态旅游资源的利用，造成区域影响力和服务功能较弱。

4、配套设施需完善

作为远郊型村庄的旭升村在供电、供气等方面追需完善，教育、卫生、体育健身等方面追需提升，其服务能力缺乏对未来村庄建设融入章丘中心城的统筹考虑。

影像分析
旭升村位于山前丘陵地带，青云岭北侧，胡山西部；地势东高西低、南高北低。

坡度分析
旭升村东部和南部部分坡度较大，西部区域坡度在15度以下，地形整体较为平坦，建设用地可选择区域较大。

土地规划用途
已经与中心城用地连体一体，以农村居民点、移地、林地、田地为主。

规划目标

1、深入研究旭升产业发展村庄建设的影响，针对区域产业发展、村庄产业与村庄建设和谐发展的关系，努力做到产业特色化、功能区域化、城乡一体化，实现产村一体、城乡共荣。

2、促进村域生态环境和村庄建设发展期相结合，对网边要生态环境的开发利用充分考虑保护与发展的关系，整体上维护村庄原基底环境。

3、强化重点项目规划管理，针对旭升村作为近郊村的优势，强化村庄道路体系、配套设施建设、产业服务功能与章丘中心城的衔接，充分发挥其区位优势，实现城乡协调综合发展的目的。

设计意向
村庄建设要充分考虑与中心城及周边山体自然环境的协调、融合，体现现代农村社区的景观特色，以小高层、多层等多样化造型为特点，满足村民多样化的居住需求。

旭升大街沿街综合建筑平面图

村庄建设规划
规划充分体现"城郊型村丘"和"现代生态型农村社区"的建筑景观风貌特色。规划以绿色景观廊道和重点商业轴线、节点打造富雨窗景进行规划设计，营造中部河道轴线景观，强化旭升大街商业街区，打造旭升广场等重要空间节点。

旭升大街改造
按照科学规划设计理念，通过中心大街环境、空间、建筑的综合设计，为提供村民休闲、娱乐、健身、交往的公共空间。

规划实施

村委会前广场的改造建设
旭升村委会位于村庄核心位置，具有行政服务功能，政府大楼南部的广场具有村民休闲服务功能，村委会前广场的改造完成旭升村对外的重要窗口，也是村庄建设用地核心重要节点

旭升大街的改造建设

旭升大街为旭升村的景观轴线，也是旭升村中部重要的商业街区。旭升街两舞公线呈线状沿街布置，在村委会、村卫生所办公楼和旭升街东端南侧形成三个开敞的节点。针对这不同的设计手法改善和避免沿街道建筑单调和缺少变化的感受；通过沿街两舞建筑的拉高，改善建筑高度上缺少变化的呆板形态；通过公建沿南北向道路退当向内侧延伸，使建筑更具有层次感和延续性。

改造建设后的卫生所

小组成员：赵奕 尹艳伟 周东 邵莉 隋春光 孙红光 王警

哈尔滨市依兰县道台桥镇永丰村建设规划——现状分析

黑龙江省城市规划勘测设计研究院

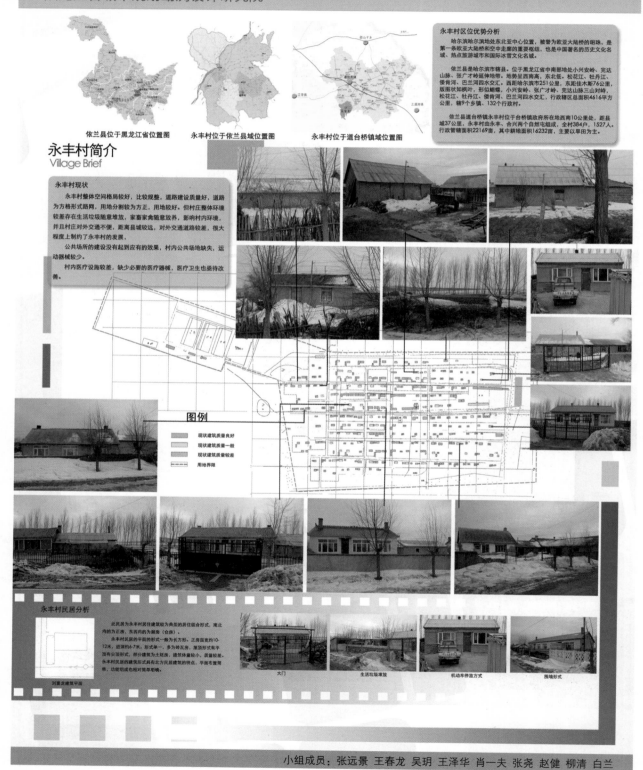

依兰县位于黑龙江省位置图

永丰村位于依兰县域位置图

永丰村位于道台桥镇域位置图

永丰村区位优势分析

哈尔滨哈尔滨地处东北亚中心位置，被誉为欧亚大陆桥的明珠，是第一条欧亚大陆桥和空中走廊的重要枢纽，也是中国著名的历史文化名城、热点旅游城市和国际冰雪文化名城。

依兰县是哈尔滨市辖县。位于黑龙江省中南部地处小兴安岭、完达山脉、张广才岭延伸地带。地势呈西南高，东北低，松花江、牡丹江、倭肯河、巴兰河四水交汇。西距哈尔滨市251公里，东距佳木斯76公里，版图形状枫叶，形似蝴蝶，小兴安岭、张广才岭、完达山脉三山对峙，松花江、牡丹江、倭肯河、巴兰河四水交汇，行政辖区总面积4616平方公里，辖9个乡镇、132个行政村。

依兰县道台桥镇永丰村位于台桥镇政府所在地西南10公里处，距县城37公里，永丰村由永丰、合兴两个自然屯组成，全村384户，1527人。行政管辖面积22169亩，其中耕地面积16232亩，主要以旱田为主。

永丰村简介
Village Brief

永丰村现状

永丰村整体空间格局较好，比较规整，道路建设质量好，道路为方格形式路网，用地分割较为方正，用地较好。但村庄整体环境较差存在生活垃圾随意堆放，家畜家禽随意放养，影响村内环境，并且村庄对外交通不便，距离县城较远，对外交通道路较差，很大程度上制约了永丰村的发展。

公共场所的建设没有起到应有的效果，村内公共场地缺失，运动器械较少。

村内医疗设施较差，缺少必要的医疗器械，医疗卫生也亟待改善。

图例

- 现状建筑质量良好
- 现状建筑质量一般
- 现状建筑质量较差
- 用地界限

永丰村民居分析

此民居为永丰村民居建筑较为典型的居住组合形式，南北向的为正房，东西向的为厢房（仓房）。

永丰村民居的平面的形式一般为长方形。正房面宽约10-12米，进深约6-7米，形式单一，多为砖瓦房，屋顶形式有平发和实坡形式，建筑主体为土坯房，建筑体量较小，质量较差。永丰村民居的建筑形式具有北方民居建筑的特点，平面布置简单，功能组成也相对简单明晰。

刘富发建筑平面

大门

生活垃圾堆放

机动车停放方式

围墙形式

小组成员：张远景 王春龙 吴玥 王泽华 肖一夫 张尧 赵健 柳清 白兰

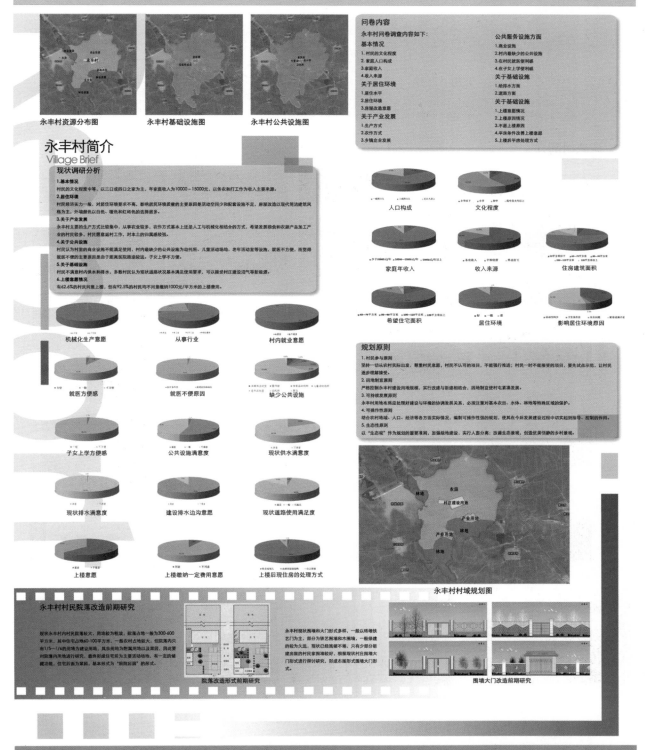

小组成员：张远景　王春龙　吴玥　王泽华　肖一夫　张尧　赵健　柳清　白兰

奉贤区金汇镇梁典村居民点详细规划——现状分析

上海复旦规划建筑设计研究院

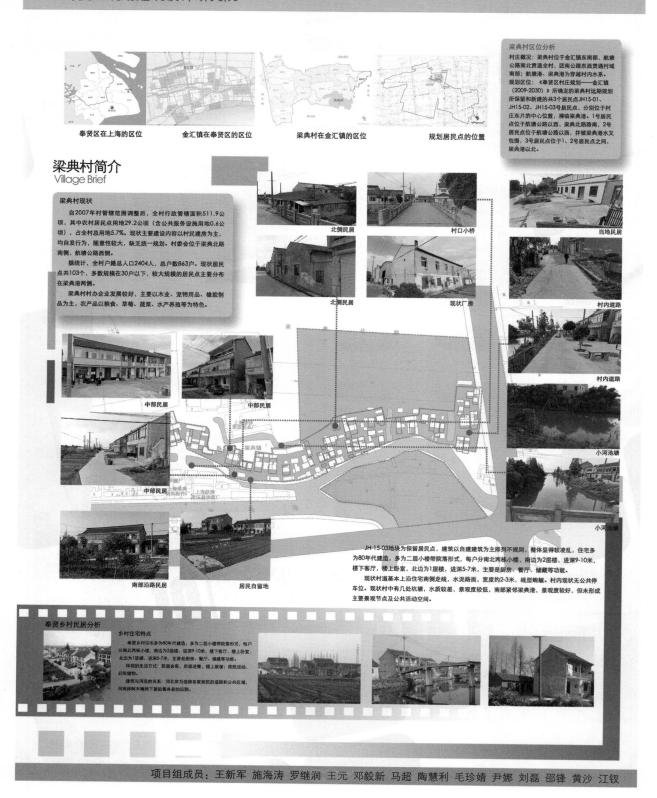

梁典村区位分析

村庄概况：梁典村位于金汇镇东南部，航塘公路南北贯通全村，团南公路东西贯通村域南部；航塘港、梁典港穿越村内水系。

规划区位：《奉贤区村庄规划——金汇镇（2009-2030）》所确定的梁典村远期规划所保留和新建的共3个居民点JH15-01、JH15-02、JH15-03号居民点，分别位于村庄东片的中心位置，濒临梁典港。1号居民点位于航塘公路以西，梁典北路路南，2号居民点位于航塘公路以西，并被梁典港水叉包围，3号居民点位于1、2号居民点之间，梁典港以北。

奉贤区在上海的区位　金汇镇在奉贤区的区位　梁典村在金汇镇的区位　规划居民点的位置

梁典村简介
Village Brief

梁典村现状

自2007年村管辖范围调整后，全村行政管辖面积511.9公顷，其中农村居民点用地29.2公顷（含公共服务设施用地0.6公顷），占全村总用地5.7%。现状主要建设内容以村民建房为主，均自发行为，随意性较大，缺乏统一规划。村委会位于梁典北路南侧，航塘公路西侧。

据统计，全村户籍总人口2404人，总户数863户。现状居民点共103个，多数规模在30户以下，较大规模的居民点主要分布在梁典港两侧。

梁典村村办企业发展较好，主要以木业、宠物用品、橡胶制品为主，农产品以粮食、草莓、蔬菜、水产养殖等为特色。

北侧民居　村口小桥　当地民居　北侧民居　现状厂房　村内道路　村内道路　小河池塘　小河池塘　中部民居　中部民居　中部民居　南部沿路民居　居民自留地

JH-15-03地块为保留居民点，建筑以自建建筑为主排列不规则，整体显得较凌乱，住宅多为80年代建造，多为二层小楼带院落形式，每户分南北两栋小楼，南边为2层楼，进深9-10米，楼下客厅，楼上卧室，北边为1层楼，进深5-7米，主要是厨房、餐厅、储藏等功能。

现状村道基本上沿住宅南侧走直线，水泥路面，宽度约2-3米，线型蜿蜒。村内现状无公共停车位。现状村中有几处坑塘，水质较差，景观度较低，南部紧邻梁典港，景观度较好，但未形成主要景观节点及公共活动空间。

奉贤乡村民居分析

乡村住宅特点

奉贤乡村住宅多为80年代建造，多为二层小楼带院落形式，每户分南北两栋小楼，南边为2层楼，进深9-10米，楼下客厅，楼上卧室，北边为1层楼，进深5-7米，主要是厨房、餐厅、储藏等功能。

体型的生活方式：前屋会客，后屋退卧，楼上就寝；院落活动，后院储藏。

建筑与河流的关系：河北岸为连接各家前院的道路和公共区域，河南岸树木掩映下家贴着各家的后院。

奉贤区金汇镇梁典村居民点详细规划——现状分析

上海复旦规划建筑设计研究院

居民点上位规划图

现状建筑质量分析图

现状总平面图

现状环境分析

1、JH15-01居民点（规划）
JH15-01号居民点位于梁典村北路、杭塘公路的交叉口的南侧，南与2号保留民居点相邻，基本形成东西边坡狭长的长方形。现状农用地仍为基本农田，主要种植油料作物、居民点北侧紧邻梁典北路，红线宽度4米，西侧为木业、橡胶制品等产品加工厂，3米宽度沥青石屑作为其入口通路、南贸都邻保留居民点，因此东侧蚬砖墙公路、北贸梁典北路将成为JH15-01居民点未来主要的出入方向。

2、JH15-02居民点（规划）
JH15-02号居民点位于杭塘公路西侧，梁典港水叉包围区域，形成半岛地块。未来主要出入口位于地块南贸蚬吴郡路、东邻航塘公路贸穿梁典村全镇。现状宽度14米，规划红线宽度40米，两侧有10米绿化带。

3、JH15-03居民点（保留）
JH15-03号居民点位于杭塘公路西侧，JH15-01、JH15-02居民点之间，南邻梁典港，呈东西3线性分布村民住宅。村民出入口位于东贸杨桥公路及西侧村雷仓路，东西应2M水定小路连通。保留点内居民共计65户，135人。南邻梁典港，河道平均宽度20米，现状水系为五类。

梁典村简介
Village Brief

现状特色分析

1、富有江南水乡特色的河网水系，其中2、3号居民点依托梁典港形成交叉河道水系。
2、住宅形式保传统的生活方式：前庭全壳，后院追修。
3、楼上脆度：贸院活动，后院储物。
3、住民建筑与河道的关系：河沿岸为连接农家世纪的道路和公共区域，河南岸树木掩映下紧密备各的后院。
4、树种特色，主要为杉树、竹子等，迫河绿荫多。

现状问题分析

1、人均建设用地面积偏大，大部分农户超占面积；
2、缺乏规划，出现多处河道和宽地，土地资源利用不充分；
3、大部分村庄住宅比较破旧，村庄整体风貌不佳；
4、道路硬化率低，且跨河交通受不平；
5、基础设施建设落后，包括村内供水、排水、夜间照明等多个方面；
6、公共设施量差不足，缺少集中的公共活动场地；
7、村庄质量差，河道、垃圾随处可见；
8、缺少景观设计、入口无标识感，迫河地带没有充分利用景观资源。

整体规划实施情况

2011年12月，《奉贤区金汇镇梁典村居民点详细规划》经奉贤区人民政府的批准。
在本轮规划指导下，梁典村居民点正在逐步实施，目前住宅基础正在浇造，底层墙体已在砌筑，道路等基础设施亦同步修建中。

基础浇筑

挖掘地基

底层墙体砌筑

规划范围调整

1、原边界切割现状建筑的，调整边界使之包含整栋建筑。
2、原边界与规划红线、蚬桥、蓝线之间有较小的缝隙的，调整为与之整合。
3、边界进入桥梁河道水面面积较大的，调整为与河岸整合，如因边界有可用空地，则划分相同形的土地纳入规划范围。
4、原边界形状突然不规则，转弯边缘接近直角或不等于直角的，按照边用地淡环境区和绝划布局要求进行微调。
5、调整边界时，尽量不改变各居民点的面积，尤其对新建居民点，严格控制其占地面积与上位规划一致。

上位规划边界

调整后规划边界

规划范围

本次规划范围以《奉贤区村庄规划——金汇镇（2009-2030）》所确定的梁典村远地规划所保留和新建的共3个居民点。梁典居民点（新建）、2号居民点（新建）和3号居民点（保留），其中1号居民点位于杭塘公路西面，梁典北路西南，2号居民点位于梁典港以西，并被梁典港水叉包围，3号居民点位于1、2号居民点之间，梁典港以北，用地面积分别为4.21公顷、1.7公顷和3.08公顷，合计为8.99公顷。

指导思想

本规划以科学发展观为指导，以建设和谐社会和服务农业、农村、农民为基本目标，坚持四级制宜、循序渐进、统筹兼顾、协调发展的基本原则，合理安排家典村社区居民的建筑布局、设施配套、环境塑造以及建设时序，节约和集约利用资源，保护生态环境，促进城乡可持续发展。

规划根据奉贤、金汇镇的经济社会发展条件、梁典村建设现状及村庄生活、生产方式，并结合村民自身的发展意愿编制，坚持以农民利益为出发点，设计系统合理、环境宜人、生活品质提升的新农村。

规划原则

1、因地制宜、体现特色
根据村庄自身的发展条件，充分挖掘村庄现状自然水系资源、传统习俗和有建筑的风格，提升村庄宜住环境品质，创造富有地方特色的村庄环境风貌。
2、节约用地、循序渐进
严格执行奉贤区关于农民个人建房的用地面积和建筑面积的规定。按照建筑密度、绿地间距、道路宽度的要求，不扩大建设用地。注重实现短期目标，一次规划，分期建设，设施预留，逐步实现特色鲜明、多风文明、环境整洁的村庄规划建设目标。

3、基础配套、功能合理
既要满足实用要求，又互不干扰、功能明确、合理配套公共基础设施及公益事业的建设，满足农民生产、生活需要。
4、注重生态、美化环境
加强村庄环境整治，坚持人与环境的和谐，贸穿生态建设，体现文化内涵，反映区域特色、并与基础建设规划、基本农田保护规划相协调，实行田、林、路、住宅道、供水、排污等综合治理。
5、政府主导、农民主体
发挥各级党委、政府的主导作用，整合资源，创造条件，积极引导村民参与农村社区居民点建设，同时尊重民意愿，围绕农民需求，依靠村民力量，发挥农民的主力军作用。

梁典村规划总平面图

奉贤区概况

农业
奉贤县有产棉区之称，东乡泥多格格，西乡以棉为主、棉粮机相，呈东南到奉贤区的鸭七瓶三，2011年止奉贤区创建粮食高产示范力153个、8.3万亩左右。
工业
奉贤区工业向以民间手工业为主、舞有机械治金业、转头贸的和器贸含等业小，添水贸的，地方机贸工业兴起，奉贤县助有机械治力起电，棉棉油工业强机、棉织、针织、印刷贸为主。

金汇镇概况

金汇镇位于奉贤区中北部，北与闵行区、浦东新区接界，东与奉贤区奉城镇、南与青村镇、西邻金汇镇与奉贤区现代化农业贸园区和南桥镇接界。全距上海市中心27公里，离东近距东南航杭堪长场52公里。东南面距到杭航临济坪山桥水港27公里。
金汇镇坐落在奉贤区北处奉贤市中心最近的位置。金汇镇水陆交通便捷，东西二侧有45米宽的鸿超公路与东面的浦贸贸通两北，中间有32米宽的沪杭公路贸通连接。

金汇镇建金汇、齐贤、泰贸3个乡镇：金汇、金维、金星、东星、建乐、新星、新朝、东延、西延、朝贸、李家、白庄、迈涌、北行、南行、国光、光辉、光明、无爱、联星、北了、木行、南桥、齐春、行滨、虹祥、梁典、困义、吴瑞、梅园、虹宅、陶家、苹花、集生等35个村。

项目组成员：王新军 施海涛 罗继润 王元 邓毅新 马超 陶慧利 毛珍婧 尹娜 刘磊 邵锋 黄沙 江钗

杭州市美丽乡村发展特征——以下满觉陇、龙井、龙坞为例

浙江工业大学城市规划系

浙江杭州

杭州西湖景区

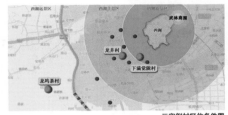

龙井村

下满觉陇村

龙坞茶村

三实例村区位条件图

调研对象区位分析

本文调研对象选取了杭州市西湖区的下满觉陇村、龙井村、龙坞村。从区位条件来看，以西湖为坐标原点，下满觉陇村距离西湖最近，位于西湖风景区近圈层范围内，属于西湖新十景之一"满陇桂雨"；龙井村次之，位居西湖风景区中圈层范围，属于西湖新十景的"龙井问茶"；龙坞最远，处于西湖风景区之外，杭州绕城高速以外的边缘地带，是近年来西湖区着力打造的"美丽乡村"示范村。

三个乡村的经济特征均表现为围绕茶叶发展相关产业，其原始条件和资源基础相同，都是基于龙井茶叶种植、加工、销售及其延种的旅游服务业发展起来的景中村或美丽乡村，尽管距离杭州市核心区较近，但还保留着村级集体组织管理架构，同时也受限于西湖区政府或西湖风景区管委会的管辖，在动力主体方面分别代表政府主导型、村民主导型、外来投资商主导型三种典型模式。

1.实例村简介
Village Brief

指标		下满觉陇	龙井村	龙坞茶村
总户数（户）		376	332	335
总人数（人）	本地人口	790	660	1146
	外地人口	2630	132	20

下满觉陇村现状

下满觉陇村位于西湖之西南，南高峰与白鹤峰夹峙下的之间，属于西湖龙井茶一级保护基地。西湖新十景之一的"满陇桂雨"就在本村辖区内，满觉陇也称满家弄，是南高峰南麓的一条山谷，吴越时这里多有小型佛寺，其中有一座"圆兴院"，后改为"满觉院"，地以寺传。下满觉陇不仅盛产西湖龙井，同时盛产桂花，家家户户制作桂花茶、桂花藕、桂花糕等传统食品。

龙井村现状

龙井村被誉为"茶乡第一村"——因盛产顶级西湖龙井茶而闻名于世，位居"狮、龙、云、虎"之首。属杭州市西湖龙井茶一级保护基地。东临西子湖，西依五云山，南靠涛涛东去的钱塘江水，北抵插入云端的南北高峰，四周群山叠翠，云雾环绕，就如一颗镶嵌在西子湖畔的翡翠宝石。龙井村内有800亩的高山茶园，村内常住人口约800多人，拥有御茶园、胡公庙、九溪十八涧、十里锒铛、老龙井等丰富的旅游资源。

龙坞村现状

龙坞村位于杭州市西湖区转塘镇上城埭村，距离杭州市中心15公里，与之江国家旅游度假区相邻，西面是大斗山、小斗山森林野生区，南面和北面是大片的茶园，是杭州市西湖龙井茶二级保护基地，同时也是西湖区龙坞镇白龙潭风景区的重要组成部分。龙坞村总面积约2.4平方公里，有山林面积2000余亩，茶园面积1200余亩，村内有农户345户，总人口约1245人。龙坞村以青山、小溪、茶园、山林、村落为背景，以悠久的茶文化和民俗文化为精髓，集茶园、花园、果园、菜园、庭院为一体，拥有娱乐、住宿、餐饮、游览、体验等多项服务，是感受茶文化的特色乡村旅游村落。

建筑风貌   垃圾收集点

建筑风貌

村委活动纪念树

建筑风貌   包装厂

道路建设   集体经济

垃圾收集点

茶地景观

道路建设   茶地景观

桂花经济   农家乐经济

茶楼   茶地资源

农家乐经济   农家炒茶

茶地景观   珍珠业

公告栏   村口景观

公告栏   村口景观

小组成员：龚圆圆 陈舒婷 李听听 任巧丽 季雅琳

杭州市美丽乡村发展特征——以下满觉陇、龙井、龙坞为例

浙江工业大学城市规划系

2. 美丽乡村发展过程

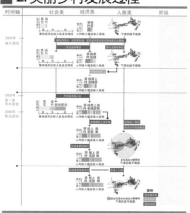
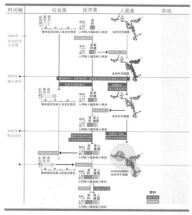
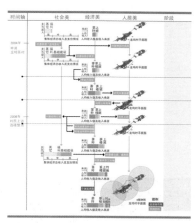

3. 美丽乡村发展特征

根据浙江省实施的"美丽乡村"建设行动计划，参照"生态人居"、"生态环境"、"生态经济"、"生态文化"四大工作任务，本文将确定"美丽指数"以衡量杭州典型乡村的发展与建设水平，其指标体系的准则层为人居美、社会美、经济美。

从人居美、社会美、经济美三大指标横向对比来看，人居美在三个典型村的差异较小，表明物质空间层面，建设品质的差距不大；社会美和经济美差异较大，说明由于区位条件、政策环境、自生能力等因素造成了三个典型乡村的不同发展模式。

"美丽指数"评价结果

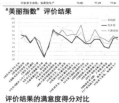

评价结果的满意度得分对比

三个典型乡村的人居环境对比

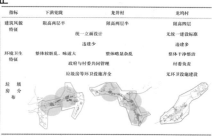

三个典型乡村的社会结构对比

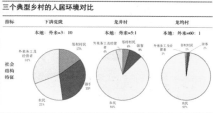

三个典型乡村的生产资料对比

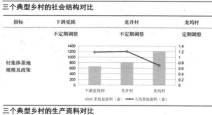

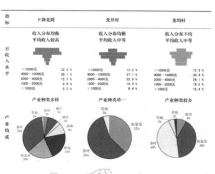

三个典型乡村的产业经济对比

三个典型乡村的社会文化情况对比

4. 动力机制及影响因素

每个乡村的发展结果主要由乡村自身条件和城乡流通能力所决定，即使拥有相同的乡村发展条件，但由于城乡流通能力的不同，也会形成各自特定的物质环境、产业经济和社会文化特征，如下满觉陇村的城乡流通能力要依次好于龙井村、龙坞村。其中，乡村自身条件是乡村发展的原始动力基础，村民组织可以有效配置这些生产要素，以推动乡村产业转型升级，实现乡村潜在的经济、社会、文化价值。城乡流通能力由地理位置和基础设施所决定，一般地理位置属于先天性且难以改变，但基础设施可以后天完善，良好的区位条件提供好的城乡流通能力。对区位条件影响较大的因素包括政策、资金、技术、创新等，并非乡村原始基础所能具备，需通过外来要素输入，其动力主体则是政府组织和市场组织。从三大主体和影响因素之间的关系来看，村民组织和乡村自身条件组成了内生动力，政府、市场组织和政策、资金、技术等组成了外源动力，共同推动乡村物质环境、产业经济、社会文化的可持续发展。

小组成员：龚圆圆 陈舒婷 李昕昕 任巧丽 季雅琳

佛山市高明区与海门市的村镇调研与相关研究

同济大学建筑与城市规划学院城市规划系

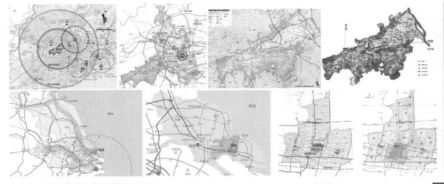

广东省佛山市高明区
高明区位于佛山市西部，地处粤中西江河畔，珠三角城市群外围。东距佛山禅城区47公里，离广州城区68公里；距香港101海里、距澳门174海里。是连接粤西地区与珠三角地区的重要交通节点，是广佛都市圈的重要腹地。
高明区辖一个街道三个镇区，共53个行政村，辖区总面积938平方公里，2013年户籍人口29.7万人，常住人口42.5万人，地区生产总值558.72亿元。

江苏省海门市悦来镇
悦来镇位于南通市海门市东部、地处苏中，距市区25千米。宁启铁路、G40通启高速公路穿境而过。据上海市中心城区约1.5小时车程。
海门市辖4个居委会、35个行政村。总面积141.44平方公里，2012年户籍人口10.8万人，常住人口9.3万人，地区生产总值590.33亿元。

案例概况
高明区与海门市均位于东部发达地区的外围地带，行政层级与发展阶段相似，农村发展面临诸多相似问题。

调研目的——充分了解农村
把握村庄地区人口、经济、社会情况；
充分了解居民对基础设施和公共服务的需求；
深入研究农村城镇化的动力机制、影响因素及发展趋势。

对象选取——多人群、全方位
以居民为主、政府部门为辅；
农村、镇区分别设计问卷，随机抽样；
涉及务工、务农、本地、外来、留守、外出等不同类别人口。

深度访谈——微观细致的信息收集
以座谈形式访谈镇领导及村干部；
以走访形式访问重点企业及主要公共服务部门；
对高明区辖的48个行政村和悦来镇的17个行政村逐一走访，充分摸清农村现状。

问卷发放——自下而上的真实反馈
问卷设计为三个部分：个人及家庭情况/村镇建设及满意度/城镇化意愿及影响因素；
调研对象为工作人员在街镇乡村随机选取，具有一定代表性，并一对一解释填写；
另外在高明区通过教育局向中小学家长发放并回收问卷2598份。

镇区居民

高明区三镇镇区发放并回收调查问卷105份，其中有效问卷99份，有效率为94.29%，抽样比约为3.29%。基本反映了镇区人口的性别比例、年龄结构、教育程度等情况。

常住村民

课题组对高明区53个行政村中的48个进行了走访，其中44个村做了村民问卷（占总样本的84.6%），总计发放问卷353份，问卷有效率100%，抽样比为2.55%。

外出务工者

海门市为人口高流出地区，其60%外出务工者主要从事建筑行业。为了从流出人口的角度进一步解析村镇发展现状，课题组挑选了15名海门籍在沪从事建筑业的务工者进行深入访谈与问卷调查。

重点企业

针对高明区不锈钢制造、新材料制造、纺织、食品加工等重点行业，走访X家企业并发放问卷120份，回收问卷112份，其中有效问卷109份，基本覆盖各个岗位层级。

政府部门

通过座谈与高明区教育、交通、市政、卫生、产业、文化等等部门交流，并由各乡镇（街道、区）教育局发放31个学校的在校学生家长进行问卷填写，共计回收2598份。

重点关注人群

针对高明区严重的老龄化、空心化现象，聚集农村村老问题，徐村14个村民访谈和问卷调查，课题组在明城镇明城广场随机走访了15位老人，与老人和村外养老问题做了深入访谈，获取了最真实的信息。

高明区分村户籍人口分布图

悦来镇分村户籍人口总量、密度分布图

调研方法
为弥补村镇地区宏观统计数据的不足，课题组充分利用实地踏勘与问卷访谈相结合的社会学调研方法，开展了细致深入的田野调查，获取了大量的第一手资料，积累了丰富的感性认识，启发了进一步的思考与探索，为后续研究打下了坚实的基础。

发现问题
课题组结合田野调查，重点关注农村的人口结构、产业经济、公共设施、建成环境方面的发展问题，探讨其成因及对策。

人口结构
劳动力大量外流，打工经济提高了家庭收入水平也产生诸多社会问题；
留守人口以妇女、老人和儿童居多，农村老龄化形势严峻；
居民城镇化意愿不一，小城镇吸纳人口就业的能力有限。

产业经济
农业生产仍停留在小型化、家庭化阶段，出现了现代设施农业，但未成规模。
大量农民在乡镇或邻近城市两地兼业，工业生产以劳动密集型和低端制造业为主，亟待升级转型；
服务业普遍滞后。

设施环境
基础教育设施大量撤并，市政设施服务水平得到完善；设施需求在不断升级，但服务质量普遍不高；
生态基底良好，但部分地区污染严重。

课题组成员：张立 赵民 何莲 郝晋伟 黎威 陈旭 徐樑 朱金 陈艳 林楚阳 张天凤

佛山市高明区与海门市的村镇调研与相关研究

同济大学建筑与城市规划学院城市规划系

人口流动、城镇化选择及其影响因

人口高流出与打工经济

农村地区外出打工现象明显。受访家庭有外出务工者的比例占到70%；

人口流入地以镇区、县城、城市群中心城市为主。外出务工人口的平均年龄在40岁左右，男性为主。大量呈现出两地分居的迁移模式；

打工经济改善了农村家庭的生活水平，是以家庭为主体所做出的理性选择。

城镇化抉择的生命周期效应

从流出人口和留守人口的双重视角考察了人口城镇化选择的生命周期特征；

除了迁移选择上的年龄分化，城镇化决策的考量因素同样存在着生命周期效应。年轻一代农民工表达出了定居城市的强烈愿望，而中年留守人口对于乡村生活方式的依赖正逐渐瓜解，而表现出对集中居住的本地城镇化方式的青睐，老年留守人口更加倾向于继续在农村生活。

海门市受访家庭外出务工情况

海门市受访家庭留守人口性别情况

海门市受访家庭留守人口年龄结构

高明区受访居民搬迁意愿

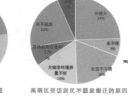
高明区受访居民不愿意搬迁的原因

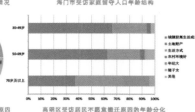
高明区受访居民不愿意搬迁原因的年龄分化

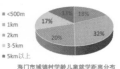
海门市城镇村学龄儿童就学距离分布

海门市城镇村居民选择的学校需改善的因素

海门市域农村撤并小学恢复的必要性

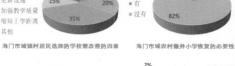

高明区各街镇教育设施撤并情况

高明区医疗设施满意情况

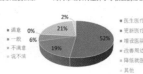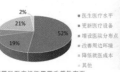
高明区医疗设施需要改善的方面

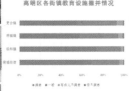
高明区各街镇教育设施满意情况

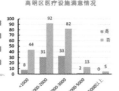
高明区不同收入水平的老人机构养老接受度

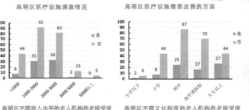
高明区不同文化程度的老人机构养老接受度

公共服务的需求与供给

公共设施是村镇发展的核心要素

村庄的萎缩与农村社会结构的变迁为公共服务的提供和设施的配置带来新的挑战，如何兼顾效率与公平需要重新审视；

优越的公共服务（包括商业设施、医疗设施和教育设施等）是城镇发展的主要优势。

教育设施的集约化布局是大势所趋

教育设施的撤并已全面铺开，随着数量的减少，服务水平及满意度明显上升；

伴随道路等基础设施的进一步完善，在经历一段时间的阵痛之后，村民逐

养老与医疗服务亟待进一步完善

随着农村社区的老龄化进一步加快，传统家庭养老模式难以为继，而相应的医疗与养老设施配备普遍滞后，供需矛盾严峻，未来发展路径仍需探

人口老龄化与城乡统筹

农村老龄化与养老

农村地区老龄化水平远高于城市，且呈现高龄化趋势，大量老人仍旧从事农业生产，无人照料。与此同时，农村养老设施数量不足、类型单一、服务质量低下、规范标准欠缺等问题依然显著。

农村发展差异及成因

将高明区农村划分为平原地区的近郊村、远郊村、城边村，山区的近郊村、远郊村五大类，分析其发展差异的同时，从空间区位、工业影响、征地情况、地形特征及资源条件的角度解释了农村发展差异形成的影响因素，并从村民的视角分析了农村人口的未来城镇化意愿。

"迁村并点"的规划反思

迁村并点规划是为了实现农民集中居住、土地集约利用，以集中居住点为主要载体的规划形式。而这一规划的实际实施效果不佳，规划目标始终难以实现。从政府和村民两个视角分析其原因，一方面是政府层面的制度、政策及资金支持的作用有限；另一方面，农村人口不断减少、老龄化的人口结构使得建房需求有限且建房高潮已过等种种原因导致搬迁的动力不足。

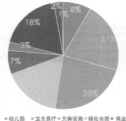
海门市受访居民最关注的公共服务设施

课题组成员：张立 赵民 何莲 郝晋伟 黎威 陈旭 徐橙 朱金 陈艳 林楚阳 张天凤

浙江省安吉县山川乡高家堂美丽宜居示范村建设实践

浙江省城市化发展研究中心　浙江大学经济学院

九十年代末至现在，随着各级政府和旅游主管部门的引导和扶持力度进一步加大，旅游市场需求的日益增长，农村旅游发展较为迅猛，从单纯的"农家乐"逐步向旅游度假型村庄拓展。在大力推进都市农业建设的进程中，把农村旅游推向了蓬勃发展的新阶段。

在高家堂产业发展规划中，计划用旅游的理念，用农业的资源做大旅游产业，实现互利共赢。通过以农房建设示范村建设为抓手，以提高人民生活水平、促进经济发展为目标，着重将规划和乡村经济提升紧密结合，调动全村人的自主整改积极性和创造性，逐步把村庄建设成为山村风貌独特、功能设施健全、公共服务完善、商业布局合理、人文特色明显的一个农村建房示范村、美丽家庭示范村、村庄经营示范村、生态文明示范村和"中国美丽乡村"示范村。

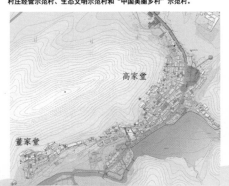

集中小区式

条件：先存诸多农村民居，呈满天星状散落在广袤的农村地区，村庄规模小数量多，布局混乱，用地浪费，设施滞后，环境普遍较差。即使耗费了大量的财力物力，实现了道路、自来水、电力、电话、有线电视的通畅，还是无法取得明显的效果，难以实现资源利用的规模效益和集聚效益。

修旧如旧式

条件：现尚存少许由于地处偏远或经济落后等原因大范围保留了明清以来的历史建筑。但由于村庄整体以及建筑都已过度陈旧，存在环境差、公共设施极度落后、安全隐患多等诸多问题，从而导致村民生活质量低下。加之因为已成为历史建筑，需要保护，无法进行大规模拆除重建。

方法及优势：土地集约式的村庄整治，通过实行同建筑形式和标准、统一基础设施配套和管理、统一绿化环境建设、同置配置文教体卫设施、同一物业社区化管理，改散易为聚，实现居住空间聚集、设施资源共享，展现生态环境良好的新型农村居住形态。

缺点：几乎完全丧失村庄自身的空间形态，和城市小区形态过于类似，和历史文脉割裂严重，对村民生活方式的改变程度很大，在一定程度上造成不适。

方法及优点：单纯风貌式的村庄整治，以保护原有的历史建筑为首要前提，以传统民居采取保护的方式，按照不改变原状的原则，进行修缮或对个别构件加以更换并加固结构，最大程度得保留村庄原有的风貌和历史记忆，使村庄的文脉得到很好的延续。

缺点：公共设施问题依旧无法得到很好的提高，村民的生活水平很难得到大幅度的提高。如非历史文化名村以及道相关便利的交通条件，其作为观光型旅游景点具有较大难度。

village brief

高家堂简介

开发条件

根据高家堂村的靠山依水的地理位置，保护得当的森林绿地，保持完好的村庄形态，集中式的村庄布局，尚可的公共设施及村民生活水平以及存在的发展精品旅游业的巨大潜力，改造开发将为其最适合的政治方式。

高佳堂距离安吉县城20公里，距省会杭州50公里。规划范围西起杭州纳安交，北至山川村，南到山川乡大里村，东至杭州市余杭区，总面积700公顷，其中山林面积972хм²，水田面积349亩。而如今都市生活节奏加快，压力大，休闲度假型旅游可使身心完全放松，对自我进行调整。

借助旅游产业可持续发展的理念具有独特风格的休闲度假型旅游开发将将旅游的思路贯彻到村庄规划中来，借助旅游产业可持续发展的理念，力到将高家堂村转变成为一个具有独特风格的旅游度假型村庄。

advantage

在高速发展并高度发达的城市中，处于大压力、精神紧张状态下的居民对休闲生活的需求正日趋增加。在此同时，人们也逐渐将对观光型旅游产品的喜爱转向最自由行休闲度假的热衷。

高佳堂村具有两大优势：

一、在地缘上，其拥有紧靠上海杭州等大城市，处于3小时黄金圈内，交通便捷；

二、安吉以竹乡驰名中外，其竹海景观独特两优美，深受游客喜爱。在华东区域内无同质的竞争对手。以满足都市大多数居民对田园休闲的需求为机遇，以泛旅游产业整合村庄产业发展，通过泛旅游产业为村庄发展寻找独特一品。一方为村庄人战带来人气、商气和财气；另一方面通过泛旅游产业对村庄的产业结构进行优化升级，提升其相关产业附加值；同时通过泛旅游产业发展优化村民生活风貌，促进村庄精神文明建设。

近年来，高家堂村的游客人数在小规模范围内呈稳定上升的趋势，给旅游市场的发展奠定了坚实的基础。

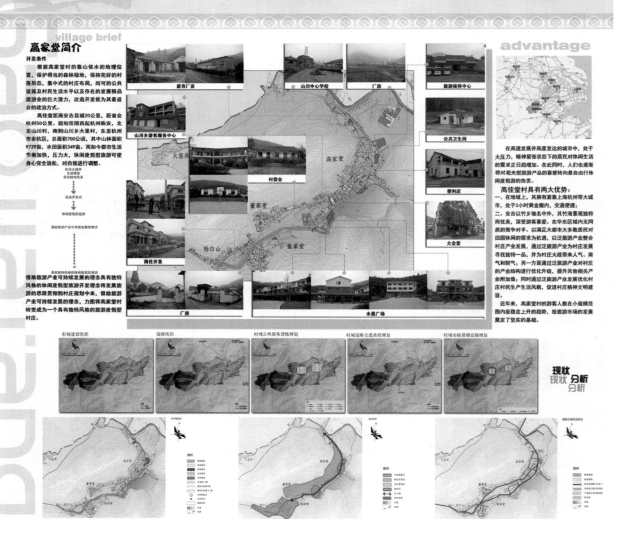

浙江省安吉县山川乡高家堂美丽宜居示范村建设实践

浙江省城市化发展研究中心　浙江大学经济学院

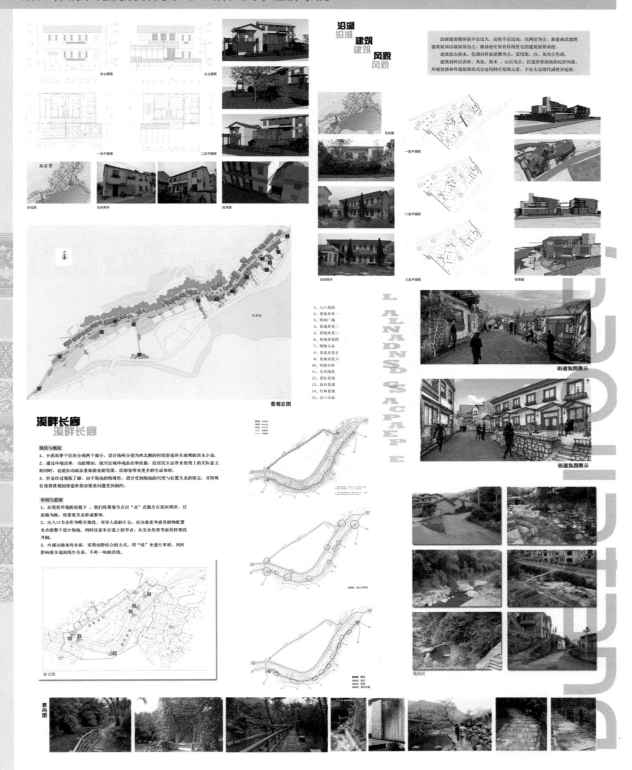

重庆市南川区古花乡天池美丽乡村建设规划

重庆大学建筑城规学院

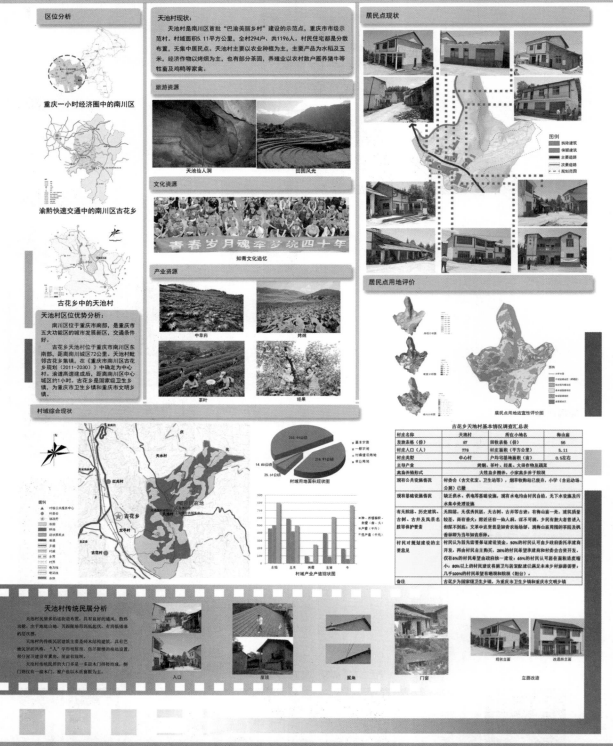

小组成员：段炼 李进 赵万民 李学民 徐敏 赵煜阳 李玉梅 刘聪颖 廖波 陈劲涛 崔征 王晓璐

重庆市南川区古花乡天池美丽乡村建设规划

重庆大学建筑城规学院

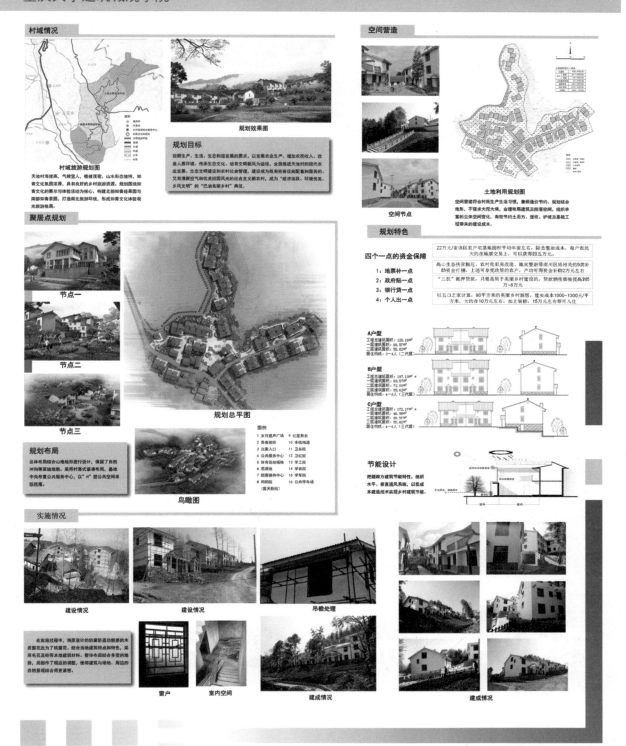

小组成员：段炼 李进 赵万民 李学民 徐敏 赵煜阳 李玉梅 刘聪颖 廖波 陈劲涛 崔征 王晓璐

重庆市永川区大沟村传统历史文化村落保护规划——乡村治理

重庆大学建筑城规学院

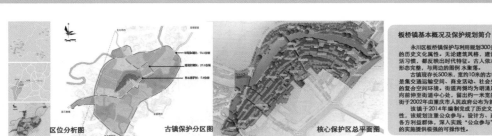

板桥镇简介
Village Brief

板桥镇基本概况及保护规划简介

永川区板桥镇保护与利用规划300多年岁月磨砺，形成了具有浓郁地域特色的历史文化属性。无论建筑风格、建设规模、布局形式，以及人们的传统生活习惯，都反映出时代特征。古人依水而建、而盐、而商贸、而繁衍，古镇形态完整，与周边的图倒水稟落。

古镇现存长500米，宽约10米的古街，街道空间尺度宜人，功能复合多用，是集交通运输空间、商业活动、社会生活、邻里交往、家庭生活起居为一体的复合空间环境。街道两侧均为明清风格穿斗式民居建筑，街道两侧前屋檐向前伸至街道中心处，留出约一米宽的间隔，用于屋面排水和自然采光。该街于2002年由重庆市人民政府公布为首批"亟待抢救的传统风貌古镇"。

该镇于2014年编制完成了历史文化古镇保护规划，针对古镇保护的复杂性，该规划注重公众参与，设计方、政府、民众、专家共同协作，充分协调各方利益群体，深入实践"公众参与"，将其贯穿于规划全程之中。为规划的实施提供极强的可操作性。

现状调研
Status Research

总体思路

在现测绘与调研中，将古街划分为109个单元，对每个单元进行入户调查，对各项资料进行登记，不进包括建筑信息，更是包括的人口构成、居民收入等社会经济数据，对住户进了个体访谈，充分挖掘建筑的历史信息，了解住户的改造意愿。从而形成109信息一览表。

根据信息一览表进行数据分析，分别从多个方面对板桥古街现状建

发展与保护的矛盾

自发式改造诉求、外部公共设施建设，双重压迫

城镇选址位于全山环抱之中，具有典型的四方归柏，遮风纳气的良好风水态势。

五大道盐址讲究背山面水，五行。为硬"冷水洗背"不良格局而新建三拱桥，包蕴含着桥的民间风水文化

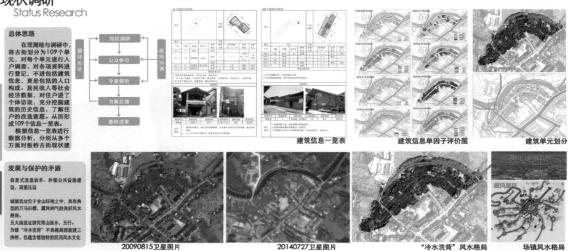

建筑信息一览表　　建筑信息单因子评价图　　建筑单元划分

20090815卫星图片　　20140727卫星图片　　"冷水洗背"风水格局　　场镇风水格局

调研阶段的公众参与——综合评价及社会调查

在调研过程中逐一咨询原住民，尤其是70岁以上老人，对已经消失的特色历史建构筑物进行规划完善，并整理出建筑信息点等进行规划记录，确保信息的准确落户。

调研过程中，居民本着自己的责任义务，帮助我们对错综复杂的古街微妙权属进行划分，对方案产生了极大的推进作用。

设计过程中的公众参与——现场定位与描述

在设计中不断咨询原住民，对已经消失的特色历史建构筑物进行定位多次确认，并且进行尺度、色彩、样式等的详细描述。

该过程中不断挖掘古镇历史特色资源的。详细记录老人们的描述，将其作为口述历史，作为珍贵的历史资料。既为修复改造提供历史依据，也强力促进了古镇的文化延续。

设计后的公众参与——风貌修正与意见征集

设计完成后，在征询专家意见的同时，也充分与居民进行对接。设计师向居民详细介绍了修复改造方案。

居民根据真实的设计效果图，能够更清晰地提出具体意见，确保建筑修复的历史风貌准确性。居民也从自身角度对改造方案提出了大量的建议，这也加强了修改后建

公众参与
Public Participation
全过程公众参与

入户社会访谈、个人意愿表达
历史风貌及特色遗址的描述和现场确认
改造方案的协调
复原建筑风貌的意见和确认
口述历史的记录整理

板桥镇历史文化遗存

三拱桥　劝学所　张王庙　禹王庙　人大活动场所　李氏民居　老街民居　喻氏碉楼　老拱桥及历史碑　六子酒厂

小组成员：徐煜辉　王正　徐华伟　刘彦君　刘伟　周树林　任洋　王谊　蒋玲　刘宇　蒋敏　黄芳

重庆市永川区大沟村传统历史文化村落保护规划——乡村治理

重庆大学建筑城规学院

2013.04	2013.12	2014.10	2014.10	2014.11
部门评审会 （永川规划局）	专家研究会 （板桥镇现场指导）	专家咨询会 （永川规划局）	永川区规委会 （永川规划局）	专家咨询会 （重庆市规划局）

2013年4月27日上午，区规划局组织召开了《重庆永川板桥街保护与发展规划》部门评审会，板桥镇政府、区建委、区国房局、区环保局、区交通局、区水务局、区文广新局、区旅游局、区市政园林局、永川供电公司、广电网络公司、区规划局及设计单位等参加了会议。会议原则同意以上规划方案，并提出了修改意见。

2013年12月5日下午，市规划局张睿岛建筑师带领市规委 会专家、市建委、市文物局及相关部门赴永川区板桥传统风貌镇进行调研（与会人员名单附后）,经对老街建筑群周围整环境进行实地踏勘后,在板桥镇会议室针对保护规划方案进行了认真研究。

2014年10月12日上午,区规划局召开了重庆永川板桥古镇保护规划专家咨询会,邀请吴涛、李世强、黄耘等三位专家参加会议,会议原则同意本规划,并提出了修改意见。

2014年10月23日下午,区规委会会议评审了《永川板桥镇保护规划》。会议原则同意该规划。会议要求:进一步深化市政设施和基础设施设计,包括水、电、燃气、排污管网、污水处理等设计。

2014年11月7日上午,市规委会办公室在市规划局512会议室绍织召开市第四届规委会专家咨询委员会第二十次会议,咨询审议了永川板桥镇历史文化名镇保护与利用规划。会议由市规委会专家咨询委员会主任、市规划局副主任陈钢主持。与会专家:张国兴、龙彬、邢遵修、宋毅、陈钢。专家组组长由张国兴担任。经审议,两意见该项方案,并提出了修改意见。

专家领衔 Led By Experts

专家会现场照片

方案反馈 Project Feedback

 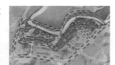 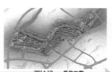 

 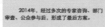

2011.12 初步方案　2013.04 修正方案　2014.12 最终方案

下场口栅子门

上场口栅子门

碉楼（哨楼）

2011年经过调研,在对板桥镇有一定初步了解情况下,生产了第一个方案,并于原住民、政府进行了三方座谈研究,产生了许多意见,并进人设计修改过程。

2012年,对板桥场镇进行了细致的演研,包括重要建筑的测量、每一户原住民的入户访谈及记录,公共空间的测绘等,对板桥场镇的细致研究,形成了修正方案,并进行了第一次审查会,根据审查会意见,继续深化方案。

2014年,经过多次的专家咨询、部门审查、公众参与后,形成了最后方案。

2011年新街廊街透视图　2012年古街廊街透视反馈修改　2013年古街廊街透视反馈修改　2014年古街廊街透视反馈最终修改

六户设计透视图　六户建成实景图

叶向容等六户的整体单元式改造,在古街复杂的房屋权属下,提供了一个可行的改造方式,但是在自发式改造诉求意愈强烈的今天,政府需要对建设进行足够的控制,才能保证最后实施方案的完整性。

政府协调 Government Coordination

激活社区 / 整治环境 / 关注民生 / 保护措施 / 遗产保护 / 公众协调

全过程协调引导
编制保护规划院,对原住民进行引导
对环境进行综合整治
激活社区活力,保留原住民
关注原住民的生计,保护原住民的利益

板桥镇保护规划效果

保护古镇历史风貌,延续其以移民文化为主导的历史文脉,使其成为历史人气息浓厚的渝西特色历史文化名镇,永川重要的历史文化展示窗口。恢复古镇的经济活力,完善基础设施,优化人居环境,使其成为宜居生活区,实现古镇的可持续发展。以文化吸引旅游,以旅游带动文化保护,促进全镇社会经济发展。

古镇改造后总体风貌　特色牌式街改造后风貌

小组成员：徐煜辉 王正 徐华伟 刘彦君 刘伟 周树林 任洋 王谊 蒋玲 刘宇 蒋敏 黄芳

云南省第一批(国家级)传统村落保护发展规划理论与方法

云南省城乡规划设计研究院　云南省传统聚落规划研究室

传统村落保护规划大背景:

以党的十八大、十八届三中全会精神为指导,深入贯彻落实中央城镇化工作会议、中央农村工作会议、全国改善农村人居环境工作会议精神,遵循科学规划、整体保护、传承发展、注重民生、稳步推进、重在管理的方针,加强传统村落保护,改善人居环境,实现传统村落的可持续发展。

随着城镇化进程的快速推进,全国每年村庄的数量减少趋势极显,由于村庄的过度开发,拆旧建新、拆真建假,村落传统文化遭到破坏;村庄无序新建和翻建住房,村庄乡土风貌遭到破坏;甚至有的村落经济条件、环境差,大量村民搬迁,村庄成为空心村。为了保护村落文化与文明,党中央2013年1号文件提出:"制定专门规划,启动专项工程,加大力度保护有历史文化价值和民族、地域元素的传统村落和民居"。

传统村落面临的问题:

(1) 历史建筑得不到有效保护,有濒临灭绝之趋势。
(2) 传统空间格局遭到破坏,地方特色风貌逐步丧失。
(3) 村庄公用设施缺乏,环境质量较差。

传统村落的规划对策:

1.整治为主、有机更新、控制引导、和谐发展
2.加强地方传统村落空间环境要素的规划
　(1) 延续村庄自然肌理特征　;
　(2) 传统村落空间的营造;
　(3) 突出梳理街巷空间。
3.重视地方传统承担历史文化资源的保护与利用
　(1) 正确处理历史文化资源的保护与展示利用之间的关系;
　(2) 传承和发展当地的物质文化和非物质文化;
　(3) 在保护历史文化资源的前提下合理开发乡村旅游业。

保护与实施方案

1.指导思想
贯彻落实党的十八大、十八届三中全会精神:保护文化遗产、改善基础设施和公共环境为重点。

2.基本原则
统一规划,分级实施;突出重点,分布实施;兼并共用,形成合力;协调配置,持续保护;科学指导,加强管理。

3.总体目标
历史文化遗产;防灾安全保障;基础设施;公共环境。

4.主要任务
传统建筑保护利用;防灾安全保障;历史环境要素修复;基础设施和环境改善;文物和非物质文化遗产保护利用。

5.组织实施
加强组织领导;加快规划编制实施;明确各级责任;严格建设管理和有关程序;加强项目管理监督和督查检查。

传统村落全流程:

1地方申报
地方政府逐级通知,逐级申报

2住建部门审查
省住建厅和住建部审查,下达批准名单

3前期调研
前期资料收集及数据整理

4大纲编制
针对传统村落实际情况及发展纲要,大纲简要对村落概况、资源、现状问题及保护原则、目标及发展建议等提出阐述。

5档案建设
针对调研情况,制定村落指纹-档案。档案包含内容:村落基本信息村域环境传统村落要素历史环境要素非物质文化文献资料保护与保护基础资料其他补充材料及说明。

6保护与发展规划制定
制作规划成果,为下一步实际实施提出依据。规划内容包括:保护区规划生态保护规划历史街巷保护规划建筑分类保护规划功能结构规划功能结构规划道路交通规划景观系统规划公共服务设施规划公共活动空间规划旅游发展规划给水排水工程规划电力电信工程规划防灾减灾规划。

7实施方案的制定
根据评审意见调整后的规划成果,提出村落的由2014-2016三年的项目需求表。项目需求表由五个方面构成:传统建筑保护利用示范历史安全保障历史环境保障基础设施和环境改善物质和非物质文化遗产保护
列入中央财政补贴的村落则进一步制定详细实施方案。包括项目需求表、项目近三年资金筹措表、项目近三年分布实施表,进一步指导下一步的施工。

云南省第一批传统村落分布及我单位承担传统村落示意图

● 云南省城乡规划设计研究院承担村落(23)
● 云南省第一批中国传统村落分布示意图(32)

云南省共有62个第一批传统村落,仅次于贵州省的90个,位居位居全国第二,占全国第一批646个的9.6%。云南省的传统村落不仅在数量上位列前茅,在类型和特点上也独树一帜。

我单位承担了23个传统村落的编制工作,占云南省37%。村落的位置有丽江(10)、临沧(5)、西双版纳(3)、红河州(3)和保山(2)五州市,横跨的地域之大和数量之多,在很大程度上代表云南省传统村落的话语。而第一批传统村落编制前后,云南省共有38个列入第一批中央财政支持范围,我单位承担的有17个入选。

本展板选取了三个具有为展示云南省目前传统村落的现状和规划方法方式。分别为城子村(红河州/彝汉宏大土掌房村落)、山邑村(保山市/人文传统选址村落)和落水村(丽江市/泸沽湖畔摩梭村落)。其中城子村和落水村被列入第一批中央财政支持范围。

城子村(彝汉土掌房村落)

城子村是滇南的一座古村,因全省乃至全国独有的、规模宏大的彝汉结合建筑"活标本"——土掌房群落而闻名,是第三届"中国景观村落",并于2006年被列入云南省历史文化名村。城子村因自然及历史的发展,完整而真实的保存了不同时期建造的民居的不同特点及发展过程,为民居建筑的发展研究提供了一部活教材。城子村的区位优势逐渐得到体现,同时自然地理资源和人文地理资源都很优秀,有着历史悠久的文化建筑以及独特的自然环境。

村中现状用地类型不完善,尤其是与配套的公共服务设施不足,难以适应旅游发展的要求本身交通、产业、设施方面都相需要。完善自身条件政续发展。因此开发利用资源,整治再利用现有不合理空间两者应在规划中齐头并进。

1.现状用地类型不完善,尤其是与配套的公共服务设施不足,难以适应旅游发展的要求。
2.现代生活方式与传统物质空间的矛盾。
3.传统村民居质量差、功能滞后,现代服务设施缺乏。
4.村内道路狭窄,满足不了村内的消防需求。
1.建立整体性设计的框架,科学指导传统村子的发展。
2.对村落历史遗貌、传统民居的保护,对新建与改建筑进行风貌控制。
3.通过保护、整治与更新工作,恢复延续历史环境风貌,保存历史文化信息。
4.结合城子村建筑空间资源、历史文化资源及周边自然山水资源,发展村落三产经济,提高村民的生产生活水平。
5.配套相应基础工程设施和公共服务设施,改善人居环境。
6.完善村庄住建设管理和机制,保证建设有序实施。
7.通过制定合理的规划,提高城子古村落保护的法制意识。
8.为城子可持续发展提供依据,最终实现动态保护。

区位&地形

高程分析　　坡度分析

实施方案

建筑修缮举措

传统村落档案

传统村落档案总目录　村落基本信息表　非物质文化遗产代表项目登记表

面临的问题　保护框架

规划方案

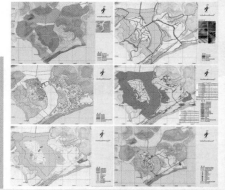

项目组成员:张辉　朱青　刘志安　杨小红　杨玉琼　林晓东　高峰　古青　朱长友　李蕾

云南省第一批（国家级）传统村落保护发展规划理论与方法

云南省城乡规划设计研究院　云南省传统聚落规划研究室

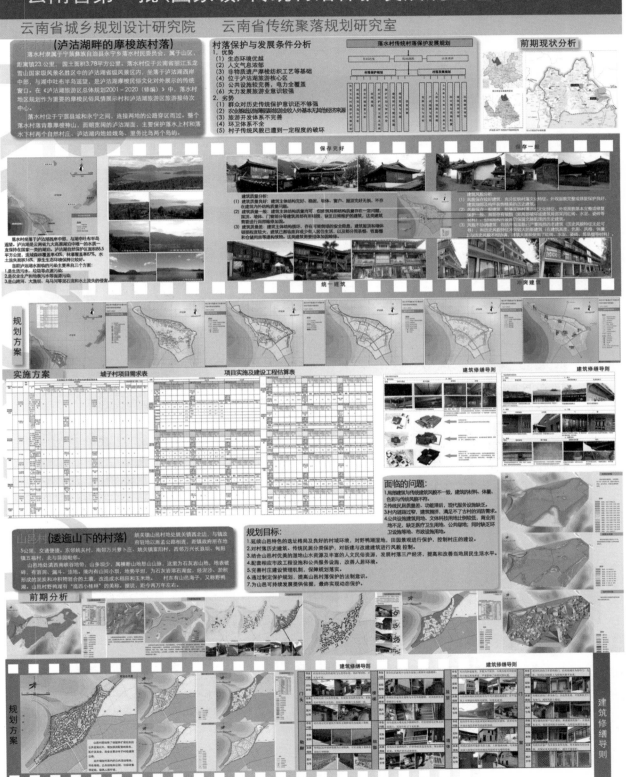

项目组成员：张辉　朱青　刘志安　杨小红　杨玉琼　林晓东　高峰　古青　朱长友　李蕾

大理市洱源县梨园村保护规划方案——现状分析

云南省城乡规划设计研究院

梨园村资源分布图

梨园村公共服务及基础设施图

特色资源

村落山水环境与格局

五大要素：山、水、林、村、梨树

梨园村南临茈碧湖，背靠罴谷山，村中林木成林，百年梨树相间其中，村内的建筑构成"衔巷一院落一屋"空间格局，它们是梨园村发展变迁的见证点。

村内街巷空间分布均匀，街巷空间两边建筑为一、两层，空间尺度宜人，村内没有车行道。其中，以三条南北向街巷空间为主轴，村落其它街巷空间东西向连接主轴后构成整个村落道路框架。

村落中的传统院落基本由"一坊一耳"、"两坊一耳"、"三坊一照壁"三种类型的建筑群体围合而成，呈南北向布置。

古树名木

梨园村地处山至缓带地区，村中遍植古梨树，民房掩映在梨树中，故名"梨园村"。梨园遍布于村民房前屋后，约有4000多棵，有添树龄近300余年。大多数梨树集中分布在村庄东侧、南侧和北侧，西面靠近山体一侧仅有少量梨树分布。梨树群与现状村庄已形成了相依相伴的分布态势，也成为了梨园村重要的标志性景观要素。

村落特色环境组图

梨园村简介
Village Brief

现状问题分析

1、村庄的交通条件有待完善

村内的道路坡度不大，道路宽窄不一，基本都为石板路。为避免将来进入村庄的车辆过多，造成村庄环境污染，长远来看，村庄的停车问题应重点考虑。

2、公共服务设施缺乏

道路、给排水、电力、环卫等基础设施虽已基本配套齐备，但还是存在缺乏垃圾收集点，生活垃圾无序乱丢的现象。另外作为以旅游为主要发展方向的村庄，村中缺乏相应的旅游服务设施。

3、传统村落特色风貌在逐渐丧失

梨园村保护意识不强。随着社会的发展，建设步伐的不断加快，加之对梨园村外围环境的保护力度不够，对村落保护的理解不深，或保护方法欠妥，致使在梨园村内出现了少部分形式新颖、体量高大、色彩鲜艳的新建筑，破坏了梨园村低缓的村庄轮廓和古朴宜人的空间尺度。主要表现在以下几个方面：

(1) 新建建筑形式日益多样；(2) 新建建筑高度难以控制；(3) 部分建筑质量较差、建筑构件陈旧；(4) 建筑风貌日益杂乱。

建筑质量评价

将梨园村现存建筑质量划分为三类：建筑质量较好、建筑质量一般、建筑质量较差。

建筑质量较好：指近几年建造的建筑，结构完好，多为砖混结构或钢筋混凝土结构，外墙面新且多为瓷砖贴面。主要是民居。

建筑质量一般：是指结构和建筑外观较好，内部结构完好，外墙面较新；部分日常维护得较好的传统的木结构建筑，原有建筑基本保留，但门窗部分有破损，墙体也有所老化。

建筑质量较差：是指由于缺乏日常的维护，且年久失修，风貌原有建筑形式基本得到保留，但主要部分结构已经损坏，或部分构件有遗失，墙体和屋顶也有不同程度的破坏，还有部分临时建筑。

目前大多数建筑为质量较好和质量一般。建筑质量较差的建筑多为年代久远的传统风貌建筑和临时建筑。

梨园村坡度分析

梨园村三面环山：东、西、北三面是高原峰丛地貌的罴谷山，坡度均在25度以上。村中树地势平坦，坡度主要在8度到15度之间。

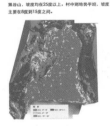

梨园村高程分析

梨园村周边的罴谷山海拔在2130—2260米间，植被比较稀疏。村庄海拔大约在2055—2130米之间，整体呈现南低北高的地势。

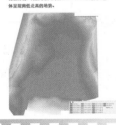

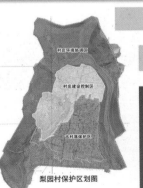

梨园村规划总平面图

图例

规划指导思想

立足于实际情况，从区域范围而言，采用点、线、面结合的方式：

"点"的保护——保护名木古树和传统民居。

"线"的保护——传统街巷的风貌恢复。

"面"的保护——保护区（名木古树和传统民居保护区域及其建设控制地带）的保护。

从对象上而言，采用实体保护、空间保护、环境保护、视觉保护、主动保护等几种方式。

村落建筑肌理

以庭院为平面布局的中心，形成内向性集合空间，这是梨园村白族民居建筑典型的平面布置方式。

梨园村保护区划图

村庄环境协调区
村庄建设控制区
古村落保护区

梨园村自然风光

梨园村座落在最绿缓作的罴谷山脚下，村南是碧波万顷的茈碧湖，村中以千年古梨树林风光为核心吸引物，四季皆景，处处是景，自然风光无边。

梨园村以百年梨园为特色，春天梨花似雪，夏天浓荫匝地，秋天梨香飘野，冬天叶尽落，景干枝线，层峦峥嵘。站在村庄边缘一脚踏进了花的海洋，无边无际的梨花覆盖了视线。到了秋季，叶又由绿变黄，金黄色的梨挂在树上，让人看着就想。

梨园村整个村庄建筑面朝茈碧湖展开，乘船为进入村庄的主要交通方式。茈碧湖又名宁湖、绿玉池，湖水清澈，色碧如玉，因湖中生长一种珍贵的睡莲科水生物茈碧花而得名。湖面东西平均宽1.57公里，南北长5.85公里，库线总长17公里，平均水深11米，是洱源县城饮用水水源地。

茈碧湖中常有水花满起，晶莹剔透，变幻多姿，人称"水花树"为湖中一绝。

小组成员：刘春霞 沈玲屹 刘尧 程静 黄辉

政府主导下的村庄保护与更新实践—— 以弥勒市可邑村为例

云南省城乡规划设计研究院 云南省传统聚落规划研究室

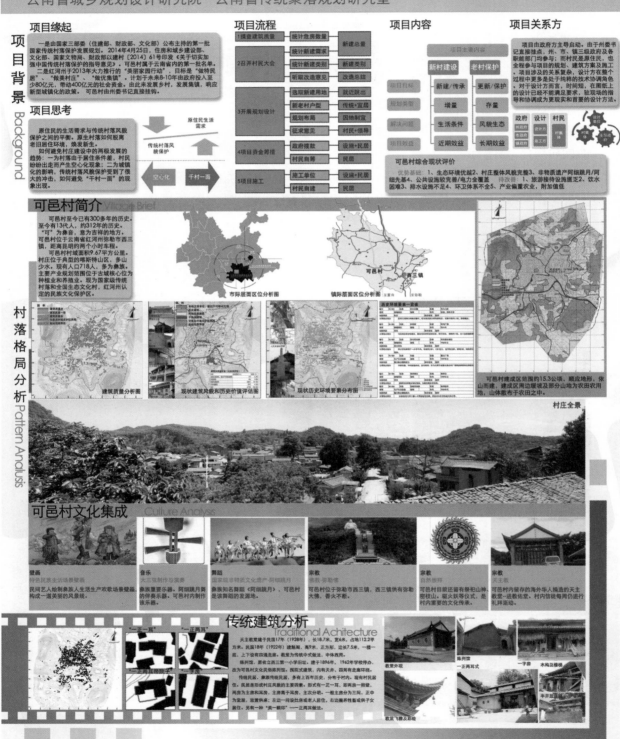

项目背景 Background

项目缘起

一是由国家三部委（住建部、财政部、文化部）公布主持的第一批国家传统村落保护发展规划。2014年4月25日，住房和城乡建设部、文化部、国家文物局、财政部以建村〔2014〕61号印发《关于切实加强中国传统村落保护的指导意见》。可邑村属于云南省内的第一批名单。

二是红河州于2013年大力推行的"美丽家园行动"，目标是"做特民居"、"做美村庄"、"做优集镇"，计划于未来8-10年由政府投入至少80亿元、带动400亿元的社会资金，由此来发展乡村，发展集镇，响应新型城镇化的政策。可邑村由村委书记直接挂钩。

项目思考

原住民的生活需求与传统村落风貌保护之间的平衡，原生村落如何脱离老旧居住环境，焕发新生。

如何避免在村庄建设中的两极发展的趋势：一为村落由于属性条件差，村民纷纷出走而产生空心化现象；二为城镇化的影响，传统村落风貌保护受到了很大的冲击，如何避免"千村一面"的现象出现。

项目流程

项目内容

项目关系方

项目由政府主导自动。由于州委书记直接挂钩，州、市、镇三级政府及各职能部门均参与；而村民是原住民，也全程参与项目的规划、建筑方案及施工。项目涉及的关系复杂，设计方在整个过程中更多是处于纯粹的技术协调角色。对于设计方而言，时间短，在图纸上的设计已经不能满足要求，驻现场的指导和协调成为更现实和首要的设计方法。

可邑村综合现状评价

优势基础：1、生态环境优越2、村庄整体风貌完整3、非物质遗产阿细跳月/阿细先基4、公共设施较完善/电力全覆置。待改善：1、旅游接待设施匮乏2、饮水困难3、排水设施不足4、环卫体系不全5、产业偏置农业，附加值低

可邑村简介 Village Brief

可邑村至今已有300多年的历史，至今有13代人，约312年的历史，"可"为彝音，意为吉祥的地方。可邑村位于云南省红河州弥勒市西三镇，距离昆明约两个小时车程。可邑村域面积9.67平方公里。村庄位于典型的喀斯特山区，多山少水，现有人口718人，多为彝族。主要产业规划范围位于古城核心位为种植业和养殖业。现为国家级传统村落和全国生态文化村，红河州认定的民族文化保护区。

市际层面区位分析图　镇际层面区位分析图

建筑质量分析图　现状建筑风貌和历史价值评估图　现状历史环境要素分布图

可邑村建成区范围约的15.3公顷，顺应地形，依山而建，建成区周边缓坡及部分山地为农田农用地，山体散布于农田之中。

村落格局分析 Pattern Analysis

村庄全景

可邑村文化集成 Culture Analysis

壁画　音乐　舞蹈　宗教　宗教　宗教

传统建筑分析 Traditional Achitecture

项目组成员：张辉 任洁 朱青 刘志安 杨小红 林晓东 胡圆圆 孙美静 高峰 章少嘉 古青

政府主导下的村庄保护与更新实践——以弥勒市可邑村为例

云南省城乡规划设计研究院　云南省传统聚落规划研究室

项目组成员：张辉 任洁 朱青 刘志安 杨小红 林晓东 胡圆圆 孙美静 高峰 章少嘉 古青

云南红河哈尼族彝族自治州泸西县秀美村庄发展规划——现状分析

云南省城乡规划设计研究院

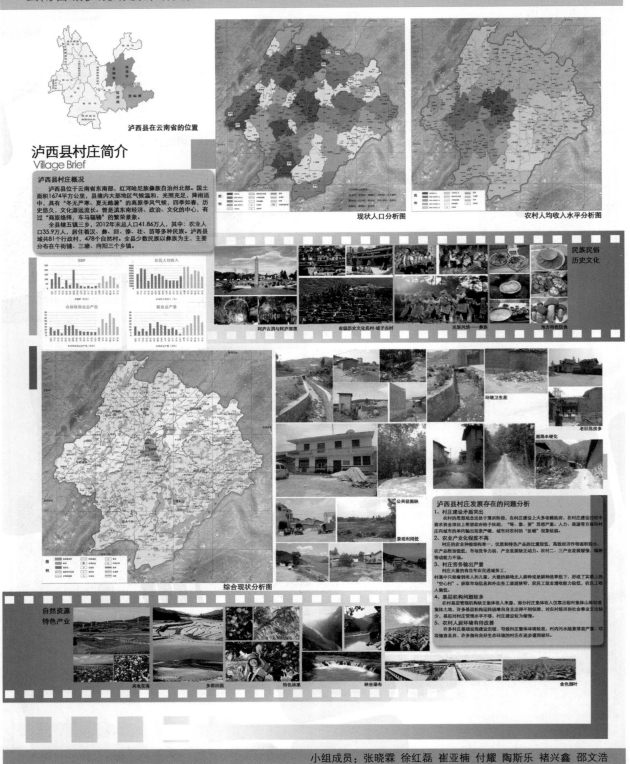

泸西县在云南省的位置

泸西县村庄简介
Village Brief

泸西县村庄概况

泸西县位于云南省东南部，红河哈尼族彝族自治州北部。国土面积1674平方公里，县境内大部地区气候温和，光照充足，降雨适中，具有"冬无严寒、夏无酷暑"的高原季风气候，四季如春，历史悠久，文化源远流长。曾是滇东南经济、政治、文化的中心，有过"商旅络绎，车马辐辏"的繁荣景象。

全县辖五镇三乡，2012年末总人口41.86万人，其中：农业人口35.9万人，居住着汉、彝、回、傣、壮、苗等多种民族。泸西县城共81个行政村，478个自然村。全县少数民族以彝族为主，主要分布在午街铺、三塘、向阳三个乡镇。

现状人口分析图

农村人均收入水平分析图

民族民俗历史文化

阿庐古洞与阿庐部落   省级历史文化名村·城子古村   民族风情——彝族   地方特色饮食

综合现状分析图

环境卫生差

老旧危房多

道路未硬化

公共设施缺

景观利用低

泸西县村庄发展存在的问题分析

1、村庄建设不突出

2、农业产业化程度不高

3、村庄劳务输出严重

4、基层机构问题较多

5、农村人居环境有待改善

自然资源特色产业

风电光热   多彩田园   特色林果   峡谷瀑布   金色烟叶

小组成员：张晓霖 徐红磊 崔亚楠 付耀 陶斯乐 褚兴鑫 邵文浩

云南红河哈尼族彝族自治州泸西县秀美村庄发展规划——实施情况

云南省城乡规划设计研究院

道路交通规划图　　产业布局规划图　　乡村旅游总体布局图　　乡村旅游路线布局图

发展策略

1、做加法：构建村庄体系
完善县域基础设施，构建村庄发展体系，搭建县域村庄发展基础格局骨架。

2、做减法：特色产业引导
明确村庄重点发展产业，重构村庄产业体系，注重培育"一村一品，一村一业"产业格局，切实提高农民收入。

3、做乘法：人居环境提升
整洁村庄风貌，完善村庄公共服务设施和基础设施配套，实现村庄人居环境改善，提高村庄吸引力。

4、做亮点：建设美丽家园
突出村庄特点，发展高原特色农业和乡村旅游发展，促进农民增收，促进设施完善。

泸西县秀美村庄规划实施
Village Brief

规划编制的意义和任务

为了更好的落实红河州"美丽家园"建设及泸西县建设高原花园城市的总体目标，全面指导泸西县"秀美村庄"建设，以适应城乡一体化发展模式，统筹城乡协调发展，统筹安排基础设施和社会服务设施建设，合理开发利用空间资源，加强生态环境保护与建设，促进城镇与乡村协调发展。特编制《泸西县秀美村庄发展规划》。

本规划的主要目的是：
1、科学构建县域村庄发展格局；
2、协同布局县域村庄产业发展；
3、统筹安排基础设施和社会服务设施；
4、全力提升县域村庄人居环境质量；
5、合理构建县域村庄生态格局；
6、全面保护县域村庄文化特色。

金马镇山口村（商贸市场型）——现状分析

山口村现状建筑质量分析图

现状问题：
1、村庄市政基础设施和公共服务设施配置不齐全。
2、缺乏公共活动空间，具有景观潜质的节点大多环境较差，缺乏梳理。
3、村庄道路系统不够完善，尚需新建与拓宽。
4、村内产权布局凌乱，风格混乱；村内私搭乱建现象严重，危害村庄环境与安全。

金马镇大金马村（城市郊区型）

大金马村现状建筑质量分析图　　大金马村规划总平面图

现状问题：村内两个景观风貌较好的水塘没有得到充分打造，村民缺少公共活动空间。无固定停车场所，车子乱停乱放，存在安全隐患，缺少垃圾收集点，有乱堆乱放垃圾的现象，给环境带来二次污染，需要加固改造以及更新原有的农户比较多，农户户用资金缺口增大。

规划定位：依托大金马村入城门户的区位优势、充分打造较好村庄的两处水体景观，结合外围的自然生态田园，把该村打造成为：现代山水田园观光体验示范村。

实施情况：围绕村中两个水塘打造滨水广场、特色庭家乐、亲水栈道等游憩设施等。村内道路网完善并硬化道路，村子环境改造整治，完善村内道路照明亮绿化及市政网改造提升。

金马镇山口村（商贸市场型）——规划实施

鸟瞰图　　人居环境提升规划图　　山口村规划总平面图

规划定位：结合山口村特色农业种植和区位优势，徐村投入使用的集贸市场，规划把山口村打造成为集特色农业种植、区域农产品交易、田园观光旅游、民风淳朴和谐的现代农业旅游示范村。

实施情况：产业方面：大力发展烤烟、大棚蔬菜、灯盏花、万寿菊等特色农产品的种植。利用村庄周边的大片农田的先天优势，发展集观光、品鉴、体验、娱乐、购物于一体的都市休闲农业。人居环境方面：老村内的登道步改造成为幼儿园，并在村庄东侧区位新建1座幼儿园，在村庄西南侧建建1所完小。新建公共文化活动中心，包括村民文化活动中心和老年活动中心、灯光球场、室外健身器材等、小游园等，可供村民聚会及公共活动使用。村内建设集贸市场，硬化村庄道路，建设垃圾台。

向阳乡山色村（旅游型-原生态文化型）

山色村现状建筑质量分析图　　山色村实施情况　　山色村规划总平面图　　鸟瞰图

郭吴实验——基于"低碳乡村"导向下的在地营建

浙江大学乡村人居环境研究中心

项目背景

浙江省乡村规划的指导思想，经过多年乡村建设经验持续积累，从"千万工程"的粗放走向"示范村"的精致。浙江安吉县郭吴村似"低碳乡村"为导向，从公共空间的梳理和公共设施建设入手，总结乡村"在地营建"过程的经验和启示。

郭吴村是吴昌硕的故乡，其核心区有500余户、1800余人，其外尚是玉华村、景坞村，呈现出自然朴实的乡村风貌。

自2000年以来，当地政府一直在进行该村的保护、更新与发展的工作。早期以吴昌硕故居的修复保护为重点，之后看有"八街九弄十二卷"街巷空间以及水系的梳理，最近几年则着重相关公共建筑与建设的建设。

本研究团队从2010年以来介入该村的规划与建设，陆续完成了其保护规划以及月亮湾环境整治、绿色农居示范建设质量建设、无蚊山庄、垃圾站、公交站、书画院、社区中心、公厕等多项公共建筑与设施的设计，也经历具建设的全过程，深刻感受到了这一过程带给全村的积极变化。

现状资源与问题

建设现状（道路、公共服务设施、景观环境、农居、标识等）

郭吴沿线乡村风貌

生态资源（溪流、竹海、茶园、山林）

■ 现状优势：（1）生态人文资源凸出；（2）产业资源优势明显；（3）产业联动发展潜力巨大；（4）乡村特色元素丰富，村民改造要求强烈。

■ 现存问题：（1）村村设施建设不完善；（2）村庄建设与景观格局不协调；（3）村庄产业链深度欠缺，经济发展动力不足；（4）村集体经济基础较为薄弱。

规划设计

规划范围以景坞村以景坞村村域中心、里庚自然村以及沿线道路景观为重点规划区域，同时把对沿线产业布局、自然风貌、村镇环境等有直接影响的山水空间、自然资源、文化遗存、村镇风貌区域都列为规划协调区域。

规划范围图

规划结构：规划根据景坞村原有村落结构，充分利用现有建设资源，深入挖掘自然与人文资源，形成"一轴、一带、三片区、多节点"的规划结构。

规划结构图

规划目标：规划从优化乡村人居环境入手，立足于乡村资源特色，看做于乡村经济的发展，建立生态观光、文化体验、悠然人居为一体的示范村。

里庚片区规划总平面图

绿色农居示范建设（小学旧址改造）

月亮湾组团鸟瞰   月亮湾组团设计意向   绿色农居示范建设实景

无蚊山庄改造

无蚊山庄鸟瞰   无蚊山庄设计意向   无蚊山庄建设实景

绿色农居示范建设技术策略

绿色农居鸟瞰图

第一层平面图   第二层平面图

改造一层平面图   改造二层平面图

5. 被动太阳能通风系统
6. 挑风
7. 竹制复合隔热
4. 太阳能热水器
3. 中庭蓄热地板
2. 种植屋顶
1. 被动蓄能散热器
7. 阳光房
9. 竹制可调节通间
10. 小型人工湿地
11. 乡村景观廊道
12. 保温门斗夹层

月亮湾小卖部

月亮湾小卖部与水榭平台   月亮湾小卖部内景   竹模混凝土   月亮湾小卖部室外空间

村民在滚水坝上洗衣   月亮湾小卖部内景   村民在小卖部内休闲娱乐

月亮湾组团建成实景

项目负责人：王竹 贺勇 葛坚 李王鸣

郭吴实验——基于"低碳乡村"导向下的在地营建

浙江大学乡村人居环境研究中心

公共空间的分析与梳理：基于既有空间格局保护与发展的策略

"八府九弄十二巷"及穿村小溪是郭吴村最具特色的外部空间，毫无疑问，也是郭吴村历史保护与发展的基础，这一空间格局必须做好的保护、延续下来。然而，空间与生活方式的映射，当下的生活方式相比传统社会已经发生了根本性的变化，那种内向、封闭、高密度的传统空间模式再也无法满足当下现代社会生活的要求，所以这也有必要使其变得适当开放、多元，并引入更多的绿化，使得外部空间转化成可以满足、激发公共生活的公共空间。

郭吴村1978年以前的中心：位于老村几何中心

郭吴村2000年的中心：向南偏移

郭吴村现在的中心：向西侧的郭吴镇中心位置迁移

调整后的空间整合：整合最高的区域叠新铜梭到吴县铺故居之前

郭吴村全景图

郭吴村核心区范围图

郭吴村传统街巷机理

公共空间的整合与配置：基于资源整合以及培育未来产业发展潜力的目标

在道路及街巷、水系空间梳理之后，郭吴村在其核心区已经完成了昌硕故居的保护、扇子博物馆（由原大队部改造而成）、书画博物馆（危房拆后重建）、海根博物馆（改造＋部分新建）、公厕等项目，在其外郊地区则建成了公交站、垃圾处理站等项目。随着政府各类乡村建设资金的投入，郭吴村将陆续完成其他一些弘扬吴昌硕诗、书、画、印的文化展示以及休闲旅游设施建设，并引导、鼓励村民开办餐饮、客栈等，从而最终完成乡村产业的成功转型，从原在已经实现的项目来看，其效果是非常显著的，不仅明显提升了乡村公共设施及其服务水平，也进一步梳理了乡村的公共空间，改善了居住环境，最大的方便了村民的日常生活，也吸引了城乡越多的外来游客。

归纳为公共建筑与设施的布局有其共同特点，可以概括为：规模小、分布散的内在系统性；规模小、用地宽松，在实际建设中很容易操作，建成的建筑可以做好的融入原有的街巷空间与肌理；分布散，可以使得这些公共设施相对均衡的置于村落之中，如针对类散发众不同部的活力，同时也使居民有平等的机会享用这些设施；内在系统性，是指这些设施在功能相互支撑，在交通上相互联系，在风格上相互呼应，在管理上相互统一，从而构成公共空间的结构背景系统。

郭吴村公共空间系统

郭吴村公共空间配置示意

郭吴村核心区公共设施布局

旅游接待中心

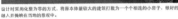

设计时采用化整为零的方式，将原本体量较大的建筑打散为一个个相连的小房子，很好的融入映衬在当地的景观中。

公交站

在郭吴村公交站的建筑实践中，我们试图诚地取以，用竹子和钢材构建出轻巧并独具乡土气息的建筑，将建筑活动拉回到居民建造的本质，即作为对于场地与生活方式的真实、直接、经济的应对。

小博物馆

郭吴村的小博物位于郭吴村核心保护区，在设计中当出了很多空间，模拟传统街巷院落等公共空间，合适的建筑尺度以及多样的公共空间背博物馆消隐在了传统村落中。

郭吴村建成公建分布图

1 书画博物馆   6 旅游接待中心
2 公厕   7 社区中心
3 垃圾处理站   8 小卖店
4 公交站   9 扇子博物馆
5 公厕   10 海根博物馆

公共建筑的设计与建造：基于新地方性的建筑风貌

在郭吴村的建筑实践中，我们试图延续过形式与风格，将建筑活动拉回到居民建造的本质。即作为对于场地与生活方式的真实、直接、经济的应对，所以我们选择当下普通、常用的材料，依托地方工匠与村民、边施工、边修改，直将找到村民都普通接受的建造方式。在郭吴村核心区的新建筑，在形体尺度与色彩上不构影于传统的风格与样式，强调街巷、廊道、小广场等这类公共空间的创造，建筑形体本身存在着那里，而不是经过建筑师的刻意设计。

垃圾处理站

郭吴村垃圾站房以煤渣制成的水泥空心砖和红砖为主要材料，传统的材料与景观的搭配将建筑与生态处理地巧妙的融入场地环境之中。

公厕

在厕所的设计中，采用了当地产的片岩为屋顶材料，搭配红砖，斜坡入地的屋顶为入口创造出了富有趣味的空间。

项目负责人：王竹 贺勇 葛坚 李王鸣

韶山试验——乡村人居环境有机更新方法与实践

浙江大学乡村人居环境研究中心

项目背景

"韶山试验"即"韶山华润希望小镇"，是针对湖南省韶山市的两个普通自然村进行的乡村建设更新探索，尝试以更理性、全面、长远的方式促进乡村人居、经济、社区综合发展。该项目由华润慈善基金会发起，当地政府协助，浙江大学团队规划设计，2010年9月正式启动，2012年10月人居环境改造基本完成，后续产业帮扶与组织重塑等工作持续至今。

生态景观破坏   违规选址，超规格建造

农宅建筑形式素乱   社区卫生环境脏乱

基地现状

一、区位与地理

基地位于湖南省韶山市西南部韶山乡境内，由韶光、铁皮两村组成。总面积约7.15平方公里，包括570户农服，总人口2506人（其中韶光片区286户，1076人；铁皮片区391户，1430人）。两村总体呈现"六山半水、两分半田、一分道路加农宅"的典型丘陵乡村特征。韶光村处于小镇东部片区，呈盆状空间特征，腹地为农田，周围低山环绕。铁皮村处于西部片区，呈沟冲型空间特质。

二、经济与社会

两村经济社会状况不容乐观。第一，村民收入偏低。家庭年经济收益多仅在1~3万区间，贫困家庭占比15%，其年收入少于5000元，41%的家庭以务农作为重要收入来源。第二、集体经济薄弱。仅有零星公屋、土地租赁等少量收益，村庄日常运行入不敷出，需政府拨款。第三、劳动力流失。绝大部分中青年进入城镇务工就业，仅由老人、小孩和一些妇女留守村庄。第四、乡村社区整体缺乏活力和凝聚力，有明显的"原子化"倾向。

小镇整体现状景观格局

韶光村地理景观   铁皮村地理景观

道路硬化率不足   家庭居住功能落后

韶光村与铁皮村普遍存在有机秩序退化与现代功能滞后两方面问题，具体表现在公共服务设施严重匮乏、基础设施亟待改善、家庭居住功能落后三个方面。有赖于规划设计过程中的改善与提升。

自然景观格局保育

对小镇基地进行建设发展用地适宜性评估是格局保育的前提。其根本任务是明确村庄建设发展的边界控制线，未来建设不容随意突破。评估依据以生态因素（基本农田、生态公益林、水文）为主要，结合地形（坡度、高程、洪涝灾害易发程度）、交通等因素。

产业帮扶与产业重组

韶光村必将成为未来小镇社区的核心地带。其盆状腹地视野开阔，景观特色突出。为建立小镇农业拓展基础，适度吸引消费人群，规划将该村自留地中分散的水塘巧妙串联，并新辟一条道路穿越其中，与改造的步行游览道链接形成双环路线，同时结合山势起伏塑造4条景观视线通廊，营造优美休憩环境和舒适可达性。

公共服务功能提升

严格参照基地建设发展用地适宜性评估结果，不涉足基本农田和生态公益林，尽量减少对自留地的征占。基地幅员广阔、居民分散，公共建筑使用可能出现阶段性较大人流量布点设置尽量靠近南环线便于交通出入。宜采取整体相对集中、局部有序分散。各公建单元相对集中，以形成一定的社区公共领域感，但当体量可能较大时，应注意局部分散。

韶山实验整体鸟瞰图

项目负责人：王竹 李王鸣 贺勇

韶山试验——乡村人居环境有机更新方法与实践

浙江大学乡村人居环境研究中心

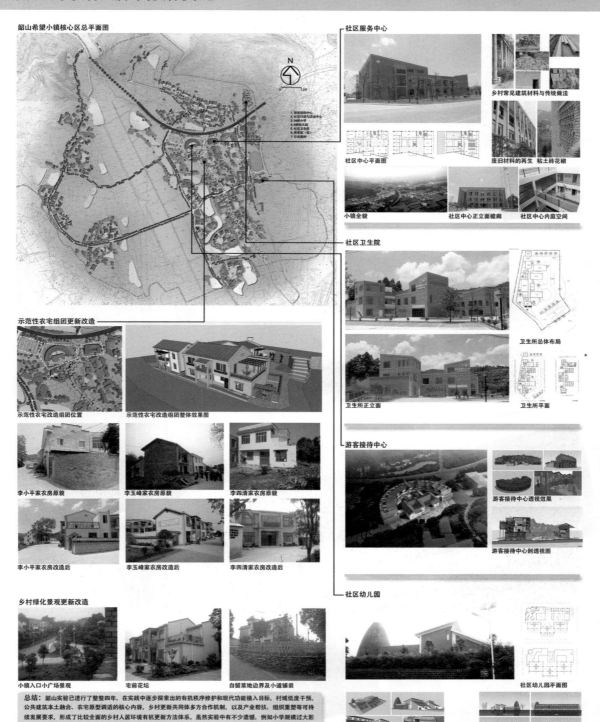

韶山希望小镇核心区总平面图

社区服务中心

乡村常见建筑材料与传统做法

社区中心平面图

废旧材料的再生 粘土砖花砌

小镇全貌 社区中心正立面檐廊 社区中心内庭空间

社区卫生院

卫生所总体布局

卫生所正立面 卫生所平面

示范性农宅组团更新改造

示范性农宅改造组团位置 示范性农宅改造组团整体效果图

李小平家农房原貌 李玉峰家农房原貌 李四清家农房原貌

李小平家农房改造后 李玉峰家农房改造后 李四清家农房改造后

游客接待中心

游客接待中心透视效果

游客接待中心剖透视图

社区幼儿园

乡村绿化景观更新改造

小镇入口小广场景观 宅前花坛 自留菜地边界及小道铺装

社区幼儿园平面图

总结: 韶山实验已进行了整整四年。在实践中逐步探索出的有机秩序修护和现代功能植入目标、村域低度干预、公共建筑本土融合、农宅原型调适的核心内容,乡村更新共同体多方合作机制,以及产业帮扶、组织重塑等可持续发展要求,形成了比较全面的乡村人居环境有机更新方法体系。虽然实验中有不少遗憾,例如小学规模过大影响到村域格局与肌理秩序,因资金问题导致铁皮村建设打了折扣,以及农宅改造中时有过度扩建等不公平问题,但村民总体获得了实在利益,对希望小镇建设的满意度很高。

社区幼儿园透视效果图 社区幼儿园立面效果图

项目负责人:王竹 李王鸣 贺勇

遵义实验——从原生走向可持续发展的乡村有机更新

浙江大学乡村人居环境研究中心

区位条件——"渝黔汇、崇山间、土城郊、赤水旁"

遵义希望小镇所处的习水县位于贵州省北部,黔川渝结合部的枢纽地带,村民方言、饮食、习俗都带有浓郁的川渝风情。希望小镇坐落于崇山之间所形成的河谷山麓地带,海拔相对较低,向西与土城镇镇区紧密连接,与赤水河一山之隔,东距习水县城27公里路程。具备"川渝汇、崇山间、土城郊、赤水旁"的独特区位条件。

项目背景

贵州省习水县土城镇是红军长征时期"四渡赤水"的重要渡口,在中国近代史上具有重要的地位。土城镇还有大量红色历史文化遗产,具有良好的区域优势资源。而土城镇的乡村地区受到诸多因素的限制并未得到良好的发展,村民生活品质仍较低。

华润集团作为世界五百强企业之一,旗下拥有华润置地、华润电力、华润创业等多家上市公司,具备强的社会影响力。然而在企业不断发展的同时,华润集团也积极投身于社会慈善事业,利用企业资源,规划建设希望小镇,为社会家新农村建设事业作出了重要的贡献。

此次遵义希望小镇的建设,以期通过一系列的开发建设和帮扶,从村民住房改造、基础设施建设、产业模式升级、管理模式转型等方面入手,保障村庄的健康和谐发展。

基地现状

(1)农居分布:团簇与带状的共存

小镇境内低山连绵,中部受山体南北阻隔,村庄农居形态类型也呈现出南北不同。水狮坝村的建筑形成"山环水绕,团簇分布"格局,朝向大体以"向田背村"排布。黄金湾村的建筑形成"靠山向田,带状延伸"格局,建筑沿着山势向两侧线性延伸,并包围中部的农田基地,朝向总体按"靠山向田"的原则。与水狮坝村的农居聚落形式形成鲜明对比。

(2)交通:枝状非连续的结构

小镇对外交通主要依靠两个村落间的302省道,省道路宽8米,呈东西向在两村间贯穿,连接县城和土城镇,而小镇内部两个村落间主要依靠黄金湾隧道进行贯通。在村落内部,水狮坝村内交通体现为"软联非连续"的特点。由于水狮河走向的限制,三个聚落间的联系以石阶或石板进行连接,然而总体上北坡村民点受限严重,村庄与南部组团联系因龌龊过白隧通过,半木期难以通过,唯有东部组团内有一条较为通畅的行道路。

相比较之下,黄金湾村虽然挡路路基本已经硬化,但仍呈现出枝状非连续的结构。由于部分村落走向修造一条半端、倒型的村道,总体较为便捷,加上标准化农田中一条贯穿南北的生产主要道路,使得总体交通状况比较明晰。

(3)社会服务设施:社区基层缺失

现状希望小镇内公共服务设施条件较差,公益基础设施较为滞后,文化生活单调,严重制约农民生活水平。整体区域中,只在平坝村村口有一处私人诊所,面积约3W,服务整个范围,而教育、文化、休闲设施在本区域中没有得到好发展,内部学龄儿童只能每日奔走在土城镇区和村落间。

(4)基础设施:配套不一

小镇范围内基本上达到户户通电、通信以及部分通网的局面。给水设施上,生活用水整体由土城镇统一供应,而生产用水基本上由村民自行从山泉水源点引流下来,用于农田灌溉和其他生活用途。

环卫设施是所有基础设施系统中最差的环节。在两村中垃圾乱堆乱倾现象严重,黄金湾村虽在隧道口设有一个垃圾收集点运往土城镇;但是总体由于所处位置的不便,农业垃圾、生活垃圾还是经常被丢到田间,严重影响了整体农居环境质量。

贵州雷山苗族古村落　　　贵州西江千户苗寨

贵州贵阳市花溪区镇山村　　　贵州黎平县肇兴侗寨

水狮坝村整体格局　　　黄金湾村整体格局

现状道路图　　　未硬化的车行道路

现状公共设施分布图　　　设施匮乏且分布不均

基础设施不健全　　　供水设施简陋

小镇规划范围

用地适宜性评价

华润·遵义希望小镇水狮坝村整体鸟瞰图

规划道路图　　公共设施规划分析图　　规划结构分析图　　用地布局图　　绿地系统规划图　　给水设施规划图

项目负责人:王竹 贺勇 李王鸣

遵义实验——从原生走向可持续发展的乡村有机更新

浙江大学乡村人居环境研究中心

一、问题与反思

1.人文环境：
(1)小镇环境整体宜人，农田风光突出，但垃圾处理设施无，随处可见堆放垃圾，极其影响其田园景色，需加入废物处理网络以保持小镇的和谐氛围。
(2)景观廊道的建立，由于高架与山体的阻隔，需着重考虑水狮坝——观景台——黄金湾这三者的关系及其联系。另需考虑几个聚落空间之间的廊道联系。

2.建筑生活：
(1)基础设施建设极为落后，村中聚落间交通尤为不便，村民生产生活极为不便、安全性较低，除基础设施的整体跟进外，村内的交通系统更新显得无为重要。
(2)农宅等私有空间因为个体的经济条件和建造年代的不同，呈现出差异性，造成乡村整体环境及其风貌的混乱无序，营建是需提炼当地特色。
(3)聚落空间呈现一定程度的空废化和破碎化，需对之进行有效的整理和规划，使之能长期、有效的持续发展。
(4)农民生活单一，村中主要以老年人与幼儿为主，需提高村民公共活动与交往空间，提高村内各个聚落之间的联系。

二、解读与诠释

(1)需对"希望小镇"建设的内在涵义进行再认识。任何建设的举措都应该是真实地建立在这一空间形式所赖以存在的地域特征和生活状态之上的。
(2)"希望小镇"的建设不仅是对乡村现有的土地、人力资源和产业经济结构强有力的整合，同时也是对于建筑及空间环境的重新梳理和再建构，提升其空间效率，从而实现乡村聚落稳定、有序的发展。

地域性·乡土性·手工性

吊脚楼　　框景

毛竹　　石材　　空心墙

光庭、水庭与廊桥　　水梯田

东南立面图

东南立面图

遵义希望小镇行政活动中心

遵义希望小镇幼儿园

黔北民居主要平面格局

一字正房　　一正一耳L型　　一正两厢三合院　　一口井四合院

妻子　　偏偏儿　　转墙　　转角

黔北民居主要平面变化

场地剖面　　单层筑台　　筑台吊脚　　抬高架空

单体剖面　　通廊　　带阳台　　吊层挑

带廊　　不带廊

对传统名居的调研分析

幼儿园　　改造后的民宅　　黄金湾村民之家

项目负责人：王竹　贺勇　李王鸣

知行合一

◈ 江苏省住房和城乡建设厅城市规划技术咨询中心 ⓿

引言 **3** 个疑问

你了解乡村吗？你了解农民吗？你了解乡村规划吗？

乡村规划，在我国经历了一个从无到有、逐渐完善的过程。尤其在2008年《城乡规划法》出台后，乡村规划确立了自身的法律地位，相关研究和实践大量展开，进入了快速发展的阶段。乡村规划自此成为各级政府关注的热点，也成为规划业界关注的热点，更成为村民关注的热点。

乡村规划，在我国较长的发展过程中也出现了一些较为明显的问题。规划师常常受到传统城市规划思维的束缚，不了解乡村的特殊性和村民的实际需求，加之相关的法律法规及技术规范源起，造成编制出的村庄规划的针对性和操作性较差，导致了村庄特色消失、村民生活不便、规划无法实施等后果。

呼唤 **2** 个方向

随着我国社会发展的不断进步，乡村地区的发展建设速度很快，规划诉求也变得十分强烈。从目前来看，我国实际编制的乡村规划名目繁多、内容各异，往往是根据不同的需要做不同形式的规划。丰富多样的实践正是在乡村地区发展的多重需求下催生出来的，也强烈地呼唤着乡村规划体系的"2"个发展方向，即"层次性"、"多元性"。层次性，是对不同类型规划开展体系化的梳理；而多元性，则是对乡村规划内容的丰富和完善。

二个发展方向
层次性
多元性

构建 **3** 个层次

乡村地区同样存在着与城镇地区类似的宏观问题、中观问题和微观问题，同样需要不同层次的规划来解决相应的问题。我们深取区域尺度和行政主体管辖范畴作为乡村规划层次划分的主要依据，把乡村规划分为三个层次。

三个规划层次	三种规划类型
县域（镇域、片区）层次	乡村总体规划
村域层次	村庄规划
村庄层次	村庄建设规划

1. 县（镇、片区）域层次：乡村总体规划

乡村总体规划是乡村规划体系的最高层次，主要是为解决相对宏观的乡村体系、发展、空间功能等问题，以县（镇）行政主体为规划的范围。根据实际需求，也可以划定具有一定相似特性、关联较强的片区作为规划单元。因此，乡村总体规划是在县域总体规划的指导下，引导县（镇、片区）乡村地区的总体发展、确定乡村地区空间功能、构建乡村体系的宏观性规划。

2. 村域层次：村庄规划

村庄规划是承上启下的规划层次，主要是对上层次规划的细化，为下层次规划提供依据，以行政村单元作为规划范围。概括而言，村庄规划是在镇域体规划、乡村总体规划的指导下，具体确定村庄规模、建设用地范围和界限，综合部署生产、生活服务设施、公益事业各项建设，确定对耕地等自然资源和历史文化遗产保护、防灾减灾等的具体安排，为村庄的良好发展提供科学建议。

3. 村庄层次：村庄建设规划

村庄建设规划是乡村规划最微观的层次，主要解决相对微观的建设、设施等问题，以自然村（即空间相对完整的居住组团）作为规划范围。因此，村庄建设规划是在镇总体规划、村庄规划的指导下，为村庄居民提供合适地点，并与当地经济社会发展水平相适应的人居环境，从而对村庄的空间布局、公共服务设施、基础设施、资源保护等提出规划要求。

突出 **1** 个重点

传统村落保护规划：对传统村落的保护是我们一直以来所关注和努力的重点，其范畴涉及村域和村庄层面，在乡村规划体系中作为一项单独的重要内容。

关注 **8** 个要素

乡村地区是一个广阔而复杂的系统，各个层次的规划都存在不同要素，但每个层次的规划关注的重点有所差异。我们借鉴日本宫崎清教授提出的乡村规划五要素"人、文、地、产、景"，并在此基础上丰富和完善，补充了"时、行、社"三要素，形成综合全面的要素体系。

人 既包含"群体"的概念，也包含"个体"的概念。
文 指"文化"、"特色"、"文明"。
地 主要指的是"空间"，既包括村庄、集镇等建设用地，也包括农田、山林等真正的土地，即非建设用地。
产 主要指的是乡村地区的"产业"与"经济"。
景 主要指的是"景观"、"景象"、"环境"。
时 代表"时间"、"演变"、"历程"。乡村规划特别是传统村落规划中，需要将时间的连续性、历史的延续性作为考虑的重点。因此，我们补充了时间这一要素。
行 代表"行动"、"实施"。乡村规划需要"知行合一"，既需要加强认识与研究，又需要引导规划落地、加强实施性。因此，我们特别加强了对行动和实施的关注，使乡村规划更具可操作性。
社 代表"社会服务"、"公共设施"、"支撑体系"。社会公共服务在乡村规划中占有非常重要的地位。合理的社会服务资源配置甚至能够对空间优化、人口迁移产生有利的影响。因此，我们加入了"社"的要素。

乡村规划的层次与要素是相互耦合的关系。层次对应着规划形式和深度，而要素则对应着规划的内容和重点。每个层次的规划都会涉及其中的八项要素内容，但在各个层次中这些内容体现的深度有所差异，每类规划所关注的重点要素也有所不同。

乡村规划的关注要素共八项，分别为"人、文、地、产、景、时、行、社"。在每个层次的规划中，重点关注的要素有所差异：

	人	文	地	产	景	时	行	社
县域：乡村总体规划	●		●	●	●		●	●
村域：村庄规划	●	●	●	●	●		●	●
村庄：村庄建设规划	●		●		●		●	●
历史：传统村落保护规划	●	●	●		●	●	●	

知行合一

乡村规划不仅分为多个层次、涉及多项要素，规划的过程既涵盖调查、研究，还包括行动、实施，是一个对乡村认识与实践的综合整体，是一个知行合一的过程。而我们所提出的"3个层次"、"1个重点"、"8项要素"，一方面是通过对乡村发展规划以及乡村规划相关理论研究和学术观点提炼和反思，另一方面也建立在我们在大量乡村规划实践中总结的经验和教训上，正是对知行合一的履行。在这样的认识之下，我们可以进一步加强对乡村规划要做哪些和怎么做的理解，将广大的乡村地区规划得更加美好。

控制·引导："五统筹"的县域 乡村总体规划

城市总体规划对乡村地区的研究往往不够深入，因此一些地区开展了以县（市）域为单元的县域乡村规划实践，落实县（市）域城乡发展总体战略，控制和引导乡村地区的有序发展。从现有的规划实践看，规划内容主要包括生态保护、产业发展、特色风貌、设施配套和居民点优化等方面。尽管各地的现实问题和需求，规划内容各有侧重，但是我们认为县域层面的乡村发展规划应当重点关注以下五个方面的统筹。

 人 多级主体联动的决策程序

当前乡村规划中，作为村庄自治的主体——村民的话语权被忽略，各级主体的职责混乱，为规划实施带来极大的阻力。县域乡村规划编制应首先厘清市县规划管理者、镇村管理者、村民以及规划师四者各自的职责。市县规划管理部门组织编制全市总体目标和规划要求，镇、村层面建立由镇村干部和村民多轮互动协商机制，统筹形成成果，最核心的决策主体在于行政村村民会议。而规划师在其中应全程参与，起到技术分析、情景模拟、辅助决策的作用。

高邮：规划过程和四种角色职责分工示意图

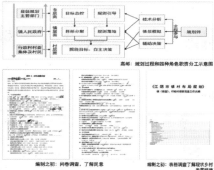

（江阴市镇村布局规划）

编制之初：镇村干部与村民代表座谈，了解各级主体利益需求

编制之中：村民代表参与商讨

编制之初：问卷调查，了解民意

编制之初：表格调查了解现状乡村发展状况

编制之中：镇级居民统筹

规划决策：村民代表会议是最终决策确定规划发展村庄名录

知行合一

控制·引导："五统筹"的县域 乡村总体规划

景 实现持续发展的生态保护

目前乡村生态环境保护形势越来越严峻，保护乡村地区生态环境理应成为乡村发展的前置条件。在县域层面应制定乡村地区生态环境保护的约束性措施，落实到具体实施政策层面，确保乡村地区生态环境保护工作的可持续发展。

案例：河北省安新县环白洋淀地区乡村建设总体规划、三河市乡村田园发展规划、高邮市镇村布局规划。

白洋淀：通过划定保护区的核心区、缓冲区与实验区，制定相应的移民政策，促使乡村地区生态环境保护工作的可持续发展。

三河市：通过划定禁止建设区，严格管控生态廊道，构筑生态安全格局来确保乡村地区生态环境保护工作的持续推进。

高邮市镇村布局规划依据江苏省重要生态红线保护区、生态防护廊道、滞洪区、公用设施限制区划定的综合叠加，明确村庄限制发展区域，保护乡村地区生态环境。

产 激发乡村活力的产业引导

在快速城镇化进程中，乡村人口结构失调，青壮年大多外出务工，留下老人和儿童，农业生产荒疏，乡村文化消逝、活力丢失。在县域层面，积极扶持乡村产业经济发展，通过创新产业发展策略，促进农民就地就近就业，亦工亦农致富，吸引部分青壮年回流，激发乡村活力。

案例：江苏省康居乡村特色游、河北省安新县环白洋淀地区乡村建设总体规划、三河市乡村田园发展规划。

河北省安新县环白洋淀地区乡村建设总体规划以现有景点景点资源为依托，以特色村为基础，积极发展乡村旅游业，多元发展商贸服务业，挖掘传统手工业，促进农民增收致富。

三河市：在制定乡村旅游发展扶持政策的基础上，通过核心引领带动三区的发展策略，分别策划使用三河、特色三河、美丽三河与欢乐三河旅游产品，通过交通串联，实现区域联动，构筑特色旅游交通体系，提升乡村旅游的竞争力，实现乡村经济跨越式发展，促进农民增收致富。

景 + 文 挖掘培育并行的特色管控

乡村特色正逐步丧失，县域层面应重点关注乡村特色的挖掘和培育。挖掘县域具有比较优势、特色鲜明的各类村庄，制定严格的保护措施，约束镇村的建设行为；培育县域内具有潜在特色资源的村庄，制定各种提升引导策略，指导镇村有序发展。

白洋淀：统筹考虑白洋淀周边各类乡村资源，将规划区划分为城峡新村风貌片区、水畔村庄风貌片区、田园农家风貌片区，对各片区内村庄风貌进行指引，并形成导则。

三河：深入挖掘三河城在产业、自然环境、建筑景观和历史文化等方面具有明显特色的村庄，形成名录，制定严格的保护管理措施。

社 + 地 资源配置导向的空间优化

村庄的形成与发展具有其客观的规律性，快速城镇化过程带来了城乡空间结构的巨大变革，乡村地区的居民点体系也需要随之优化。我们的规划实践，强调在尊重农民意愿和尊重村庄发展规律的基础上，以乡村公共资源配置为核心内容，布局合理数量的乡村公共服务中心，使服务覆盖整个乡村地域，提升服务水平，从而促进乡村集聚，避免造成城镇化过程中资源配置的二次浪费。

金坛：构建市域村庄公共服务生活圈关系，增加道路、现状规模、水系等因子，划定乡村地区公共服务中心，制定镇村布局初步方案。

金坛：生活圈技术路径 来源：清华大学武廷海

高邮：根据问卷调查，确定15分钟以内的电动车可达范围为公共服务中心的服务范围，进而运用GIS可达性分析模型，验证规划的合理性。

知行合一

需求·灵活："四部曲"的实效指向型 村庄规划

村庄规划是一种出现相对较晚、发展还不成熟的规划，其规划对象有着完全不同于城市的特殊性。在当前的村庄规划中，普遍存在着针对性不强、操作性不足等问题亟待优化。我们对村庄规划开展了"实效指向型"的规划方法探索。所谓实效，围绕"需求"和"灵活"两个关键词展开。需求，即针对和村庄实际，以解决问题、满足需求为根本进行规划；灵活，即在每个规划步骤中都根据需求，采用灵活变通具体的规划手法和内容，从而达到提高村庄规划针对性和操作性的目标，为村庄建设和发展提供切实可行的指导。

 实效指向——村庄规划的4部曲方法

1、系统分析村庄，确定规划重点；2、区别实施主体，确定规划思路；3、根据地方特点，确定设计手法；4、针对规划受众，确定表达方式

规划方法"四部曲"解析图

系统、实施、开放——村庄规划的3个思路

1、系统性的村庄规划

村庄是村民生产生活的基本场所，是一个相对完整的人居系统，故而村庄规划也不能是片面的，而应是系统综合的。一方面，要按照全域规划的思路认识村庄、规划村庄；另一方面，还要跳脱出村庄本身，从城乡统筹的理念出发，注重与周边地区协调发展。

2、实施性的村庄规划

基于村庄规划实施主体的多样性，应特别强调对规划实施的实际指导作用，对不同的内容体现不同的规划深度。对村庄集体为实施主体的近期实施内容应进行明确、具体的表述；对村庄自主实施的内容，强调总体层面的协调，引导农民充分发挥主观能动性。

3、开放性的村庄规划

村庄规划的主体是多元复合的，只有让多元主体都参与到村庄规划的过程中，才能有效地发挥规划的作用，达到理想的效果。开放性的村庄规划不但要开放规划参与的主体，还要开放规划涉及的内容，带着农民做规划，做农民需要的规划。

控制、引导、实施——村庄规划的3种内容

1、控制类内容

村庄规划应对相关要素的严格控制，明确控制数量和方式。首先要落实空间管制的内容，保护生态空间，同时还要对村庄的建设用地规模、建设空间布局等内容进行控制，以从生态和建设两方面达到规划的管控效力。

2、引导类内容

引导类的规划内容首先包括对村庄发展目标的定位，还要对具体的经济、社会、文化发展事业进行引导，为村庄谋求全方位的发展。

3、实施类内容

村庄规划的实施性规划内容包含各类基础设施的建设和公共服务的配套完善，还包括村庄环境整治等一系列工程。

针对村民需求，确定规划重点

深入田野、走进农家，详实实展开村庄的现状调查，了解村民的实际需求。在此基础上，结合不同村庄的发展阶段和自身特点，明确不同村庄规划的重点内容，在村庄规划总菜单中有所选择地进行编制，"有所编、有所不编"。

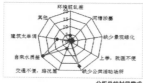

分析总结村民需求

村域规划菜单：选择规划重点内容

深入农家展开调查

针对实施主体，确定编制深度

对于具有较强的公共性和具有一定的进度要求的规划内容，一般由县市或镇村主导实施，实施要求较为严格。此类内容应当采取较为刚性的编制方法，严格控制相关指标，以及指导实施的深度，用以保障规划实施的成效。如：基础设施建设、公共服务配套等。

对于迫切性较弱、自主性较强的规划内容，实施主体一般为村民，对实施成果的要求也不是完全硬性的。此类内容可以进行引导性规划，在编制表达上应具有一定的弹性，编制深度也可有所降低，给村民留有自主建设的空间。如：产业发展、绿化美化等。

弹性规划的认识

针对规划受众，确定表达方式

村庄规划应当针对不同的受众，形成多样化的成果形式，以加强规划的可读性和操作性，具体而言面向专家的技术性成果和面向农民的公示性成果。其中，技术性成果用于规划审查、报批和管理，一般包括规划文本、规划图纸、规划说明书和规划基础资料汇编等，表述应当专业化、正规化；公示性的规划成果则主要供村民讨论和反馈，应当使用图文并茂、通俗易懂、活泼亲民的形式。

宜兴市张阳村：图文并茂的规划公示图

宜兴市张阳村：建筑风貌引导示意图

宜兴市张阳村：道路整治工程实施照片　　宜兴市张阳村：建筑风貌引导实施照片

宜兴市张阳村：道路整治工程示意图

知行合一

需求·灵活："四部曲"的实效指向型 村庄规划

 地 保护生态空间，控制建设用地

　　村庄规划首先要落实空间管制的内容，严格保护村庄的生态空间，同时还要对村庄的建设用地进行控制，进行总体用地布局，以从生态和建设两方面达到村庄规划在土地上的管控效力。

宜兴市张阳村：路旁建设控制与绿带保护

宜兴市张阳村：建设空间控制与布局

产 定位发展目标，引导产业升级

　　村庄规划应对村庄的发展目标进行准确定位，引导村庄的总体发展方向。还要进一步就具体的产业类型、建设项目和发展策略等给出建议，为村庄谋求全方位的提升。

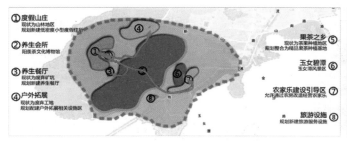

宜兴市张阳村：村庄产业策划与对应实施情况

知行合一

设计·建造："三步走"的行动式村庄建设规划

在乡村规划的三个层次中,村庄建设规划是与具体的建设需求联系最为紧密的,需要落实到具体的建设行动上。"三步走"的行动式村庄建设规划的思路如下:首先,评估建设需求与资金能力;其次,制定提升的目标,并明确建设重点,制定相应的举措及相关技术要点;最后,根据建设需要和资金能力合理安排建设时序。整个过程需要争取村民的支持,在规划编制前充分访谈,过程中使村民参加方案过程,让村民理解规划的结果。

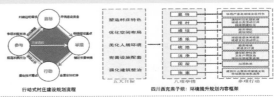

行动式村庄建设规划流程　　　　四川西充燕子埂:环境提升规划内容框架

时　关注中国乡村发展进程,判读乡村建设需求

中国乡村建设的基本进程

1、判读乡村建设的不同发展阶段的建设重点
中国乡村建设大致经历了四个不同的发展阶段,规划实践中往往需要首先判断其发展阶段,从而对不同发展阶段与需求的村庄提出规划重点关注的内容。

2、实地调研,换位思考,掌握乡村建设需求
身处不同发展阶段的村庄,为及时掌握其建设需求,需要规划编制注重方法与过程。脚踏实地的调研生活需求、物质空间环境等,还需要换位思考,分析不同角色的心理需求。

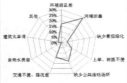

社　关注乡村支撑系统,完善乡村基本服务功能

1、服务民生需求,完整构建公共设施体系
村庄基础设施历史欠账历来较多,从满足村民生活最迫切的需求和最关注的内容出发,逐步完善路、税、污、费、绿、墓等内容。

案例:河北内丘西张麻村,通过一系列规划与建设,从一个基础设施非常不健全的村庄转变成为在河北省具有示范意义的面貌改造提升村庄。

河北内丘西张麻:村庄公共配套服务设施内容

2、乡村聚集地区,实施共享联建模式
地理位置相近、联系较为紧密的村庄,基础设施集中建设,达到资源节约的目标。公共设施适度集中建设,资源共享利用更加合理。

案例:河北省内丘县文季社区,经过规划研究与论证,最终6个村庄统一建设供水与燃气,集中建设2个污水处理设施及配套管网,集中建设一个社区服务中心,提升了村庄的管理效率与水平,更节约了大量资金,成为平原地区的示范提升工程。

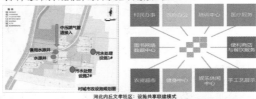

河北内丘文季社区:设施共享联建模式

河北内丘文季社区:6村合建的社区服务中心建成效果

3、乡村居住功能更新,提升居住功能品质
注重村民生活居住、配套设施完善和社会管理组织,依托自然山体,灵活布局,形成空间与形式上相互联系,建筑组团具有较强可识别性,形成具有地域特色的新农村综合体。

案例:四川西充县双龙桥村,以建设农村综合体为契机,建造布局更加合理,空间更加有特色,设施更加完善的新农村社区。

河北内丘西张麻:村庄公共配套服务设施实施局分前后对比

四川西充双龙桥:村庄总体布局与户型布局

四川西充双龙桥:新农村综合体建设实施效果

知行合一

设计·建造："三步走"的行动式 村庄建设规划

 文 关注乡村文脉传承，塑造乡村特色与文化

1、更新文化建筑与场所，丰富居民文化生活

对村民喜爱的民俗及文化活动进行引导，更新改造文化活动载体，满足村民的多种活动需要。对传统文化进行重新演绎，符合现代社会的价值观，丰富村庄的精神内涵。

案例：河北内丘西张麻村，通过建设中心公园，丰富居民的户外活动需求。更新天地庙建筑，有序引导民俗活动。对传统孝文化进行升华，提炼"新时期孝文化"，形成广泛认同的乡土文化。

2、多种方式展示传统文化精髓，传递正能量文化

挖掘与梳理地方文化传统，构建乡村和谐的邻里文化相结合。通过多种文化载体进行展示与弘扬。

案例：河北邢台南韩村，通过对村庄"善、义"文化的主题演绎，成为村庄空间特色的重要组成部分，并结合公共设施等形式，进行展示与传承。

河北内丘西张麻：村庄天地庙与孝文化展示

河北邢台南韩村：村庄幼儿园与文化墙建设

景 关注乡村景观特质，建设地域性景观环境

1、村庄游览空间景观设计，采用园林化的设计手法

村庄的游览观赏空间是村庄景观意向的重要组成部分，传统园林的设计手法提供了较好的借鉴作用，对提高村庄环境景观的意境与境界，具有较好的适应性。

案例：南京高淳石墙围，借鉴电影蒙太奇的艺术思维方式，结合园林造景手法，通过分析组接和编排空间的方法营造村庄意境。在具体空间设计中，充分运用园林设计中的涵景、障景、借景、框景等手法。

南京高淳石墙围：村庄景观结构序列规划

2、挖掘村庄特色空间，激活场所的环境活力特征

对村庄中特定的生活场景、民俗场景、自然景观场景、公共活动场景等空间进行设计，采用特定要素激活活动场所。

案例：四川西充燕子坝，结合村口的古树，增加古树的桌、椅等体息设施，提升村口空间意向。在祠堂空间周围，采用石磨、石臼等农转元素，形成具有家族记忆和田园情怀的空间效果。

四川西充燕子坝：特色景观环境建设

3、运用本地材料与植物，平衡自然与人工的关系

采用乡土化的各种建设材料在村庄的不同空间中进行建设，同时增加乡土的植物元素，具有典型的乡土氛围。

案例：四川西充燕子坝，充分利用常见的乡土材料木、砖、竹、石等以及桑、桃、梨等果树，通过变化的组合方式，赋予村庄的院落、道路、菜地、排水沟等设施更加亲近的效果。

南京高淳石墙围：村庄景观环境建设效果

四川西充燕子坝：乡土环境及要素建设效果

知行合一

◆ 江苏省住房和城乡建设厅城市规划技术咨询中心 ⑰

传承·发展："三维度"的 传统村落保护规划

传统村落是历史的记录者，是一个鲜活的有机整体。其保护规划应更加关注时间、空间与人三个维度，在规划与实施的全过程中既要保护其历史的延续性，也要关注其在保护中的发展。与其他类型的村庄规划相比，传统村落保护规划应建立"全时域"的保护观点，保护村庄的完整发展史；与其他类型的保护规划相比，传统村落保护规划应建立"全地域"的保护观点，保护村庄的完整风貌；与其他乡村规划相比，传统村落规划应更加注重对人的行为与需求的研究和引导，建立保护中多途径的村庄发展模式。

时 历史·当前——村落的每个阶段都是历史的片段

村落需要连续性保护，不仅保护过去各个时期的代表性遗存，"当前"也是历史的组成部分，应当纳入保护体系。以"全时域"的观点，采用连续性调查、延续性保护与永续性利用方法，把村庄各时期发展片段与要素纳入保护与发展框架中。

1、连续性调查

村落连续性调查包括分析时间、空间、要素和活动上的连续性，研究村庄发展的特征与动因。

江苏省丹阳市延陵镇九里村：保护规划中采用连续性调查，较为准确的把握村落时间、空间、要素和活动四个方面的历史发展脉络。

时间的连续性： 调查九里村各个历史时期发生的主要事件。

九里村发展沿革图

空间的连续性： 调查九里村不同年代的街巷格局和"母亲河"——香草河的空间演变。

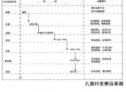

街巷格局图

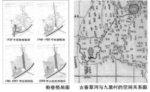

古香草河与九里村的空间关系图

要素的连续性： 调查对九里村发展产生重大影响的要素——季子庙各个时期的发展演变。

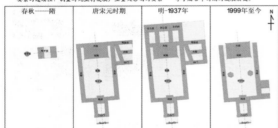

| 春秋——隋 | 唐宋元时期 | 明—1937年 | 1999年至今 |

九里村季子庙发展变迁图

活动的连续性： 调查九里村居民的日常基本活动与节庆日活动的行为。

九里村村民日常行为活动场景　　九里村季子庙会场景

2、延续性保护

将包含现阶段在内的村庄各个发展时期代表性空间和乡村风貌进行整体保护。

九里村：保护规划中针对不同时期的典型空间分别提出不同的保护与控制要求。

东—西街（历史街巷）： 核心保护范围内新建建筑檐口高度不超过4.3米；核心保护范围外侧新建建筑西侧新建建筑檐口高度至马山门路西侧新建建筑檐口高度不超过7米；其他地区新建建筑檐口高度不超过15米。

马山门口路（90年代街巷）： 风貌控制：色彩采用黑、白、灰；材质采用传统材料，避免瓷砖等现代材料；造型采用双坡屋顶，保持传统体量不宜过大。

马山门路街沿东西侧风貌 控制：色彩采用黑、白、灰为主，现有建筑色彩与传统色彩相协调，冲突的色彩需要逐步整治；村庄避免采用釉石砖、瓷砖、高光金属板和玻璃瓦等。

九里村建筑高度控制图

东—西街：传统风貌

九里村街貌界定与建筑风貌控制图

马山门口路：现代风貌

3、永续性利用

给予村落遗产自身的"造血"功能，实现遗产的永续利用，促使遗产保护工作良性循环。

河北省邢台市邢台县路罗镇英谈村：保护规划中对民居堂院进行活化利用，活化"三支四堂"，引导建筑功能转变。

民居"活化利用"一层平面图

民居"活化利用"二层平面图　　民居"活化利用"实施照片

地 村落·环境——内外要素共同构成了多层次空间

村落不是一个孤立的个体，而是区域环境的组成，只有在环境中看村落才能看清完整的村落，因此，村落的保护应从多层次的空间和要素去研究村庄。

1、多层次的空间研究

从区域、村域、村落、内部空间四个层级对村落进行研究，理清村落发展的历史脉络。

英谈村：保护规划从村落影响的景观范围、村落范围、居民点的范围以及居民点内部空间四个层级进行研究。

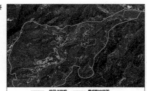

英谈村规划范围图

2、多层次的要素研究

深入研究各层次内要素，实现对传统村落全方位、立体化保护。

英谈村：保护规划中深入研究各个居民点内部的建筑、公共空间、道路、水体等各要素特征。

英谈村内部要素照片

知行合一

江苏省住房和城乡建设厅城市规划技术咨询中心 ⑧

传承·发展："三维度"的 传统村落保护规划

人 + 文 + 产 底蕴·活力——动态发展中传承村庄的历史

传统村落应是一个充满活力、不断发展的有机体。传统村落规划的目标应在保护历史、传承文化的前提下，实现人居环境提升，推动村落发展。因而，村落的保护并不意味着发展的停滞不前。历史的传承需要在村落的发展中完成。需要通过对需求的多类型研究，在发展中多途径传承历史。

1、需求的多类型研究

通过对不同人群的调查访谈，确定各类人群的需求，为传统村落的保护和发展提供明晰的方向。

九里村：保护规划中通过对乡镇领导、村领导、村民、旅游者等各类人群访谈，提供九里村保护与发展的方向。

九里村村领导座谈

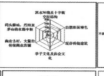

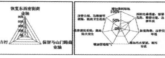

九里村各类人群的需求分析

2、发展中的多途径传承

在传统村落人居环境的提升过程中，物质空间的更新和村落产业的发展应多途径的对传统的民俗活动、技艺、乡村风貌等进行传承与利用，可以形成传统村落保护与发展的良性循环。

物质空间更新中的传承

传承民俗活动：九里村保护规划中通过调整建筑与场所的功能组织，以物质空间载体延续村庄传统民俗文化。

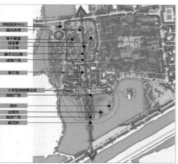

九里村民俗活动空间分布示意图

引进适用技术：英谈村保护规划中在不影响传统风貌的前提下，将适用的技术运用于基础设施建设之中，提升居民的生活质量。

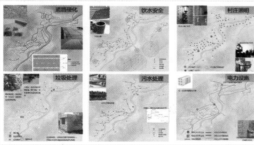

英谈村各类基础设施规划图

延续传统工艺：英谈村保护规划中将传统的水流处理方式和村落景观改造相结合进行英谈村水系整治。

英谈村水系整治意图 英谈村水系整治实施照片

提升公共空间：英谈村保护规划中梳理村落传统空间肌理，运用地方传统环境要素整理村落环境，提升英谈村公共空间的品质，为村庄发展注入活力。

英谈村公共空间实施照片

传承乡土材料：在村落有机更新中，将传统的乡土石材运用至英谈村道路更新和民居修复之中，与村落的传统风貌相协调。

红砂岩就地取材 ➡ 巧妙处理、形式各样 ➡ 建筑修复、道路更新
英谈村道路建设实施照片

村庄产业发展中的传承

展示乡村风貌：英谈村利用特色的乡村风貌，引导村落发展为写生、摄影等活动基地，进行英谈村风貌的展示。

利用复合空间：英谈村实现村落空间的多样性利用，为村落产业发展提供契机。

写生场景 农家乐

珠海市斗门区斗门镇南门村幸福村居建设规划——现状分析

珠海市住房和城乡规划建设局

珠三角区域层面分析图

市域层面区位分析图

区域层面区位分析图

南门村区位优势分析

珠海市——国际宜居城市，珠江口西岸的核心城市，东与香港隔海相望，南与澳门相连，西邻新会、台山市，北与中山市接壤。珠海环境优美，海岛众多，海域辽阔，素有"百岛之市"的美誉，珠海又是香山古邑，历史悠久、文化深厚，拥有许多人文古迹。自然景色与人文古迹的融合使珠海成为旅游胜地。

斗门区位于珠海市西部，珠海、中山、江门三市交汇处。斗门区紧靠高栏港、珠海机场和广珠轻轨，区位优越、交通条件便利，粤西沿海高速公路、江珠高速公路贯穿全境；广珠铁路和港珠澳大桥即将通车；

斗门镇是斗门区乃至珠海市陆路交通的西大门，交通四通八达，十分便利，距离斗门中心城区12公里，至珠海市区40公里，至珠海机场32公里，至珠海37公里。

南门村位于斗门镇的中西部，是斗门圩镇所在地，南邻富山工业片区，西邻虎跳门水道，南连小濠冲村，北接下洲村，靠近黄杨大道，斗门大道贯穿而过，区域交通十分便利。

南门村简介
Village Brief

南门村现状

南门村——黄杨山下、虎跳门旁，一个已有600多年历史、南宋后裔宗族聚集的村庄。宗祠、蚝壳墙、护城河给它烙下了宋朝皇族文化印记，朱门广厦盘盘的古村落群、白石长衢直牵的石板里路赋予它有别于其他村居的独特韵味。

经过600多年的历史积淀，南门村形成了极具特色的古祠堂、古村落以及皇族文化，2014年入选"中国十大最美乡村"，成为广东省唯一获评乡村。

南门村村域总面积为15平方公里，内有菉猗堂、接霞庄、晒楼、洋楼等建筑，菉猗堂、接霞庄历经数百年历史，完整保存至今，不仅其本身具有较高的历史文物价值，更是赵氏家族、南门古村历史文脉的载体，村周边还有御温泉、斗门古街、金台寺、南方影视城等休闲旅游点。

菉猗堂：

2008年11月18日菉猗堂及建筑群作为古建筑群之一被核定公布为广东省文物保护单位。菉猗堂全名为南门赵氏祖祠菉猗堂，又称菉猗祠、南门菉猗堂、赵氏菉猗祠，始建于明景泰五年（1454），经清代到1997年间曾几次重修。坐东向西，为三进（包括前厅、中殿和后殿）四合式，中轴线左右对称，北有厢房，后有围墙，抬梁与穿斗混合木架构，硬山顶，龙舟脊，锅耳山墙，红沙岩墙脚、青砖砌框蚝壳墙，用蚝壳排列成行叠砌，墙体厚0.65米。素胎瓦当、滴水，雕花挡檐板，祠内外饰有石雕、木雕、灰塑等。山门置木刻"赵氏祖祠"匾及楹联："菉韵洪澜 猗颂商那"，另外四周的墙给有多幅以山水、文人墨客琴棋诗书乐的图画，十分新雅致，具典型的明代南方沿海建筑风格。菉猗堂的蚝壳墙最引人注目。正所谓"千年砖、万年蚝"，始建于明代的蚝壳墙，历经近600年的历史沧桑，至今仍屹立不倒。据称，菉猗堂的蚝壳墙应该为我国现存规模最大、完整度最好、时代最为久远的蚝壳墙。

接霞庄：

接霞庄位于在南门村新围的秀水绿树间，约53500平方米，是个既有中国传统特色又融入西洋风格，幽静得近乎封闭的村落。接霞庄始建于道光年间（1821-1850年），接霞庄建筑风格统一、布局合理，庄村房屋的设计均仿照广州西关模式，到清同治年，庄内房屋建造及环境布置装饰富丽堂皇，当时共建起带有厢房、书房、画廊、花厅、附间等的青砖石硖大屋14幢，坐向均北，清一色的青砖瓦屋，浓淡相宜的色调勾勒出典雅质朴的轮廓，外围挖有护庄河，庄内有长132米、宽4.30米的石板街，有文馆、武馆和马房、暖阁，又有亭台楼榭、荷池幽径、曲桥廊柏，庄子四周植绿竹、建围墙，按方向分设五道进出闸门，正门设在东南方，面对霞山及霞……

南门村鸟瞰

赵公祠

蚝壳墙

菉猗堂

菉猗堂及建筑群

接霞庄

传统巷道

南门村现状公共服务设施

南门村村公共服务设施配置较为齐全，每个自然村基本都各自配有文体活动设施。

镇级公共设施，包括村委会办公楼、服务大楼、会计站、卫生站、休闲广场、健身设施等，每个自然村内都已经建设了具有独立功能的文化站、篮球场等文体设施。由于旅游产业的发展状况不如预期，村内也并未建设旅游驿站等旅游服务配套设施。

村委会（村民综合服务中心）

卫生服务中心

南门小学

晒楼

编制单位：华南理工大学建筑设计研究院

珠海市斗门区斗门镇南门村幸福村居建设规划——规划实践

珠海市住房和城乡规划建设局

南门村土地使用现状图　　南门村道路系统现状图　　南门村公共服务设施分布现状图

SWOT分析

1. 优势:	2. 劣势:	3. 机遇:	4. 挑战:
1)优越的交通和地理区位; 2)综合经济实力较强; 3)生态资源丰厚,环境良好; 4)丰富和优越的"宋"文化和自然旅游资源,旅游业显现雏形; 5)侨乡资源丰富,可吸引侨乡返乡投资; 6)公共服务设施配套较完善。	1)产业结构待调整,各类产业未形成规模化生产; 2)人口老龄化现象严重;退潮劳动力大量外出; 3)土地利用方式粗放; 4)污水排放和处理未系统建设不完善; 5)旅游资源开发利用不足,旅游设施配套不足。	1)南门村作为珠海市"幸福村居"创建试点村,政策利好和投资等将大力推动村庄建设发展; 2)珠海市对旅游产业的稳定支持、斗门镇旅游特色镇的地位提升为南门村旅游业发展带来持续动力; 3)交通和区位条件的改善。	1)协调村庄和本镇镇发展的关系; 2)如何定位布局各功能区,实现功能区的互补联动; 3)民风民俗的延续以及新旧建筑风貌的协调; 4)如何与周边旅游资源协同发展,建立斗门区旅游路线,形成旅游业集群效应,开拓旅游市场。

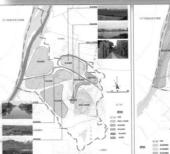

南门村资源分布图　　南门村产业布局现状图

南门村简介
Village Brief

现状特征和问题总结

1. 人口：至2012年末,总人口11404人,其中户籍总人口5544人,非农人口数量增长明显;外来人口5860人,外来人口成为南门村人口增长的主要来源。

2. 经济产业：南门村经济综合实力尚薄弱,工农业总产值、财政收入、农民人均收入等增长缓慢。2012年该村农村经济较好,但其配套服务设施明显不够。

3. 土地利用：南门村现状建设用地主要分布在村域东南例。但村域南侧靠近龙山工业园处、东侧沿斗门口处的大部分用地已出让,村庄的发展有一定局限。

4. 道路交通：村内道路基本硬化,但道路宽窄不一,居民点内部的道路多处在无法满足车行需求的情况。

5. 市政公服：南门村公共服务设施配套较为齐全,每个自然村基本都各自配有文体活动设施,该村市政基础设施落后,除接霞庄部分道路采用明沟排水外,大部分村落均使用明沟排污方式,对环境影响较大,北边、中心里等一些区域的污水最终流入池塘,并未接入市政管线。

6. 风貌特征：南门村多个居民点具有一定的古村落特色,该村古村落主要分布在北边里、南边里、中西里片区,镇秀村及接霞庄。古村多为青砖古墙,新建住房不多,且多在古村外围建设。古村落基本布局保存较为完整,体现出明显的传统村落规整布局特征,村落的祠堂体现出一定的"宋"文化特征。

村庄北部水田区域自然生态状况良好,风景优美,吸引大量鹭鸟停留。

建设前后对比
Comparison

接霞庄亲水码头改造前后对比　　接霞庄庄内石板街改造前后对比

接霞庄入庄口改造前后对比　　南门小学饭堂改造前后对比

南门村村内道路改造前后对比　　南门村公厕改造前后对比

定位及总体目标

南门村的总体定位为:
岭南地区以宋文化为主要特色、环境优美、旅游兴旺、人民安居乐业的宜居、宜业、宜游幸福乡村。

各个层面的职能是:
1. 岭南历史文化名村
恢复优越的历史文化资源,以旅游业为载体推动宋文化的保护、延续和弘扬,打响来皇旅文化旅游品牌,争做岭南地区历史文化名村。

2. 珠海市幸福村居示范点
通过推进幸福村居"六大工程",从人居环境、产业、文化、民生、保障、管理等方面推进南门村幸福村居建设,成为珠海市幸福村居示范村。

3. 斗门区综合旅游服务区
通过接霞庄、菉猗堂、菉秀村等一系列高品质历史文化旅游资源以及御温泉、勤劳、南门村口直往区等一批旅游服务区的共同建设,将南门村建设成斗门区集旅游、度假和旅游服务于一身的综合旅游度假区。

南门村功能结构布局规划图

南门村的历史古迹

菉猗堂古建筑群

接霞庄崇基堂遗址公园

南门非物质文化—皇族祭礼

编制单位：华南理工大学建筑设计研究院

斗门区白蕉镇孖湾村幸福村居建设规划——现状分析

珠海市住房和城乡规划建设局

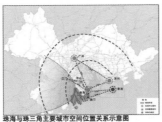

珠海与珠三角主要城市空间位置关系示意图

白蕉镇在珠海市的区位

孖湾村在白蕉镇的区位

孖湾村区位分析

珠海市是我国最初设立的四个经济特区之一，是我国最初设立的四个经济特区之一，位于珠江三角洲西南部沿海，东北与深圳、香港隔海相望，南与澳门陆地相连，西北及正西毗邻江门市，北与中山接壤，距广州140km，既是西江流域主要的出海口，又是我国对外联系的重要口岸。

孖湾村位于斗门区白蕉镇的偏北角，全村村域面积6.72平方公里，离井岸城区21公里，夹于西江出口磨刀门水道和螺洲河之间，毗邻江门市新会和中山板芙。村落环绕竹银水库，南靠市幸福村居示范村南澳村，北邻水松林自然保护区，自然环境优越。

孖湾村简介

孖湾村现状

孖湾村的现状处于待开发状态。自身资源条件优越，并且拥有天然的自然环境，夹于西江出口磨刀门水道和螺洲河之间，村落环绕竹银水库，各项基础设施也较齐全。但村庄现状产业仍依靠单一的第一产业为主，第三产业仍处于起步阶段，村民收入主要依靠农业、牧业、渔业收入，村庄经济整体较薄弱，究其原因主要是村庄优势资源未得到充分利用，缺少村庄引导性发展，尚未有相关项目策划和游线组织，也缺少旅游配套设施，所以旅游吸引力不足，村庄特色不明显。另外村庄内部公共空间比较缺乏，整体风貌虽较好，但仍需整治。

因此孖湾村的发展重点是要开发现有资源，做好旅游发展规划，包括项目策划、线路组织和设施配套等，并进行村庄风貌整治。

鱼塘　　水松林

龙眼　　荔枝

X584　　公交车站

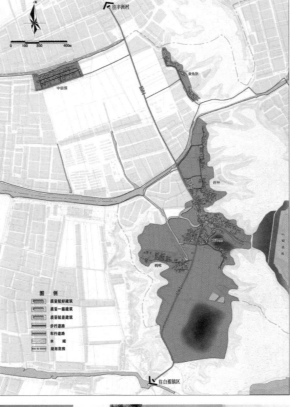

图例

全景照片

竹银水库

村委会

新建村委会大楼和文化活动中心

农贸市场

民居

孖湾村资源特色分析

土地资源：现有100亩国有闲置土地（原奶牛场废弃），作为非农用地，可灵活利用。100亩荔枝林和80亩山地、200亩农田、600亩鱼塘都连片分布在100亩国有土地四周，可进行农业旅游综合开发。

水资源：拥有珠海与澳门重要饮用水源—竹银水库，创造了良好的环境条件和空气质量。

果林和花卉资源：村城东侧现状有大量的果林，沿着山脚成片分布，种植了大量的荔枝和龙眼。另外每家每户的前院内甚至是主要道路两侧都种有大量果树，种类多样，有荔枝、龙眼、火龙果、木瓜、芭蕉、芒果、枇杷、葡萄、柠檬、杨桃、人心果等，开花时风景秀丽，结果时可供采摘，是孖湾村特有的一种资源和景观。村内还有丰富的花卉品种，包括三角梅、金银花、红色扶桑、九里香等，是孖湾村发展旅游的一大特色。

编制单位：浙江大学城乡规划设计研究院

斗门区白蕉镇孖湾村幸福村居建设规划——现状分析

珠海市住房和城乡规划建设局

孖湾村资源分布图

孖湾村基础设施图

孖湾村公共设施图

孖湾村简介
Village Brief

现状问题分析

1、产业基础弱。
品种：产业结构单一，对村庄经济的提升不明显。一产：以种养业为主，较单一，对经济发展助推作用小。二产：受竹银镇水库水源保护地的限制，未能发展。三产：尚处于培育阶段。

2、道路交通差。
品种：孖湾村现状的道路系统不完善，主要道路：村内主要道路即为过境584县道，村庄内部未形成环路，对村庄后续的管道施工有一定影响。次要道路：次要道路多数较窄，街巷不通畅，不能满足消防道路的要求，并且较多断头路。停车场地：现状较少统一的停车场地，路边停车位也较少。

3、村庄特色弱。
自身：拥有相对优势的资源特色，但未加以利用发展，缺少引导。周边：与周边其他同位村庄相比，未体现其特色，村庄地位不明确。

4、公共空间缺。
活动场地：村庄除龙环里自然村有一处篮球场外，没有其他公共活动场地，中信围和黄鱼沚自然村相对较远，没有独立的活动场地。
景观节点：村域内缺少一套景观性的节点，整体景观风貌缺乏结构性。

规划目标

1、总目标：以"产业兴村、旅游旺村"为发展策略，将孖湾村打造成为白蕉镇重要的休闲旅游型生态村落。

2、分目标：
(1) 产业发展形成"新格局"：加快推进现代农业，重点发展乡村生态旅游，繁荣农村经济，提高农村生产力水平，充分利用村域丰富的农田、林地资源和周边良好的山水环境，做足特色旅游产业。
(2) 农村生活水平实现"新提高"：千方百计增加农民收入，改善消费结构，提高农民生活质量，增加农民人均收入。
(3) 乡村面貌显现"新变化"：推进村庄整治，加强农村基础设施建设，特别是污水设施建设，改善农村人居环境。
(4) 乡村治理健全"新机制"：深化农村各项改革，加强基层居民自主和基层组织建设，创建平安孖湾、和谐孖湾。

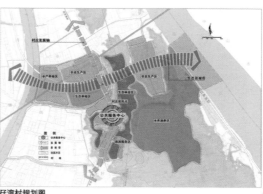

孖湾村规划图

问卷分析

家庭基本情况
村民整体收入不高，出行主要依靠摩托车和公交车，小汽车持有量还比较少。

住房基本情况
由于习俗和风水原因，多数村民选择拆原建，近近几年新建的质量较好的建筑基本选择保存原状，另外一些建筑质量一般的，由于经济条件等各方面的原因，选择建为为主。

村民幸福指数
幸福指数——孖湾村现状环境条件好、配套设施齐全，村民对于住在孖湾村普通感觉幸福，但由于村庄整体经济发展较慢，村民个人收入不高，某些需求无法满足，所以整体幸福指数还有待提升。
上幼儿园、小学方便程度——大部分村民认为方便程度一般，也有多数还较满意。
就医方便程度——村民普遍认为就医比较方便，只有特殊情况需要到六乡镇或者斗门区医院就医比较不方便。
对村庄绿化满意程度——孖湾村现状绿化程度较高，既美化环境，又提高了空气质量，村民满意度较高。
对整体休闲设施满意度——村民整体满意度较高，但中信围和黄鱼沚自然村距离都较远，满意度一般。
举行活动的传统节日——孖湾村传统的节庆活动较少，只有春节才举行庆祝活动，所以民俗文化上关注度较少，发展空间也不大。
村民眼中村庄的优势与特色——村民认为村庄主要特色是农业基础好、生态环境佳，山林资源丰富，另一部分人认为以旅游开发条件好，从总体上讲都适合发展乡村生态旅游。
村民认为本村的标志物——村民普遍认为孖湾村的标志是自然风情，包括田园风光、果林景色、大库风貌等。
村民认为村庄相应的文化产业——村民认为孖湾村现状的主要文化产业为农产品的其他，其他产业尚未开花。
村民村庄发展最关心的问题——村民最关心的是村庄的绿化美化问题，另外对环境卫生、产业发展、公共设施配套以及自然生态等日常生活息息和关系事最大的问题都比较关心。
村庄还需要增加的公共设施——村民希望增加垃圾收集点和公园等环卫设施，并且对文化路和活动场地需求较高。
环境整治中最关心的内容——村民对于环境整治最关心的问题是污水集中处理设施和排水管道的布置、道路的硬化和亮化工程以及河流水塘的清理。

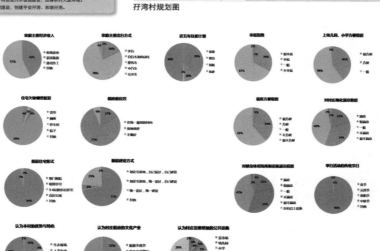

编制单位：浙江大学城乡规划设计研究院

珠海市三灶镇海澄村幸福村居建设规划——现状分析

珠海市住房和城乡规划建设局

海澄村简介
Village Brief

海澄村现状

海澄村区现状发展优势与挑战并存，发展条件十分优越，区位优势明显，紧邻珠海机场，城际轻轨、高速与城市主干道，是珠海与珠江西岸的交通枢纽；产业形势多样化，毗邻航展馆、航空产业园、大学校园；资源禀赋充足，自然资源丰富，背靠拦浪山，面朝南海，山海资源兼备，景观独一无二。人文底蕴深厚，"人杰地灵"，有国家级非物质文化遗产"鹤歌舞"、日军碉堡、慰安所遗址等。优越的发展条件使得海澄成为珠海面向国际的窗口，而现状情况却令人担忧，村集体经济薄弱，发展后劲不足；各自然村空间距离大、分散布局，沿机场路一侧商铺立面杂乱，局部残损破旧；公共绿地与活动空间利用率低，环卫设施缺乏；现状鹤舞馆偏小，无法满足展示与表演需要，历史遗迹尚无保护措施，没有发挥爱国主义教育意义，这些对珠海打造成国际窗口提出了调整。

因此，如何开发利用现有资源，提高村容村貌、打造公共空间，弘扬历史文化，提升村域经济，将海澄打造成珠海面向国际的窗口则成为了海澄村发展的一大挑战。

海澄村区位优势分析

海澄村紧邻珠海机场和航展馆、航空产业园，具有独特的地理区位，是珠海面向国际的窗口。

海澄村位于珠海市三灶镇的南部，背靠观音山，面对南海，村落主要沿金海路分布，至三灶镇中心区直线距离为4公里，距离珠海机场仅一路之隔，距离金湾西湖城区直线距离为6.5公里，距离香洲主城区的直线距离为20公里，由此可见，海澄村的区位优势极为明显，这里将拥有机场、城际轻轨（广珠轻轨金琴延长段）、高速（机场高速北接粤西沿海高速、规划建设的金海路东连太澳高速、西接高栏港高速，通过机场东路—珠海大道连接江珠高速），是珠海乃至珠江西岸的交通枢纽新基地。

市际层面区位分析图

镇际层面区位分析图

安堂村牌坊 上表村牌坊

产业基础薄弱，类型比较单一。

公共设施有一定基础，缺乏公共空间与市政基础设施。

安堂商业街 上表商业街

海澄村委会及服务大厅

珠海航空产业园

屋头龙水库

自然资源优越。

银沙滩

海澄小学

海澄市场

洪圣殿

摩崖石刻

住宅建筑年代较新，宅基地比较规整，居住条件较好。

正表村居住街巷 田心村居住街巷 鹤歌鹤舞馆 洪圣殿

文化遗产丰厚，文化底蕴深厚。

海澄村海岛文化挖掘

珠海市三灶镇海澄村幸福村居建设规划——规划实践

珠海市住房和城乡规划建设局

海澄村规划

Village Planning

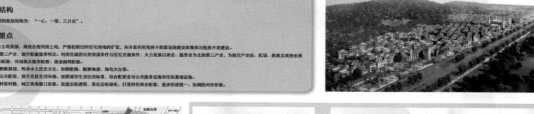

规划定位

大力发展村集体经济，依托航空产业园、吉林大学珠海学院发展配套生活服务；依托珠海国际航展、珠海机场发展配套商业服务，打造乐业安居的幸福村居，展示珠海良好的国际形象窗口。

规划结构

海澄村的规划结构为："一心、一带、三片区"。

规划重点

1、整合土地资源，高效合理利用土地，严格控制旧村住宅用地的扩张，未开发利用地用于配套设施建设和集体出租房开发建设。
2、发展第三产业，提升配套服务档次。利用优越的自然资源条件与区位交通条件，大力发展以商业、服务业为主的第三产业，为航空产业园、机场、航展及其他会展提供商务配套、休闲娱乐服务配套、商业购物配套。
3、新建鹤歌舞馆，传承本土历史文化，如鹤歌舞、醒狮表演、海岛文化等。
4、完善公共配套，提升宜居生活环境。按照城市生活区的标准，综合配套各项公共服务设施和市政基础设施。
5、整治村容村貌，树立珠海窗口形象。改造沿街建筑，美化沿街绿化，打造特色商业配套，逐步形成统一、协调的对外形象。

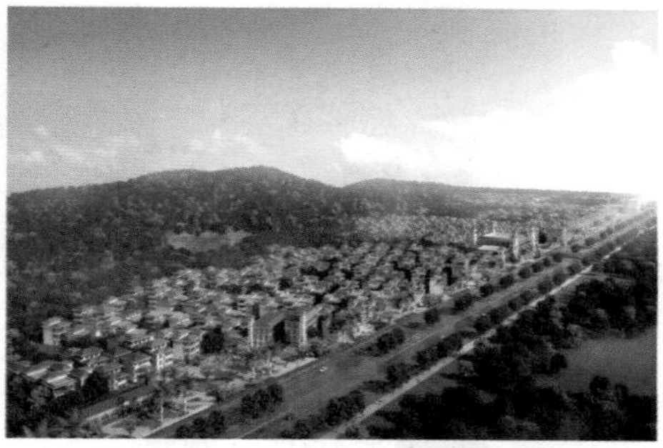

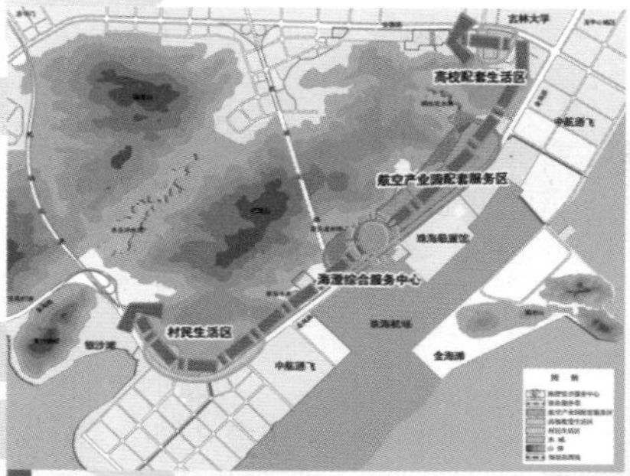

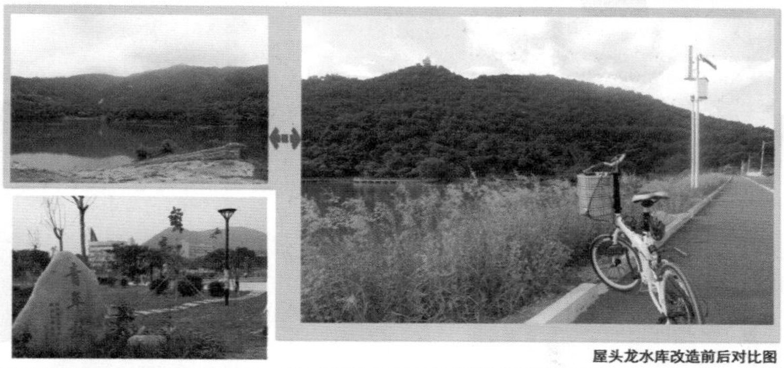

屋头龙水库改造前后对比图

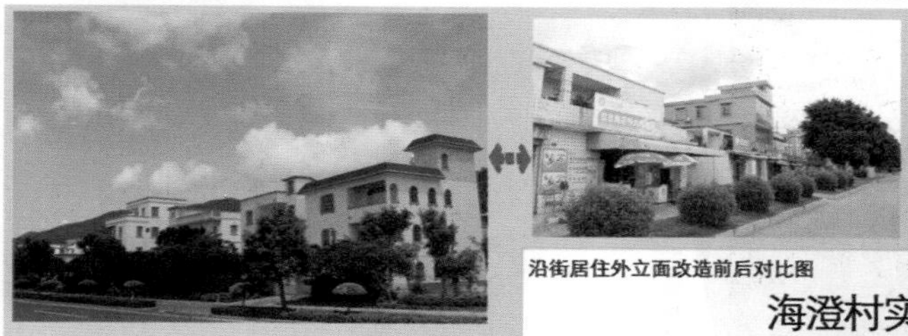

沿街居住外立面改造前后对比图

海澄村实践

Village Practice

实施成效

经过一年多的建设，海澄村的实施已初具成效，由昔日比较脏乱、以养蚝为生计的贫穷村居，蜕变成干净靓丽、以现代服务业和生态旅游业为主的现代化村居。主要成效有：

日益靓丽的村容村貌：鱼舫餐厅改造、道路硬底化改造、村场绿化美化、沿街建设外立面改造、岭南特色商业街的打造等使海澄村成为一个城市化的村居，环境舒适、道路宽敞、绿树成荫。

村居产业的转型升级：依托航展打造海澄村美食文化节品牌，利用海澄村的生态旅游资源优势、文化传统优势以及红色旅游资源优势，进行旅游开发。如屋龙头水库的改造，新建鹤歌舞馆等。

全民创业改变"快餐经济"：依托航空产业园、国际航展、珠海机场打造配套生活服务区和商业服务区，如莲塘商业街的建设等。

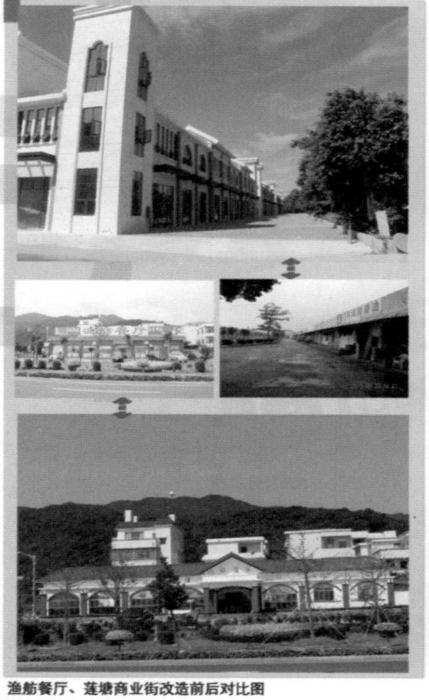

渔舫餐厅、莲塘商业街改造前后对比图

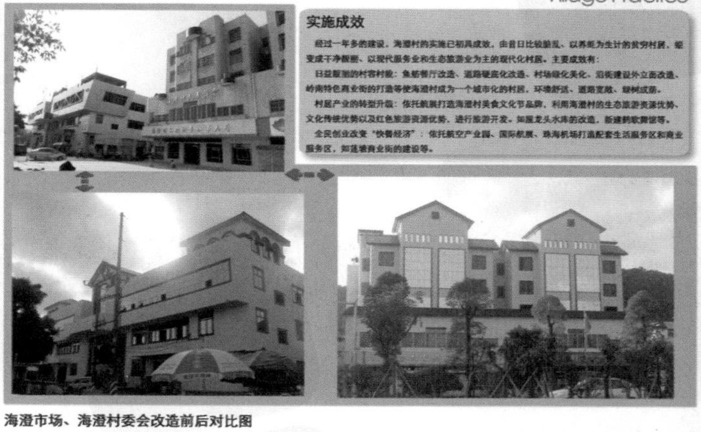

海澄市场、海澄村委会改造前后对比图

编制单位：珠海市规划设计研究院

珠海市红旗镇三板村幸福村居建设规划——现状分析

珠海市住房和城乡规划建设局

三板村在珠海市的区位

三板村在斗门镇的区位

三板村区位分析

三板村位于珠海金湾区红旗镇内，位于珠海市域中部，金湾区的北部，北侧与斗门区隔鸡啼门水道相望，南侧与三板社区为邻，东距珠海市中心城区约20公里，距澳门13海里，北距斗门次中心城区13公里，南至珠海机场10公里，西至高栏港区13公里。

垃圾收集站　　　三板村委会

三板村简介
Village Brief

三板村现状

三板村属于农业村，民风淳朴，具有典型的岭南水乡特色，村周围水资源丰富，社会保障与安全状况情况较为良好，但是仍存在着较多需要改善的地方：三板村的居住条件略低金湾区及红旗镇同类村居的居住条件，房屋建筑部分陈旧，且遭水患等影响，需大力继续改善；村内生活污水自然排放、生活垃圾也有不同程度乱弃状态，不利于村容村貌的整治与美化；村内部的道路交通存在较大差距，路网密度、交通组织都不能满足村民和城市建设日益发展的需要；村内部服务设施在数量、规模和布局上都不能满足村民的日常生活所需，为居民生活带来不便。

三板村具有典型的岭南水乡特色，村周围水资源丰富，基本由"河道"围合而成，村内周围河网布置紧密，河涌纵横交错，全部土地由河流冲积物沉积而成，形成鲜明的岭南水乡风貌特色。有三板河穿村而过，大部分民居傍河而筑，临水而屋，河道清澈，绿园丛丛。

三板河两岸风光　　　三板河两岸风光　　　三板河两岸风光

庭院空间

图例

村民住宅用地
行政管理用地
文体科技用地
商业金融用地
生产设施用地
道路广场用地
公用工程用地
环卫设施用地
水　域
农林用地
未利用地
现状220kv架空高压线
现状110kv架空高压线
村域范围线

建设现状图

村庄道路

目前三板村道路系统尚不完善，村内主路红线宽度较窄，宽约3-6米，主要体现在路幅偏窄，让行和停车设施不配套。

村民住宅

三板村的建筑以三板河为核心，村民住宅沿河两侧依次展开,村民住宅多为1990年代的村民自建房，多为1层；有局部新建的现代乡村建筑，现代建筑指褐色贴外墙瓷砖的建筑，多为2-3层，新旧建筑之间的建筑形式及外观不协调。

三板村发展优势

(1) 岭南水乡特色

典型的岭南水乡特色是三板村重要名片，宜人的水乡环境可以成为吸引人气的聚集，而得良好的发展。

(2) 优越的鱼虾养殖环境

三板村位于城乡水交汇处，适合鱼虾水产养殖，是村民进行水产养殖产业等的重要场所，且三板村靠近市区都会水产品批发市场，对于水产品的运输等方便着其的便利。

(3) 淳厚且统一的乡村建筑风格

三板村居民都是依水而居，建筑风格以80年代与90年代为主，多采用青砖灰墙的建筑色彩，现代乡村风格的栏杆扶手以及窗花等，建筑形式趋向统一，形成三板村特别的乡村建筑风格。

(4) 交通条件的改善

三板村村区的道路路网密度增加，道路拓宽，主干道规划等等级提高至镇域快速路为三板村的交通提供了便利。

三板村发展局限性

(1) 村容村能现状较差

三板河及周围水系尔的线较低，暴雨时节水位升高，对沿河民居造成安全造成大影响；村民多沿河沿布置，但厕所及杂物房等建筑多沿河边布置，对于沿河风貌影响较大；乡村建筑风格不统一，对建设统一的乡村田园风貌存在较大挑战。

(2) 发展乡村旅游的局限性

三板村具备乡村旅游产业发展潜力，同时也不可避免地由于其自身资源的缺失，存在相当的局限性。其中较为突出的局限地表现在三个方面：现状乡村旅游部分陈旧、乡村旅游相关配套设施缺失、村基础设施不完善，旅游设施缺乏

编制单位：珠海市规划设计研究院

珠海市红旗镇三板村幸福村居建设规划——规划实践

珠海市住房和城乡规划建设局

三板村发展思路

规划定位

三板村规划总体定位为：发展三板生态农业，以生态农业为主导产业，打造乡村旅游业发展，打造珠海市休闲垂钓中心以及田园风光观园基地，成为珠海西部中心城中休闲娱乐的天然之所。

建设目标

（1）总目标：珠海市幸福村居建设示范区
充分利用三板村自然资源和区位优势，通过提升三板村乡村旅游业发展，切实提高村民收入，最终形成主导产业与特色产业齐发展、村容村貌整洁、基本公共服务设施完善、邻里和睦乡风文明、村务公开的珠海市幸福村居建设示范区。

（2）分目标
示范形象塑造：打造示范性幸福村居，提高知名度，推进三板村的整体村容村貌的改善。
双产业齐发展：水产养殖业与乡村旅游产业齐发展，有效提高农民收入。
服务配套完善：通过增加服务配套，促进三板村完善基础服务设施建设，有效改善民生活环境；其次，充分利用三板村与周边旅游资源，发展旅游服务配套，促进旅游地产和旅游服务业发展。

三板村规划
Village Planning

规划实践

建设重点为三板河一河两岸改造、村民活动广场建设、市政工程设施改造以及公共服务设施配套，展现幸福村居示范村的风貌塑形，取分步进行实施。总体有四个步骤，分别是：村庄道路骨架的整治与重要地段的环境整治、市政设施的配套完善、村庄现状建筑外观整治与主要公共空间环境改造及村庄环境美化。

（1）"一河两岸"环境整治项目
针对三板河两岸的村居建筑风貌进行改造提升，整治的重点整治范围是重点建设范围内的沿湾两岸村居，包括正立面、侧立面和屋顶等内容，包括民居及公共建筑。

（2）村民活动广场改造
三板村村委会前空地改造成村民活动广场，为三板村民提供休闲娱乐场所，也为今后三板村发展乡村旅游提供商业服务配套服务，将场所的一整片超前建筑整体架架取整治美化，穿衣戴帽工程，打造成旅游接待、商业街区，利于改善三板村风貌形象。

（3）防汛路建设
拟在三板村建设沙头防汛路，路长约2650米，为村东部防汛提供保障。

（4）建设垃圾房、生活污水和雨污管网
计划三板村重点规划建设的村子封闭式垃圾房，提高垃圾的收集和堆放能力，减少对环境的污染。计划完善生活污水和污雨管网，接驳城市市政污水管网系统。项目完成后将提高三板村的污水处理能力，改善和保护民生活环境。

篮球场

文化活动中心

总平面规划图

污水处理站

道路建设

幸福广场

村委大楼

一河两岸环境整治

三板村幸福广场改造

交通分析图　　绿化分析图1

绿化分析图2　　分期建设

三板村幸福广场位于珠海市红旗镇三板村委会大楼前侧，整个场地地势平坦，设计内容为商业建筑设计，沿河、沿建筑景观一体化打造，舞台、广场、健身场所、宣传栏、旗杆位置的设计，村委会大楼改造，周边绿化的整治，停车场。
广场及周边建筑改造设定是亲民风情小区、旅游服务基地、休闲乡村基地。设计中提取时尚现代乡村建筑等水乡环境中的部分元素，融入到三板村的村容村貌中，很好的协调三板村现有建筑，建议风格与广场周边建筑之间的协调，使得三板的广场成为展现三板村的自然水乡风貌。

三板广场总占地地面积约的16251.44平方米，其中商业建筑面积约4608.00平方米，村委会改造建筑面积约1112.94平方米，广场面积约4978.10平方米，篮球场1个，乒乓球台个，停车位106个（小车停车位26个，摩托车停车位80个）。

幸福广场位处河与高采用休闲式布局，用铁艺栏杆、仿木地板、船只、休闲座椅、花草等细节构件。打造滨水湾滨带休闲风貌，沿街商业的布局形式采用步步移景，在整体休闲一派基础上，每标建筑安保整洁、细部处理，建道结构与布局都复在区间，体现小桥情境。商业街的功能布局上，设计网络能开尽用，使民民第一时间通过建筑到到内部的商业广场，一旦为全开发空间，可垂钓需消散连通，街道两侧设置休闲绿梳、绿化小品，打造温馨氛围，建筑立面通过立面、花架的处理让建筑更有情调，既节省造价，又能丰富景观增效果。广场的设计主要有二大特色，一是各功能分区抽物、主舞台、舞台区、休闲区、停车区、运动区布置合理。二是凸显滨水特色，最大程度利用滨有景观资源。

幸福广场平面图

编制单位：珠海市规划设计研究院

珠海莲洲八村乐幸福村居组团协调规划——现状分析

珠海市住房和城乡规划建设局

发展区位——大珠三角层面　　发展区位——珠海市域层面　　发展区位——斗门区层面

村居概况

八村乐幸福村居组团位于珠海市斗门区北部生态农业园核心区，由荷麻溪、赤粉、螺洲河水道围合而成，包括八个村居（大沙社区、光明村、莲江村、石龙村、上栏村、下栏村、东湾村、粉洲村），总面积约28k㎡，总人口为11031人。组团现状仍以传统农业生产（种养业）为主，结合农业发展的生态休闲旅游（莲江村）已具有一定知名度。村民人均收入约8000元。

村居特色

发展区位优 Location advantage
- 毗邻港澳，区域交通捷达。
- 港珠澳大桥拉通，与香港的联系近在咫尺。
- 生态农业园中央，紧邻镇区，位置突出。

生态本底美 Ecological dominancy
- 总体风貌：依山面水，水环绕，田相拥，水乡田园。
- 具体风貌：山林秀美，水网纵横，良田万亩，散落村乡。

人文民风善 Local advantage
- 历史悠久，文化丰富、传承积累。
- 辛勤劳动，民风淳朴。
- 党群连心，干群相拥，多姿多彩。

产业基础良 Industrial strength
- 农业主导，工业、服务业相辅。
- 保持生态农业优良传统，逐渐发展现代化农业。
- 花卉苗木种植已成为珠海市苗木基地，在区域内具有示范特色优势。
- 逐渐扩大超级稻种植示范基地效益。
- 生态农业与旅游休闲结合发展，综合经营。

资源禀赋特 Resource superiority
- 广阔生态风貌：包括五指山、仙人骑鹤、赤粉水道、螺洲河水道、滨河水杉林、沙田风光等。
- 传统水乡风情：包括十里莲江、石龙六村党政联合基地、知情农场、上下栏古建筑、环五指山绿道等。

虾苗厂　零售商业　蝴蝶兰基地　产业现状布局图
十里莲江　农家乐餐饮　村菜市场

五指山　横坑水库　螺洲河水道　大霖山上鸟瞰
仙人骑鹤　山林水网分布图　赤粉水道　内部河涌
东湾村　农田分布图　石龙村　传统民居
莲江村　光明村　传统民居
粉洲村　村庄分布图　下栏村　传统文化
石龙村　莲江村　村居荣誉

特色资源分布图
● 自然资源（15处）
● 人文资源（19处）

主要问题

- **村居建设：** 旧村建筑破旧、道路建设落后、水道淤塞等问题普遍。
- **产业发展：** 现状仍以传统农业为主，旅游服务业初具规模，有微量工业。产业高度同一性，产业链条缺失，科技含量低，产品附加值不高。
- **道路交通：** 对外交通联系便捷，但村居之间缺乏道路联系，未能形成环状路网，村居内部道路宽度窄，多为断头路。
- **基础设施：** 部分设施陈旧，整体服务水平低。公共设施较完善，存在陈旧破损现象；市政基础设施缺乏污水处理设施。

编制单位：珠海市规划设计研究院

珠海莲洲八村乐幸福村居组团协调规划——规划对策

珠海市住房和城乡规划建设局

规划定位

发展定位——国家级生态农业园核心服务区、珠三角西岸休闲农业与乡村旅游度假区、美丽珠海幸福村居建设示范区。

空间结构——"两轴两中心,一环七组团",即新、旧S272省道两条发展轴;光明旅游服务中心、大沙综合服务中心和七个村居组团。

用地布局——本次规划总建设用地面积为329.93ha,主要以居住用地、公共设施用地和对外交通用地为主。

产业规划——形成八大产业体系和"一心六片"的产业结构。

交通组织——构建"十字——两环"的路网结构,充分利用江珠高速沿线优势,形成主干路、次干路、支路、村路路网体系。

空间结构规划图　　城乡一体规划图　　综合交通规划图

八大产业体系内容一览表

序号	产业名称	重点项目	重点村居
1	水稻及花卉苗木种植	超级稻、有机稻米种植;高端花卉苗木种植	莲江、粉洲、石龙、东湾
2	水产养殖	四大家鱼、南美白对虾、罗氏虾、优质鱼养殖	上栏、下栏、粉洲
3	水产加工	农业科技产学研基地	光明
4	农产品展销	农产品交易中心	光明
5	休闲观光	村居游、水乡游、绿道游、山体游……	各村居
6	科研	农业科技产学研基地、农产品科研中心	光明、大沙、
7	康体养生	疗养基地、五指山养生基地	光明、大沙
8	商务会议	十里莲江、高端旅游度假中心、旅游接待中心	莲江、光明、大沙

产业结构与分布规划图　　产业布局规划图

八大风情村居发展指引

风情村(社区)	功能定位	主体内容	建筑风貌指引
水岸大沙	综合服务中心	农产品科研中心(研发总部)、高端旅游度假中心、生态农业园综合服务中心	①新型社区:以3—5层为主,建筑外观可采用米黄色瓷砖搭配红色面砖墙裙的形式,体现沙农社区的新风貌。②滨水综合服务:建筑设计形式应充分结合滨河视线景观,体现现代岭南建筑特色。
驿缤光明	旅游服务中心	旅游接待中心、农产品交易中心(农产品mall、花卉展销中心)、农产品加工体验、疗养、产学研基地	①新村住宅■形式:逐水而居。可采用清水混凝土瓷砖贴面或灰瓦白墙的形式,辅以木质门窗。■风格:清爽雅致的岭南水乡建筑风格。■高度:以2—3层为主。■色彩:主体以灰白色系为主,门窗或装饰构件可用黄色、橙色、棕色等暖色调作为点缀。②旧村建筑:除了现状破损较严重急需拆除重建之外,旧村场内其他建筑应予以整体原貌保存,辅以必要修饰,延续村庄古朴整洁风貌。对于村场内的古建筑、宗祠和重要的宗教建筑,应做重点保护,可采用设立专项保护资金的方式保留常态修缮。③旅游服务中心:充分结合沿路及瀕山特点进行布局,建筑高度低层或多层,体现现代岭南建筑特色。④产学研基地:建筑空间充分结合现状农田、水域风光做灵活布局,建筑高度低层或多层,体现现代岭南建筑特色。
水乡粉洲			
岭风下栏	水产养殖、岭南村居观光体验	水产养殖基地、岭南水乡、村居风貌	
十里莲江	康体养生、生态旅游	"十里莲江"综合旅游项目、超级稻基地	①新村住宅■形式:背山而居。可采用灰色瓷砖外墙搭配简洁的平屋顶,采用通用的岭南元素,注重传统艺术与现代住宅的结合。■风格:简洁大方的岭南传统民居建筑风格。■高度:以2—3层为主。■色彩:主体以灰白色系为主,门窗或装饰构件可用黄色、橙色、棕色等暖色调作为点缀。②旧村建筑:除了现状破损较严重急需拆除重建之外,旧村场内其他建筑应予以整体原貌保存,辅以必要修饰,延续村庄古朴整洁风貌。对于村场内的古建筑、宗祠和重要的宗教建筑,应做重点保护,可采用设立专项保护资金的方式确保常态修缮。
秀美石龙	水产养殖、花卉苗木种植	花卉苗木种植基地、五指山养生基地	
古韵上栏	水产养殖、岭南村居观光体验	水产养殖基地、岭南水乡、村居风貌	
五彩东湾	休闲农业及其观光体验	蝴蝶兰种植基地、鸡蛋花种植基地、五彩米种植基地、中药材种植基地、垂钓基地	

公共设施统筹

项目		建设村居	图例	建设时序	项目位置示意
统筹公共设施建设,构建均等服务格局	社区行政服务中心	大沙社区	❶	二期	
	文体活动中心	大沙社区	❷	二期	
	公共服务中心	大沙社区	❸	二期	
	中学	大沙社区	❹	二期	
	小学	大沙社区	❺	二期	
	幼儿园	大沙社区	❻	二期	
	公园建设	莲江村和石龙村(五指山)其他村居(龟山、莲山等)		一期	
	完善村居服务设施	各村居		一期	
	公共场地绿化	各村居		一期	
	危废处理	各村居		一期	
完善基础设施建设,夯实开发建设基础	组团主要环路	粉洲、东湾、石龙、莲江、光明		一期	
		光明、大沙、东湾、下栏		二期	
	改善村间道路	各村居		一期	
	220千伏变电站	大沙社区	▲	二期	
	10千伏开关站	石龙、莲江	▲	一期	
	综合通信枢纽	光明、大沙、石龙、莲江	▲	二期	
	污水收集及处理设施	各村居		一期	
	河涌整治(滨水乡)间	各村居		一期	
	完善垃圾收集设施	各村居		一期	
加快旅游配套建设,促进乡村旅游发展	旅游服务中心	光明村	①	一期	
	农产品展销中心	光明村	②	二期	
	农产品交易中心	光明村	③	二期	
	高端度假酒店	大沙社区	④	二期	
	十里莲江	莲江村	⑤	一期	
	民俗风情街	莲江、光明	⑥	二期	
	农家客栈及旅游服务点	石龙、上栏、东湾		二期	
	水乡游线	光明、粉洲、东湾、石龙		一期	
		石龙、莲江		二期	
	绿道游线	莲江、石龙、光明、大沙		一期	
		粉洲、东湾、下栏、上栏		二期	
	康体养生	石龙、光明		二期	

编制单位:珠海市规划设计研究院

珠海市斗门区莲江村幸福村居建设规划——现状分析

珠海市住房和城乡规划建设局

珠三角层面分析图

市际层面区位分析图

莲江村简介
Village Brief

莲洲镇位于珠海市斗门区西北部，北接石龙村，南邻光明村，西望大沙农场，东靠三湾村。村落依五指山脚蜿蜒而建，风景优美，民风纯朴。

莲江村由莲江沙湾、莲江新村、莲江桔湾三个自然村合并组成，村域面积为273.85公顷，其中耕地155.4公顷。本次规划范围为莲江村整个村域，其中重点设计范围主要指莲江村的建设用地，包括旧村场用地和村自留地，总面积为32.70公顷。

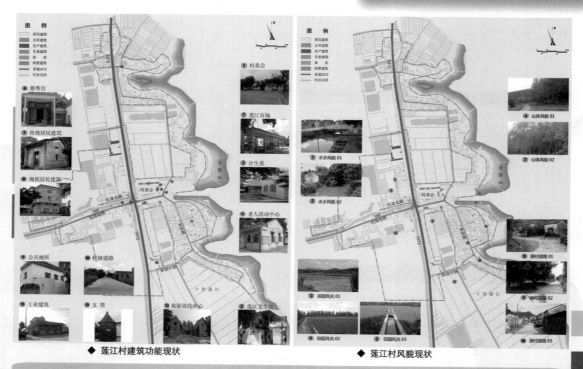

◆ 莲江村建筑功能现状　　　　　　　　　　◆ 莲江村风貌现状

莲江村SWOT分析

优势——交通便利，临近交通枢纽；依山傍水，生态环境优美；民风淳朴，文化底蕴深厚；生态文明村建设初见成效，已起到较好的带头示范作用，知名度日渐提高；基础品牌良好，开发潜力较大。

劣势——区域旅游开发意识不强，尚未融入斗门和珠海的区域旅游框架中；经济基础薄弱，发展速度不快；用地布局不合理，土地不集约；公共服务设施、市政基础设施配套不够完善。

机遇——政策支持力度大，珠海市幸福村居建设规划全面铺开；实质性的项目运作加快莲江村的发展建设，如珠海经济特区生态农业园的启动，将推动莲江村更快的融入区域的农业、旅游业发展格局中；十里莲江项目的开发，将有力的带动莲江村生态农业和观光旅游业的发展。

挑战——突破传统的旅游休闲项目，发挥莲江村自身的特色差异化发展，形成自己的品牌，是莲江村发展的必然之路。如何跳脱出纯粹的农业生产，吸引更大区域内的游客，并避免与周边地区旅游产品的同质化，是莲江村发展过程中必须思考的问题。

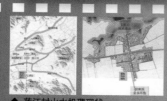

◆ 莲江村山水机理现状

莲江村背山面水，依山而建，绿水环绕，形成"山·水·村·田"村落格局。本次规划保留莲江村传统的古村落格局，整体结构严密匀称，水网相连，河边绿树成荫，道路随河道蜿蜒。民居有序地排列在五指山脚下和河涌之间，以村干道为主脉，巷作里弄，房屋沿巷道而立，呈鱼骨状街巷格局，与山、水等自然环境密切结合，肌理清晰，具有典型的岭南水乡特色。

莲江村树木以常绿乔木居多，一年四季都有绿色，岸边古榕、苍劲山茶、郁郁竹林，散发着浓郁的岭南水乡风情。规划的2个小公园，占地面积虽小，但却是居民休憩、游乐和交流的场所，能给人轻松、随意、自然、亲切的感觉，是一个生活型的小园林，这也正是岭南园林的特点，风格朴实，生活气息浓郁。

编制单位：珠海市规划设计研究院

珠海市斗门区莲江村幸福村居建设规划——规划实践

珠海市住房和城乡规划建设局

规划定位——融生产、生活、休闲、观光功能于一体的、具有岭南特色、水乡风貌的生态宜居村庄。

规划结构——"一心、两轴、七组团":
一心:指位于村庄中部的综合服务中心。
两轴:沿省道S272和民康南路形成的两条十字型功能发展轴。
七组团:包括北端一个传统村落居住组团、省道S272西面两个新村居住组团、中部的综合服务组团、西南部的旅游服务中心和省道东侧结合旧村发展的两个旅游配套组团。

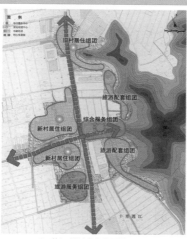

◆ 莲江村村庄规划结构图

◆ 莲江村重点项目分布图

◆ 水系环境整治示意

◆ 入口建筑改造示意

湿地公园改造前 → 湿地公园改造后

曲艺广场改造前 → 曲艺广场改造后

老人活动中心改造前 → 老人活动中心改造后

农耕博物馆改造前 → 农耕博物馆改造后

◆ 实施效果对比

编制单位:珠海市规划设计研究院

珠海市幸福村居城乡（空间）统筹发展总体规划——现状分析

珠海市住房和城乡规划建设局

创建幸福村居背景

创建幸福村居，既是贯彻国家连续多年发布的以农业、农村和农民为主题的中央一号文件，也是广东省打造"幸福广东"重要内容，更是珠海市创建生态文明城市的基础建设。因此，珠海市高度重视农村建设和发展，出台了《中共珠海市委珠海市人民政府关于创建幸福村居的决定》，主要内容包括以下几个方面：

总体目标： 围绕"规划科学、生产发展、生活富裕、生态良好、文明幸福、社会和谐"打造 珠海特色村居，实现"三改善、三提高"（改善人居环境、生产环境和生态环境，提高文明水平、保障水平和管理水平）。

基本原则： 以人为本、规划先行、生态优先、分类指导、综合整治、各方联动。

六大工程： 特色产业发展工程、环境宜居提升工程、民生改善保障工程、特色文化带动工程、社会治理建设工程、固本强基工程。

改革创新： 农村土地制度改革、集体建设用地流转改革、农村金融体制改革、完善农村"三资"管理制度。

组织保障： 村组织领导、工作机制、工作职责、政策保障、投入机制、宣传报道。

国家一号文件连续多年聚焦"三农"
新型城镇化道路离不开农村发展
打造"幸福广东" 建设"幸福村居"
珠海市高度重视农村建设和发展

2003年 | 2004年 | 2005年 | 2006年 | 2007年 | 2008年 | 2009年 | 2010年 | 2011年 | 2012年 | 2013年

创建幸福村居 助推科学崛起

村居现状概况

珠海市共209个村居，包括122个行政村和87个农村性质社区。根据这些村居的区位和现状特征，分为四大类型：

农业化村居（91个村居）： 即以农业生产为主或为农业生产提供服务的村和社区；现状发展为传统农业生产，收入来源以种养殖为主，务工、农田出租为辅。

工业化村居（29个村居）： 即为工业园区提供配套服务的村和社区；现状发展为工业园区配套服务，收入来源以物业出租、小商品经营为主，务工为辅。

城镇化村居（81个村居）： 即位于城镇化水平较高、人口较多、城镇公共设施服务半径内的村居；现状发展为城镇配套服务，收入来源以物业出租、务工为主，股份分红、小商品经营为辅。

古村落村居（8个村居）： 即具有历史悠久文化、古村民风、建筑风格而具有保留价值的村居；现状发展为旅游服务未具规模，收入来源以农田种植、物业出租、务工为主。

农业化村居（莲江村）

工业化村居（海澄村）

村居类型分类图

农业化村居
工业化村居
城镇化村居
古村落村居

城镇化村居（红旗村）　　　　古村落村居（南门村）

创建幸福村居前存在的主要问题

存在的普遍问题：
新旧建筑风格不协调；建筑混杂、无序，缺乏地方特色；
垃圾收集设施配套参差不齐、使用意识及效率不高；
生产道路硬底化不足；
文体设施陈旧简陋；
生活污水直排河涌，缺乏污水处理设施。

总体来说： 全市村居现状整体建设水平与省幸福村居要求存在较大差距；主要原因为村居建设投入不足、建设引导和监管不到位。

小学

农业村
涉农村居
城郊村居

小学设施现状分布图

污水处理厂
污水泵站

污水处理设施现状分布图

编制单位：珠海市规划设计研究院

珠海市幸福村居城乡（空间）统筹发展总体规划——规划对策

珠海市住房和城乡规划建设局

规划目标

统筹协调209个村居的规划建设，避免平均用力、重复建设和资源浪费，使村居各具特色，指引下一步各幸福村居规划与建设工作，打造更加富裕、更加美丽、更加和谐、更加幸福的珠海特色村居。

五大统筹

统筹区域性共建共享设施

	类别	设置标准与要求	现状设施情况	规划设施	
				近期满足发展需求	规划远期
教育设施	镇中心幼儿园	各镇区应设置不少于1所，规模为12~15个班，生均用地面积控制在10~13平方米，建筑面积为1200~4500平方米	11所		现状11个幼儿园示范点，计划2013结合城镇发展及市民需求，年内设10所
	村居幼儿园	村居人口3000人以上原则上配置幼儿园1所，生均占地面积10㎡左右	——		结合村居自身人口规模及未来下列阶段的《幸福村居建设规范》设置
	小学	农业村、远郊城区福泉协调区、边远城区域的农村地区 每0.6~2万人设置1所，服务半径不宜超过2.5㎞	30所	基本满足，对于部分新规划的小学打相应合理配置专线校车，满足学生上下学需求	183所，其中新增76所小学生要位于适龄儿童上学范围内
		每1.5~3万人设置1所，服务半径不宜超过0.5~1㎞	75所		
	初中	农业村、远郊城区福泉协调区、边远城区 每1.2~3万人设置1所，服务半径不超过1~2㎞	38所	已满足需求	105所，其中新增67所
文化设施	市级文化设施	由政府建设，并向社会公众开放，用来培训调剂导修公文化活动的大型公益性文化机构，主要包括文化馆、图书馆、音乐厅、青少年活动中心等大型设施	6处		规划13处，新增9处，新增设施的建设时间与结合本区发展及市民需求综合分析论证建设
	区级文化设施	由区级政府面向本区设置并向公众开放，用来培训调剂导修公文化活动的公益性文化机构，主要包括文化馆、图书馆、剧院剧场等	5处		规划14处，新增9处，新增设施的建设时间与结合本区发展及市民需求综合论证建设
	镇（街道）级文化设施	服务人口规模10~20万人，一般要求设置文化站、小型图书馆、小型剧场、文化广场	10处	满足需求	27处，其中新增17处
	居住区级文化设施	服务人口规模1~5万人，主要承担该居住区文化活动的中心的文化设施集中地	30处		58处，其中新增28处
体育设施	市级体育场地	政府建设，并向社会公众开放，用来培训调剂导修的大型公益性体育 机构，如基有奥运训练、教学、科研服务于预防技术水平，是独性体育设施	3处		规划1所，无新增
	区级体育场地	由区级政府面向本区设置并向公众开放，提供满足体育活动之用的公益性体育机构，是独性体育场地	1处	现状4处，新增设2处	人口规模达到设置标准结合区内发展及市民需求综合论证开展该项工作
	镇（街道）级体育场地	服务人口规模约达到10~20万人，一般要求配置体育场、小型游泳池	无		12处，其中新增12处
	居住区级体育场地	服务人口规模约1~5万人，配置游泳场及各种室外的有氧体育项目	26处	满足需求	29处，其中新增9处
医疗设施	省、市级综合医院	政府建设，并向社会公众开放，提供医疗卫生服务的医院，是具有前沿医疗、教学、科研服务于预防技术水平	4所		规划6所，新增2所，新增设施的建设时间与结合城市发展及市民需求综合分析论证建设
	区级医院	由区级政府面向本区设置并向公众开放，提供满足卫生服务的地区性医院，是独性医疗预防建设水平	2所		规划5所，新增3所，新增设施的建设时间与结合本区发展及市民需求综合论证建设
	镇（街道）级卫生院	00张病床服务4~6万人，500张服务10~12万人，I级国内收规模大小规模面别人口规模	30所（包括民营医院）	满足需求	70所，其中新增40所
福利设施	市级福利中心	政府建设，并向镇区范围的老人提供多样化、专业化养老服务	3所		规划3所，新增设施的建设时间与结合城市发展及市民需求综合论证建设
	区级福利中心	由区级政府面向本区设置并向镇区范围的老人提供多样化、专业化养老服务	7所	满足需求	7所，无新增设施
	镇（街道）级福利中心	镇区范围老人提供多样化、专业化养老服务，每4~6万人设置1处，各镇合理配置宜至少3处	20所	满足需求	29处，其中新增9处
给水设施	水厂、泵站、管网	市域统筹，按需设置	已通自来水	已满足需求	——
污水设施	污水厂、泵站、管网	市域统筹，按需设置	部分村居已覆盖市政污水管网	部分污水接入市政污水管网	接入市政污水管网
	小型污水处理设施	成村村居联合设置或单独设置一处	少量景村居设有	部分村居示范高需污水处理设施处理	全村居污水均有污水设施处理
环卫设施	垃圾焚烧厂	市域统筹，按需设置	全市范围内只有一处，位于香洲区	斗门区冷冻焚烧厂的建设	按需设置
	垃圾转运站		1处	增设13处	35处，其中新增34处
	环卫所	各镇或街道应至少设置1处	7处	增设7处	22处，其中新增1处
	环卫车辆停放站		11处	增设2处	20处，其中新增9处
邮政设施	邮政局	各镇或街道应至少设置1处	27处	已达到"一镇一处"要求	30处，其中新增3处
交通设施	客运站	各镇或街道应至少设置1处	13处	增设2处	23处，其中新增10处

统筹村居推进时序

依据轻重缓急，分批推进村居

① 特色风貌（20个）：着重打造村居风貌，塑造岭南水乡、田园风光、历史文化、海岛风情等特色风貌示范。
② 生态建设（13个）：着重整治村居环境，树立村容整洁、风格统一，尤其是垃圾、污水收集处理的示范。
③ 用地整理（7个）：着重改变零星分散的村居布局形态，塑造合理用地整合示范。
④ 综合改革（10个）：经济较发达、城市化水平较高的村居带头推广"政经分离"改革示范。

统筹村居设施配建标准

类别	设施名称	城镇地区村居设施配建要求	农村地区村居设施配建要求	
			人口规模	
			> 2000人	≤ 2000人
行政管理及社区服务	社区居委会/村委会	——	▲	▲
	社区（村居）服务站	△	▲	▲
教育	警务室	▲	▲	▲
	幼儿园	▲	▲	▲
医疗卫生	卫生服务中心	▲	▲	▲
文化、体育	文化中心	▲	▲	▲
公共绿地	公园绿地	▲	▲	▲
民生商业	农贸市场/肉菜市场	▲	▲	△
	日用超市	▲	▲	△
	农资超市	▲	▲	△
给水	小型给水处理设施	▲	▲	▲
排水	小型污水处理设施	▲	▲	▲
电力	配电房	▲	▲	▲
燃气	瓶装气供应点	▲	▲	▲
	生态沼气池	——	△	△
道路交通	村内干道	▲	▲	▲
	路灯	▲	▲	▲
邮政	公交站点	▲	▲	▲
	邮政、储蓄等代办点	△	△	△
电信	移动通信代理点	△	△	△
环卫	垃圾房	▲	▲	▲
	垃圾收集点	▲	▲	▲
	公厕	▲	▲	▲
消防	消防值班室	△	△	△
市政管网	水、电各类管网	△	△	△

▲表示必建；△表示选建

统筹村居发展方向

保留发展
城镇化
优化提升

统筹村居建设考核指标

考核内容	考核指标	建设目标	城郊村居	靠近城镇的涉农村居远离城镇的涉农村居		农业村
				建设标准		
舒适性	居住条件	危房改造率	>80%	>80%	>80%	>80%
		住房建筑风格风貌统一	√	√	√	√
	社区服务	农村社区服务中心	√	√	——	——
	村道建设	村道硬底化	100%	>90%	>80%	>80%
	绿化环境	生态河涌、池塘水面无垃圾、无异味、臭味	√	√	√	√
	社会救助和保障服务	新型农村合作医疗参保率	100%	100%	100%	100%
		新型农村社会养老保险参保率	100%	100%	100%	100%
健康性	生活垃圾收集处理率	生活垃圾处理率	>95%	>95%	>95%	>95%
		住户卫生厕所使用比例	>80%	>80%	>80%	>80%
	污水处理	污水收集处理率	>85%	>85%	>85%	>85%
	安全用水	自来水普及率	>90%	>90%	>90%	>90%
方便性	医疗卫生设施	村（居）卫生服务中心	≥1	≥1	1	1
	交通设施	符合客车安全通行条件的行政村通达客车	√	√	√	√
安全性	社会治安状况	有健全的村级自治组织	√	√	√	√
	自然灾害应对	配置完善的防灾设施	√	√	√	√

编制单位：珠海市规划设计研究院

海南三亚市槟榔河乡村旅游总体规划——现状分析

雅克设计有限公司海南规划二所

海南省域层面区位分析图

市域层面区位分析图

主城区层面区位分析图

槟榔河乡村旅游区区位优势分析

三亚作为我国唯一的热带海滨旅游度假城市，地处南中国海地理中心，在飞机两个小时的里程内分布有香港、澳门、河内、广州、深圳、成都、重庆等重大城市。

随着航线的开放、凤凰机场扩建、国际客运码头和火车站的建设，三亚与国际国内城市之间的联系更加紧密。

项目濒临东线高速公路，至岛内主要城市行程不超过三个小时。

槟榔河乡村旅游区位于三亚主要旅游观光线路上，具有成为三亚新的旅游景点的区位和交通条件。

槟榔河乡村旅游区与三亚主城区以及海坡度假区的交通联系紧密，具有大量的潜在旅游客源。

槟榔河乡村旅游区简介
Village Brief

槟榔河乡村旅游区现状

槟榔河乡村旅游区位于三亚市主城区西北部，地处凤凰镇范围内，凤凰路以北1公里处。

乡村旅游区景观环境优美，富有特色。田园气息浓厚，热带农业展现了独特的魅力；富有民族特色，多个黎族村落散发着巨大的吸引力；而三亚市委市政府响应中央建设社会主义新农村的号召，建成的槟榔河沿岸的新农村，也成为了全省乃至全国的一个亮点。

乡村旅游区内共有黎族村庄12个，1026户人家，人口5636人，居民主要从事养殖业、椰子、槟榔、芒果、瓜菜和南繁种育。

水源池水库景观

从景水、休闲和景观生态设计等三方面，设计构思要点以休闲功能为主，兼顾人的亲水心理，为人们提供一个可游可憩的亲水休闲场所。

天然温泉

天然温泉泉涌不绝、气蒸如雾、可热食物，疾患洗之即愈。

成片热带种植林

海外风光别一家，四时杨柳四时花。

水源池水库

两岸黎族村落

槟榔河两岸形成的黎族村落，结合自身的条件，对黎族特有的民族风情进行展示。

1.黎族传统建筑——船型屋，结合相关旅游设施展示给游客。

2.黎族民族工艺——双面绣，06年首批进入中国非物质文化保护项目，在此次规划中进行保护和发扬。

3.黎族饮食及旅游——让游客享受自然风光之后，可以品尝黎族风味食物及美酒。

4.黎族婚临及舞蹈——真正的了解到黎族风情，同时让游客亲身体验到黎族风情。

沿河两岸

槟榔河两岸具有良好的生态环境，两岸本身具有一些景观节点。当地居民在长期的生产生活中形成的休闲中心，这些节点对此次乡村旅游规划中的休闲中心及旅游线路的组织具有指导意义。另外修建槟榔河防洪工程的同时，在对河道进行梳理的同时，还对两岸的景观进行了意向设计，结合此次乡村旅游规划，可在此做出相应的重点规划。

场地现状分析

场地用地分析

场地交通分析　　场地景观分析

乡村旅游区资源评价

综合分析现状用地，对村落的各项条件进行了研究，得出以下结论：

（一）基础条件较好

槟榔河乡村旅游区紧临三亚城区，只需15分钟左右车程，具有十分良好的区位优势；大部分村庄进行了社会主义新农村建设，村庄基础条件得到了一定的改善；槟榔河水利工程既为沿地区提供了安全的旅游环境，也造就了河流优美的景观；此外，独特的乡村风光及其文化，也具有一定的吸引力。

（二）具有广阔的旅游市场

三亚市以其独特的资源，每年吸引着大量的游客来此观光度假，整体宣传一直都走在全国的前列，树立了大量的旅游品牌。迷人的旅游接待环境、浪漫的旅游活动以及多彩的地方文化等都是其广阔旅游市场的保证，另一方面，槟榔河乡村旅游区在三亚市属首家，以其自身的独特性，必将能在这次大的三亚旅游市场中，扮演好自己重要的角色。

（三）缺乏景观和核心吸引力潜力的挖掘

一、资源尚未开发

三亚本地的旅行机构都青睐于滨海等传统旅游热门地区，对于本市内陆地区的旅游资源开发不善，也使游客旅游观光仅仅限于滨海一线区域，使三亚大量的旅游资源没有得到充分的开发。

二、自身特色潜力有待挖掘

槟榔河乡村旅游区虽然具有较为良好的发展基础，但在景区内的特色景观和资源没有被充分挖掘，如大部海南的文化景观，亚龙湾的热带海洋景观、南山的佛教文化景观等，乡村旅游景观虽然各具特色，相映成趣，但在未对其进行核心打造的前提下，难以将自身的特色明显化。

小组成员：唐波 陈敏 程志智 邓东霞 黄蕾 吕岩 胡顺

海南三亚市槟榔河乡村旅游总体规划——规划设计

雅克设计有限公司海南规划二所

项目总体构思及主题
Project Ideas & Theme

紧扣乡村旅游的主题，充分利用现有人文及环境景观资源，打造一个热带黎家风情乡村旅游区。

作为海南特有的少数民族，黎族具有独特的民族文化和生活习俗，围绕"黎族"主题设置大量的项目，既能让游客体验到黎族传统的风情，增加景区的文化内涵，也能对黎族文化起到保护和发扬的作用。

既能在专业的种植园中体验热带植物的种植和展示，也能在农家庭院中体验采摘品尝的乐趣。

规划景区内新农村建设已取得显著大成就，新农村的新风貌也具有较强的旅游吸引力。

沿河两岸大部分区域已进行改造，具极大地提升到河岸风光，极大地提升到景区的价值。

欣赏乡间美景，感受田园风光，享受乡间养生的乐趣。

乡村旅游产品和项目

1.观光型乡村旅游产品和项目
观光活动以大片生态田园、特色蔬菜、花卉苗木、乡村农舍、滨流河岸、园艺场地、绿化地带、产业化农业园区、特种养殖业、邻近自然、人文景观为主要内容。

2.休闲型乡村旅游产品和项目
休闲型乡村旅游产品的活动项目应该诉诸旅游、歌舞、体育、垂钓等娱乐休闲娱乐活动的基础上，以乡村特有的民居文化、农业文化为主要内容，开发一部分都市旅游产品，可以利用乡村优美的环境和种类丰富的农业资源，建立农家园、少儿庄园、银发乐园、自然野养科技主题农业园区，提供可供游客的旅游接待设施、旅游设施和体验性农业合作项目，供各资源客进行乡村度假旅游，以及农家乐生活、体验黎种农家的意行。

3.度假型乡村旅游产品和项目
游乐旅游主要基于度假类型主题及农业游乐园，供游客参与性活动，并开发以黎家农业文化为主题的农业游历史，通过图示、文字和现代影像设备解说古老的黎族文化和农业历史，开展积淀生产体验活动，让游客在丰富有趣的旅游活动参与过程中了解黎族博大精深的农业文化和农业历史。

4.商务会议型乡村旅游产品和项目
槟榔河地区毗邻市区，交通方便，环境幽雅清净，现在已有服务客来利用乡村环境进行接待这一有利于市场机构，完善乡村旅游点的商务会议设施，提供优质周到的会议服务，开发商务会议型乡村旅游。

5.美食型乡村旅游产品和项目
黎族乡村级特色丰富的食品资源，可以将乡村食品资源与美食文化结合，开展以绿色食物特色食为主的食品及乡村风味小吃品店、健康探险食品店、绿色生态食品店、野菜品店、特种美菜果名品店、烧烤美食品等等美食旅游活动。

运作模式
Mode of operation

凤凰镇人民政府全面主持旅游区的管理工作。旅游开发是在政府的监管下，由镇政府组建"槟榔河乡村旅游区办公室"作为行政管理机构进行管理。

个人、旅行社分别作为股东出资组建旅游开发投资经营有限责任公司。槟榔村委会、妙林村委会及各村小组按照其集体土地的规模按照比例参股，市政府及镇政府注入一定比例的开发资金。公司负责旅游区的开发建设，可采取与村民合作引入社会资金等多种方式进行；同时，公司还负责旅游区的经营管理和商业运作，景区卫生、规划、宣传、培训等。

组建各类行业协会，包括有：餐饮协会、手工艺品协会、农产品协会、演出协会等，这些协会组织村民开展各类的旅游服务活动，为乡村旅游提供宣传促销，还包括制定标准、监督检查、进行评估等。

旅行社负责开拓市场、组织客源。对旅游质量进行调查，向旅游区经营管理部门反馈游客信息，促进旅游区进一步的健全和发展。

农民作为旅游的参与者，履行提供住宿接待、导游、工艺品制作等职能。尽管农民是旅游供给中的直接提供者，但是更多的是供给参与者，而不是供给主体，土地的性质不变，属于村民所有，村民与政府、企业协作共同开发建设乡村旅游度假区。

黎族小屋
旅店宜采用城居形式，色彩建议采用淡橙色调为主，给人以清新自然的感受。
温泉养生建筑结合与环境进行建设，建筑造型要符合当地黎族居民居住房屋造型，色彩建设应采用米黄色使其具有黎居住建筑能够协调统一。
结合滨河地域建设滨体浴区域，选用本地石材作为铺装，满足本地居民休闲度假的同时也意满足旅游观光的要求。
休闲区域发放小品，应以具本土特色小品为主，应朴素大方，美观别致，整个变能和谐统一。

规划总平面

土地利用规划

院落改造

民居改造

旅游区域规划——黄流片区

黄流二三四村区域面积约3.25平方公里，辖有272户，人口1507人，主要以种植槟榔树、芒果、瓜菜为主要经济收入来源，人均年收入4000元左右。规划结合乡村农村建设，通过改造居民院落和修建旅游设施为未来打造成为生态景区。

1.改造民居院落
对现有民居院落进行改造，加建部分为游客接待、住宿和娱乐服务的建筑；改造庭院内的环境，设置休闲设施；整理院落美化居落室内环境。

2.建造旅游设施
——综合村公共中心：设置发放服务中心；
——沿村主道内设置游客分别科宣售和修疗的服务；
——沿河设置戏水淋浴等娱乐的休憩小屋；为度假游客提供了随时的体验；
——村子中部临街有下设置部分绿地空间，进行采购旅游接待处收集；
——沿河道岸边设置临河器道和步行步道等。

石村落中每个村落之间对宜道路硬质铺石为主的步行道，方便游客各条街落组和旅游景点网穿城。

整个片区以海景观住农家、田园菜地、农事体验、河畔静行、乡间购、歌舞娱乐，使人入园融入其中，流连志返。

展览总平面

片区平面

小组成员：唐波 陈敏 程志智 邓东霞 黄蕾 吕岩 胡顺

东方市大田镇报白村村庄建设规划

雅克设计有限公司

海南省分析图

镇际层面分析图

09年卫星图

规划背景

党的第十六届五中全会确定了"建设社会主义新农村"的目标，并指出了"生产发展、生活宽裕、乡风文明、村容整洁、管理民主"的20字方针，成为未来我国社会主义新农村建设工作的指导与原则。

2010年1月4日公布的《国务院关于推进海南国际旅游岛建设发展的若干意见》，明确了海南国际旅游岛的战略定位是建设东部全国创新的试验区、世界一流的海岛休闲度假旅游目的地、全国生态文明建设的示范区、国际经济合作和文化交流重要平台、南海资源开发和服务基地、国家热带现代农业基地。国际旅游岛的建设将带来对村镇设施建设的需求。

为贯彻落实十六大会议精神全面开展各项工作会议要求，东方市政府为解决村大门周边区域移民安置村住房及生产生活问题，通过移白村的村民搬迁规划，探索出一套全新的移民安置建设模式，促进移民家庭长久稳定。根据省、市、文化乡等及扶持等等，并以此为东方市移民安置等区重新修建确定标准的移村搬迁指导并同村民共同建设，为确保建设工作的顺利开展，特编制此村庄建设规划。

规划需要解决的问题

(一) 村庄土地问题：

在《东方市大田镇报白村规划 (2005~2020)》中，用于报白村的安置用地已经放到城镇建设周边用地，现状该地块已用于其他建设，由于安置村用地地块无法证明本身，水利失修等原因，目前报白村可耕用地事件的土地只有大概900亩，已严重制约的报白村的经济发展与社会稳定。

(二) 危害问题：

大部分处于周期性的村庄，仍然处在危房中，如遇到台风等自然灾害，村民的生命财产受到严重威胁。

(三) 公共服务与基础设施问题：

目前村庄内及公共设施缺乏社会每个小学，缺乏卫生站、图书室、商业设施，垃圾收集点等等都需要设置。

村民供水困难，地下水不足无法供应全村村民用水，水井取水质较差，无法满足安全用水要求。

(一) 自然及资源条件

单位：亩

土地是农民赖以生存的命脉，但目前报白村可耕用地数量较少，以将严重制约的报白村的经济发展与社会稳定，耕地问题需要迫切解决。

(二) 人口现状

男女比 1:0.98

732名男性 715名女性

各年龄层人口统计

2009年，报白村总人口为1447人，共363户，具体数据详见图表。

(三) 收入构成现状

1700 人均年收入 = 700 + 1000

报白村的经济主要分为三部分：农业经济、打工经济及运输车作业。根据现状统计资料，报白村全年人均收入仅为1700多元，且农业收入为主要部分。全村1400多人中，劳动力约900人。少部分在外务工，但缺乏专业技能，收入并不乐观。此外，村庄内共有中小型运输车约900辆，是村内约一主要经济来源，但由于村外交通不畅，收入仍处于较低水平。

(四) 基础设施现状

村内有小学1座，在校学生260人

村内有村委会1座，为报白村村唯一群众集会场所。

村内用电主要为家庭照明，供电目前基本满足要求

(五) 建筑质量

130 栋危房
155 栋安置房

55
33
42

根据报白村村委会调查，目前报白村安置房中共有危房130栋，占安置房总数的45.61%。其中一般危房42栋，严重危房33栋，特别严重危房55栋。另其余155栋安置房具有不同程度上的破损。

东方市大田镇报白村移民安置房结构安全观感鉴定报告

问题一：屋面现浇土板保护层脱落，空鼓、露筋现象严重

问题二：承重墙墙体裂缝，已经严重影响到墙体的整体性和承载能力

问题三：粘土石灰砂浆，耐久性差，手捻可碎

问题四：其他安全结构问题

结论和建议

根据此次的观感鉴定，报白村约63%移民住房的安全等级为D级，建议拆除重建。另外，约37%房屋在使用过程中有过维护和修理，外观情况较好，但由于粘土砂浆实际强度较低，耐久性差，且基础埋深不足甚至基础外露，这些房屋不适合维修加固，亦建议拆除重建。

报白村村域用地现状图

报白村现状照片

破旧的小学
村民自打井
污水直接排放
村庄消防隐患
破旧的安置房

设计人员：郑有巧 谭鸿文 毛晓娟 张云龙 霍晶 黄良文 陈尔雅 郑博 李思耀

东方市大田镇报白村村庄建设规划

雅克设计有限公司

报白村规划图

规划目标

1、解决安置房问题是村民最关心，也是最迫切的事情，在保质保期完成安置房建设的同时，也要改进村庄道路系统、排水系统，完善各项公共服务设施。改善村容村貌，使建设好后的村容村貌整洁优美，达到文明移民安置示范村的要求。

2、通过规划科学引导，规范文化安置村的创建工作，促进城乡和谐发展，使报白村成为大广坝库区移民安置村甚至是整个海南移民安置村改造的示范点。

3、优化农村产业结构，摸索一般性的农业发展模式，探索创新一系列适合自身的农业模式和发展思路，确定合理的重点发展产业，提高农民收入水平。

4、通过规划的编制与实施，宣传文明示范村建设的意义，积极引导全体村民参与到创建文明示范村的工作中来。

村庄整体效果图

各类庭院示意图

类型一

类型二

类型三

重建现场照片

重建后村容村貌

报白村建设现状

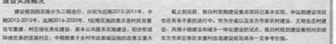

建设实施概况

建设规划的实施分为三期进行，分别为近期2010-2011年，中期2012-2015年、远期2016-2020年。近期实施的重点是村民安置住宅重建、村庄绿化美化建设、基本公共服务实施建设，初步形成环境优美的宜居村庄；中期侧重于全村市政基础设施的改善及重大公共服务设施的建设，如风情街商业小街、翡翠文化广场等，实现全村道路全部硬化，从根本上达到文明示范村的要求；远期为全面实现社会主义新农村整体目标，完成产业调整，各项服务实施完善，村民生活富裕。

截止到目前，报白村预期建设重点项目已基本实现，中远期建设项目也在有条不紊的进行中。市为全省以及在东方市新农村建设、文明安置村、风情小城镇建设和城乡一体化建设的试点。报白村规划建设案例对当代东方市库区移民安置村改造建设规划具有一定参考价值。

设计人员：郑有巧 谭鸿文 毛晓娟 张云龙 霍晶 黄良文 陈尔雅 郑博 李思耀

石柱县三河镇拱桥农民新村规划——现状及规划分析

雅克设计有限公司重庆规划一所

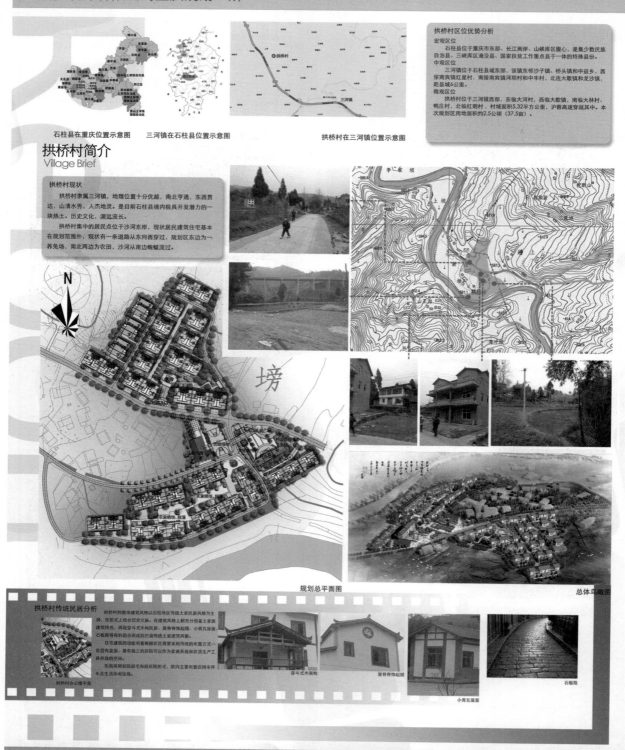

石柱县在重庆位置示意图　　三河镇在石柱县位置示意图　　　　　　　　拱桥村在三河镇位置示意图

拱桥村区位优势分析

宏观区位

石柱县位于重庆市东部、长江南岸、山峡库区腹心，是集少数民族自治县、三峡库区淹没县、国家扶贫工作重点县于一体的特殊县份。

中观区位

三河镇位于石柱县城东部，该镇东邻沙子镇、桥头镇和中益乡，西依南宾镇红星村，南接南宾镇河坝村和中丰村，北连大歇镇和龙沙镇，距县城6公里。

微观区位

拱桥村位于三河镇西部，东临大河村，西临大歇镇，南临大林村、鸭庄村，北临红明村，村域面积5.32平方公里，沪蓉高速穿越其中。本次规划用地面积约2.5公顷（37.5亩）。

拱桥村简介
Village Brief

拱桥村现状

拱桥村隶属三河镇，地理位置十分优越，南北亨通，东西贯达，山清水秀，人杰地灵。是目前石柱县境内极具开发潜力的一块热土，历史文化，源远流长。

拱桥村集中的居民点位于沙河东岸，现状居民建筑住宅基本在规划范围外，现状有一条道路从东向西穿过，规划区东边为一养兔场，南北两边为农田，沙河从南边蜿蜒流过。

规划总平面图

总体鸟瞰图

拱桥村传统民居分析

拱桥村的整体建筑风格以石柱地区传统土家民居风格为主调，在形式上赋含历史文脉，在建筑风格上都充分借鉴土家族建筑特色，再吸取穿斗木构民居、屋脊脊端起翘、小青瓦屋面、石板路等有机组合成的，巴渝传统土家建筑风貌。

住宅建筑的功能布置根据都农民需要采用传统的布置方式——首层有堂屋、兼有独立的后院可以作为家禽养殖和农活生产工具存放的空间。

布局采用前院后宅和前院院形式，院内主要布置农用车停车及生活休闲场地。

拱桥村办公楼平面　　　　穿斗式木架构　　屋脊脊饰起翘　　　　　小青瓦屋面　　　石板路

小组成员：王广朋　陈爱　陈明菊　于虎成　郑燕

石柱县三河镇拱桥农民新村规划——规划及规划实施问题分析

雅克设计有限公司重庆规划一所

规划功能分区图

分期规划图

新村规划布局

山水格局

三河镇自唐建镇，在历史中保存下完整的古镇风貌，设计致信古以来"背山面水"的山水格局，并以此确立房屋最佳朝向，实现"依山面园，傍水面居"这种符合村民生活惯念的农家景致。由山冲水的过渡而包纳地块，在地块中根据空间设置或集中，或分布的绿化，或以草坡，或以乔木、达到与环境交融、与自然共生的最终目的。

功能布局

拱桥村居民点背山傍水，由北向南依次形成住宅区、公共服务区、住宅区三大区域。公共服务区包括：村民公共服务中心、村办公楼、幼儿园、医疗室、农家书屋、小型超市、活动场地等设施。设置在两片住宅区之间，不仅就其全考虑服务多样性，也能对空间重点和教受聚焦进行控制，并使拱桥村该居民建设点形象可识别性得到加强。住宅区布局与量顺应山势和河流，对村民的远度聚居为基本原则。规划房层多为3层，布局以传统三合院为主，同时保留了大量的现状自然山体、农田，力求营造一种纯粹的田园新貌。

村委会规划效果图

村委会实施实景图

幼儿园规划立面图

幼儿园实施实景图

拱桥村的成功借鉴点

拱桥村的开发建设与农民自建的开发模式截然不同，拱桥村采用市场运营模式。首先在建设单位上，由政府牵头引入专业建设施工团队，在保证施工质量的基础上，按计划有序推进；其次在资金筹措方面，先由农民交付定金，然后根据预算，筹聘资金积极向市、县各个部门如林业局、建委及文宣局等申请。
在项目建成后，由农民按照成本价格回购。涉及到农民经济利益的如建筑外立面及公益设施不算成本价，此部分由政府出资统一修建。

居民住房实施实景图

居民住房实施实景图

居民住房实施实景图

居民健身设施实施实景图

居民点道路实施实景图

居民景观绿化实施实景图

小组成员：王广朋 陈爱 陈明菊 于虎成 郑燕

石柱县鱼池镇巴渝新居岩口居民点建设规划——现状及规划分析

雅克设计有限公司重庆规划一所

石柱县在重庆位置示意图

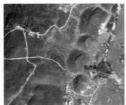

鱼池镇岩口居民点在石柱县位置示意图

周边环境分析

鱼池镇岩口居民点区位分析

鱼池镇位于重庆市东部，石柱县西北，距县城46公里，交通便利，气候宜人，资源丰富。全区幅员97平方公里，辖8村37组，14万人，城镇面积15平方公里，人口4000人，是难得的一片地势平缓开阔的大面积开发区，列入重庆市市级试点小城镇。该镇有闻名全市的旅游景点千野草场，有重庆市唯一渝烽水泥厂；有特色种植业烤烟和辣椒。

千野草场前身是南方山草坡养牛基地，位于方斗山山脉岩口至瓦屋及沿线，地势宽广平坦，区域面积600公顷。千野草场地不仅仅独具南方草场风光特色、而且是自然典型的喀斯特地质地貌大规模草场景观草青青、羊半成群，山草相连，林草相间，石芽石笋石林密布，拥有万亩石芽、万亩大麻、万亩柳杉、万亩草场四大特色资源，是领略南国草场风光的绝佳之地。"天苍苍、野茫茫，风吹草低见牛羊"是千野草场的真实写照。

鱼池镇岩口居民点简介
Village Brief

鱼池镇岩口居民点的现状基本处于一个喜忧参半的状态，喜的是随着重庆市的发展，鱼池镇岩口的区位优势逐渐得到体现；同时自然地理资源和人文地理资源都很优秀，拥有闻名全市的旅游景点、特色种植业以及县级的重点企业；忧的是村中本身交通、产业、设施方面基础薄弱，不改善自身条件难以持续发展；村庄存在不符合现状的建设的情况，不仅造成了投资的浪费，而且破坏了传统的空间，破坏了整个村落的肌理，亟待整治。同样一些公共场所的建设最终没有起到应有的效果，实为遗憾。该村的旅游资源及特色产业没有得到良好的开发，人迹稀少。与此同时，投资的不足也导致旅游资源的开发渐渐成为问题。因此开发现有资源，整治再利用现有不合理空间两者应在规划中齐头并进。

规划范围

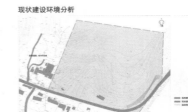

现状建设环境分析

本次规划区总用地面积为58772平方米（合计88.1亩），省道S202连接忠县、石柱县城与黄水镇，中部有一条梯道通往鱼池镇中心。

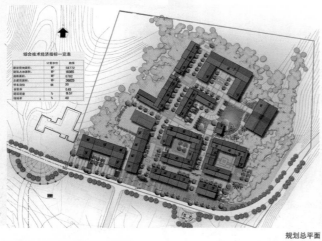

规划总平面

总体鸟瞰图

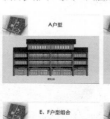

A户型　　B户型

C户型

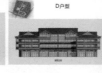

D户型

E、F户型组合　　E、F户型组合　　G户型

规划效果透视图

小组成员：王广朋　陈爱　陈明菊　于虎成　郑燕

石柱县鱼池镇巴渝新居岩口居民点建设规划——规划实施问题分析

雅克设计有限公司重庆规划一所

古道文化轴

巴盐记忆轴

规划目标

1、深入挖掘鱼池镇岩口居民点的特色与价值，正确处理开发与持续发展的关系。
2、整体保护和维护鱼池镇的历史环境和旅游资源。
3、指导新区建设，整治和引导保护范围内的建筑风貌、环境设计及交通设计。
4、促进旅游发展。充分发挥鱼池镇千野草场的旅游资源、人文资源优势，从大区域着手构架市级旅游结构，提升岩口居民点作为千野草场入口的地位。
5、创建宜居、和谐的人居环境。从村民自身的利益角度出发，改善基础设施，增加公共空间、公园绿地，最终达到传统的生产生活方式与现代生活相协调的目的。

规划建设实际问题分析

　　岩口居民点的土地产权问题导致开发模式不合理。由于居民点用地为集体土地，无法在市场上拍卖。当地政府为了规避政策上的风险，将土地化整为零，以农户家庭为单位，采取农民自建的方式，导致实施过程中产生许多问题。

1、建筑立面问题。鱼池镇巴渝新居岩口居民点由于产权不统一，致使农民自建，在建筑单体上实际建设与规划建设大不同，过于大众化，没有突出规划建设中应有的建筑风格，色彩形式多变。

2、建筑高度问题。在规划中，巴渝新居岩口居民点的建筑为古典优雅风格，且高度相宜，实际中，由于居民自建，资金链不同，有的缺乏资金，便将房屋按规划高度修建；资金充足的，便私自改变房屋层数，在规划楼层上多盖数层，使得规划点建筑整体高矮不一，差异太多，极大影响了规划效果。

3、管理责任方不明确，管理力度不够，导致建设工序不统一。没有明确的监理及管理单位，致使工期无序展开，已修建的基础设施被破坏，如：照明路灯、景观灯及下水道井盖等。

实际与规划色彩差异大：

农民自建，建筑高度不统一：

建筑色彩多样，样式不一：

违规搭建，超越规划层数、工序不一：

监理单位、管理责任方不明确，基础设施破坏环：

小组成员：王广朋　陈爱　陈明菊　于虎成　郑燕

南京市汤家家生态旅游示范村规划——现状分析

南京大学城市规划设计研究院规划设计三所

汤家家概况
Village Brief

区位条件
汤山是南京主城区东部沿沪宁轴线的重要节点，以独特的温泉资源及良好的生态环境成为南京最具吸引力的旅游胜地之一。
汤家家紧邻汤山街镇区，是汤山北部旅游度假区门户节点，处于环境休闲游憩带、秦淮河风光带、滨江风光带等景群体系中，旅游区位优势明显。

汤家家简介
汤家家是汤山街道东北部的一个自然村，位于S337西侧，南部紧邻沪宁高速汤山入口，对外交通便捷。村庄总面积16.3公顷，现108户、412人，是拆迁安置型村庄。

汤山在长三角的区位　　汤山在南京市的区位　　规划区在汤山的区位

现状研判

社会经济： 村庄人口非农化现象严重，村民未享受到区域旅游带来的福利。

现状：
大部分农民已经脱离农业生产而进入街道成为产业工人或者从事其他职业，汤岗村成为实际意义上的居住区；农业生产停滞。

问题：
1.村民经济收入来源单一，以非农化收入为主；
2.农业生产所占经济比重极小；
3.村庄空心化比较严重，青壮年外出打工，剩余多为留守儿童和老年人；
4.村庄周边旅游资源丰富，北部以自然风景为主，南部为汤山温泉休闲度假区，西临紫清湖生态景区，发展机遇良好，但现状景区对村庄的发展带动极其有限，村庄被遗忘。

汤家家周边旅游景点　　　　现状农业实景

用地布局： 农业耕地腹地小，处于闲置状态。

现状：
规划区东侧为S337防护绿地，中部为村民居住用地，西侧为耕地。

问题：
1.村内耕地量少，多处于半闲置状态；
2.社区配套设施用地被侵占。

土地利用现状图　　　　　　　　　　　现状实景

道路交通： 城镇化交通严重干扰村庄交通，而村庄内部道路体系不完整。

现状：
对外交通：沪宁高速公路，红线宽度48m；337省道，红线宽度45m。
内部交通：包括村庄主干路和支路，主干路路幅宽度5m；支路以宅前路为主，宽度1—3m不等。

问题：
1.村庄紧临沪宁高速和S337，生态环境受噪音和尘土等影响；
2.快速路沿村庄一侧穿过，存在安全隐患；
3.村庄内部局部路面质量有待优化，缺少停车场；
4.农业生产路网不完整。

道路交通现状图　　　　　　　　　　　现状道路实景

设施配套： 设施配套不齐全，设施质量待提升。

现状：
水电等市政配套设施基本与区域对接，社区配套设施缺失。

问题：
1.基础设施：污水排放问题未解决；垃圾收集点过少；缺少停车场；公共厕所数量不足。
2.公共设施：总体数量较少，未设置便民服务中心；仅有的活动广场紧临S337，环境嘈杂，活动内容单一，使用率极低。

现状设施配套分析图　　　　　　　　　现状设施配套实景

项目指导：罗震东 张川；小组成员：郭培 颜五一 吴海琴 叶一翰 张洵

南京市汤家家生态旅游示范村规划——现状分析

南京大学城市规划设计研究院规划设计三所

建筑风貌:整体风貌普通、无典型特征。

现状:
村庄建筑风貌比较普通、少部分建筑具有民国特色。

问题:
1.S337沿界面单一,商铺形象不佳,与旅游示范村形象相差甚远;
2.建筑门头和围墙存在质量问题,风格不统一;
3.墙体面积过大,墙裙部位涂料脱落严重。

现状建筑质量分析图　　现状建筑实景

景观环境:整体生态化不足,公共绿地缺失。

现状:
S337沿线景观带初具雏形,但高速门户景观节点缺乏引导;村庄东部带状广场空间较完整,缺乏活力,与乡土特色不符。

问题:
1.过境道路带来的噪音尘土对村庄生态环境影响严重;
2.村庄绿化行道树不成体系,庭院绿化参差不齐;
3.村庄的农田、水塘、植被等生态环境差;
4.忽视民国建筑等人文资源的价值。

现状高速门户景观区实景
现状S337沿线景观带实景

发展思考

城乡发展过程中乡村对区域资源的利用权利应该受到尊重和平等对待。

1、汤家家没有从周边城镇化过程中获得利益,却为城镇化做出了牺牲,过境道路对村庄形成干扰,周边旅游业的发展使村民的农业用地受到挤压;
2、在新一轮的城乡发展机遇下,城乡发展的资源利用机会应平等,特别是温泉资源,虽然珍贵,但需要尊重乡村发展。

温泉资源植入乡村发展的策略

 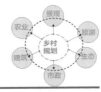

规划定位:
江宁区乡村旅游体系中以温泉为主题的农家休闲驿站;
汤山新城旅游网络体系中的一个接待点;
汤山北部风景区的旅游门户节点。

发展目标:
乡村自然空间及人文特色要素与独特的温泉资源进行高度融合,发挥乡村农业、果蔬、草药种植与汤山旅游的三产优势,确立"花泉农家,农家花泉"的总体发展战略,填补汤山旅游产品体系中的农家温泉产品空白,打造南京独一无二的以温泉为特色的美好乡村。

规划总平面图

乡村民国风格建筑改造要点及效果图
汤家家logo与旅游产品

院落改造效果图

实施效果

1.年轻人回村,乡村人气升温;
到2013年底,该村已有40多户家庭年轻劳力返乡创业。

2.就业多元化,农民收入增加;
温泉农宿和乡村休闲农户已从开业时的6家发展到现在的30家,实现年营业额1500万元的收益。

3.环境改善了,农民幸福感增强。
通过规划建设,切实改善了居民的生活环境,村前硬质广场改造为尺度宜人、空间丰富的乡村温泉游园;村民读书馆、老式理发室、流水泉廊、历史文化长廊、民国菜提广场等建设,恢复了乡村文化记忆,丰富了乡村生活等等。

项目指导:罗震东 张川;小组成员:郭培 颜五一 吴海琴 叶一翰 张洵

奉化市滕头村发展研究——现状分析

南京大学城市规划设计研究院规划设计三所

滕头村概况
Village Brief

区位条件
滕头村位于浙东沿海开放城市宁波奉化市城北6公里，距宁波市区27公里、栎社江口机场15公里。北临江口街道，西为萧王庙街道，东南是奉化市高新技术开发区。

滕头村简介
滕头村隶属于奉化市萧王庙街道，村域总面积约120公顷，农户339户，村民865人，外来人口与本地村民数基本持平。该村以"滕头集团"村级经济为主，集工、农、贸为一体，下属60多家企业。自1993年获联合国"全球生态500佳"之后相继荣获"世界十佳和谐乡村"等诸多殊荣，也是上海世博会城市最佳实践区唯一入选乡村案例。

在国家新型城镇化强调以品质为核心的城乡发展背景下，由工业化、城镇发展之路富强起来的滕头村商临诸多挑战和机遇。

滕头片区

滕头3小时交通圈   滕头片区区位图

滕头村：是城，乡，还是旅游区？

滕头村冠以"乡村之名"而行"城市之实"。
滕头村除了保留着名义上的"乡村"头衔，在产业发展、生产组织、空间布局、建筑等方面与城市无异，乡镇工业区、旅游景点和旅游设施逐步增多，对整个滕头村形成挤压的态势。

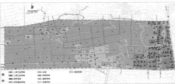
土地利用现状图

村庄片区用地布局图

用地布局
工业用地比重较大，农业用地逐年减少。
1.村内存在大量的工业用地，且对农业本底的存在构成威胁；
2.农业用地植入旅游服务设施，呈现出多元混杂的局面，农业用地和农民住宅用地逐年减缩；
3.村庄服务配套设施用地分散。

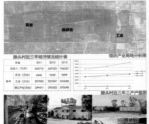
以园林绿化苗圃、经济果树种植为主的农业

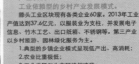

滕头村近三年经济情况统计表   现状产业用地分析图

滕头村近三年三产产值图

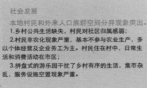
工业

产业发展
工业依赖型的乡村产业发展模式。
滕头工业区块现有各类企业60家。2013年工业产值达到37.6亿元，以服装业为支柱，并发展电子信息、竹木工艺、出口纸箱、不锈钢等。第三产业以乡村旅游、园林绿化服务为主。
1.典型的乡镇企业模式呈现低产出、高消耗；
2.农业比重极低；
3.工业发展与生态环境相违背；
4.东部工业区主要是以产品包装等低产出的企业为主；
5.旅游产业空间分布破碎化，与乡村关联性差。

经济林果村橙   田园风光   园林旅游景点

乡村民俗游

社会发展

本地村民和外来人口旅群空间分异现象突出。
1.乡村公共生活缺失，村民对社区归属感弱；
2.村民非农化现象严重，基本不参与农业生产，多以个体经营与企业务工为主。村民住在村中，日常生活和消费活动在市区；
3.拼盘式的游乐园干扰了乡村有序的生活，集市杂乱，服务设施空置现象严重。

现状人口基本情况统计表

乡村公共服务中心

乡村集市   本地村民居住的村民住宅

外地人口居住的棚户区及危房

道路交叉口

道路交通现状图

道路交通：
工业及无序的旅游发展干扰了乡村交通的安全与便利。
1.工业生产道路和村民生活道路交叉，给村民日常生产和生活带来不便；
2.过境道路切割了村中内部道路，破坏了乡村生活的自然宁静；
3.村庄入口混乱，存在交通隐患；
4.路面的质量急速提升，破损情况与生态乡村极不相符；
5.村庄内部交通体系不完整，村内断头路多。

道路标识   停车场   道路质量   公交站点

项目指导：罗震东 张川；小组成员：颜五一 吴海琴 张卫丽 张洵 赵磊

奉化市滕头村发展研究——现状分析

南京大学城市规划设计研究院规划设计三所

项目指导：罗震东 张川；小组成员：颜五一 吴海琴 张卫丽 张洵 赵磊

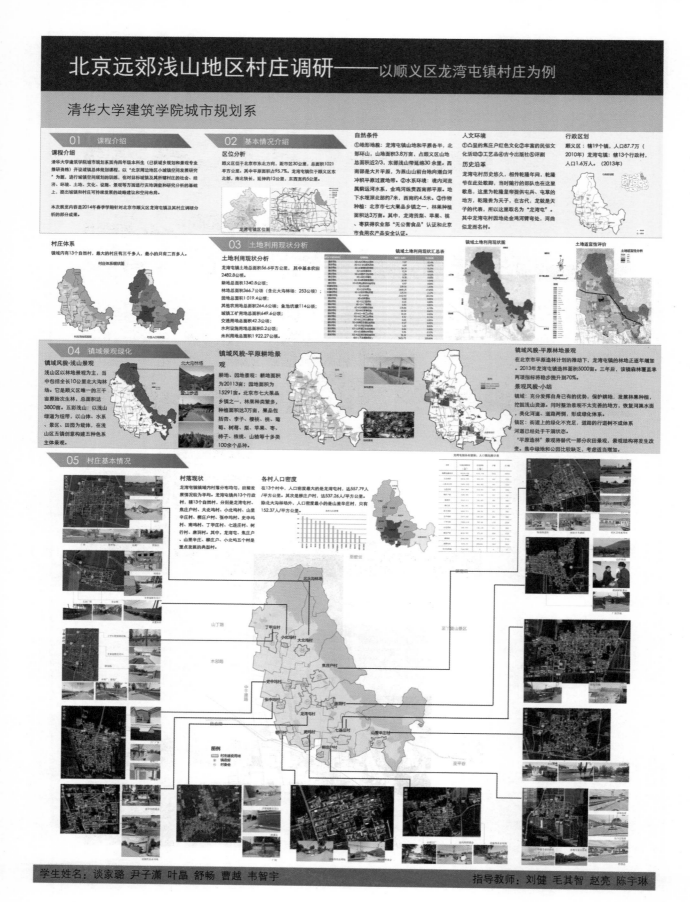

北京远郊浅山地区村庄调研——以顺义区龙湾屯镇村庄为例

清华大学建筑学院城市规划系

06 经济社会

总体情况

经济方面，处于全顺义区落后地位，增长率不高；第一产业占据着重要份额，尤以果品种植业见长；二、三产业发展缓慢相对滞后。

人口方面，龙湾屯镇人口密度低，分布不均；年龄结构抚养比低；农业人口多，受教育程度偏低。

各项指标

在顺义19个镇中，属地财税收入排名第16位，地方财政收入排名第15位，农民人均劳动所得排名第16位。

第一产业

2012年，龙湾屯镇共有粮食播种面积33795亩，在顺义19个镇中排名第5位，所占比例为6.37%。

经济作物播种面积5051亩。蔬菜播种面积4222亩，在顺义19个镇中排名第9位，所占比例为2.79%；果园面积8753亩，在顺义19个镇中排名第1位，所占比例为16.02%。

第二三产业

房地产企业2个，在顺义19个镇中排名第12位，所占比例为2.00%。建筑业施工企业3个。在顺义19个镇中排名第16位，所占比例为2.17%。

商业业单位7个，在顺义19个镇中排名第13位，所占比例为2.71%。服务业资产总计为13025万元，在顺义19个镇中排名第18位，所占比例为0.24%。

第一产业各产业村分布状况

人口数量

2012年，龙湾屯镇总人口为15428人，人口密度为273.92人/平方公里。人口数量在顺义19个制镇中排名第17，人口密度顺义区最低。

顺义区19个制镇制镇人口密度（人/平方公里）排行

人口结构

男女比接近1:1。年龄结构以中青年为主。20-24岁年龄段人口数量最多，占总人口数量12.3%。龙湾屯镇人口受教育程度以初中毕业生为主，总人口的1/2。龙湾屯镇农业户口是非农户口的接近两倍。

年龄结构

受教育程度

农业户口与非农户口数量

人口就业

从业人口数量稳定在10000人左右，占总人口的60%左右。

龙湾屯镇劳动力较多的几个产业：种植业（约22.4%）、工业（约34.3%）；建筑业（约23.0%）；批发零售业（约36.4%）。

龙湾屯镇乡村人口和从业人口的年度变化

龙湾屯镇各行业从业人员

各村分布

在13个村中，人口密度最大的是龙湾屯村，达557.79人/平方公里。其次柳庄户村，达537.26人/平方公里。除北大洼林场外，人口密度最小的是山里屯村，只有152.37人/平方公里。

龙湾屯镇各村人口数量

龙湾屯各村人口密度分布图

07 基础设施

市政设施现状

08 公共服务

基本概况

行政办公：现有13个自然村，11个村委会

教育资源：11所小学

医疗卫生：龙湾屯社区卫生服务中心，6所卫生院，1所鲁医院

商品服务：1处小商品市场，2处农贸市场，68家小商店和1一家连锁超市

文体活动：4个形成规模健身广场，1个健身俱乐部，13个村级图书室

公共交通：2条公交内线和4条公交外线

福利设施：1所敬老院

顺义区域过境交通

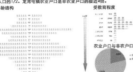

镇域道路现状

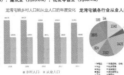

龙湾

山丁路

山丁路道路断面

开发路

开发路道路断面

永安路道路断面

蟹岛路道路断面

行政办公/教育资源/医疗卫生/商业服务/文体活动/公共交通/福利设施

教育资源　医疗卫生　文体活动　公共交通

09 焦庄户村

基本情况

焦庄户村位于我镇镇区东边，紧挨镇区，东南接唐洲村，西北靠大北坞。村内有焦庄户民兵革命斗争史陈列室、焦庄户地道遗址，为市级革命文物保护单位，是全国地道保存最完好的地方。现在的地道纪念馆建成于1964年秋，2001年，焦庄户地道遗址被命名为全国青少年爱国主义教育示范基地。成为北京市的A级旅游景点。每年有几十万的固定游客来此接受革命传统教育。

规划内容

需求：
- 青少年爱国主义教育需求
- 继承传统文化民俗需求
- 村民休闲娱乐人需求

优势：
- 拥有爱国主义教育基地
- 丰富的文化愉快知识资源
- 文娱乐器娱乐配套业依托规模

三大资源

保留青少年爱国主义教育、传统历史文化、农民休闲娱乐风貌

地道资源　革命精神文化遗产　农民休闲娱乐民风

城市设计

概念：以焦庄户村为主体，结合《焦庄户历史文物保护规定》，以保护更新为点式植入为主。

空间设计内容：重点地道战博物馆，地道体验，结合地道进出入口位置设计开放空间，重建五道庙、关帝庙，建道滨水码头、革命经园参观处，象墙农家乐，风情民俗街，乡村微历史

功能划分：划分五大片区：核心参观区、农具参观区、农活体验区、特色农家乐、风情民俗街

流线组织：以焦庄户地道博物馆和地道体验为核心，串联起参观流线，结合焦庄户周围的青少年山地训练营

总平面图

10 柳庄户村

基本情况

柳庄户村为我镇东南角，村北紧邻魏庄路，村南与顺义区杨镇及张镇接壤，大秦铁路穿村而过。交通十分便利。现村有常住人口407人，占地面积900亩，其中耕地面积450亩为建设社会主义新农村，柳庄户村建设主要：一是从安与美村民主；自2002年开始，该村就聚力推绿色家园建设；二是打造环绿建设新农业：2006年投资25万元建设文体健身广场一处；三是推墙绿化垃圾，修建亮化，绿色垃圾筒二处，并计划建绿化项目；四是实施亮化美化工程：投资2万元全村11条大小胡同安装路灯30盏，在文化健身广场安装彩灯、轮廓灯20盏，达到了街街卷卷有路灯，户户门前通路灯，被评为"最美乡村"。

规划介绍

或都希望最大限度发挥柳庄户"最美乡村"的现状条件优势，利用其优美的区位条件和基础环境，发展养老产业，修建农家养老乐村，保护柳庄户村特有的村庄肌理，打造适宜老年人生活的社区生活舒适、活动丰富、环境优美的养老示范村。

城市设计

或都会前门一带、大树、大树门的旗舰、泊街美商铺的磨串、慢生活步行街——打造点线面结合的开放空间。

柳庄户村乌瞰

柳庄户村街道现状

柳庄户村村委会

柳庄户养老示范村乌瞰

柳庄户养老示范村总图

居住用地　工业用地　公共服务　小休动地　村充史　小活动地　小活动地　小休动地

功能布置　道路系统　公共服务/基础设施

学生姓名：谈家璐　尹子潇　叶晶　舒畅　曹越　韦智宇　　　　　指导教师：刘健　毛其智　赵亮　陈宇琳

美丽乡村建设之探索与实践

上海麦塔城市规划设计有限公司

梅州横溪村规划　　　　青岛院上村规划　　　　黄楼妙庄村规划　　　　胶南达尼村规划

什么是"美丽乡村"?

上海麦塔近年来一直致力于美丽乡村建设的探索与实践，参与的项目近十项。包括梅州横溪、青岛院上、汉阴凤堰、黄梅妙乐、胶南达尼、大理梨园等。

我们认为"美丽"不仅仅是外表，她应当有继续生长的活力（产业）、根植于传统但又符合现代精神的乡村治理（文化）、便捷完善的服务（社会）、优美自然的生态环境（景观）。

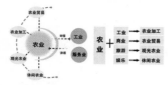

产业发展是美丽乡村建设的必要条件

基于我司对于"美丽"的理解，美丽乡村的选择必然具有良好的资源禀赋的村庄。除却有工业基础和大项目带动产业发展的乡村外，依托本位产业，利用资源禀赋，发展特色农业和乡村旅游业将成为美丽乡村具有可持续性的发展路径。

强化特色，做大特色农业

以规模化和组织化为突破口，加快农业现代化进程；因地制宜培育特色优势农产品，推广无公害放心农业。

完善设施，延伸乡村旅游业

通过美丽乡村的建设，配套基础设施进一步完善，环境进一步提升，通过与农业融合，与农户的联动发展以农业生态观赏、农民生活体验为主体的乡村旅游。将与城市中心环境对比鲜明的乡村田园，将召唤越来越多的现代都市人群向往回归自然。

本土化、低成本、可复制的建设模式是美丽乡村建设的基本路径

以农民为主体推进美丽乡村建设

美丽乡村建设强调村民参与、提高村民决策权，确立"以政府为引导，以农民为主体"建设模式，让村民成为美丽乡村的建设者、管理者、经营者。

以现状为基础进行美丽乡村改造

美丽乡村建设以尊重村民生活习惯为目标，实现文化传承化、风貌本土化、环境乡土化、设施人性化、坚持保留整治为主，完善基础设施，提升环境，结合现状特性进行分类别改造，局部更新，只做加法不做减法。村庄改造应因地制宜，就地取材，尽可能使用本地材料、本地树种，体现乡土特色，突出文化内涵。

以土地为核心发展美丽乡村经济

以集体土地为核心，因地制宜进行项目开发和产业选择以发展乡村经济。可将土地流转吸引民间资本介入以进行项目开发。也可村民自治，做大特色产业。

凤堰梯田

凤堰梯田简介

凤堰古梯田位于陕西省安康市汉阴县漩涡镇，涉及黄龙、中银、茨沟、堰坪四村，距县城35公里，距西安约280公里，车程3.5小时。梯田始建于清代，集"山、水、田、屋、寨、村、庙、农"为一体，融"浑厚、雅致、奇趣、清新、壮美"在一身，2010年被陕西省文物局列为陕西省文物考察十大重大发现之一。

凤堰梯田周边的村民多是明、清两代的湘鄂闽粤赣皖移民，由于交通条件的限制和梯田耕作方式的特殊性，这里至今仍广泛采用最原始的耕种模式，保留了最原生态的农耕生活场景，民风淳朴、山田秀丽，每年春季举办的油菜花节，吸引了广大秦巴地区的游客来此度假，以及众多艺术爱好者长驻于此工作生活。

凤堰梯田——CSA模式下，美丽乡村的产业复兴实践

凤堰梯田采用国际CSA模式，即社区支持农业（Community Supported Agriculture）的概念，为消费者与农庄搭建稳定的、健康的、安全的绿色农产品产销平台，通过消费者对农庄运作的认可和承诺，让农庄可以在法律上和精神上成为消费者专属私享的特供农场。项目形成"公司+基地+农户"的模式，市场营销以"会员制消费+契约种植"的方式推广。

本项目运营形成一个商业闭环，简单地说，由消费者支付租金向运营企业租用土地并定制产品，运营企业向农场农民支付工资并要求农民按标准完成耕作任务，最后由运营方向按约的消费会员提供耕种收成。这种运作模式下，农民的耕作风险减小至零，实现大幅创收；由于流通环节的减少，消费者以较低成本享受了富硒、无公害的高品质农产品；企业在市场中推广了品牌，收获了口碑。多方效益共赢的全新模式，推动了凤堰区域的一产全面复兴，传承了凤堰古梯田的生态耕作文化，带动了区域生态旅游，从而促进了周边村庄的特色可持续发展和繁荣。

运营企业

硒田农场

消费会员

美丽乡村建设之探索与实践

上海麦塔城市规划设计有限公司

梅州恒溪村简介

梅州恒溪村这位于广东梅州文化旅游特色区雁洋核心区和松口古镇之间,梅江北岸。通过梅州市盛通科技有限公司的建设运营,拥有金花茶和珍惜苗木中国两大种植产业综合标准化研究基地。这里峰岭如画,翠绿生辉,犹如一片未受扰动的自然原野;

■ 产业支撑

政府引导、企业业主导、村民入股的共建共赢产业模式:村民以土地入股,与企业共同成立横西美丽乡村旅游发展有限公司。整体开发村的旅游资源,统筹运作乡村基础设施建设及管理,整治村容村貌,并在此基础上开发农家乐等旅游项目,实行旅游收益股份分红。

以珍稀林木产业为基础,因地制宜发展第一产业:依托两大国家级综合标准化研究基地以发展珍惜林木产业,同时结合自然条件,强调农户参与、利用现代科学技术发展传统农作产业。

以资源禀赋和地域文化为核心,打造乡村旅游业:以客家之乡、叶帅故里两大文化为主题,以良好的生态资源为基础,以生态农业和农家乐为吸引点,发展具有特色的乡村休闲度假旅游。

■ 建设模式

景观改造:保留原生态乡土环境,减少人工化环境痕迹

利用工程技术手段,就地取材,利用当地的山、石、土等原生建材和景观树种重点对主要道路、岸线、入口节点,公共空间进行改造,突出当地乡土风情,提升环境特色。

建筑整治:以整体保留、局部改造、突出重点为整治方式;

整体保留区域进行外墙粉刷,与环境冲突的建筑进行立面改造。与基础设施建设的建筑的拆除新建。对于具有文化特色的建筑进行功能置换。对重要道路沿线及主要景观节点的建筑进行提取客家建筑特色元素进行风貌提升。

青岛院上村简介

院上村坐落于崂山北麓的太子山脚下,紧邻鳌山湾畔的鹤山风景区,濒临滨海公路,距青岛市区仅三十分钟的车程,区位优势明显。村内坐拥原生态的乡村风貌,典型的村落布局与自然的山体景观相得益彰。

村内已形成以花卉苗木种植为主导产业,以"协会+合作社+农户"的专业合作社的经营模式种植面积2000余亩;年收入超过六千万。同时拥有桂花"两头嫁接法"国家专利。

■ 产业支撑

坚持以"花卉苗木"与"乡村旅游"双核驱动,做大做强院上乡村经济

通过区域联动,形成区域性花卉苗木产业高地:通过技术共享、资源共享、信息共享,与周边村庄组团化发展,形成以院上为龙头的"大院上"花卉苗木产业基地;并进一步提升科研成果,扩大国家专利技术"两头嫁接法"的应用,扩展观赏花卉、园林绿化苗木等透销等选路品种和高利润的高档盆景类产品;并延伸产业链条,完善培植移栽、信息集散、花木交易、物流配送、会议展览和旅游服务等功能。

作为滨海旅游的延伸与补充,打造原生态的乡村旅游体验:发挥现状生态本底优势,将花卉苗木的种植不仅仅作为产业生产,同时植入体验功能作为旅游景点进行打造,同时配合对传统石墙民居进行修复改造,山水环境的提升,植入乡村旅游功能,打造青岛北线与城市滨海游相得益彰的生态旅游目的地。

■ 建设模式

减少拆迁、适量新建:提炼梳理传统民居特色元素,分组团对不同年代的建筑进行不同形式的改造。并择对拆迁户有建设需求的农户进行统一建设安置。

现状提升,突出特色:充分利用现状基础,就地取材,尊重当地生活习惯进行环境改造,强化乡村特色。

强化民生,完善配套:加强污水、环卫等设施建设,发展绿色能源,推进智慧乡村建设。

青浦金泽古镇保护与再生设计

同济大学建筑与城市规划建筑系

金泽镇坐落于上海市青浦区西南部，为苏、浙、沪两省一市交界处，北临淀山湖，东连西岑、莲盛两镇，南交浙江嘉善，西接江苏吴江。境内湖泊星罗棋布，江河纵横交错，水域占总面积的三分之一以上，为典型的水乡泽国，古来就是吴越文化交融之地。

金泽是著名的"桥乡"，宋元以降有据可考的古桥就有 28 处，桥旁大多建小庙，加上沿河名刹、古街老宅，曾拥有可观的物质文化遗产。比如曾经在金泽古寺庙中规模和影响盛于一时的颐浩禅寺，始建于南宋景定年间，于元代发展至巅峰。金泽历史上还有闻名遐尔的"庙桥"乡俗节场，每逢大小节日，四乡民众纷至沓来；若遇两大香汛，即农历三月的庙会，九月的重阳，以颐浩寺为中心，连江浙一带的香客也水陆并进地涌进金泽，以至人满街巷，舟塞河塘，为的是加入这里多姿多彩的节场活动：祭神礼佛的仪式，跨桥绕镇的游行，吴曲越调的地方戏（俗称"丝竹班"）等等，异彩纷呈。这些乡风民俗，应被视为金泽地域特征鲜明的非物质文化遗产，但如今已大部颓萎了。

上世纪 50～60 年代大量寺庙被拆毁，庙桥对应关系随之解体，桥梁仅作为交通之用。民俗空间意义的丧失，造成了空间关系的断裂，节场路线大为缩减，范围不足原有的八分之一。

金泽物质形态的文化遗产固然需要全力保护，但就保存下来的规模和数量而言，难以使其像周庄、同里、西塘、南浔等古镇那样作为整体特色鲜明的观光游览对象来看待。而经济和民生的诉求，又使金泽陷入了保护与发展的两难处境中。我们正是基于这样的难题展开项目研究，包括反复的现场环境调查和历史文献分析，并与灵隐节场文化之于杭州的关联性作出比较。随着研究工作的步步深入，我们意识到，现代城市的文化活力、地域性和多样性在很大程度上有赖于非物质形态的文化资源。金泽历史上的民俗节场仪式，正是属于这种宝贵的古镇文化资源，其意义超出了金泽本身，应被视作上海及其周边江浙地区传统文化价值再现的一种载体。以深思熟虑的策划和设计手段，激活并再生金泽这一衰微中的文化资源，是金泽历史风貌保护定位的核心。因而我们的设计目标集中于一点，即让再生后的古镇保持一种传统文化延续其中的真实生活形态，并让物质形态的文化遗产得以"活化"，成为参与性的节场空间构成要素。

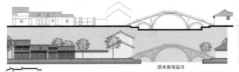
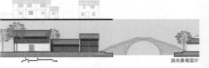

规划设计团队：常青 朱宇晖 齐莹等

杭州长河来氏聚落再生设计

同济大学建筑与城市规划学院建筑系

"杭州来氏聚落再生设计",是关于城乡结合部风土历史环境命运及其城市化方式的规划设计,也是同济大学常青研究室完成的"钱塘古镇保护与再生设计系列"的一个组成部分。

来氏聚落有近900年的历史,位于杭州钱塘江南岸的长河镇中心地段,原属萧山县,1996年划归杭州市滨江区,成为新市区的一部分。在昔日的宗法社会,来氏家族崇尚耕读,自宋明以来产生过许多名仕鸿儒,长河历史上的人文空间遗产"九厅十三堂",在江浙风土聚落中是闻名遐迩的"阳春白雪"。几十年来,特别是近20年中,这个望族聚落已经衰朽不堪,许多著名的历史建筑群都遭拆毁或被翻建成了简陋的"现代建筑"。河道、灌渠、池塘等水系被大段阻塞或填平,且污染严重。早先繁荣的传统商业街今已萧条破败,街区内市政设施简陋欠缺,居住生活质量低下。长河面临着城市化带来的新旧更替和丧失风土资源的双重现实。所幸,内核心地段还保存着相对完整的风土地脉结构及相当数量的传统老房子,许多来氏家族后裔还在这里生息,因而保持和延续风土特征似乎还有可能性。这样的城郊古镇聚落在我国大城市周边何止千座,因而这个案例对我国城乡保护与改造具有普遍探讨意义和典型实验价值。

其核心是在结构性保护,即在保存原有环境的自然与文化生态系统前提下,完成聚落的再生设计。这些前提包括保持和梳理与水乡环境相呼应的道路系统,顺应道路系统的房屋组群布局、肌理、尺度和朝向,以及具有象征意味和心理暗示作用的风习讲究。而聚落再生设计的策略,就在于寻求解决以下关键问题的途径:1)传承地志、保持地脉、保留地标;2)再生古旧建筑,更新生活空间;3)整合新旧要素,发展城市文脉。

设计方法包括以下三点:

(1)人类学调查分析。三年来设计团队反复下现场踏勘,探访来氏后裔,尽量使"客位"接近"主位",听他们讲聚落故事,请他们勾画过去的景观意象,查阅家谱和旧档案,并对老街和地标性建筑作详细测绘实录,对场地内现存所有建筑逐一进行甄别、分类、定级。

(2)生活形态策划设计。规划设计前期考虑了聚落观光的场景设置需要,对风土街景和庭院、厅堂的再生业态和空间效果进行了策划。规划设计中不仅注意了不同层次居住功能,而且提出了按家庭结构和邻里关系回迁安置一部分原住户的构想。

(3)新旧空间嵌入式设计。设计过程框图包括:保持和整修地脉构成中的原有干道系统;保持和整修地脉构成中的原有水系和步行系统;整饬原有风土建筑群;重塑新风土建筑群;整合新旧地景系统。

该项目2005年获首届国际HOLCIM可持续建筑大奖赛亚太区金奖。

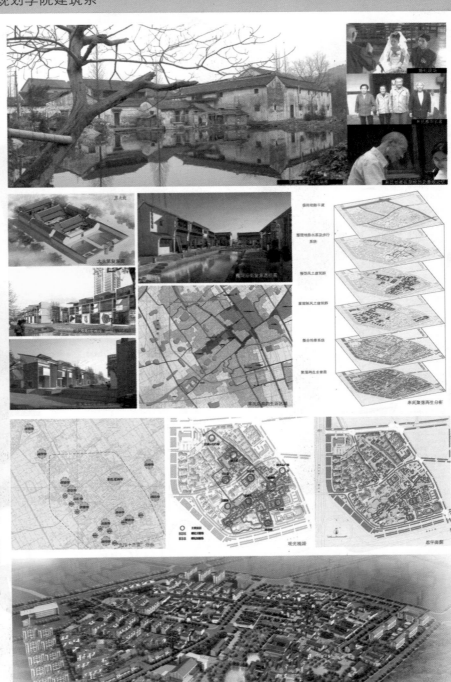

规划设计团队:常青 张鹏 沈黎 吕峰等

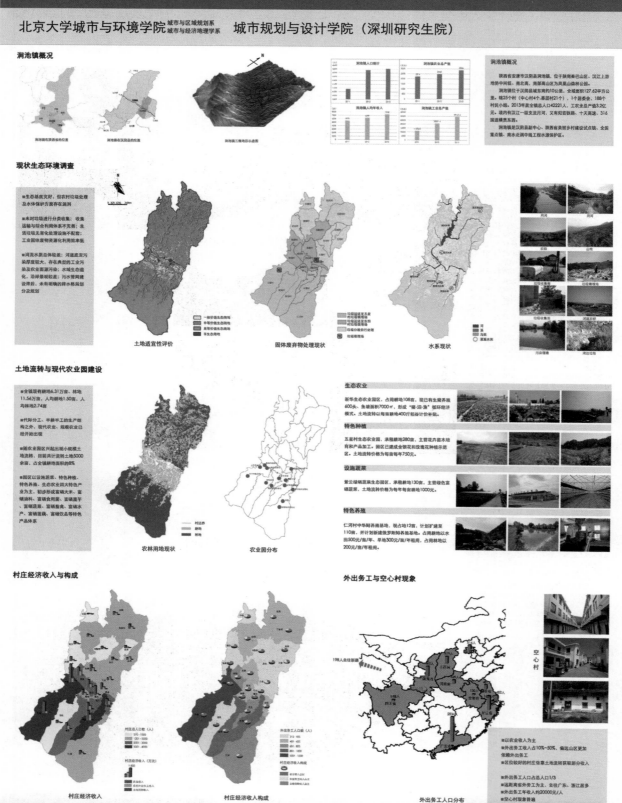

陕西省美丽乡村建设试点——汉阴县涧池镇现状调研Ⅰ
THE BEAUTIFUL VILLAGE CONSTRUCTION PILOT OF SHAANXI PROVINCE—INVESTIGATION OF JIAN CHI

北京大学城市与环境学院 城市与区域规划系／城市与经济地理学系　城市规划与设计学院（深圳研究生院）

涧池镇概况

现状生态环境调查

土地适宜性评价　　固体废弃物处理现状　　水系现状

土地流转与现代农业园建设

农林用地现状　　农业园分布

生态农业

特色种植

设施蔬菜

特色养殖

村庄经济收入与构成

村庄经济收入　　村庄经济收入构成

外出务工与空心村现象

空心村

外出务工人口分布

调研时间：2014年5月～10月　调研人员：冯长春　阴劼　曹广忠　王安杰　巴姗　陈宇明　胡盼　计天红　梁雄飞　孔中华　刘垦　但俊　刘丛

陕西省美丽乡村建设试点——汉阴县涧池镇现状调研II
THE BEAUTIFUL VILLAGE CONSTRUCTION PILOT OF SHAANXI PROVINCE—INVESTIGATION OF JIAN CHI

北京大学城市与环境学院 城市与区域规划系 城市与经济地理学系 **城市规划与设计学院（深圳研究生院）**

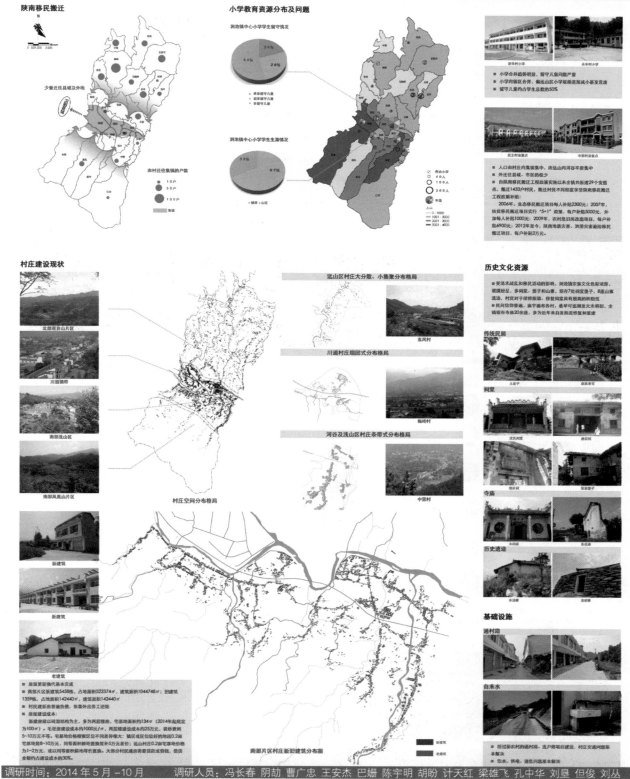

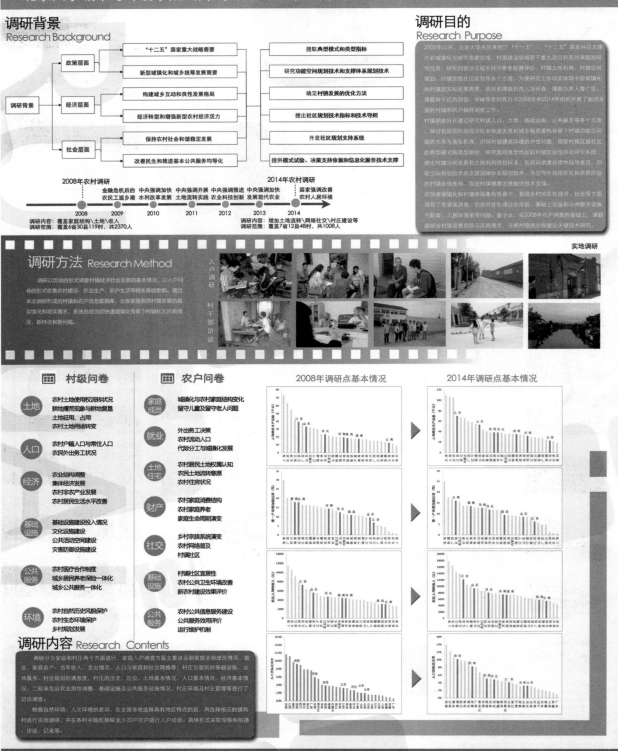

村镇调研介绍——2014年调研典型村镇案例

北京大学城市与环境学院 城市与经济地理系 城市与区域规划系

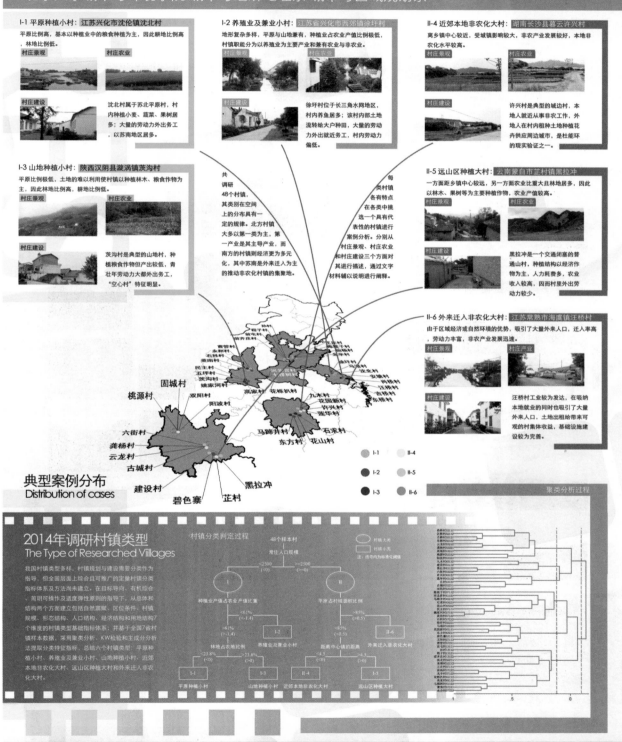

I-1 平原种植小村：江苏兴化市沈伦镇沈北村
平原比例高，基本以种植业中的粮食种植为主，因此耕地比例高，林地比例低。

村庄景观 **村庄农业**

村庄建设
沈北村属于苏北平原村，村内种植小麦、蔬菜、果树居多；大量的劳动力外出务工，以苏南地区居多。

I-3 山地种植小村：陕西汉阴县漩涡镇茨沟村
平原比例低，土地的难以利用使村镇以种植林木、粮食作物为主，因此林地比例高，耕地比例低。

村庄景观 **村庄农业**

村庄建设
茨沟村是典型的山地村，种植粮食作物但产出较低，青壮年劳动力大都外出务工，"空心村"特征明显。

I-2 养殖业及兼业小村：江苏省兴化市西郊镇徐圩村
地形复杂多样，平原与山地兼有，种植业占农业产值比例极低，村镇职能分为以养殖业为主要产业和兼有农业与非农业。

村庄景观 **村庄农业**

村庄建设
徐圩村位于长三角水网地区，村内养鱼居多；该村内部土地流转给大户种田，大量的劳动力外出就近务工，村内劳动力偏低。

II-4 近郊本地非农化大村：湖南长沙县暮云许兴村
离乡镇中心较近，受城镇影响较大，非农产业发展较好，本地非农化水平较高。

村庄景观 **村庄农业**

村庄建设
许兴村是典型的城边村，本地人就近从事非农工作，外地人在村内租种土地种植花卉供应周边城市，是杜能环的现实验证之一。

II-5 远山区种植大村：云南蒙自市芷村镇黑拉冲
一方面距乡镇中心较远，另一方面农业比重大且林地居多，因此以林木、果树等为主要种植作物，农业产值较高。

村庄景观 **村庄农业**

村庄建设
黑拉冲是一个交通闭塞的普通山村，种植结构以经济作物为主，人力耗费多，农业收入较高，因而村里外出劳动力较少。

II-6 外来迁入非农化大村：江苏常熟市海虞镇汪桥村
由于区域经济或自然环境的优势，吸引了大量外来人口，迁入率高，劳动力丰富，非农产业发展迅速。

村庄景观 **村庄产业**

村庄建设
汪桥村工业较为发达，在吸纳本地就业的同时也吸引了大量外来人口，土地出租给带来可观的村集体收益，基础设施建设较为完善。

共调研48个村镇，其类别在空间上的分布具有一定的规律。北方村镇大多以第一类为主，第一产业是其主导产业，而南方的村镇则经济更为多元化，其中苏南是外来迁入为主的推动非农化村镇的集聚地。

每一类村镇各有特点，在各类中挑选一个具有代表性的村镇进行案例分析，分别从村庄景观、村庄农业和村庄建设三个方面对其进行描述，通过文字材料辅以说明进行阐释。

典型案例分布
Distribution of cases

固城村 桃源村 六街村 龚杨村 云龙村 古城村 建设村 碧色寨 芷村
曹子村 永和村 石佛村 民主村 五坪村 茨河村 双阳村 阳波村 高家村 姚家河村
黑拉冲 马蹄井村 东方村 花山村 石来村

九木村 花园新村 许兴村 莲华村 庆来村 沈龙村 许村村 东桥村村

I-1　II-4
I-2　II-5
I-3　II-6

聚类分析过程

2014年调研村镇类型
The Type of Researched Villages
我国村镇类型多样，村镇规划与建设需要分类作为指导，但全国层面上综合且可推广的定量村镇分类指标体系及方法尚未建立。在目标导向与机组合、简明可操作及适度弹性原则的指导下，从总体和结构两个方面建立包括自然属性、区位条件、村镇规模、形态结构、人口结构、经济结构和用地结构7个维度的村镇类型基础指标体系；并基于全国7省村镇样本数据，采用聚类分析、KW检验和主成分分析法提取分类特征指标，总结六个村镇类型：平原种植小村、养殖业及兼业小村、山地种植小村、近郊本地非农化大村、远山区种植大村和外来迁入非农化大村。

村镇分类判定过程
48个样本村
常住人口规模
<2500 (二0)　>2500 (二0)
I　II
种植业产值占农业产值比重　平原占村域面积比例
<61% (~1.3)　>85% (>0.5)
>61% (~1.4)　<85% (<0.5)
I-1　I-2　II-6　外来迁入非农化大村
林地占农地比例　养殖业及兼业小村　距离中心镇的距离
<23.8% (二0)　>23.8% (二0)　<4.5 (二0)　>4.5 (二0)
I-1　I-3　II-4　II-5
平原种植小村　山地种植小村　近郊本地非农化大村　远山区种植大村

村镇大类
村镇小类

调研人员：冯长春 曹广忠 阴劼 刘涛 许立言 王洁晶 李天娇 刘锐 肖霄 马嘉文 陈婷 陈思洁 李佰恒 杜文姬 卢志强 李鳌华 马国强 史秋洁 牛大卫 刘祥 张玉昆 赵维珊 雷夏 郑智 朱昱玮 邹建军 兰晓萱

严寒地区村镇调研

哈尔滨工业大学 · "十二五" 国家科技支撑计划
"严寒地区村镇气候适应性规划及环境优化技术" 课题组

研究背景
Research Background

本课题从严寒地区村镇建设气候适应性存在和面对的问题出发，针对严寒地区绿色村镇规划中与气候适应性密切相关、并在规划中起到决定性作用的三大关键技术，即严寒地区绿色村镇的功能结构和用地布局规划关键技术、空间布局优化与配置关键技术、防护冬季气候与应对冬季灾害的设施安全保障关键技术，从严寒地区村镇总体布局优化、用地配置、公共空间环境、居住庭院、专项设施等方面开展研究，以期促进严寒地区村镇全面的气候适应性规划的实施，进一步推动严寒地区村镇人居环境质量的综合改善，促进严寒地区村镇建设用地的整理和土地利用效率的提高，加强对北方农村生态环境和地域文化的保护，实现农村地区经济、社会和环境发展的协调统一。

朗乡镇概况

朗乡镇处于小兴安岭支脉，属低山丘陵地域，属于典型的东北严寒村镇。朗乡镇自然景观优美，镇域周围包含森林公园、水上漂流、石猴山滑雪场等旅游项目，是旅游、度假、观光避暑的优美胜地。

朗乡镇公共开放空间现状问题

1. 朗乡镇镇域内可供村民使用的公共开放空间数量不足。
2. 现有公共开放空间的空间承载力不足。如现状村镇居民频繁利用的滨河休闲空间，但是滨河区域空间承载力较低，难以负荷村镇常住居民的日常使用。在冬季缺乏围合，严寒气候阻碍居民使用。
3. 早期建设的公共开放空间由于多种原因被闲置，如功能单一、缺乏维护、可达性差等。如迎春广场，并不符合朗乡镇居民的活动习惯而被弃置不用。
4. 严寒气候降低了居民对公共开放空间的诉求，在冬季居民多在街道和庭院等领域空间进行活动，缺乏可供冬季集会的场所。

调研样本的选取

为体现东北严寒地区不同经济发展水平、不同气候条件、不同土地利用类型、不同民俗习惯等环境下村镇公共开放空间之间的差异，抽样选取东三省中的典型村镇。截止2014年12月，已实地调研过的村镇共计9个镇20村庄。研究内容主要分为公共开放空间和庭院空间两部分。在公共开放空间调研的部分，选取朗乡镇和西安村作为范例，对调研成果进行部分展示。

朗乡的主要公共开放空间多集中于滨河区域，而其他区域的政府广场、学校广场、休闲广场等都由于不被重视或不符合村镇居民习惯而呈现衰败的景象。迎春广场已经遍布杂草，仅保留部分健身器械，鲜少有人使用。

朗乡有较好的自然景观条件，滨河休闲活动空间成为镇政府重点打造的公共开放空间，也成为了村镇居民日常活动的场所。

东北严寒地区村镇调研地点汇总

废弃的迎春广场　　迎春广场健身器材

朗乡第一中学　　朗乡第二中学

东门公园正门

休闲桥　　东门公园院内破损空间

滨河绿荫道　　滨河休闲栈道

滨河休闲空间（土路）　侧街的滨河房屋　　滨河空间

林业派出所决口大坝　大坝周边　大坝周围绿化成为垃圾场　滨河散步廊道　滨河活动器械　滨河休闲广场

严寒地区村镇公开放空间类型及现状

迎春村镇镇域情况差异较大，考虑调查的公平性，依照空间属性对村镇公共开放空间进行综合分析，将其划分为广场空间、绿地空间和街巷空间。

1. 广场空间，多位于村镇入口或村镇中心等重要位置，且结合公共建筑布置，回应其可达性强。
2. 绿地空间，镇区极少有独立的绿地空间，多依附于自然景观周围的休闲空间。
3. 街巷空间，带有一定的农业生活色彩，其活动诸如类型聊天、散步等日常休闲活动外，还承担作物晾晒、堆放等农业活动功能。

朗乡公共开放空间情况1　　朗乡公共开放空间建设情况2

朗乡公共开放空间服务半径

图例
公共开放空间
村/镇范围
300m服务区
600m服务区

小组成员：孔凡秋　王翼飞　于婷婷　马彦红　蒋存妍　刘通　耿庆忠　杜瑞雪　赵娇　夏岩研　孙铮

严寒地区村镇调研

哈尔滨工业大学 · "十二五"国家科技支撑计划
"严寒地区村镇气候适应性规划及环境优化技术"课题组

村庄公共开放空间的基本情况

通过统计分析20个调研村庄中的公共开放空间,可按空间属性分为广场、绿地和街巷空间。与镇区的公共开放空间相比较,村庄的空间规模更小、空间形式更为简单,集中的公共开放空间数量较少,其空间功能和设施配置也相对单一。由于大部分的村庄公共开放空间都缺乏完整的垂直界面,围合感较弱,一方面导致空间的边界效应降低,村镇居民的逗留时间减少;另一方面,由于冬季缺乏墙体或植被对寒风的遮蔽,加剧了村庄公共开放空间的空置率。

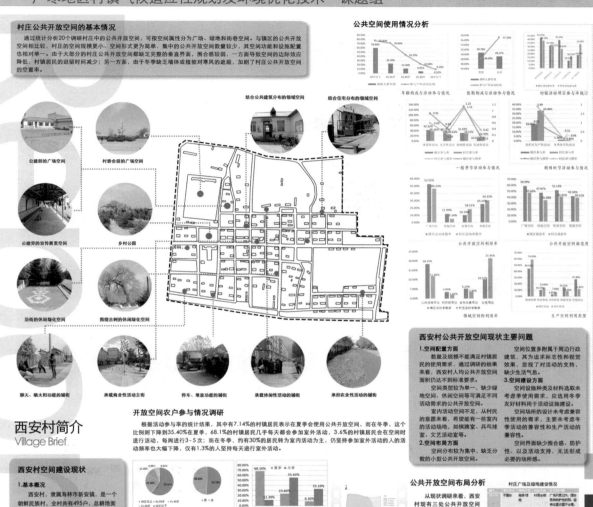

结合公共建筑分布的领域空间 结合住宅分布的领域空间

公建前的广场空间
村委会前的广场空间
公建旁的宣传展览空间
乡村公园
沿街的休闲绿化空间
围绕古树的休闲绿化空间
聊天、晒太阳功能的辅街
承载商业性活动主街
停车、堆放功能的辅街
承担休闲性活动的辅街
承担农业性活动的辅街

公共空间使用情况分析

年龄构成与活动参与情况 性别构成与活动参与情况 村镇活动项目参与率统计

一般季节活动参与情况 特殊节日活动参与情况

公共开放空间利用率 公共开放空间满意度

领域空间的利用率 生产空间利用类型

西安村公共开放空间现状主要问题

1.空间配置方面
数量及规模不能满足村镇居民的使用需求,通过调研的结果来看,西安村人均公共开放空间面积仍达不到标准水平。

空间类型较为单一,缺少绿地空间、休闲空间等可满足不同活动需求的公共开放空间。

室内活动空间不足,从村民的意愿来看,希望能有一些室内的活动场地,如棋牌室、乒乓球室等文艺活动室等。

2.空间布局方面
空间分布较为集中,缺乏分散的小型公共开放空间。

3.空间建设方面
空间设施种类及材料选取未考虑季节使用需求,应选用冬季友好材料进行空间设施建设。

空间场所的设计未考虑兼容性使用的需求,主要未考虑季节活动的兼容性和生产活动的兼容性。

空间界面缺少围合感、防护性,以及活动支持,无法形成必要的场所感。

西安村简介
Village Brief

开放空间农户参与情况调研

根据活动参与率的统计结果,其中有7.14%的村镇居民表示在夏季会使用公共开放空间,而在冬季,这个比例下降到35.40%在夏季,68.1%的村镇居民几乎每天都会参加室外活动,3.6%的村镇居民会在空闲时进行活动,每周进行3-5次;而在冬季,约有30%的居民转为室内活动为主,仍坚持参加室外活动的人的活动频率也大幅下降,仅有1.3%的人坚持每天进行室外活动。

公共开放空间布局分析

从现状调研来看,西安村现有三处公共开放空间基本能满足使用需求,但仍存在尺度过大、场所感和防护性较弱、门球场入口标识性不明显等不足,此外在季节交替性和行为兼容方面考虑仍旧有不足。从公共开放空间分布的情况来看,三处空间几乎位于同一区域,三处的服务覆盖范围不能达到理想的效果。

由于村庄的规模较小,在对其进行缓冲区分析时发现,从活动场地的服务覆盖率来看,600米的可接受服务半径几乎均可覆盖村庄全域,而300米的舒适出行距离覆盖率均可达50%左右。

村庄广场及绿地建设情况

西安村空间缓冲区分析

XIA-01地块空间示意图

XIA-02地块空间示意图

XIA-03地块空间示意图

西安村空间建设现状

1.基本概况
西安村,隶属海林市新安镇,是一个朝鲜族民村,全村共有495户,总耕地面积10115亩。2005年,西安村农村经济总收入实现747万元,农民人均纯收入达5107元以上。电视、电话、自来水、有线电视入户率达到98%以上,砖瓦房率达到95%。

2.公共开放空间建设
西安村现状中主要公共开放空间有三处,分别位于村委会前、古树旁和以及老年活动中心,其中村委会前广场为中心级广场,与绿地结合设置;古树旁的空间为小型活动平台,配备休息座椅;老年活动中心室内空间与室外空间相结合,配有乒乓球室、棋牌室以及门球场。

3.综合评价
西安村公共开放空间整体建设水平较高,居民使用满意率也较高,空间的配置和布局仍存在较大的问题,广场尺度过大,且其中的活动设施与村庄的使用需求不一致;场地缺乏足够的防护性和场所感,不利于冬季使用;老年生活性活动与生产性活动的兼容性使用,仍然存在较为严重的生产活动占用街道等现象。

调研人群年龄构成 调研人群性别构成

冬夏室外活动频率统计

夏季、冬季参与室外活动人群统计

公共开放空间活动质量统计

夏季活动量随时间变化分析

冬季活动量随时间变化分析

冬季公共空间使用率统计

冬季居民室外活动需求时间统计

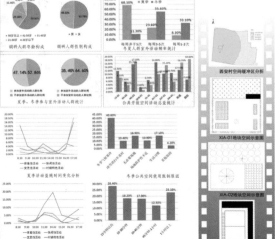

村庄街巷空间布局

村庄的街巷空间相较住宅区的更为简单,其街巷界面往往为住宅或绿化,道路断面较为单一,承载的活动类型具有明显的农业生产色彩。

XIA-01街巷空间 XIA-02街巷空间

XIA-03街巷空间 XIA-04街巷空间

广场及绿地建设情况

从围合形式来看,半围合的空间类型仍然占主导地位;从铺地类型来看,绿地率的水平较镇区明显偏低,主要以硬地为主;场地空间较为单调。

村庄街巷空间情况

小组成员:孔凡秋 王翼飞 于婷婷 马彦红 蒋存妍 刘通 耿庆忠 杜瑞雪 赵娇 夏岩研 孙铮

严寒地区村镇调研

哈尔滨工业大学·"十二五"国家科技支撑计划
"严寒地区村镇气候适应性规划及环境优化技术"课题组

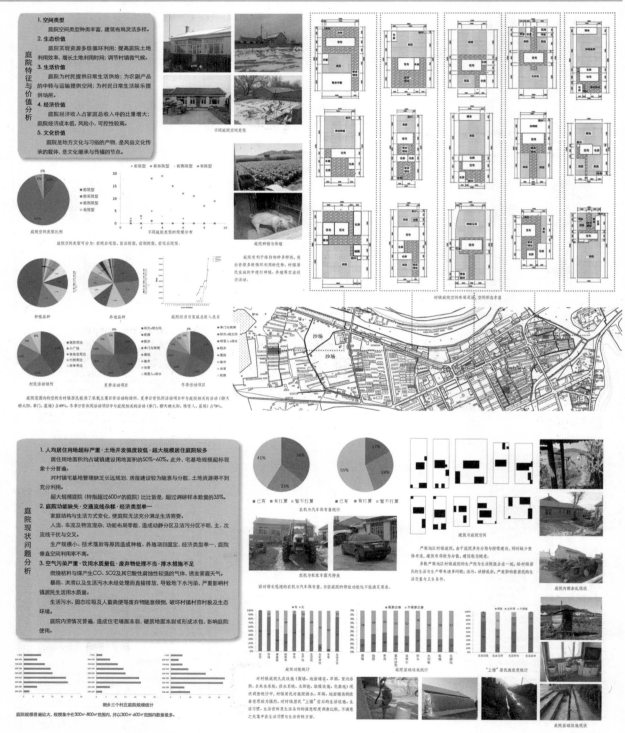

小组成员：孔凡秋 王翼飞 于婷婷 马彦红 蒋存妍 刘通 耿庆忠 杜瑞雪 赵娇 夏岩研 孙铮

严寒地区村镇调研

哈尔滨工业大学·"十二五"国家科技支撑计划
"严寒地区村镇气候适应性规划及环境优化技术"课题组

村镇设施用地现状问题分析

1. 设施用地功能组织不合理
设施用地与其他用地不协调。通过与相关规范比较，26.7%的村镇用地功能组织不合理。

不能满足村民生产生活需求，欠缺从村民生产、生活需求角度对各项因子的权衡考虑。

部分设施选址不符合相关规定，其中53%的设施选址与规范有差距。75%的村镇都有二、三类工业用地布置在生活区内部，50%的村庄生活区内部存在污染严重的设施用地。

2. 冬季设施可达性水平不均
设施使用方便程度不一，67.6%的村民认为设施现状的服务半径使用很方便。

镇域道路通达水平不均衡，70%的村庄未形成完整的硬化路，进一步加剧了各项设施可达性水平。

3. 设施供需不平衡
设施用地占建设用地比例不符合标准，40%的集镇和50%的村庄公共设施配置总量不满足规范要求，远低于规范的规定。

设施用地规模与村民需求有差距，村庄中豫村的小学80%已经废弃或者闲置，只有13%的村镇有相应的文体、科技用地，52.7%的村民希望增加文艺活动室，34.8%的村民希望增加室内体育所。

4. 设施用地浪费严重
设施用地容积率不均，生产设施用地内容积率低至0.03。

设施用地内部闲置地比例大，70%的工业用地不符合相关规范的要求。

村镇老龄化现象比较突出。从调查问卷统计可以看出，具有处于义务教育阶段儿童的家庭数目占调研样本的28%为，从村镇年龄结构或可以看出，中老年人口占据着大比例，20岁以下的人数最少。

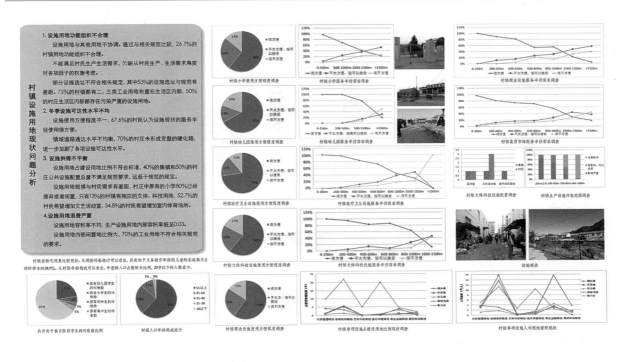

村镇灾害基本情况分析

1.风灾
风灾主要对农作物影响较大，其次是供电及通讯设施、牲畜棚、温室大棚与房屋。中等级风灾对田地的影响将使作物减产30%~50%；高等级风灾可致使作物绝产。

2.洪灾
洪灾主要影响的是农田作物，其次是房屋、供电及通讯设施、温室作物及牲畜棚，洪涝灾害除由于河流引发的洪水冲击灾害外，内涝也是影响村镇的主要原因。

3.雪灾
雪灾主要影响的是村民的出行，其次是房屋及设施冻害、运输受阻、牲畜死亡及粮食受雪灾危害。在严寒地区雪灾发生频率之高，影响范围之广已成为村镇面临的主要问题。

4.火灾
火灾影响区域仅限于灾源周边小区域范围内，不至于全村镇围受到影响，但灾害后果严重，直接摧毁受灾对象，摧毁时间迅速，造成时间短暂。

统计结果分析

1.灾害影响程度次序
洪涝灾害>风灾>冬季灾害

2.纵向比较各省份的灾害类型
受冬季灾害影响程度由北至南依次递减；受风灾影响程度平原地区大于山区盆地；洪涝灾害影响主要与河流与地势相关。

3.横向比较同省村镇抗灾能力
经济来源较为多元化的村镇，抗灾能力较强，受灾害影响损失较小。

4.村庄受灾害影响程度整体高于镇区，抗灾能力低于镇区。

小组成员：孔凡秋 王翼飞 于婷婷 马彦红 蒋存妍 刘通 耿庆忠 杜瑞雪 赵娇 夏岩研 孙铮

巴楚县多来提巴格乡塔格吾斯塘村村庄规划——规划思路

上海同济城市规划设计研究院 · 规划十所

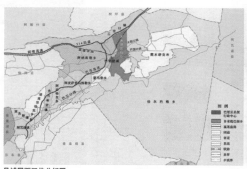

县域层面区位分析图

乡域层面区位分析图

乡域层面功能分析图

背景情况

多来提巴格乡位于巴楚县中部,紧邻巴楚县城,距县政府所在地2.7公里。巴图公路、胜利渠从村境内穿过,交通区位优势突出。

据2011年安居富民工程统计资料,塔格吾斯塘村共有住户301户,1159人,共分为四个村民小组。该村土地利用主要以果园、水浇地等农林用地为主,居住用地主要集中在巴图公路和胜利渠之间。

塔格吾斯塘村作为极具南疆特色的新农村规划试点,倍受国家领导人关注,同时该村也是2013年全疆唯一一个全国村庄规划试点村,体现了建设中国特色社会主义的"五位一体"总体思路。

现状问题

①村镇建设用地分散,土地利用集约度较低。人均占地面积较大,土地使用浪费。

②农民住房建筑质量较差,多为1-2层平房,存在安全隐患。

③村庄公共与基础设施配套较差,未来村庄发展基础薄弱。村内无文化体育活动场所和相关设施,无小学和幼儿园,公共服务设施配套严重缺乏。

④村庄"脏、乱、差"现象严重,村民基本没有绿化意识,庭院环境普遍较差。

现状照片

工作方法

本规划是一项具有维稳、共富意义的民心工程,规划坚持在全过程引入公众参与机制,贴近民生,反映民意,以规划的专业手段来表达老百姓的需求,站在更高远、更科学的立场上帮助当地老百姓改善生活,科学致富。

整个规划采取了四个阶段的民情民意沟通,确保该规划是真正能够代表老百姓利益的"民心规划"。

第一阶段:资料收集与预调研。

在收集整理相关资料的同时,设计村庄调查表、民意调查表,聘请专人翻译成维文并发放至每户村民家中。

第二阶段:实地勘察与入户访谈。

在当地工作人员的陪同下同老百姓进行访谈,了解当地村民的真实想法与诉求。

第三阶段:中期意见交流。

在规划的中期多次与当地技术部门、政府单位、村民代表进行汇报、沟通、征求意见。

第四阶段:现场宣讲。

规划编制完成后,规划小组赴当地向村民现场宣讲规划愿景,并由村委会组织召开村民代表大会,对规划成果进行投票表决。

翻译成维文的调研问卷

项目组深入现场调研

基本情况调查汇总表

村民代表大会意见表

项目组多次与当地各部门沟通

项目组现场向村民宣讲规划方案

实施推广

"规划+手册"维文翻译指导当地建设实践

为帮助老百姓加深理解,项目还将规划成果编制成通俗易懂的漫画,并使用维语、汉语两种语言进行宣传。

同时编制了图文并茂的设计导则,以某单元选择模式给予村民"自己设计家园"的操作可能,指导当地工程建设过程人员与老百姓共同设计自己的家,设计模块包括户型、宅院、院门、围墙、门头与各种细部样式,调动普通老百姓的积极性与创造性,也有利于长期指导南疆地区农村建设的目标。

关键技术申报国家专利

规划项目收官后,项目组将其中创新性的关键技术进行了提炼总结,申报发明专利与实用新型专利,包括"一种适宜沙漠气候条件的可生长型农村住宅户型结构"、"一种抗震、保温的新型新疆农村住宅结构"、"一种适宜干旱少雨多风沙地区农村宅院的构成"、"一种适宜干旱少雨多风沙地区农村宅院建设导则",目前均已获得国家知识产权局批准认可。

小组成员:高崎 蔡智丹 章琴 周俭 曾浙一 王新哲 曹雷军 钱卓炜 董衡苹 施齐 韩成 吐尔洪·太外库力 黄维国 何强 凯撒·卡迪尔

巴楚县多来提巴格乡塔格吾斯塘村村庄规划——规划方案

上海同济城市规划设计研究院 规划十所

塔格吾斯塘村四组规划平面图

塔格吾斯塘村四组规划效果图

符合地域经济文化特色的规划考虑

规划建设一个具有南疆风情、田园风光、生活富足、居住舒适的活力村庄,积极挖掘南疆地区在自然气候、生态景观、乡村聚落、人文历史、民俗文化、旅游开发等方面的特色。从村民的角度出发与思考,满足当地老百姓的生活与劳作需求,同时还考虑各类人群的生活需求。合理布局各类用地,重点关注地域文化、特色产业、公共设施、农村居民宅院设计等关键性内容。

特色经济的培育

通过发展庄园经济、村农产品加工业和巴扎集市,形成以农副产品"种植—加工—贸易"为一体的产业链,带动村庄自身经济发展,实现小康富民的目标。产居一体,突出乡土田园特色,将蔬果园纳入生态体系,促进农田经济的发展,也为未来乡村旅游发展提供可能。

生活习性的延续

强调田间、广场、公共户外空间,创造"村在田中,田在村中"的生态居住模式。同时研究当地少数民族的社交习惯,利用田头、巷子、广场,为村民群体性活动和生活交流提供场所。

公共设施的提升

尊重现状发展肌理,鼓励集中居住,完善公共服务设施。按照服务半径,统一配套公共设施,保证各项设施建设的高效利用。设置老年社区与留守儿童中心,体现人文关怀。

院落建筑细化与选型效果图

建筑文化的传承

考察当地建筑特色,对建筑整治的细部给出易于操作的选型建议,包括建筑平面布置、立面效果、屋顶形式、门窗做法、廊柱与檐口的处理、不同围墙的选用、院门的式样等等,并绘制手册,帮助当地技术人员理解。

小组成员:高崎 蔡智丹 章琴 周俭 曾浙一 王新哲 曹雷军 钱卓炜 董衡苹 施齐 韩成 吐尔洪·太外库力 黄维国 何强 凯撒·卡迪尔

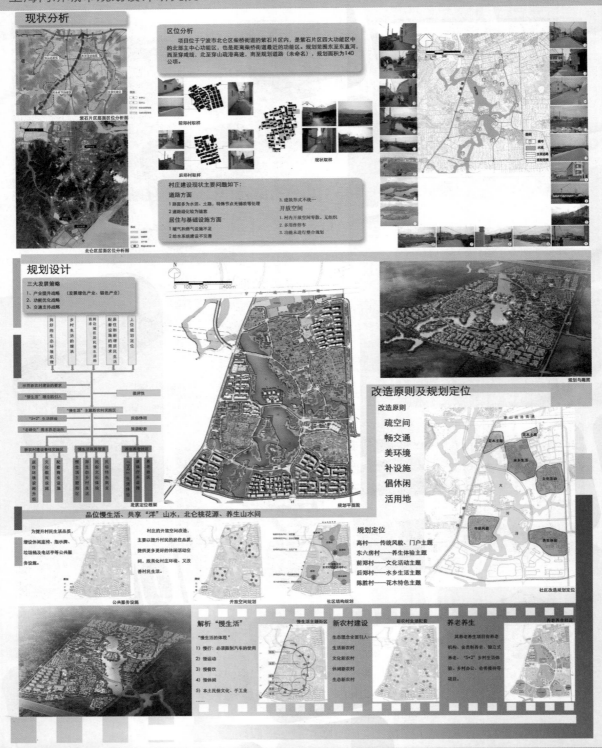

设计成员：温晓诣 林良伟 黄孝文 朱晓玲 谷丽 鲁肖楠 孙敏光

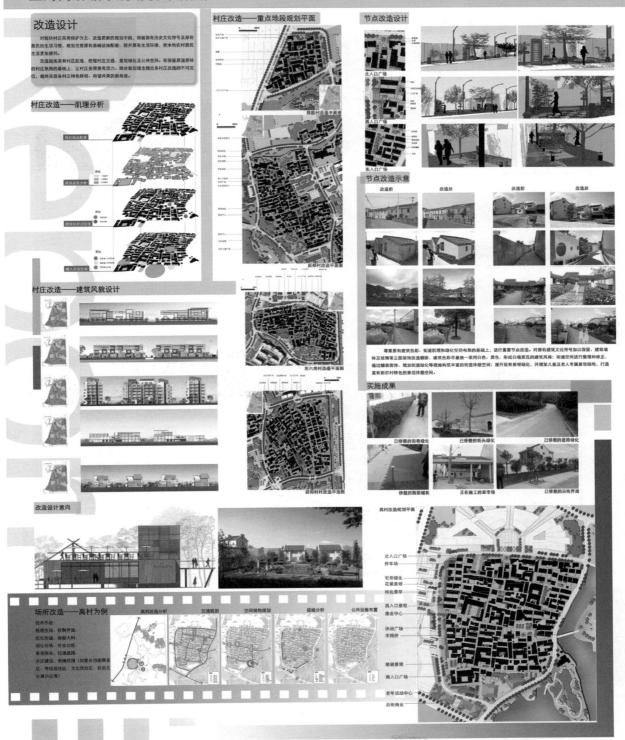

设计成员：温晓诣 林良伟 黄孝文 朱晓玲 谷丽 鲁肖楠 孙敏光

廊下镇万亩设施良田动迁安置小区规划设计——背景和规划设计

上海同济城市规划设计研究院

廊下镇在上海市的位置示意图　　规划基地在廊下镇的位置示意图

规划背景
Background

　　为推动新农村建设和土地承包经营权流转，发展现代设施农业，上海市金山区启动了万亩设施粮田整治工程，为解决万亩设施粮田3000亩核心区建设，廊下镇600多农户按"一补、二换、三不变"的原则进行了自愿搬迁，为金山区增加了数百亩占补平衡用地指标。本规划即为该工程的组成部分，涉及友好村250多农户。

　　金山区无村镇建设发展中存在的农村居民点建设相对分散、建筑形式单一、风貌无特色、房型较单一等问题，新农村建设的规范化、特色化、标准化有待加强。本规划重点研究了廊下镇农村风貌特色问题，旨在为农户改善居住条件的同时，强化地方传统风貌。

基地概况
Site Brief

1.现状用地
基地位于虹桥港以西、景钱路以北。面积8.7公顷，东西向长490米，南北向宽190米。基地内部现状零散分布有13户居民，部分用于农田灌溉的沟渠，以及两条乡村路自北向南穿过基地。

2.现状地形
基地地形非常平坦，海拔高度在3.2m~3.3m之间。对于市政管线布设比较有利。

3.现状道路
规划用地南侧为景钱路、新村路，景钱路为东西向城镇支路，新村路为南北向交通性干路，作为联系廊下镇中心的主要干道。

基地现状图

基地现状照片

规划总平面图

规划方案
Mater Plan

主要经济技术指标

项目	数据
总用地面积（ha）	8.7公顷
建筑总面积（m²）	5.21万
建筑密度	0.60
容积率	0.29
绿地率（%）	40%
居住户数（户）	251
居住人数（个）	1273
户均人数（个）	5
住宅平均层数	3
地面停车位（个）	42

本规划主要特征

1.协作式的规划方法
强调"自下而上"的全过程公众参与，采用专题讲座、代表座谈、问卷调查、入户走访、现场踏勘等方式，从选址、户型和环境设计到施工全程体现农户作为社区主体的真实需求。

2.问题导向的规划方法
将配套设施规划作为规划重点，解决农村社区在卫生、文化体育等公共设施以及道路等市政设施方面的问题。

3.弹性和可选择性的规划方法
采用菜单式方式，每个住宅套型配备不同户型平面、单体立面和院落环境等可选模块，村民可根据自身偏好、经济条件、生活习惯选择建筑和景观组合方式。既满足多元化的物质空间需求，又可使规划从整体上控制建筑风貌。

廊下镇传统民居风貌意象

1.依水而筑，镇落竹篱
居民的生产生活依傍着水，民居一般临水而居，依水而筑，极富江南水乡的韵味与特色。农村整体环境深受江南文人文化的深刻影响，房前屋后的几竿修竹，一丛池水、片片菜蔬，既美化了生活环境，又蕴藏闲情雅韵，衬托出一种朴实无华的文化气息。

2.前院后宅，观自使脊
民居前多有院落，作为晾晒和邻里活动交流的空间，有菜园、花池等，后院较私密，主要为家庭内部使用，堆砌杂物，选择围篱、禽舍，山墙常有不同曲线的观音兜，屋脊平分多施万字青、宝珠，并常以鸱鸣鸟起成鱼等吉祥图案。

3.白墙黛瓦，燕是人脸
墙面多刷白色，墙边细抹褐片石，屋面用小黑瓦，整体色调素雅清爽，在江南一年四季的花红柳绿、烟雨氤氲中，空灵朗净，如诗如画。

项目组成员：王颖 肖志伦 程相炜 张文忠 郭国星

廊下镇万亩设施良田动迁安置小区规划设计——建筑设计

上海同济城市规划设计研究院

鸟瞰图

依水而聚，错落竹里，
前场后院，观音兜脊，
白墙黛瓦，画里人居。

局部透视图

社区中心透视图

建筑设计
House Design

1. 适应不同家庭结构
主要有四种房型，适应4~6人户居住，建筑面积190~230m²。
2. 适应农村生产生活需求
宅基地约200m²，建筑占地87.5m²~100m²，设置前后院作为家庭饲养、晾晒空间，底层车库便于农机农具停放。
3. 地方建筑特色的强化
住宅尽可能沿水布置，控制粉墙黛瓦色调，突出观音兜造型元素。

建筑造型细部设计（以A户型为例）

屋顶与屋脊

屋顶采用1:2双坡，正面出檐0.5-0.6米，屋脊含瓦材总高0.4-0.5米（不含屋脊局部高起构件）。

山墙

采用宽高比为1：1.5弧形观音兜（含瓦材厚度），高度1.5-1.8米，山墙正面出檐0.05-0.06米（含瓦材出檐），侧面出檐0.5-0.6米（含瓦材出檐）。

门窗

主要窗　　次要窗
入户门　阳台门　车库门　后院门

入户门高2.4米，车库门高2.1米，宽2.4米，窗台高0.6-0.9米，窗高1.5-1.8米；各层门窗上口取平（不含少量用于造型点缀的特殊窗户）。

建筑材料与色彩

小青瓦　中灰色面砖　白色喷涂　浅褐色涂料　深灰色涂料　仿木涂料

建筑屋顶、屋脊及山墙装饰部位采用小青瓦；主体墙面采用白色喷涂；屋檐下装饰部位采用浅褐色涂料；局部装饰线脚部位及阳台、露台装饰栏杆采用深灰色涂料；建筑底部2.1-2.4米以下（含室内外高差）采用中灰色面砖；窗框采用中灰色的金属或铝合金窗框。

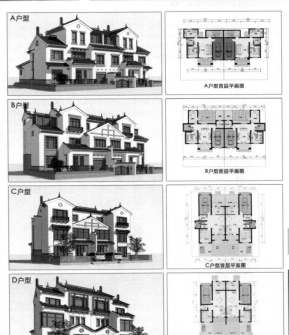

A户型

A户型首层平面图

B户型

B户型首层平面图

C户型

C户型首层平面图

D户型

D户型首层平面图

居民查看施工图纸　　一期入口照片　一期实景照片　　一期实景照片　　一期实景照片

项目组成员：王颖 肖志伦 程相炜 张文忠 郭国星

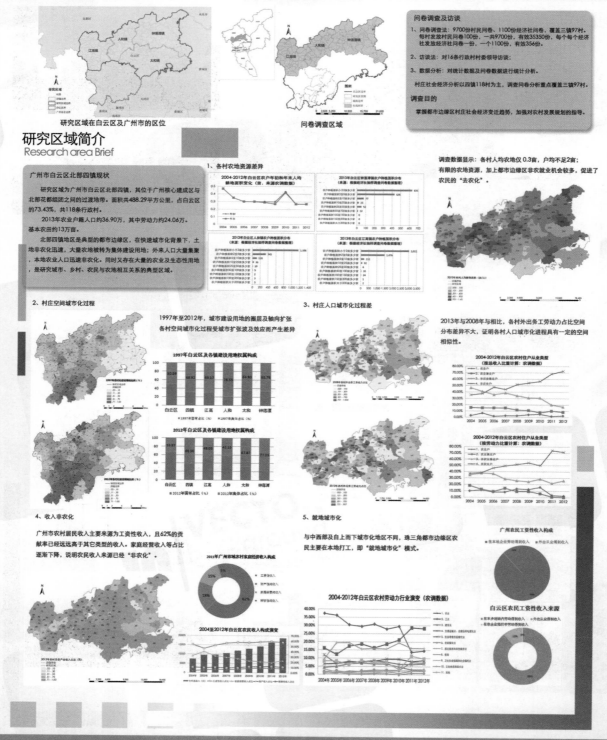

都市边缘区村庄社会经济变迁调查：村村差异及动力机制

中山大学地理科学与规划学院

小组成员：袁奇峰 邱加盛 陈世栋 石锦龙 衣晨光 郑家荣 潘卓鸿 方凯伦

都市边缘区村庄社会经济变迁调查:村村差异及动力机制

中山大学地理科学与规划学院

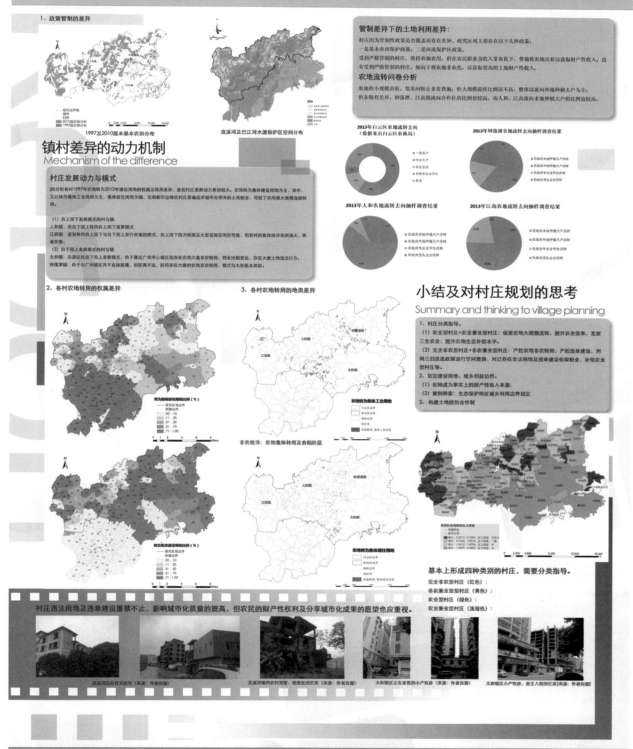

小组成员：袁奇峰 邱加盛 陈世栋 石锦龙 衣晨光 郑家荣 潘卓鸿 方凯伦

安徽岳西水畈村美好乡村规划设计——现状分析

安徽建筑大学建筑与规划学院

岳西县区位交通　　　区域旅游资源分布图　　　与周边交通联系分析

水畈村区位优势分析

　　菖蒲镇位于岳西县西南部，距县城33公里，距东香高速公路岳西出口处31公里，面积140平方公里，辖12个行政村，258个村民组，6667户，总人口24570多人。南与潜山毗连，西和太湖接壤，东、北两面与本县响肠、中关、五河、田头四乡镇接壤。

　　水畈村位于菖蒲镇东部，距镇政府所在地3.2公里，濒临"安徽第一漂"——天仙河景区，紧邻世界地质公园、国家5A级旅游景区一天柱山景区。水畈村资源丰富，环境优美，是安徽省第一个生态示范村建设点。

　　菖蒲镇南与潜山毗连，西和太湖接壤，东、北两面与本县响肠、中关、五河、田头四乡镇接壤。318国道贯穿全境，地理位置显得非常重要是岳西县重要的山口集镇之一，自古以来就是太、岳、潜的商贸中心和农特产品集散地，镇区人造、物流活跃。

　　水畈村位于岳西县东南边陲，距天柱山33公里，距司空山58公里，距妙道山32公里，距花亭湖80公里。

水畈村简介
Village Brief

规划背景

　　安徽省政府2012年9月印发《安徽省美好乡村建设规划（2012—2020年）》。《规划》总体目标是建设生态宜居村庄美、兴业富民生活美、文明和谐乡风美的美好乡村。到2016年，力争全省40%以上的中心村达到美好乡村建设要求；到2020年，力争全省80%以上的中心村达到美好乡村建设要求；到2030年，全省中心村全面达到美好乡村建设要求。

　　2012年以来，岳西县专门成立了以县长为组长的美好乡村建设领导小组，重点建设岳西县境内的安徽省首批12个重点示范中心村建设。

　　水畈村作为安徽省首家生态示范建设村，资源禀赋良好，前期村庄建设基础比较扎实。

岳西县城总体规划（2012-2030）　　　岳西县城总体规划（2012-2030）

功能定位

　　规划形成主城区、重点镇、一般镇的三级城镇体系结构，将菖蒲镇定位为岳西县5个重点镇之一，是岳西县发展边贸、物流与加工基地和乡村生态旅游中心。

交通规划

　　菖蒲镇南与潜山毗邻，西和太湖接壤，东、北两面与本县响肠、中关、五河、田头四乡镇接壤。318国道贯穿全境，地理位置显得非常重要，是岳西县重要的山口集镇之一，交通较为便捷。

旅游发展

　　水畈村濒临"安徽第一漂"——天仙河景区，紧邻世界地质公园、国家5A级旅游景区——天柱山景区，水畈资源丰富，环境优美，以盛产安徽名茶—岳西翠兰而闻名，此外还有爱国主义教育基地—红军洞、天柱山地质公园等旅游资源。在新一版县城规划中更是邻近东部温泉养生休闲区，结合自身资源禀赋和生态立村的原则，水畈应重点发展乡村休闲和山水观光旅游。

城乡聚落体系

　　新版县城总规中明确提出将水畈村打造成为精品示范村。规划为水畈的发展指明了方向，构建了较便捷的交通体系。本次规划将围绕乡村旅游主题，打造精品旅游、度假服务配套特色村落。

岳西县城总体规划（2012-2030）　　　岳西县城总体规划（2012-2030）

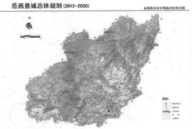

现状自然资源

1、地形地貌

　　菖蒲镇属大别山南坡中山区，最高海拔白云寨786米，最低海拔黄家塝72米，平均海拔小于500米。水畈村属丘陵地貌，区域内山峰层峦叠嶂，天仙河从村庄穿境而过，形成山地—坡地—河滩阶地一地地系列的地貌特征，其中，阶地、坡地地势特点显著，岗边山地起伏，河流蜿蜒迂迴，风景连绵。

2、气候条件

　　水畈所属区域地属北亚热带季风型湿润气候，气候温和，四季分明，无霜期长，春秋冷暖适中，光照充足，多年平均气温16.18摄氏度，无霜期220—240天，日照时数为2000小时，多年平均降水量1500毫米，适宜多种植物生长。

3、植物资源

　　主要植物资源有：马尾松、黄山松、杉木等，此外，区域内乔木类和草本中药材资源丰富，可供开发利用。高牧业历来为岳西县民营济发达，居全县之首。养牛、养猪、养羊、数量多，进全县牧业生猪养殖养殖名，上内猪、水猪、河内捕捞。

山峦　　　河流　　　道路

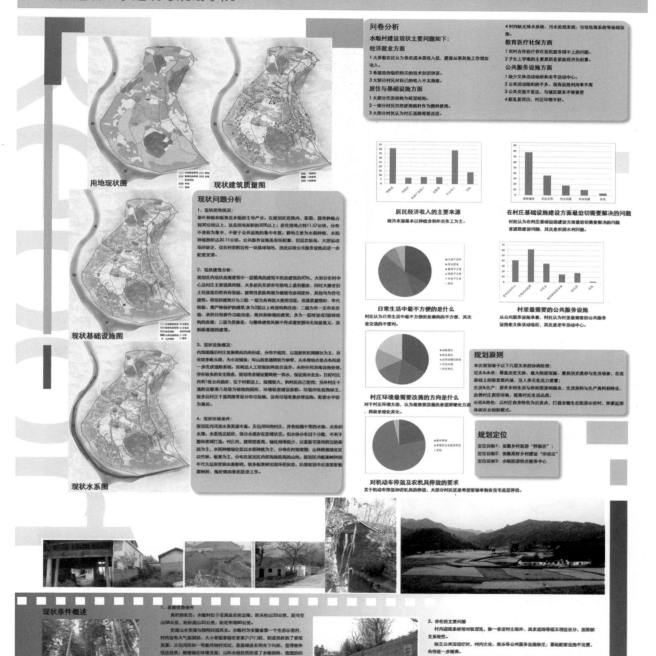

安徽岳西水畈村美好乡村规划设计——现状分析

安徽建筑大学建筑与规划学院

安徽岳西水畈村美好乡村规划设计——规划设计

安徽建筑大学建筑与规划学院

村庄总体布局

1、入口标志　　　　17、村居景观
2、4A接待中心　　　18、梯田景观
3、村民祠堂　　　　19、村委会
4、会议中心　　　　20、水畈文化园
5、沁心堂　　　　　21、文化墙
6、餐饮中心　　　　22、山渠
7、康体理疗中心　　23、村舍群
8、SPA养生会馆　　24、茶艺坊
9、老年公寓　　　　25、水畈公园
10、度假公寓　　　　26、绿色蔬菜园
11、开心农场　　　　27、漂流渡口
12、碧荷塘　　　　　28、观光茶园
13、水库　　　　　　29、观赏山茶树
14、家族七兄弟　　　30、文化墙
15、高地田园　　　　31、古树
16、郊野森林　　　　32、观景亭

总体布局

功能结构:根据资源类型、旅游服务设施的分布、功能及作用,形成"一带、一环、多区"的空间功能结构。
道路交通规划:规划形成滨河旅游道路、村庄道路、田园观光道路、步行游览道路的四级道路结构。
水系及绿化景观规划:本次设计最大限度的保存山居村落依水而居的自然特征,同时充分依循地势地形,塑水通渠,使村庄东侧山渠与天仙河沟通,形成众星拱月的水系格局。

规划总平面图

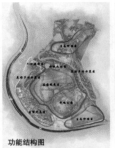

功能结构图

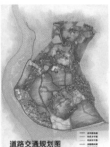

道路交通规划图

公共服务设施规划:结合村委会设置集中的村庄服务中心,内含社区综合服务室、卫生室、村委会办公室、治安民调(警务)室、农业科技服务点、图书阅览室、文化活动室、信息共享室等设施。依据资源分布、游憩需求、环境条件和基础设施现状,为规划区提供餐饮、住宿、公共设施、购物、娱乐、保健疗养、公共厕所和问讯等服务内容。

给水设施:结合村内机动车道布置,采用枝状与环状网相结合的形式。给水管管径为DN100-DN150。

排水设施:给排水工程设计范围为道路设计范围内的排水管道、停车场及公园管道预留设计。

雨水设施:雨水管管径为DN500-DN630,就近排入河流。要求、检验方法均按照GB13295-91。村庄里预留的阀门井、检查井,可以根据现场实际情况并结合以前的管路适当调整。

公共服务设施规划图

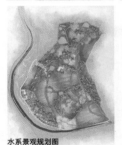

水系景观规划图

生产性道路断面图

村庄主干道断面示意图

滨河道路断面示意图

给水设施规划图

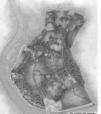

污水设施规划图

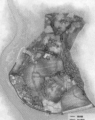

雨水设施规划图

环卫设施规划:环卫工程设计范围覆盖生活接待区,以及休闲农业和外围生态游览区预留设计。规划共设置独立公共厕所1个,其余公共厕所结合接待服务中心等公共性建筑设置。结合居民点和人流密集点设置垃圾收集点。

综合防灾规划:认真贯彻落实"预防为主,防消结合"的方针。均衡布局、重点防护,水陆联防。从实际出发,合理规划,科学预测,分期实施。针对旅游服务基地、村庄内部、山林等不同类型确定不同的消防措施。

环卫设施规划图

综合防灾规划图

电信及照明市政设施:电气工程设计范围为道路设计范围内的通信管道、道路、停车场照明及公园照明预留设计。通信管道在道路西侧设置PVC-U-6\U+2205110实壁管,管道中心距路边1.5米,管道埋深一般为0.8米;通信管道用塑料排架固定,内填细砂,排架间隔2米左右。通信管道中间采用小号通信人孔井连接,直线段80~100米设置一处,曲线段适当减小。

照明:村庄道路,照度要求参照国家标准,机动车道设计平均照度8.0米,照度均匀度不低于0.3,设计LPD为0.52,小于0.55的规定值。规划沿村内主要道路两侧安置路灯照明,按照50米半径间距单排错位布置控制,从安全及防眩光要求采用半截光型灯具,木栈道平均为5lx。在机动车道上布置单头路灯金卤灯,旅游景点内布置庭院景观灯金卤灯,木栈道上布置庭院灯紧凑型节能灯。

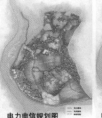

电力电信规划图

照明设施规划图

安徽岳西水畈村美好乡村规划设计——规划设计

安徽建筑大学建筑与规划学院

旅游策划

旅游线路规划

（1）区域特色旅游线路

地质公园科普游线

天柱山——水畈——菖蒲镇——岳西县

司空山-水畈山水旅游

明台山-妙道山-水畈旅游

（2）水畈旅游区内部旅游线路

岳西县城——水畈接待服务区——水畈乡村风光——长屋现代农业创意园——茶仙女茶文化创意园——潜山县城

岳西县城——水畈老屋场接待中心——天仙河漂流——茶仙女茶文化创意园——潜山县城

岳西县城——水畈接待服务区——五老峰自然风光——水畈乡村风光——长屋现代农业产业创意园——茶仙女茶文化创意园——潜山县城

岳西县城——水畈接待中心——水畈乡村风光——万冲红色旅游及野营探险——潜山县城

区域特色游线示意图

水畈旅游区内部游线示意图

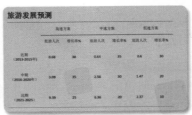

主题定位及目标客群

目标客群	旅游产品	市场分析

旅游发展预测

水畈村是水畈旅游区旅游构架中的重要一环，约占总旅游规模的75%。结合《岳西县菖蒲镇水畈旅游开发总体规划》预测值，近期（2014-2015年），游客数量迅速扩张达到0.51万人次/年，中期（2016-2020年），游客数量保持均衡增长，达到2.31万人次/年，远期（2021-2025年）达到在7.04万人次。

水畈村内部主题旅游线路

河滨度假游线：服务中心、会议中心、度假公寓、开心农场以旅游服务中心为起点，经滨河大道至会议中心、餐饮接待中心、康体理疗中心、养生会馆、度假公寓、开心农场、漂流服务中心，一系列旅游活动围绕休闲度假主题开展，充分体现旅游、休闲、度假、娱乐的精神品质。

田园观光游线：茶园、蔬菜

结合水畈村农业提供旅游服务，以村庄环绕的茶园、菜园为主，远离都市喧嚣，投入休闲农家山水的怀抱中，享受健康纯自然的休闲农庄，设置有机茶园观光、体验、品茶、农耕体验、采风摄影等项目。

生态郊野游线：外围山林

开展生态郊野观光、摄影健身，向游客提供郊野的康乐活动，体现生态情感旅游文化，实现自然景观、生态理念与娱乐体验、科普教育的创新结合，提供一种悠闲自在的旅游氛围。

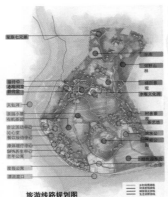

旅游线路规划图

旅游景点分布规划图

田园风光　　　乡村风情

1 中心茶园　　　1 祠堂　　　7 水畈小学

2 绿色蔬菜园　　2 鱼塘　　　8 水库

3 梯田景观　　　3 村委会　　9 气象

4 茶园小憩　　　4 水畈文化园

5 高地田园　　　5 村舍景观

6 郊野森林　　　6 文化墙

度假休闲

1 入口雕塑　　　2 接待服务中心

3 会议中心　　　4 餐饮接待

5 康体理疗中心　6 SPA养生中心

7 老年公寓　　　8 度假公寓

9 漂流渡口　　　10 休闲茶饮

11 祠堂　　　　12 水畈公园

13 开心农场　　14 民俗体验

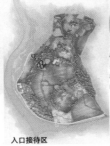

入口接待区

1. 水车雕塑
2. 游客接待
3. 古树景观
4. 祠堂
5. 戏台
6. 许愿树

总体构思：

进一步挖掘水畈村历史文化底蕴，在原祠堂旧址复建水畈民居，在保持水畈民俗传统的同时注入旅游新功能。

建筑风格：

游客接待服务中心为现代建筑，保留部分村庄传统建筑坡屋顶、青砖等特点，复建祠堂重塑屋面青砖灰墙、天井院落的建筑特点。

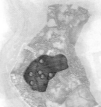

茶园观光区

1. 茶园
2. 观赏山茶树
3. 中心水景
4. 滨水雕塑
5. 鱼塘
6. 卧牛雕塑

总体构思：

将现状参差不齐的农田进行整理，梳理茶树种植秩序，形成壮丽的茶园景观，同时结合中心水塘改造，成为茶园中心景节点，增植标志茶树统领整个中心。

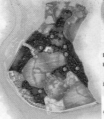

乡村风情区

1. 休闲鱼塘
2. 幽居山居
3. 山寨家居
4. 映绿山居
5. 农家宴庄
6. 山居印象摄影
7. 文化墙

总体构思：

进一步挖掘水畈村历史人文底蕴，还原村民山居图景象，在体验水畈乡村生态的同时领略和解读地方人文风情，打造省级旅游特色名村。

整理现状重要建构筑物，对现状环境进行局部改造，形成整洁优美的村居形象。

建筑风格：

尊重现状水畈村红色旅游屋顶、屋脊小跌落、竹林、花草等特点，对部分建筑进行改造，形成统一的建筑风貌和建筑元素、酿造和谐美丽的村民形象。

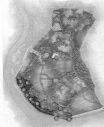

度假休闲区

1. 会议活动中心
2. 餐饮接待中心
3. 康体理疗中心
4. SPA养生中心
5. 沁心室
6. 老年公寓
7. 开心农场
8. 漂流渡口
9. 河滨公园

总体构思：

依托水畈地带天仙和丰富水塘的优势，在度假视野开阔、环境优美的地段建设水畈滨水度假村，接待团体、商务和离退旅游，打造集旅游观景、会议餐饮、康体理疗、养生休闲娱乐于一体的度假区。

建筑风格：

沿用水畈村特有的红色坡屋建筑形式，尺度上进行调整以符合会议休闲度假休闲等服务活动的需要，利用建筑进行围合，形成功能小组团和庭落空间。

度假休闲区

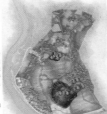

水畈公园 水畈文化园

1. 村委会
2. 祠堂
3. 文化园
4. 水畈公园
5. 水库公园
6. 观景亭
7. 码头
8. 游步道
9. 登山游道

总体构思：

进一步挖掘水畈村历史文化底蕴，在原祠堂旧址复建水畈民居，在保持水畈民俗传统的同时注入旅游新功能。

建筑风格：

游客接待服务中心为现代建筑，保留部分村庄传统建筑坡屋顶、青砖等特点，复建祠堂重塑屋面青砖灰墙、天井院落的建筑特点。

生态种植区

1. 休闲鱼塘
2. 幽居山居
3. 山寨家居
4. 映绿山居
5. 农家宴庄
6. 山居印象摄影
7. 文化墙

总体构思：

尊重水畈村鱼塘的山村环境和自然地势特色，梳理现状农水水系，开展田园观光、蔬菜茶园、郊野休闲、摄影采风等活动，打造菜畦、田园、典雅的环境，体验丰收的乐趣。

隆回县花瑶崇木凼村传统村落保护发展规划——现状分析

湖南大学建筑学院

省际层面分析图　　市际层面区位分析图　　镇际层面区位分析图

崇木凼村区位优势分析

崇木凼村位于湖南省西南部邵阳市隆回县境内虎形山乡东南部。地理坐标为东经110°74′—110°75′，北纬27°53′—27°54′之间，东临新邵县，西连洞口县，南接武冈市，北依溆浦县，距隆回县城98公里，距邵阳市所在地143公里，距怀化市约250公里，距长沙市304公里。

主要村址位于湖南省西南部隆回县西北部地势最高地带，距离小沙江镇3公里左右，又距虎形山乡3公里，海拔高度在500-1600米之间，地貌上呈现为海拔1500米以下的中低山、低山和丘陵。平地多为溪流和农田。作为花瑶民族主要聚居地之一，崇木凼村于2012年入选首批中国传统村落，村内主要居住着花瑶民族这一瑶族独特的一支，并完整的保存了花瑶原生态的生活环境和花瑶民俗文化。

崇木凼村其所在区位、土地资源、以及人口聚集和历史文化资源优势，满足未来旅游休闲景区及其相关产业经济的发展。

崇木凼村简介
Village Brief

崇木凼村现状

崇木凼村是花瑶民族主要聚居地之一，位于湖南省西南部隆回县境内虎形山乡东南部，因境内山高林茂，古树参天，当地村民自古崇拜古树为"神"，有祭祀"树神"的习俗，故取名崇木凼。整个村落赖以依存的自然山水环境真实地保存至今。村域范围包括6个村组组成的崇木凼村聚落村主体以及周边的山体、河流等，面积为179.85公顷，共计168户、887人。

崇木凼村经过百年的发展，仍保留了较为真实完整的自然生态环境，形成了人文精神与自然环境完美结合的聚落文化景观；在村落内，具有鲜明个性特征和时代风格，历史延续、传承关系明确的民居建筑，是研究花瑶民居建筑与发展经历实例。

自然环境及格局基本完好地保存至今，古树名木生长状态良好，应继续实施封山育林。

古树

传统建筑由于采光条件较差，功能单一等，已不适合现代生活方式的居住要求，尤其室内应进行改造。

住屋

村落内至今完整保留着传统的木构干阑式穿斗式屋架建筑168栋，形成了别具特色花瑶村寨景观。

清代立"永远蓄禁"石碑

干阑式穿斗式屋架

竹林与石岗

瑶族对歌岗

住屋

村内道路
县道途径崇木凼村入口，进村为一般水泥村道，村落中铺设了部分石板游步道，交通设施不完善且不规范。

聚落格局和景观风貌基本保存好，但散布于传统宅院间的新式民居、杂物间、旱厕、牲口棚等严重破坏了聚落的传统风貌。

村域入口新建房

在村落入口外东面，包括游客服务中心、停车场、电瓶车换乘停靠点等在建设中。

住屋　　住屋　　杂物房

崇木凼村花瑶传统民居分析

崇木凼村村内现存的花瑶族居住建筑大多为独栋民居，或临主要街道的民居还设有商铺等，这些民居建造时间从民国时期到80年代不等，但都保留了较好的建筑状态。一般为全木结构，干阑式穿斗式屋架，围护结构多为木板壁为主。一般建两层，二层以储物为主，主活起居主要部分在一层，受到汉人生活习俗的影响，而在一层明间设神龛放置神主牌位，成为活动与待客的堂屋。

C125号民宅左立面

干阑穿斗式屋架　　正立面　　楼梯　　屋顶　　门窗　　雕刻　　梁架　　窗花

小组成员：柳肃　焦胜　徐峰　卢健松

隆回县花瑶崇木凼村传统村落保护发展规划——现状分析

湖南大学建筑学院

崇木凼村历史环境要素图

崇木凼村资源分布图

崇木凼村公共及基础设施图

建筑现状问题

居住建筑

1、一些建筑年久失修，历经百年，雨水冲刷，木构件存在虫蛀、糟朽、变形、缺失普遍的问题。
2、传统建筑由于建房条件较差，功能单一等，不适合现代化生活方式的居住要求，有在改造，或废弃另建的状况，新旧建筑风格差异，由于施工工艺及施工水平差万别，造成传统建筑风格失真，建筑风格不美，风格相协调。
3、由于一些农民道路务工，多年不归，房屋空置现象也普遍存在。这些房屋除年久失修外，甚至存在较为严重的结构问题，需紧解决。
4、随着生活条件的改善，一些村民开始在道路两旁、新建房屋，这些以混凝土为主要材料的平屋顶房屋、工艺粗制滥造、水平参差不起，极大地影响了村落建筑风格的整体协调性。

其他设施

5、附属设施情况保存较好，但是水井多数为露天设置，缺乏必要的保护措施，对水源的安全性有较大减弱。表演台面积过小、无法满足节庆活动需要。

崇木凼村现状分析
Village Brief

现状问题分析

1、产业和交通滞后：
崇木凼村虽然拥有优秀的历史文化资源，但产业和交通的基础皆弱，难以发展。仅有县道X054经过村落入口。村内道路还处于较初级阶段，且各种静态交通设施远远不够，要使其发展必须从交通上入手，利用旅游资源来带动发展。

2、基础设施落后：
崇木凼村基础设施较不发达，不利于大规模开发；公共设施数量较少，居民活动单一。

3、传统生活模式变化：
原有农耕文化形态随社会进步呈现更新与延续趋势，但传统生活模式受到现代化社会冲击，历史信息持续丢失。

4、文化传承加快：
崇木凼村拥有大量花瑶族传统文化建筑，如得不到合理开发和旅游的支持，难以将其传承下去。

5、建设性破坏加快：
大量新建民房及部分杂屋与聚落原有传统景观风貌极不协调，且建设活动随意不规范造成周边生态环境遭到破坏。

6、缺少保护改善、资金：
村经济以传统农业经营为主，经济收入不足，个人可用于建筑保护、修缮的资金寥寥可数，整体建筑状况不断下降。

崇木凼村传统建筑测绘

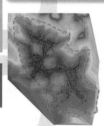

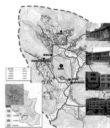
部分测绘建模组图

村域和村庄高程分析
根据高程分析图示表明，村民主要居住在山脚、背山面水，海拔较低的是农田溪流区。

村域和村庄坡度分析
根据坡度分析图示表明，坡度较大的地方在村落后面的山坡，坡度较小的地方在农田区域。

规划目标
在保护崇木凼村传统村落景观和传统风貌建筑，及周边生态环境的前提下，发挥其传统村落的优势，突出花瑶特色，充分利用现存的历史遗产、人文资源、历史环境要素等，综合发展旅游事业，恢复当地原始生态环境，搜高居民生活水平，促进当地社会和经济的发展，将崇木凼村发展成"绿色之谷，多彩花瑶"：1.保护花瑶村寨与建筑的历史原真性；2.保护村落周边自然环境的生态性；3.保护物质文化遗产和物质文化遗产的综合性；4.历史文化保护与旅游开发相结合；

建筑风貌评价
居住建筑总体保存状况良好，但缺乏必要的维护，尤其对于风貌不协调建筑，应予以整修及拆除。

建筑质量分析
部分建筑单体存在不同程度的损坏，尤其存在于一些传统木构建筑和外出务工人员的空置房屋。

建筑高度分析
建筑高度整体控制在1-2层数，只有个别沿道路两旁新建建筑超过3层以上。

崇木凼村规划图

崇木凼村花瑶民族的过去和现在

花瑶挑花

花瑶婚俗

古树林中瑶族对歌

小组成员：柳肃 焦胜 徐峰 卢健松

湖南省江永县兰溪瑶族村历史文化名村保护规划——现状分析

湖南大学建筑学院城市规划系

兰溪瑶族村区位优势分析

兰溪瑶族村位于湖南省永州市江永县，是江永县古代四大民瑶之一勾蓝瑶的居住地。地理位置为东经110°10′，北纬24°25′，位于县境西南部，距县人民政府驻地潇浦镇30公里。东、南与广西壮族自治区恭城瑶族自治县相邻，西与桃川镇接壤，北与夏层铺镇交界。乡政府驻马山岭，含上村、黄家村、大兴三大聚居地，横山水口、带下、动同、番花井、新桥、大兴、狮形、黄家、上村、石盘10个行政村，在山水环境中，10个行政村成长条形由东向西排列。瑶族居多，占总人口的86.4%，自然山水环境完整的保存至今。近期被国家住房和城乡保障部、国家文物局公布为第六批中国历史文化名村（建规[2014]27号），兰溪瑶族古建筑群已被省政府公布为省级文物保护单位。

湖南省分析图

市际层面区位分析图

镇际层面区位分析图

兰溪瑶族村简介
Village Brief

兰溪瑶族村现状

兰溪属于岭南山脉的山地丘陵区，地处温、热带结合处，属亚热带季风湿润气候，四季分明，气候温和，光照充足，雨量充沛，无霜期长，自然条件优越。全年平均气温在17.6—18.6摄氏度，无霜期年均285—311天，年降雨量达到1290—1900毫米。

兰溪瑶族村分为上村、黄家两个行政村，共325户1272人。蒋姓于唐元年间（820年），欧阳姓于北宋治平4年（1067）年先后迁入，距今分别有1194年和947年的历史，是名副其实的千年瑶寨，它与千年古村上甘棠几乎同时而立，是湖南省目前发现最早的瑶族建筑群，石刻石碑跨越宋元明清四个王朝，为研究村落史、民风民俗、政治、经济、文化提供了宝贵的资源，该村文化、文物资源丰富，具有很高的研究价值和保护价值。

祠堂景观　　村中景观　　兰溪河　　村落远景

凉亭　　古溪　　古井　　保存至今的明代古城墙遗址　　门楼

水文景观

山体景观

守夜屋

临街的传统商业建筑

村口盘王庙

上村入口的石鼓登亭门楼　　古城墙遗址　　农田景观　　村内风雨桥　　重要建筑节点景观　　特有的防御节点——戈屋

旅游线路及陈列展示分析

兰溪瑶族村位于湖南省永州市江永县，是江永县古代四大民瑶之一勾蓝瑶的居住地。兰溪瑶族古建筑群已被省政府公布为省级文物保护单位，该村文化、文物资源丰富，村中风雨桥、盘王庙、古井亭、台、楼阁、古城墙、石碑刻等公共建筑和文物保存较为完好，具有很高的历史和艺术价值。优美的自然景观与古朴的人景观融为一体，自然的山水环境完整的保存至今。因此，本次规划的主要目标在于：保护面临破坏的重要历史建筑、历史地段，申报文物保护单位；有效控制新建筑风格与质量，整饬并保护现有生态环境和山体环境，逐步恢复"兰溪八景"的自然和人文景观，构建兰溪瑶族村历史文化旅游线和陈列展示路线。

小组成员：柳肃　焦胜

湖南省江永县兰溪瑶族村历史文化名村保护规划——现状分析

湖南大学建筑学院城市规划系

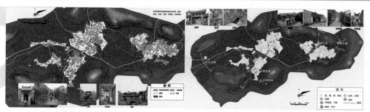

兰溪瑶族村重点保护建筑分布图　　　　兰溪瑶族村历史建筑与环境要素分布图

兰溪瑶族村建筑分析

公共建筑：村内多公共建筑，如祠庙建筑、戏台、凉亭、廊桥、城墙等，建筑形式多样，造型精美，工艺精湛。这些建筑多采用抬架、穿斗相组合的形式，硬山屋面为主，少量有歇山、卷山以及以纯木结构为主，四周维护结构多用本地产的红砖，墙顶为小青瓦，墙面夯土或铺地，檐口下一般施有色彩较为简单的彩画，木雕石雕多以传统祥瑞图案为题材，村外有培扎一层，为新近修建传统样式建筑，与环境较为协调，村口有盘王庙一座，为传统砖木混合建筑，建筑整体格局保存较好，但年久失修，现已废弃。

居住建筑：村内现存的瑶族居住建筑大多为独栋民居，毗临主要街道的民居近设有商铺等，这些民房建造成时以从明代到近代不等，但都保留了较好的建筑形态，一般为纯木结构，上下两层，维护结构多为木墙壁为主，辅以砖墙，一些建筑工艺相当精湛，雕刻构件十分精美。

兰溪瑶族村简介
Village Brief

现状问题分析

1.建筑物自身年代久过，材料老化；
2.自然灾害等不可抗力的影响，如洪灾、火灾、山体滑坡等；
3.遗产本体承担过重的生活和利用功能，存在过度使用的问题；
4.社会发展与敬生活方式转变，原有文化形态与物质遗存已无法满足现代生产生活的需求；
5.缺乏必要的管理与维护，主要物质遗产病害病变缓投实施普遍，严重威胁遗产安全；
6.遗产保护意识缺乏；
7.衰落生态环境的人为破坏。

非物质文化遗产

兰溪瑶族自治村古老淳朴的生活历经千年延续至今，生动地反映了勾蓝瑶族乡土文化生息的过程，与蓝瑶族的非物质文化传承主要以传统节日的形式呈现，如诛鸟节、尝新节、洗泥节、中元节、盘王节等，内容包括岁祭神节祭坛，大鼓舞或婴龙舞狮等，其中类溪节已被省政府公为为湖南省非物质文化遗产名录，为保证这些遗产不仅作为历史资料得到静态的保存，还要使其在现实社会生活中得到应用与发展。

兰溪瑶族村历史保护建筑修复

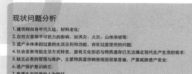

盘王庙R侧立面图　盘王庙2-2剖面关系图　　　盘王庙发展图　盘王庙2-2发展剖面图

盘王庙1-1现状剖面图　　　盘王庙1-1发展剖面图

顶山溪戏台修复平面图　顶山溪戏台修复发展剖面图　　顶山溪礼台现状平面图　顶山溪台现状剖面图

顶山溪戏台修复发展图　顶山溪戏台修复正立面图　　顶山溪戏台现状发展立面图　顶山溪台立面图

守夜屋现状平面图　守夜屋现状剖面图　　守夜屋1-1现状剖面图　　守夜屋现状发展平面图　守夜屋发展平面图　守夜屋1-1复原剖面图

非物质文化的传承状况调查及评价

非物质文化分类	编号	文化现象	存留状况评价	在本地区的重要性（特色性）
民俗节庆	1	诛鸟节	濒危	良
	2	尝新节	濒危	良
	3	洗泥节	完整	优
	4	中元节	濒危	良
	5	盘王节	已消失	优
	6	文定（婚俗）	已消失	优
民间艺术	7	长鼓舞	较完整	良
	8	跳盘王	已消失	优
	9	大鼓舞	较完整	良
	10	婴龙舞狮	濒危	良
	11	戏剧	濒危	良
	12	服饰	濒危	优
	13	漂洋过海舞	已消失	优
	14	瑶族歌谣	濒危	优
	15	传说故事	濒危	优

规划目标

1、近期（2011-2015年）：保护和抢救亟临破坏的重要历史建筑、历史地段，申报文物保护单位；控制新建建筑风格与质量，整治开保护周边生态环境，着手恢复"兰溪八景"的自然和人文景观，解决原居民生活生产问题，落实文化遗产的系统保护。

2、中期（2016-2020年）：建设完善有兰瑶族自治村聚落利用体系，建设完善配套设施建设，交通节点的建设、修缮，保护复原历史文物建筑、历史地段，恢复"兰溪八景"的自然和人文景观3、远期（2021-2030年）：以完善区域性产生活及旅利用为主，全面整治改造，完善历史文化名村格局，全面恢复周边自然生态，严格执行文物古迹的保护要求，完全恢复"兰溪八景"的自然和人文景观促使兰溪与新农村经济建设协调发展。

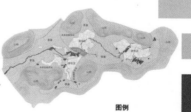

2010年，兰溪人口2000余人，未来发展用地以居住功能为主，兼有文化旅游、商业服务、休闲娱乐的复合用地。2030年兰溪村自然增长人口预计达到2900余人。本规划确定远时古村内人口容量为4000余人。

图例
山林
居住区
未来发展用地
政务、商业及旅游服务中心
家业
道路
水域

兰溪瑶族村规划图

兰溪八景

上村漂眠井，旗山流
倒井饮冬吉，天然景泓南，水清菡遍绿涟，淤烷鳞完浮，树老琼苍久，人多祝滋爽，天光云养影，山色掌欲妻。

佛地灵冬卷
佛地灵冬卷，清曲冶足跨，敌萍庵雅静，踏运村冬分，八篮花香清，虹霜系马冬，强人常至池，夕阳顺返归，形迹似月圆。

犀牛桥
骨角彩弥丹，郎牛今不差，卯窥乌投永月，岸涛乌投祥、竹径通花径，别影吞苦薛，潇凝银花艳，石架耕上望，不觉晓晨曙。

关帝庙
古塞城墙，垣元桥诗宵遍华窟，超江冠不幸，峰高千丈愛，水迢一溪流，龙腾足跨双京，虹霜系马冬，夕阳顺返归，形迹似月圆。

宝塔寺
寺古钟尤古，峰高远延垂，山鸣塑人闻，鸦鸣乌投永月，竹径通花径，疑蓝玫园际，突遐心，宝空空体，任我流曙曙。

永富平，湖广通径
古道遍湘粤，名园永富留，四阿青障垫，过客骑情梧，客人唇呆赏秋，凉风生六月，尖着恒郁秋。

龙仔洞
斩似宇安窗，名盛宋不虚，疑满真眼现，哪所就望垂，艱蓝兄昌疆，烟云任卷舒，庭友如有智，财鱼牛归辔。

小组成员：柳肃 焦胜

深圳市城市规划设计研究院在重庆的乡村实践

相关项目（北碚区五个乡镇城乡统筹战略规划与新木村村庄规划）

隨著我國新型城鎮化的推進和經濟社會的發展，各地都在不斷探索能結合自身發展特點的城鄉統籌辦法。重慶市自上世紀九十年代即開始推行"大城市帶動大農村"的發展戰略（簡仕明，1997）。近年來，重慶又以"縮小三個差距、促進共同富裕"為目標，提出了"'三大投入'、'二項貼息'、'六種補助'的扶持政策"（鄧勇，2012），在改善農民生存環境、助推村民脫貧致富等方面取得了一定成效。但重慶"集大城市、大農村、大庫區、大山區和民族地區于一體"的特徵明顯，在未來的城鎮化進程中，"大城市"如何帶動"大農村"依舊是重慶亟需解決的重大課題。一方面，"大城市"決定了重慶反哺能力有增強的基礎與動力；另一方面，"大農村"決定了重慶城鄉二元矛盾突出，統籌城鄉發展任重道遠。據國家統計局數據顯示，2013年，上海、北京、天津、重慶的城鎮化率分別為88.02%、86.30%、78.28%和58.34%，較之其他直轄市，重慶市農村地區待哺面極廣，如何發掘各地真實急需，實現高效對口服務，顯得尤為迫切。此外，如何激發農民自身建設能力，發揮村莊能動性也應成為探索實現村莊可持續性發展的必要命題。

在城鄉統籌與鄉村規劃的過程中我們發現：農村的問題多元且復雜，由於各個村莊發展階段與發展基礎的差異，產生了對下一階段最緊迫的發展需求差異。同時，村莊所面對的社會經濟問題的表現方式和程度也有所差異，城鄉尤其是鄉村地區的實際發展問題已不僅僅是空間方面的問題，僅僅依靠規劃部門制定城鄉空間統籌規劃去解決實際的"三農問題"已不現實。本展板的核心要義在於闡述：為更好的在規劃管控前期階段介入城鄉發展和解決扶農工作過於粗放的現狀，應充分發揮城鄉規劃作為政府行政手段的作用，將統籌主權歸位於地方政府，協調不同職能部門的事權與手段。為此，我們的探索是：

通過"自下而上"的分析村落間的差異性的實際需求，綜合謀劃村落間的差異化發展，整合農林、水利、財政、發改、規土等部門涉及生態補償、片林建設、農田水利等內容的工程補助、建設資金及其他政策資源，以探索更加貼合村

近年來，我們做過的村鎮規劃有：《北碚區江東片區五個鄉鎮城鄉統籌規劃》、《萬盛區黑山鎮總體規劃》、《萬盛區金橋鎮總體規劃》、《萬盛區新木村村莊規劃》……在城鄉統籌與鄉村規劃的過程中我們發現：不同的鄉村由於基礎條件不同，反映出了差異性的社會經濟需求，農村的問題多元且復雜，在規劃鄉村的這條路上，沒有統一的範式與規劃模板可以按本套用，必須根據具體的實際情況對思維範式進行適應性的調整。

"兜轉山路上的那些思維拐點"

"這條山路我不熟悉"

"在探訪之前的常規工作"

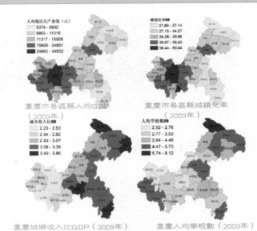

重慶市各區縣人均GDP（2009年）

重慶市各區縣城鎮化率（2009年）

重慶城鄉收入比GDP（2009年）

重慶人均學校數（2009年）

（資料來源：《重慶市城鄉統籌發展模式研究》[1]）

起始階段（05—06年）	發展階段（07—08年）	延展階段（09—12年）	深入階段（13—至今）
以村莊整治為主	以果蔬改造為主以城鄉綜合整治為主	注重產業、產村相融	注重產業、產村相融

06年"千百工程"——集通過典型示範、分類指導、重點推進，逐步探索一套適合重慶市情特點的新農村建設推進措施和辦法。

該時期的村莊規劃以"完善農村各類基礎設施和公共服務設施，改善農村基本的人居環境與生產生活條件，改善農村落後面貌"為主要工作形態，由於該時期是重慶市新農村規劃編制的起始階段，規劃的編制以起到示範性作用以對單個村莊的規劃為主，類型較為單一。

該時期代表性的規劃包括：《武隆江口農村莊村規劃》、《合川區淶灘鎮雙碾子新型農村社區規劃》和《沙坪壩區曾家鎮社會主義新農村規劃》等。

07年，全國統籌城鄉發展綜合配套改革試驗區。《重慶市城鄉總體規劃》首次將農村納入、統籌規劃。08年《中共重慶市委關于加快農村改革發展的決定》。同年，《重慶市巴渝新居工程》。11年《重慶市農村民住宅規劃建設管理暫行辦法》。

該時期新農村規劃的編制工作進展較大，"先規劃後建設"普遍形成共識，規劃多以"突出民居和地方特色，以建築風貌、立面景觀、院落環境優化調升"為主。

該時期具有代表性的規劃包括：《永川區青峰鎮社會主義新農村建設規劃》、《武隆區新農村總體規劃》和《大足縣三合村巴渝新居規劃》等。

09年《關于推進重慶市農村地域改革和發展的若干意見》、《重慶市村莊規劃編制辦法（2009年試行）》和《重慶市村莊規劃技術導則》。09年巴渝新居工程。

該時期重慶市逐漸開始從區域角度展開研究，注重城鄉環境的同步優化，着力提升發展建設質量和改善人民居住環境質量。

該時期具有代表性的規劃包括：《九龍坡區千秋村村莊規劃》、《涪陵區週週村玉皇觀巴渝新居規劃》、《大足縣三合村巴渝新居規劃》等。

2013年6月19日提出《關于發展都市現代農業的指導意見》，提出要大力引導城市資本、技術、人才等先進生產要素專注入農業，切實提升農業產業化和服務社會化水平，為城鄉居民創造更多的就業增收機會，加快構建城鄉經濟社會發展一體化新格局。

村莊規劃開始不僅注重以遠度集中居住區土地農民居住方式，而且堅持以適度規模集中轉移農業生產為主，突出產村相融、產村一體的發展路，通過新村和產業兩個基本的農村要素的整合，有效地克服農業空心化問題，實現城鄉、農業和農民的協調發展。

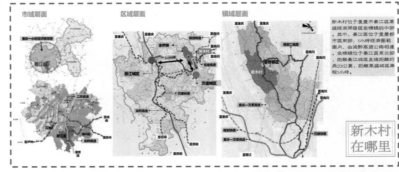

市域層面

區域層面

鎮域層面

新木村位于重慶市綦江區萬盛經濟開發區金橋鎮的中部。其中，綦江位于重慶都市區西部，小峽谷溶洞範圍內，由渝黔高速公路相通，金橋位于綦江區東北部，距離綦江城區直線距離約為23公里，距離萬盛城區直線程1小時。

新木村在哪里

參與人員：司馬曉 喬建平 吳鵬 王志凌 梁光銀 任泳東 梁司青 徐川 何洪梅 王可

深圳市城市规划设计研究院在重庆的乡村实践

相关项目（北碚区五个乡镇城乡统筹战略规划与新木村村庄规划）

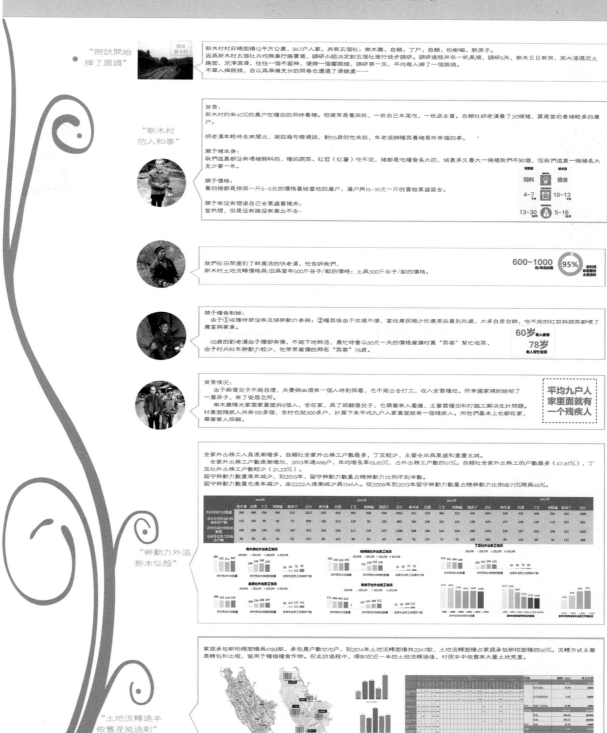

"探访开始 摔了跟头"

新木村村莊總面積12平方公裏，947戶人家，共有五個社：南木灘、自顧、丁戶、白顧、柏樹嘴、新房子。
因為新木村五個社內均無車行路貫通，調研小組決定對五個社進行徒步調研。調研過程並非一帆風順，調研5天，新木日日有雨，雨水浸透泥土路面，泥濘濕滑，往往一個不留神，便摔一個響跟頭，調研第一天，平均每人摔了一個跟頭。
不單人摔跟頭，自以為準備充分的問卷也遭遇了滑鐵盧……

"新木村 的人和事"

背景：
新木村約有40%的農戶在種田的同時養豬。但通常是養兩衹，一衹自己年尾吃，一衹送去賣。自顧社胡老漢養了20頭豬，算是當地養豬較多的農戶。
胡老漢年輕時走南闖北，能說幾句普通話，對65歲的他來說，年老返鄉種荒養豬是件幸福的事。

關於豬本身：
我們這裏都沒有喂豬飼料的，種的蔬菜、紅苕（紅薯）吃不完，豬都是吃糧食長大的，城裏多久養大一條豬我們不知道，但我們這裏一條豬長大至少要一年。

關於價格：
養的豬都是按照一斤5~6元的價格賣給當地的屠戶，屠戶再15~16元一斤的賣給菜盛區去。

關於有沒有想過自己去蔓盛賣豬肉：
當然想，但是沒有路沒有車出不去~

我們在田間遇到了幹農活的伏老漢，他告訴我們，
新木村土地流轉價格屬：田畝當年500斤谷子/畝的價格；土屬300斤谷子/畝的價格。

600~1000　元/年流轉費　**95%**　村村民希望進行土地流轉

關於糧食剩餘：
由於①收獲時節沒有足夠勞動力參與；②種菜後由於交通不便，當地居民很少把農產品賣到別處，大多自產自銷，吃不完的紅苕與蔬菜都喂了農畜與家禽。
60歲的劉老漢由於腰部有傷，不能下地幹活，農忙時會以80元一天的價格雇傭村裏"菜客"幫忙收菜。
由於村內壯年勞動力較少，他常常雇傭的那名"菜客"78歲。

60岁　老人务农　**78岁**　老人帮忙收菜

背景情況：
由於殘傻兒子不能自理，夫妻倆必須有一個人時刻照看，也不矩出去打工，收入全靠種地。所靠國家補助給砌了一層房子，有了安居之所。
南木灘光家園國家補共8個人，全在家，屬了照顧傻兒子，也靠家有人看護，主要靠種田和打散工解決生計問題。
村裏面殘疾人共有100多個，全村也就900多戶，計算下來平均九戶人家裏面就有一個殘疾人，而他們基本上也都在家，需要家人照顧。

平均九戶人 家裏面就有 一個殘疾人

"勞動力外溢 新木似殼"

全家外出務工人員逐漸增多，自顧社全家外出務工戶數最多，丁戶較少，主要去向為菜盛和重慶主城。
全家外出務工戶數逐漸增加，2013年逾488戶，年均增長率19.85%，占外出務工戶數的51%。自顧社全家外出務工的戶數最多（47.81%），丁互社外出務工戶數較少（21.23%）。
留守勞動力數量逐年減少，到2013年，留守勞動力數量占總勞動力比例不到半數。
留守勞動力數量也逐年減少，由2222人逐漸減為1146人。從2008年到2013年留守勞動力數量占總勞動力比例由71%降為45%。

"土地流轉過半 依舊產能過剩"

家庭承包耕地總面積屬4183畝，承包戶數1070戶，到2014年土地流轉面積共2347畝，土地流轉面積占家庭承包耕地面積的56%。流轉方式主要是轉包和出租，皆用於種植糧食作物。在走訪過程中，得知近一半的土地流轉過後，村民手中依舊有大量土地荒置。

參與人員：司馬曉　喬建平　吳鵬　王志凌　梁光銀　任泳東　梁司青　徐川　何洪梅　王可

深圳市城市规划设计研究院在重庆的乡村实践

相关项目（北碚区五个乡镇城乡统筹战略规划与新木村村庄规划）

现实境遇 vs 规划往往说

种植大户——李老板一腔热血的承包了300亩的良田，100多亩搞大棚蔬菜，60亩搞鱼塘，100多亩搞果林，但由于不了解情况，他买的这块地正好位于地势低处，每年的6~9月都会被雨洪淹没，加上劳动力不好找，看不到尽头的大棚蔬菜空养在田里，用老板的原话，"经营的一场糊涂"。
关于农业保险与农业金融贷款：
听说过，但他们不会贷给我们，保险也不会卖给我们。

vs

除去土地流转模式指引，规划能否往前一步，做的更多？

推进土地集约，流转闲置土地，发展农村经济合作组织，鼓励扶持地方农业龙头企业、农业种植大户、农场及农民专业合作社，以"大户承包模式"来带动土地流转，提高土地使用效率。"

种植大户——罗老板是新木村熙旭农业公司创始人，在新木承包了300亩土地，主营蔬菜种植，已投资200万元，经营了两年，仍然没有回本。
关于农超对接：
现在自营万盛社区蔬菜供应点，直接对口供货，约60斤一天。之前有和大超市尝试合作过，但大超市每天至少要500斤的供货量，完全达不到要求。

vs

供货规模限制下的农超对接策略如何避免成为单纯的口号？

适应农村经济发展需要，积极发展农村金融、信息、科技等生产性服务业，深入实施"万村千乡市场工程"，加强农村商品配送中心和连锁店建设，推进农批对接、农超对接、直采配送等多种形式的农产品营销模式。"

返乡青年——胡家小伙
关于未来：讨厌种地，在外打工看农经频道时，涌起过回家养蝎子的冲动，但还没搞起的原因是有"家里的路通不到大路，干不大发。"另外，"比起山东养蝎子都有补贴，都不知道重庆养蝎子有没有补贴。"

vs

如何为返乡农民工的创业提供更肥沃的土壤？

能否帮他们梳理出惠农的资金与政策？"合理规划农村劳动力，转移就业途径，鼓励和扶持农民工返乡创业。"

规划的理想与现实

规划主管部门受事权的限制，不可以也不可能完善或者解决所有的问题。

HOW
予创业者以环境
予经营者以保障
予规划图以落地
？

一种尝试

听取各村需求的同时，与农林、水利、财政、发改、规划、国土等多个部门进行详细访谈与沟通，整合各个部门涉及生态补偿、片林建设、农田水利、经营扶持等内容的工程补偿、建设资金及其他政策自愿。

部门	补助/项目	名称
	开发建设立项	江东旅游服务中心建设
	生态环保试点资金补助	生态环保示范村
	生态环保试点资金补助	碳汇经济产业基地
	解决空间布局等问题	编制《古镇保护规划》及《旅游发展策略规划》
	主要解决规划管理、建设用地以及空间布局等问题	编制《江东工业园区总体规划》
	主要解决景区发展策略、空间形态、建设用地等问题	编制《大金刀峡风景区旅游规划》
	主要解决规划管理、建设用地以及空间布局等问题	编制《江东工业园区总体规划》
	退耕还林生态移民搬迁补助项目	生态移民搬迁工程
	（农业综合开发产业化经营项目）——供销合作总社农业综合开发办	供销合作社综合改革试点
	农村改革试点补助规模农业融资政策	土地承包经营权抵押担保试点
	农村改革试点补助	农村集体经营性建设用地入市试点
	农村改革试点补助	农村集体产权股份合作制改革试点
	地质灾害搬迁补助退耕还林生态移民搬迁补助项目	生态移民工程
	主要解决村落发展策略以及空间布局等问题	编制《生态修复示范村落发展规划》
	水资源涵养专项补助	水资源涵养项目
	河道防护整治专项资金	河道整治及维护工程
	公益林建设投资和森林生态效益补偿基金	森林培育工程
	巴渝新居建设补助	巴渝农民新居建设项目
	产业转型项目立项	天府煤矿"退二进三"转型
	农村改革试点补助	农户宅基地使用权退出试点

旅游局　交发公司　环保局　规划局　国土局　水务局　林业　民政局　经信委

参与人员：司马晓　乔建平　吴鹏　王志凌　梁光银　任泳东　梁司青　徐川　何洪梅　王可

深圳市城市规划设计研究院在重庆的乡村实践

相关项目（北碚区五个乡镇城乡统筹战略规划与新木村村庄规划）

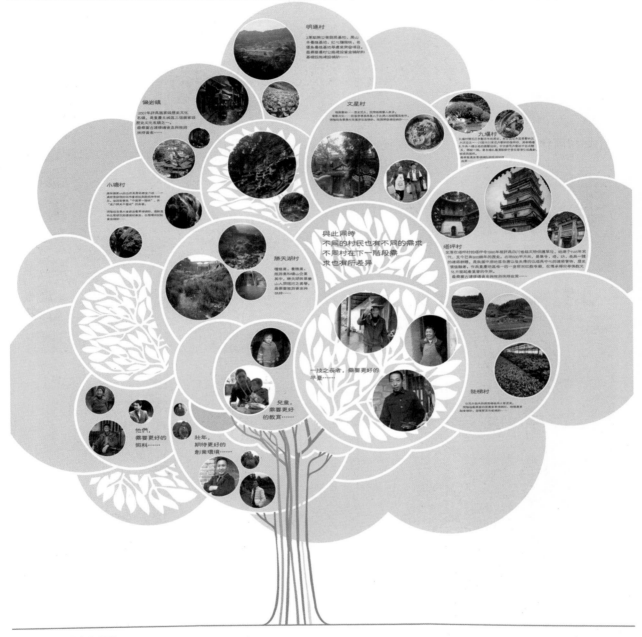

参与人员：司马晓 乔建平 吴鹏 王志凌 梁光银 任泳东 梁司青 徐川 何洪梅 王可

舒城县舒茶镇山埠村山埠中心村美好乡村规划——现状及方案

安徽建筑大学城乡规划设计研究院

山埠村简介
Village Brief

舒茶镇地处大别山东麓余脉，舒城、庐江、桐城三县结合部，素有舒城"南大门"之称，是全省闻名的"茶叶之乡"。

山埠村地处舒茶镇东南部，206国道上，距镇区约3公里，属丘陵山区，三面环山，中贯河流，地理位置优越，环境优美，东与庐江县汤池镇接壤，南与桐城市接壤，村域面积7.28平方公里，其中山场面积8300多亩，辖18个村民组，585户，人口2113人。

山埠村美好乡村建设是市美好乡村建设示范点之一，是县15个美好乡村建设重点工程之一。

山埠舒茶 **田园美、村庄美、生活美**

拆除9户，保留100户，新增112户，规划后山埠中心村聚集约212户，达到740人左右的规模。

山埠中心村现状住户为109户，人口约381人。整体呈带状分布。
山埠村为贫困村，村内整体环境较差，还有相当一部分土房，配套设施严重不足。同时村庄被群山环抱，河流穿境而过，整体生态空间格局较好。

"核聚四方、轴串五区"的被外部生态基底间隔的组团结构。

尊重外部生态网格基底，选择优势区位适当拓展新村庄，与现有建筑聚落相契合，整合提升各聚落形成五个居住组团。规划沿有南北向主要道路轴状串接各功能组团。

整体建设空间呈带状分布，在带状的中点，聚集主要公共服务功能，将此作为辐射全村的公共服务中心。以现有村委会为依托，改造小学成幼儿园和图书室；在卫生所对面建设两层的综合楼（主要为文化站）；临河建设景观亭，改造现有空地，建设休息长廊等游憩设施，讲该节点打造成为服务整个村的中心。同时考虑该节点的便利性，在生态网格允许的条件下适当做大该节点的组团规模。

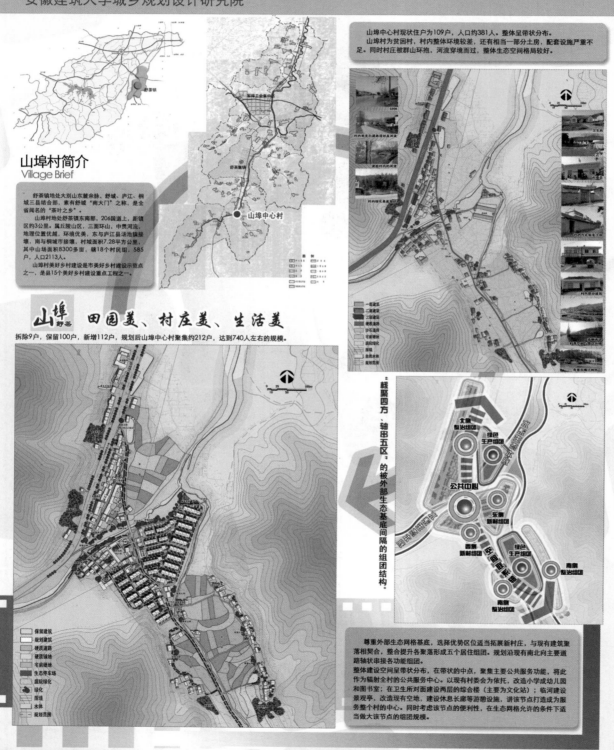

小组成员：李保民 王涛 李家宁 万轩宗 王晨 陈晓宇 何成 唐春利 沈雷 张彩娥

舒城县舒茶镇山埠村山埠中心村美好乡村规划——实施及成效

安徽建筑大学城乡规划设计研究院

小组成员：李保民 王涛 李家宁 万轩宗 王晨 陈晓宇 何成 唐春利 沈雷 张彩娥

蓟县渔阳镇西井峪村国家级历史文化名村保护规划——现状分析

天津大学建筑学院城市规划系

天津市层面分析图　　渔阳镇层面区位分析图　　村域层面区位分析图

区位分析

西井峪村简介
Village Brief

西井峪村概况

西井峪村历史文化特色

特色之一：整个村落坐落于石山之上，拥有八亿年地质石岩。
民居特色之二：大多为石木、砖石结构，青石灰瓦；
民居特色之三：以石头作为院墙；

用地现状分析　　现状建筑价值评估　　现状建筑质量分析

现状建筑层数分析　　现状建筑功能分析　　现状建筑结构分析

现状建筑院墙形式分析　　现状绿化系统分析　　现状道路分析

历史价值与风貌特色

原状保存程度

现状规模

文化遗产的保护状况

崆峒山龙脉与文物遗迹

序号	名称	年代	保存状况等级	简介及主要特色
1	万卷石书	8亿年		世界罕有的地球岩层剖面
2	龙脉	清	2	人工堆砌
3	府君洞	明	2	遗址
4	太白洞		2	
5	穿云洞		2	南北贯通类虹洞穴
6	烽火台	明	3	府君山向峰遗址
7	石瑚	清	3	上亿年的页岩石珊瑚构成

小组成员：陈天　刘君男　周玲吉　刘旸　乐桐

蓟县渔阳镇西井峪村国家级历史文化名村保护规划——规划分析

天津大学建筑学院城市规划系

发展用地布局图　　保护区用地规划图　　发展备用地规划图

规划目标

基本原则

历史文化价值评估

西井峪村简介
Village Brief

西井峪村保护和整治措施

历史文化价值和特色评价

典型特征环境要素

保护区建筑层数分析　　保护区功能及展示规划　　保护区建筑保护措施

保护区绿化景观规划　　保护区空间环境保护　　保护区综合防灾规划

西井峪历史文化名村评价指标体系

保护区总体鸟瞰图　　保护区风貌总平面图

保护区重点院落保护规划

保留　　整修

维修　　改善

小组成员：陈天 刘君男 周玲吉 刘旸 乐桐

贵州省黎平县地扪—登岑侗族传统村落保护与发展规划

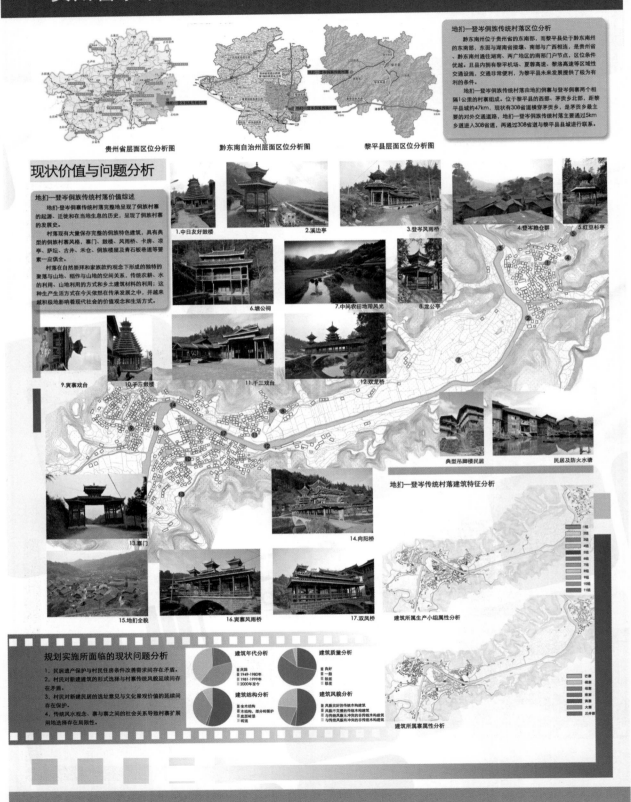

贵州省黎平县地扪—登岑侗族传统村落保护与发展规划

延续文化景观价值的村落保护规划

保护范围区划图

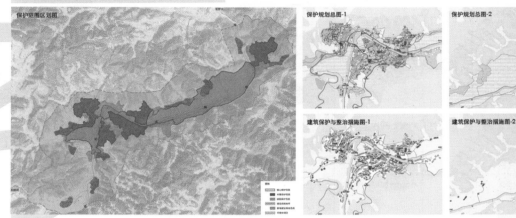

保护规划总图-1　保护规划总图-2

建筑保护与整治措施图-1　建筑保护与整治措施图-2

本规划在保护文化景观价值的前提下制定，运用规划手段控制价值系统。

在保护范围的划定上，本规划考虑到作为文化景观的价值特点，将村寨直接依托的大片农田纳入到核心保护范围内，结合对村寨的历史演变分析确定建设控制地带，并将可见范围内堡侗寨所所依托的自然环境均纳入到环境协调区内。

在保护内容上包括：以周边山、水、林、田为主体的自然环境特征及其构成的生态系统；以整体空间格局、侗族建筑特征、居住单元形态、街巷及空间体系、各级文物保护单位、树木、水塘、堡坎、水系驳岸以及街巷的路面石料为主体的建成环境；社区结构、乡风民俗、文化传统、工匠技艺等方面所反映的特色人文环境特征及其场所。

作为建设导则的村落建设规划

用地规划　高度控制规划

以遗产利用为切入的村落发展规划

遗产展示利用规划-1　遗产展示利用规划-2

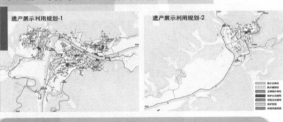

村寨项目规划总图

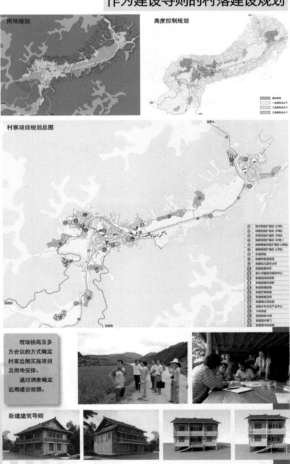

村落发展原则：

（1）保留村寨风貌。保护传统村落文化景观，保持原有居住特征，维护村民生产生活场景，完善社区生活服务设施，改造村寨基础设施。

（2）承续永续农业，维持传统自然生态农耕产业，延续稻鱼鸭复合农业系统和"牛耕"方式，建设"稻鱼鸭复合农业文化生态保护区"和"传统种养产业示范基地"。

（3）培育特色产业。依托当地资源禀赋和传统手艺，发展面向小众群体、限量生产，以专属服务、专享产品为特征的"低消耗高附加值"乡村文化创意产业，建设"文化创意产业示范基地"。

（4）发展度假旅游。探索和渐进发展以乡土文化和乡居生活体验为特征的乡村休闲度假型旅游。跳出传统旅游的产业思维和发展模式，为来访客人提供不同于"农家乐"或农业农村观光、民族村寨采风的"深度文化认知和乡风民俗体验"，引导村寨社区旅游朝"小众群体、有限服务、养身养心"方向发展。培育建设家庭民宿、乡居旅馆、乡村度假酒店等旅游服务设施。

以实施为导向的规划编制特征

1. 本规划以作为地扪—登岑侗族传统村落的日常管理之用为出发点进行内容编排，以便于管理部门指导文化遗产保护和村寨未来建设的实施操作。

2. 本规划以文化景观保护为宗旨，以村民意愿反映为宗旨。

3. 以文化景观的特征为出发点，强调保护规划、建设规划、发展规划相关内容的融合，以促进村寨的整体发展。

4. 保护规划内容以长期实施为考虑重点，建设规划内容以近期实施为考虑重点。

现场协商及多方会议的方式确定村寨近期实施项目及用地安排。

通过调查确定近期建设规模。

新建建筑导则

大溪乡曹家村灾后重建规划——规划概述

上海同济城市规划设计研究院·复兴研究中心

曹家村区位图

曹家村地质灾害隐患点示意图

曹家村村情简介

灾后现状

曹家村村情简介

　　大溪乡地处宝兴县南端，宝兴河下游西岸，东北与灵关镇接壤，西南与天全县交界。

　　曹家村位于大溪乡南部山区宝兴至天全的大老公路沿线，下辖7个村民小组，共有农户178户648人。全村以农业生产为主，以林、竹、茶叶为主要产业作物，生态环境良好，是一座典型川西村落，拥有优美的田园风光和传统风貌的木构建筑。

　　"4·20" 芦山强烈地震造成全村房屋严重受损，其中倒塌重建126户、加固维修户52户。

曹家村灾后重建规划理念与思路

重建总体目标

——"山水田园、生态曹家"

规划理念

> 尊重村庄自然人文特征，重视村民的产权和发展权

> "从恢复重建到跨越发展"

> "规划最少干预、政府最少干预"

规划重点

- **建筑和环境重建**
  村民自建是延续传统文化的主要途径。规划尊重村民的意见和设想，保障了村庄发展的活力。

- **产业重建**
  产业恢复和发展关键在于寻找适合村庄特征且能由村民自主掌握的产业类型。由村庄外出务工青年人自发思考组织，建立村内留守人口和村外务工人口能良性互动的小型产业体系。

- **村庄社会网络重建**
  村庄社会网络重建包括两个方面，一是通过村民原址自主重建消除因地震倒房造成的村内社会网络破坏，二是通过产业重建恢复村庄长期外出务工造成的社会网络，强化其对村庄归属感。

曹家村六组

曹家村七组

项目组成员：周珂 付朝伟 寿劲松 晁艳 张雅 吴斐琼 黄燕 顾晶 谢佳琦 杨燕瑜 胡斌 肖京晶

大溪乡曹家村灾后重建规划——重建导则

上海同济城市规划设计研究院•复兴研究中心

曹家村灾后重建的工作步骤与建设过程

2013年底曹家村灾后重建工作正式启动。本次重建规划与重建工作紧密结合，着重强调结合村庄实际，尊重中国传统村落的空间划分和经济社会组织形式，提出了"规划最少干预，政府最少干预"的规划原则，依此在村民委员会之下设立了村民灾后重建、产业发展两个自建委员会，并建立了政府扶助验收制度，积极调动村民自我评估、自我协调、自我规划、自我发展的积极性来实施灾后恢复重建工作。

具体规划编制中，则将重建项目按照实施主体分为村民自建项目和政府投资项目两类，明确不同的规划成果深度要求，并针对村民自建项目编制"口袋书"形式的四类导则，辅以适当的现场指导。

曹家村灾后重建规划的框架与内容

- **平面功能导则**

以现代化生活需要、发展农村旅游为出发点，提出多种适合本地的村民住房平面布置形式以供村民自主选择。对各形式的平面功能布局作出指引，着重对楼梯、厨房、卫生间等功能性设施提出建议，并基于发展乡村旅游的需要对服务性功能设施作出布置要求。

- **建筑风貌导则**

从本地民居典型风貌特征出发，对建筑建造工作进行指导。指导内容包括屋顶形式、屋顶高度、构架、窗、门、墙面等等。

- **设施配套导则**

对厨卫、客房、公共活动区等建筑内日常生活以及旅游服务相关的服务设施提出指导与建议。

- **院落景观导则**

针对村民住房内的院落公共环境提出建设要求与形式建议，包括典型院落示意、院落空间划分、院落布置导则。

- **公共环境设计**

针对院落外的公共空间进行环境布置和景观设计。重点对游步道系统、各个村民住房组团的活动小广场进行详细设计。

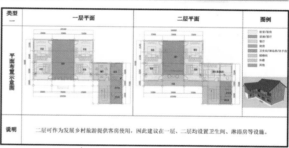
平面功能导则示意

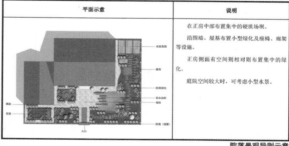
院落景观导则示意

项目组成员：周珂 付朝伟 寿劲松 晁艳 张雅 吴斐琼 黄燕 顾晶 谢佳琦 杨燕瑜 胡斌 肖京晶

高碑店市陶辛庄新民居规划——整体搬迁，就近安置模式

同济大学建筑与城市规划学院

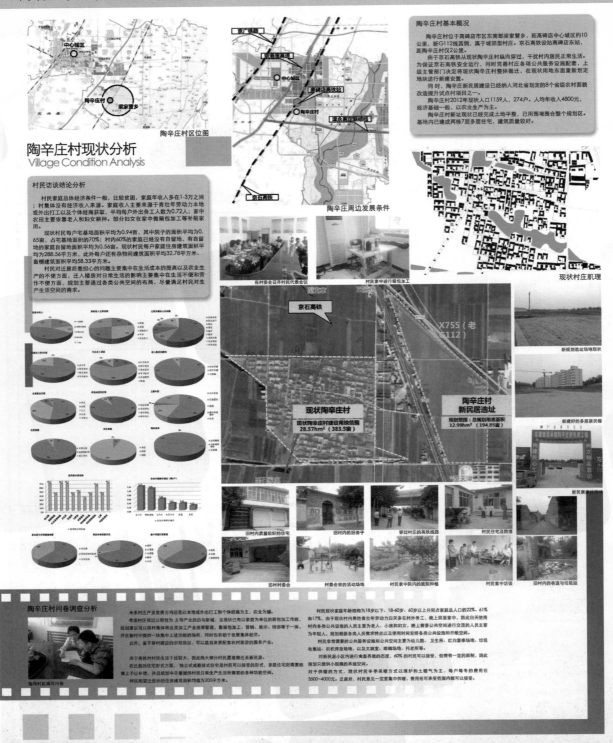

陶辛庄村区位图

陶辛庄周边发展条件

陶辛庄村现状分析
Village Condition Analysis

村民访谈结论分析

村民家庭总体经济条件一般，比较贫困，家庭年收入多在1-3万之间；村集体没有经济收入来源。家庭收入主要来源于青壮年劳动力本地或外出打工以及个体经商获取，平均每户外出务工人数为0.72人；家中农田主要依靠老人和妇女耕种。部分妇女在家中做箱包加工等补贴家用。

现状村民每户宅基地面积平均为0.94亩，其中院子的面积平均为0.65亩，占宅基地面积的70%；村内60%的家庭已经没有自留地，有自留地的家庭自留地面积平均为0.56亩。现状村民每户家庭住房建筑面积平均为288.56平方米，此外每户还有杂物建筑面积平均32.78平方米、畜棚建筑面积平均58.33平方米。

村民对迁居后最担心的问题主要集中在生活成本的提高以及农业生产的不便方面，迁入楼房对日常生活的影响主要集中在生活不便和劳作不便方面。规划主要通过各类公共空间的布局，尽量满足村民对生产生活空间的需求。

陶辛庄村问卷调查分析

未来村庄产业发展方向还是以本地或外出打工和个体经商为主，农业为辅。考虑村庄邻近以高铁为主导产业的自主影响，且现状已有以家庭为单位的箱包加工传统，现远期建议可以由村民将社区做加工产业统筹管理，集箱包加工、营销、展示、培训等于一体，开在新村中提供一块集中上述功能的场所，同时也有助于发展旅游经济。

此外，鉴于新村建设的示范效应，可以适应发展配套农村服务产业。

由于高铁对村民生活干扰较大，因此绝大部分村民愿意迁往新农居。现居的住宅形式方面，独立式或联排式住宅是村民可以接受的形式，多层住宅则需要慎重考虑以予倾。开具规划中尽量强调村民日常生产生活所需要的各种功能空间。村民期望迁新后的住房建筑面积约为200平方米。

高碑店市陶辛庄新民居规划——整体搬迁，就近安置模式

同济大学建筑与城市规划学院

规划原则

集约用地，合理安排户均面积，集中配置公共服务；
分类引导，上楼与平院相结合，完善配套补偿措施；
安居乐业，扶持非农产业发展，大力发展庭院经济；
生态优先，突出美丽乡村景观，探索绿色基础设施。

规划目标

一个充满田园风光的美丽新民居；一个邻里关系亲近的和谐新民居；
一个产业蓬勃发展的活力新民居；一个公共设施完备的宜居新民居。

陶辛庄新民居规划方案
New Village Planning

理念一：
依照原村落社会组织方式，划分居住小组

理念二：
延续传统村落肌理，引入"合院"概念

理念三：
构建包含生活-生产功能的农村特色公共服务

理念四：
人车分行，步行里巷网络

理念五：
层次有序的绿化景观序列

理念六：
营造特色新民居建筑风貌

理念七：
结合乡村实际，发展绿色、经济的基础设施体系

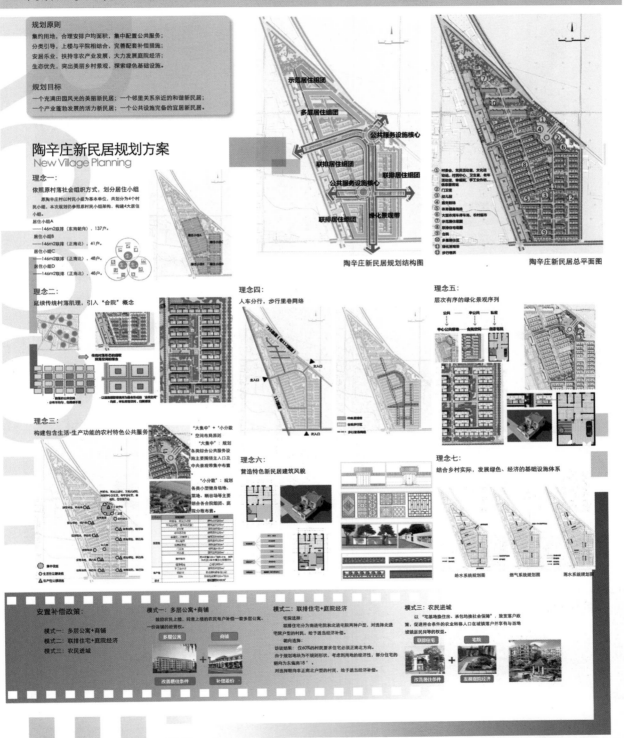

陶辛庄新民居规划结构图

陶辛庄新民居总平面图

给水系统规划图　燃气系统规划图　雨水系统规划图

安置补偿政策

模式一：多层公寓+商铺
模式二：联排住宅+庭院经济
模式三：农民进城

模式一：多层公寓+商铺

模式二：联排住宅+庭院经济

模式三：农民进城

参与人员：彭震伟 裴新生 付志伟 陆嘉 兰仔健 阮梦乔 金荻 彭灼 周青 虞飞 黄淑琳 傅兴博等

吉林省长白县鸡冠砬子村村庄规划——欠发达地区村庄的转型发展

同济大学建筑与城市规划学院

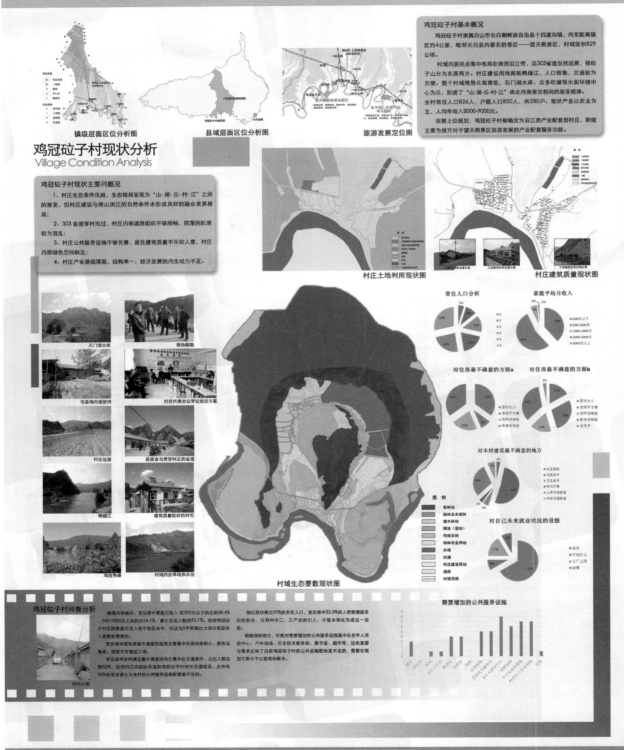

吉林省长白县鸡冠砬子村村庄规划——欠发达地区村庄的转型发展

同济大学建筑与城市规划学院

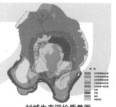
村域生态评价质量图

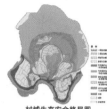
村域生态安全格局图

村域旅游项目策划图

规划思路

建议鸡冠砬子村依托望天鹅景区，以石门湖生态休闲区开发为核心，打造生态旅游示范村庄，成为吉林省美丽乡村建设的示范村。

在村庄建设方面，鸡冠砬子村应不断改善村庄人居环境，推进旅游服务设施建设，提升旅游知名度，吸引望天鹅景区的游客到此消费。

优良的生态环境是鸡冠砬子村发展的前提。规划对村域空间进行了生态质量的分层评价，构建了全村域的生态安全格局，并进一步细分为六大类功能区域，包括：旅游度假区、特色农业区、水产养殖区、林下经济区、传统农业区以及村庄建设区。

生态休闲产业的发展有着于明确的项目策划与定位。规划鸡冠砬子村以生态旅游、山野情趣、康体健身、水上活动为四大旅游主题，布局5处开发用地和13个旅游项目，形成石门湖、鸡冠砬子山和鸭绿江三位一体的旅游发展格局，并对旅游开发用地制定了严格的管控措施。

鸡冠砬子村规划方案
Village Planning

发展定位

根据鸡冠砬子村的综合发展条件，规划将其定位为，长白山森林保护主体功能区美丽乡村先行探索，新农村建设转型示范村；

——以长白望天鹅景区为品牌，
——以长白县开发开放试验区为契机，
——以石门湖生态休闲区为依托，
打造文化多元、景观多维、产业多赢的滨江生态旅游度假型村庄。

将鸡冠砬子村产业定位为，以传统农业生产（小麦、大豆）、水产养殖与特色林畜生产（黄牛、苗木）并存发展为村庄基础性产业；以滨江绿色观光、山地休闲度假、有机农业展销、湖滨生态休闲为转型支撑性产业。

村庄鸟瞰图

村庄功能结构分析图
规划形成"四心、两点、两轴、两带、七组团"的空间结构。

村庄土地利用规划图
鸡冠砬子村用地布局随之实现三大转变："向心集中"、"亲水发展"、"组团结构"。

基础设施与环境整治

鸡冠砬子村可以采用多种低成本、易维护的生态化基础设施。"厌氧生物滤池加潜流人工湿地"的生态技术，可以收集90%以上的村庄污水，并通过污水集中处理单元进行净化。雨水的收集通过明沟进入到潜流人工湿地，并在村民公园设置雨水滞留池进行调蓄，经净化后再排入鸭绿江。

村庄的采暖巡期以集中供热为目标，将中性木微粒燃烧锅炉作为热源，是一种"碳中性"的低排放能源技术。建议逐步向秸秆气化的集中供气方式过渡，提高秸秆使用价值。

生活垃圾今后将通过规划的垃圾收集点分类收集，集中转运至城镇回收处理。规划还建议对现有住宅进行改造，建议对改厕入室建设堆肥厕所，一定时期后抽取作为有机肥料。

在村庄环境整治方面，规划对鸡冠砬子村现状住宅进行质量评估，提出室内格局调整与外立面风格改造的建议。同时，提出对住宅院落功能布局的调整建议，保留仓储、堆物空间，并划定独立的养殖区，划分出院落中菜园、花园、硬地等空间。

对院墙、大门等提出具体的风貌整治引导，采用地方性的木、石、植物为材料，体现浓郁的朝鲜族与东北乡村风貌。

村庄的现状卷道通过梳理，设置生态沟和绿化带，路面以冠地土或砂石进行硬化。

住宅改造

院落改造

村庄污水工程规划图
村庄总平面图
规划拓宽了部分村主路和机耕路，考虑到比邻303省道的距离，规划要求303省道沿线以16.5m以内禁止新建房屋，村内新建三条村支路，完善卷道，形成网格型路网。

村庄供热工程规划图
村庄道路交通规划图

村庄环卫设施规划图

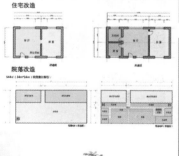

院墙大门整治　道路整治

参与人员：彭震伟　王云才　陆嘉　高璟　崔莹　吕东　唐伟成　张璞玉　毕胜　王晓琳　关乐禾　陈杨等

江西安义千年古村群的保护规划与实践

上海同济城市规划设计研究院

古村群鸟瞰

古村群概况

安义古村群位于南昌市安义县西南约10公里的西山梅岭之麓，地势东高西低，由罗田村、水南村和京台村三大古村落构成。三个村落自唐末至明初陆续建成，相距仅一里，有田间石板古道相连。村内留存有明清古宅百余幢，还有麻石板古商道、古井、古樟、古戏台、石牌坊、完整的地下引排水涵道，以及古民居中丰富多彩的木雕、砖雕、石雕等，是赣北乡土建筑艺术的集中展现。村落周边东有灌边水库，南有野猪岭，在湖光山色和田园景致的映衬中共同构成具有浓郁赣北乡土特色的古村落群。

村落文化特色

1) 罗田村——里甲制度

罗田村始为江夏黄姓一支，唐末为躲避战乱由湖北罗田迁徙至此繁衍成千年血缘村落。辟东、西、南、北四门，按照先祖十大房亲缘关系聚居建屋。至明代推行里甲制度，罗田"十大房"便划分为"十甲"。每一甲都有本甲的门头、香火堂、水塘、碾槽、坪场、水井等供一甲之人共同使用的公共设施。各甲之间引排水涵道贯通相连、小巷蜿蜒相同，建筑布局与社会体系鲜明对应，是中国古代宗法治理与国家行政管辖的里甲制度相结合的典范。

2) 水南村——建筑艺术

水南村为古罗田村黄氏分支后裔于明初创建。因位于罗田村前黄源溪南，故名水南。建筑雕饰极工精美，现保留下"百蝠图"、"百花图"、"十二生肖图"等花窗窗式，还有旧时小姐选郎的闺秀楼，二层设走马回廊，三面凭栏眺望，生动的反映了明清江西地区的婚约习俗，是赣北乡土建筑艺术的一颗明珠。

3) 京台村——耕读文化

京台村为刘李两姓移民共建的千年古村，历史悠久，文化底蕴深厚。刘氏宗祠、墨庄私塾、罗汉堂、古戏台、广济塔、双德牌坊等构成一条古代封建社会聚族而居、友邻互助、世代耕读的真实写照。

安义县与江西周围六省的地理关系

古村群的地理位置

古村群布局关系

民居建筑特色

门楼式　门楼式　贴墙门楼式　门屋式　门罩式　门斗式　门斗+门罩式　门廊式　门饰式

项目编制人员：阮仪三 袁菲 葛亮 张艳华 李涛 周海东 徐琳 李栋

江西安义千年古村群的保护规划与实践

上海同济城市规划设计研究院

古村街道

农舍前的三两株枣树、院前屋后的小畦菜地、村落四野的田园风光、打谷场上的草垛高耸、村头高大的风水古樟、民居间的蔽日大树……

这些美好的半自然景观，在远山、溪流、斜阳的映衬中，显现出世外桃源般的自然闲适，这些都是应当受到保护的、有本地乡土特色的重要环境要素。

千年古樟

保护规划研究

安义古村群的保护规划不单单是对三个古村的历史建筑群制定保护规划，还特别强调对村落周边山水自然环境的保护控制，以及村落之间交通与景观联系的维护，以提升古村群的整体文化景观特质，这也正是古村群保护规划的特色所在。

规划的重点保护对象：

1) 保护古村群及其所处的山丘、溪流、湖泊、田园风光相结合的自然、历史、人文景观，保护古村选址与布局关系，延续"山水·田园·村舍"相融合的发展结构。
2) 保护以宗祠为核心，以里甲为单元的宗法制度聚落体系；保护砖石土木混合承重、外墙围闭的赣北天井式传统民居；保护传统农家的生活生产习俗与多样化的民间信仰。
3) 保护留存并使用至今的、具有缜密规划的古代村落引排水涵道系统。
4) 保护以抬梁穿斗混合构架、柱间板壁素墨描画、防潮高脚重叠柱础、木雕砖雕石雕装饰等为特征的赣文化乡土建筑艺术。

历史文化价值评述

1) 山水田园环境中的千年古村群
2) 赣北乡土建筑艺术的集中展现
3) 明清江西传统聚落的杰出典范
4) 家族聚居里甲制度的真实写照

古村群保护的特色措施

1) 古村群生态环境的保护与控制
2) 根据观赏界面划定建筑控高分区
3) 强调本地田园特色的绿地与空间规划

保护规划总图

保护实施情况

自保护规划编制完成后，当地根据规划要求，完成了罗田古村"三线入地"和古商街历史建筑立面修缮工程，以及后街门头、横街更楼、前街荷花池、世大夫第后花园等重点地段的修复。我们也从中总结了：古村落作为传承地方乡土文化最直接的地方，不仅与自然环境交融共生，同时也和农业生产紧密联系，因此在修缮一定要特别强调就地取材、原质原色、方便适用的特点。

项目编制人员：阮仪三 袁菲 葛亮 张艳华 李涛 周海东 徐琳 李栋

银川市通贵乡总体规划——发展战略与产业转型

同济大学建筑与城市规划学院

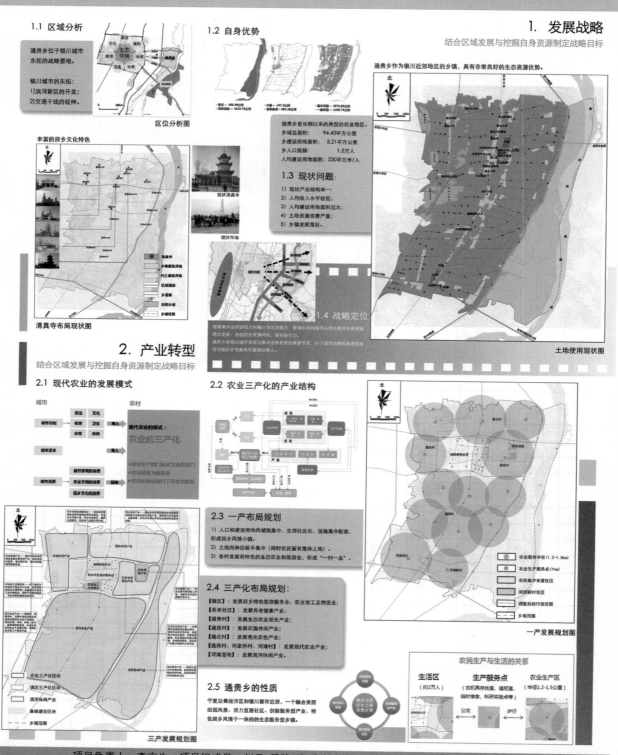

项目负责人:李京生 项目组成员:赵月 乔路 张昕欣 徐栋 王圣莹 尹杰 宁雪婷 周丽媛 吴冠 冯家琪 殷桂芬

银川市通贵乡总体规划——生态格局与回乡风情

同济大学建筑与城市规划学院

镇村体系规划：

· 【1个城镇新型社区】
规划的集镇建设区，简称镇区
【1个中心村】
司家桥村、河滩村的农民整村迁移
至河滩原村
【1个养老组团】
市级医院、养老院而形成的的养老
社区
【12个农业生产服务点】
根据各村规模划定12个农业生产作
业区

乡域空间布局图　　　　　镇村体系规划图

镇区绿地系统规划图　　镇区景观结构规划图　　镇区地表径流规划图　　镇区雨水系统规划图

3. 生态格局
水绿成网、城乡融合的生态格局

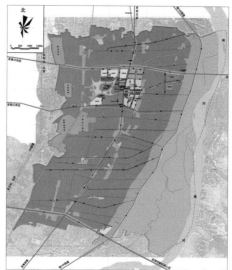

土地使用现状图

4. 回乡风情　复兴农业文明与构建回乡风情

4.1 回乡小镇形态引导

营造街道的尺度　　　规划商业街尺度　　规划社区中心尺度
　　　　　　　　　　　　　　　　　　　　　遵循自然的尺度

4.2 农民安置住宅设计引导

住宅单元平面图：

· 以4米×4米为模数的组合，每户
100平方米，打造叠加式住宅。
· 各户一层为起居、厨房、餐厅
二层为卧室和卫生间。
· 上下两户各为100平方米，依据
家庭意愿可分可合。下层住户拥
有底院，上层住户享有露台。
· 厨房和卫生间的通风和采光可
通过内天井解决。

1F　2F　3F　4F　Roof

住宅单元剖面图
可根据补偿标准分户

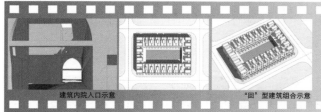

建筑内院入口示意　　　　"回"型建筑组合示意

回乡小镇概念性总平面图

项目负责人：李京生　项目组成员：赵月 乔路 张昕欣 徐栋 王圣莹 尹杰 宁雪婷 周丽媛 吴冠 冯家琪 殷桂芬

北方四省典型泉水聚落调研

 山东建筑大学·建筑城规学院

山东济南市章丘市朱家峪

朱家峪村位于章丘市官庄乡境内，北临平原南接鲁中山区，属于东、西、南三面环山的谷地沟口地貌环境。村落古民居建筑多集中在南部山麓坡地，北部有限的平坦土地多作为耕作用农田。村落谷峪沟口的地理环境，具有地下水和地表水汇集丰富的环境条件。全村共有大小泉水、古井20余处。夏季雨量充沛时，泉水涌出，与地表渗水一起，形成潺潺的细流，给这个北方村落带来了生机与灵气。

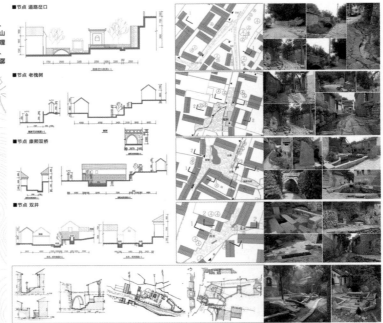

山西平定县娘子关

娘子关村地处山西省东部，太行山中段，晋冀两省交界处，属山西省平定县娘子关镇。娘子关地区峰峦叠嶂，山势险峻，山谷间桃河、温河至磨河滩汇流为绵河东流而下。 娘子关泉出露于桃河与温河汇流地段，属海河流域子牙河水系，是国内流量最大的岩溶泉。娘子关泉为一群泉，由坡底泉、程家泉、坡西泉、五龙泉、石板磨泉、滚泉、河北村泉、桥墩泉、禁区泉、水帘洞泉、苇泽关泉等11处泉水组成。泉水从苇泽关泉流出，流经人工修筑的多阶泉池中，再经过人工修筑的泉渠，绕行于村中多数人家的房前屋后，最终汇入村旁的绵河之中。村中居民院子里也有泉眼，泉水溢出补充到泉渠中去。村子的形态与泉水结合紧密，泉水的利用形式多样，下游还有以水为动力的磨坊。村中古民居保存完整，有较高的历史研究价值。

■村落整体空间结构

■周边水利工程对村落泉水资源的开发利用

■村落古商道的变迁

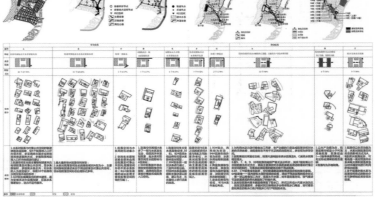

小组成员：张建华 赵继龙 仝辉 赵斌 孔亚伟 金文妍 李晓东 焦尔桐 刘润东 张烨

北方四省典型泉水聚落调研

山东建筑大学·建筑城规学院

河北邢台皇寺镇

皇寺原名黄寺店，位于河北省邢台市西北18公里处。村内有玉泉寺，寺前是玉泉池。据传元末顺帝北逃，曾宿此寺，后将玉泉寺改称皇寺，村名也由此而得。建镇史千年以上，被评为河北省级历史文化名镇。村中有泉溪、泉渠各一条，均从村子中间穿过。村中有许多石拱桥，水从桥下缓缓流过，颇有江南水乡的风貌，泉渠两侧的聚落依靠石拱桥相连接。村子尚未被开发，村中建筑保存完好，有极高的研究价值。村子肌理没有遭到破坏。村子形态的形成与泉水关系紧密，村子围绕泉渠两侧建造。

■ 村落泉眼及泉渠分析图

■ 皇寺镇鸟瞰模型

■ 节点1 玉泉池，玉泉禅寺

村中共有两处泉水，最大的一处是玉泉，泉池直径44.3米，是村中人的主要供水源。玉泉池一侧是玉泉禅寺，寺院面积广阔，年代久远，寺中墙壁多漆成黄色，僧侣众多，此地不作为旅游景点，只是偶尔有游客经路过此处。寺院中有许多与佛教有关的石刻石碑等，寺中有古柏苍劲挺拔。

■ 节点 禅寺平面图

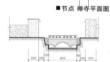

■ 节点2 泉溪

泉水从玉泉池中溢出，由人工修筑的小河渠中流经村中居民的门前屋后。泉溪宽度不足0.5米，深0.3米左右，溪水清澈，村民多用此水淘洗蔬菜和衣物。村中建筑造型古朴，墙壁多被涂抹成黄色。聚落形式多以围合的四合院为主。

J 村民在淘洗衣物 K 村中一处院落内的景象
L 村中造型别致的石门 M 建筑用石块垒砌而成

■ 节点处泉溪平面图

■ 节点3 泉渠

玉泉池的池水主要流经村中一处较大的泉渠，泉渠宽8米左右，深不足一米。聚落被泉渠隔开，中间用石拱桥相连接，拱桥也是村中重要景观节点，造型美观，有江南水乡的风貌。

O 泉渠上造型古朴别致的石拱桥，极富传统特色

P 河渠上到桥上的石阶以及一侧的排水口 N 村中古民居保存极为完好，院子之间用深深的廊道相连

■ 节点处泉渠平面图

■ 花园村碑铭拓片

■ 花园村测绘总图

■ 花园村照片节点标示图

山西长治市平顺县花园村

自古以来，上太行入中原惟有"太行八径"可通，皆是在悬崖峭壁就势雕凿和用石头铺就的羊肠小道，当地人称之为"梯"，处于晋豫古道咽喉部位。在古代战争、通商贸易中占有重要地位。其中之一的"花园梯"早在秦汉时期就是一条战略要道，直至上世纪80年代龙花公路修成之前，一直是山西平顺与河南安阳之间的主要交通要道。

花园村位于太行左山麓，晋豫两省交界处，为花园梯在河南境内的入口，为两省居民来往歇脚、寄宿之处，由旅店聚集逐步发展而来。村落总体形态完好。现有泉源三处，均位于村西山谷深处，由山涧流下。村落建于谷底山涧北侧地势较高处，以石砌沟渠由山上引入村内，特点极为突出，为当地带状泉水聚落形态的典型案例。村落规模较小，但村域内曾有寺庙4处，现存从明嘉靖至清宣统各时期石碑17通，可考文献可追溯至明嘉靖年间，具有很高的历史文化价值。

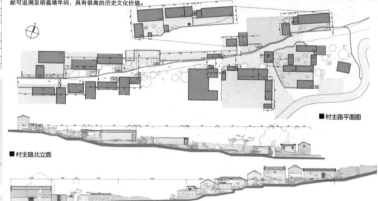

■ 村主路平面图

■ 村主路北立面

■ 村主路南立面

小组成员：张建华 赵继龙 仝辉 赵斌 孔亚伟 金文妍 李晓东 焦尔桐 刘润东 张烨

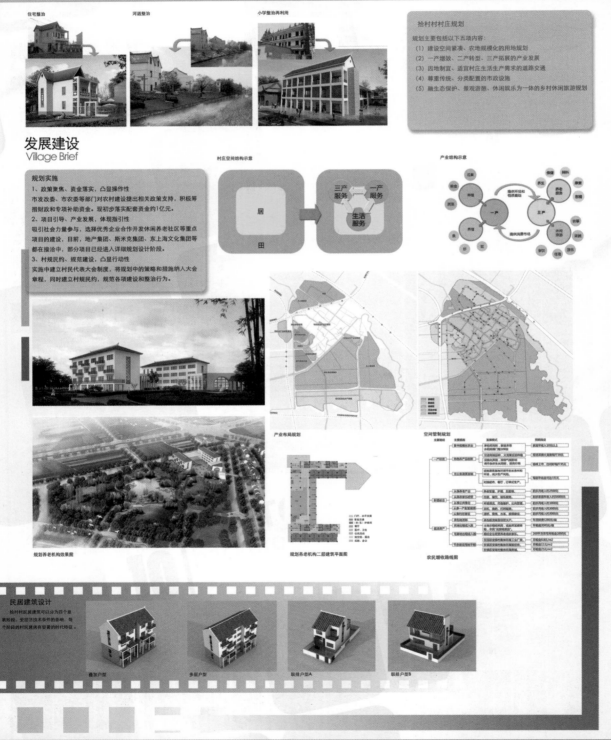

上海市奉贤区四团镇拾村村村庄规划——规划建设

上海市城市规划设计研究院

住宅整治　　河道整治　　小学整治再利用

拾村村村庄规划

规划主要包括以下五项内容：
(1) 建设空间紧凑、农地规模化的用地规划
(2) 一产增效、二产转型、三产拓展的产业发展
(3) 因地制宜、适宜村庄生活生产需求的道路交通
(4) 尊重传统、分类配置的市政设施
(5) 融生态保护、景观游憩、休闲娱乐为一体的乡村休闲旅游规划

发展建设
Village Brief

规划实施

1、政策聚焦、资金落实，凸显操作性
市发改委、市农委等部门对农村建设提出相关政策支持，积极筹措财政和专项补助资金。现初步落实配套资金约1亿元。

2、项目引导、产业发展，体现指引性
吸引社会力量参与，选择优秀企业合作开发休闲养老社区等重点项目的建设。目前，地产集团、斯米克集团、东上海文化集团等都在接洽中，部分项目已经进入详细规划设计阶段。

3、村规民约、规范建设，凸显行动性
实施中建立村民代表大会制度，将规划中的策略和措施纳入大会章程，同时建立村规民约，规范各项建设和整治行为。

村庄空间结构示意

产业结构示意

规划养老机构效果图

产业布局规划

空间管制规划

规划养老机构二层建筑平面图

农民增收路线图

民居建筑设计
拾村村民居建筑可以分为四个发展阶段，要经过技术条件的创新。每个阶段的村民建房有显著的时代特征。

叠加户型　　多层户型　　联排户型A　　联排户型B

小组成员：周晓娟　苏志远　何宽　秦战　张维　郑豪　刘帅　陶楠　沈海洲　金敏　张睿杰

上海市奉贤区四团镇拾村村村庄规划——现状分析

上海市城市规划设计研究院

位于上海市区区位

位于奉贤区区位

位于四团镇区区位

拾村村区位分析

拾村村位于上海市奉贤区东部，四团镇东部，西部邻接镇区，东部与浦东新区大团镇接壤，村域面积约3.5平方公里。村域东部为S2沪芦高速，北部有川南奉公路穿越。对外交通便捷，邻近的沪芦高速是中心城区向东南南郊区联系的主要通道。

拾村村位于上海南部传统的以农业为主的地区，主产粮食和蔬菜。四团镇综合经济发展在奉贤镇相对落后，在奉贤区各镇中经济实力排名靠后。康熙年间拾村村居住着十几户人家，被称为五墩拾家村，后移民逐渐迁入。

清朝该地有海潮涌入，晒盐曾经为重要的生产活动。

拾村村简介
Village Brief

拾村村现状

拾村村现状常住人口3337人，其中外来人口354人，根据户籍人口统计，40岁以上占60%，60岁以上占25%。

拾村村是奉贤区的经济薄弱村，村民人均年收入约15400元，低于上海市农村的平均水平，其中务工收入占比为66%。

拾村村最初围绕砖街呈组团式布局，随着移民的逐步迁入，村落范围由中心逐步向外扩张延伸，形成今天这样的布局。拾村村村域面积约3.5平方公里，居民点用地集中在村域北部，沿河道展开，自然形成的村庄肌理与河道走向相适应。大致呈散点团状布局，中间密集，外围松散。

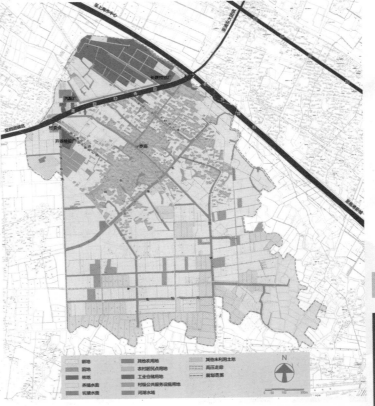

拾村村建筑风貌分析

拾村村民居建筑可以分为四个发展阶段，受经济技术条件的影响，每个阶段的村民居建筑都具鲜明的时代特征。

建筑阶段分析

村委会 传统民居 新建民居

小组成员：周晓娟 苏志远 何宽 秦战 张维 郑豪 刘帅 陶楠 沈海洲 金敏 张睿杰

苏州市相城区渭塘镇凤凰泾村保留村庄规划

苏州科技学院城乡规划系

市际层面区位分析图　区际层面区位分析图　镇际层面区位分析图

典型意义

改革开发以来，苏南乡村一直是规划实践与学术研究的热点地域，渭塘镇凤凰泾村作为苏南乡村的典型代表，其现场调研及规划实践引发我们很多思考：苏南乡村规划是为谁而规划？乡村规划重点解决什么问题？如何做出可实施的规划？……

区位分析

苏州是中国华东地区特大城市之一，位于江苏省东南部、长江以南、太湖东岸、长江三角洲中部。苏州作为"国家级改革试验区发展一体化综合改革试点"，为我国的新农村建设、城乡一体化发展提供了宝贵的经验和借鉴。

渭塘镇位于苏州市北部，北接常熟市，西靠无锡市，东临阳澄湖，南连苏州中心城区。地处长江三角洲沿常熟开发区和上海大都市经济圈内，有利的区位优势对镇的经济发展带来了积极影响，也引发了乡村空间的异化。渭塘镇作为"江苏省重点中心镇"、"苏州市现代化建设示范镇"，在城乡一体化进程中将大部分农村居民集中上楼，仅在现代农业园区保留了7个村庄。

凤凰泾村简介
Village Brief

现状分析

（略）

建筑　**水系**　**绿化景观**　**市政**　**道路**　**公服**

凤凰泾村具有江南传统水乡格局风貌，粉墙黛瓦，小桥流水，水路并行，乡村风貌具有特色。但凤凰泾村现状建筑、绿化景观、道路、水系、公共服务设施、市政设施等大方面存在问题。

小组成员：范凌云 雷诚 范泽宁 华夏 蒋文杰 毋志云 杜荣华 刘雅洁

苏州市相城区渭塘镇凤凰泾村保留村庄规划

苏州科技学院城乡规划系

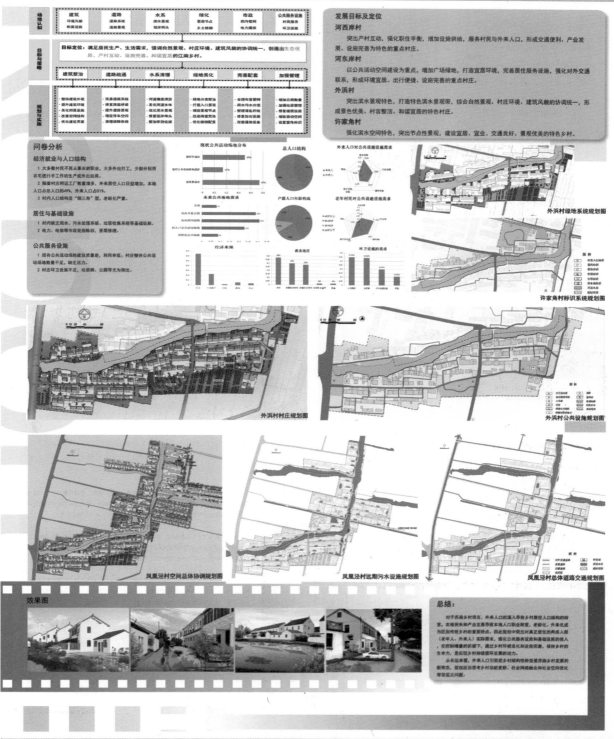

小组成员：范凌云 雷诚 范泽宁 华夏 蒋文杰 毋志云 杜荣华 刘雅洁

登封市大冶镇朝阳沟村"美丽乡村"规划

上海同济城市规划设计研究院三所

朝阳沟村在登封市的区位

朝阳沟村在大冶镇的区位

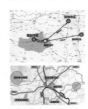
朝阳沟交通区位分析

朝阳沟村简介
Village Brief

朝阳沟村区位条件

朝阳沟村位于河南省登封市大冶镇西部，村域西面、北面与卢店镇接壤，东临沙沟村，南依前柿坑、后柿坑村村。朝阳沟村距离河南省省会郑州市约65公里，距离新郑机场约75公里，距离登封市中心城区约16公里，是典型的城市近郊村。

朝阳沟村现状

朝阳沟村隶属于登封市大冶镇，为其一个中心村，村庄下属4个自然村，分别为：朝阳沟、盆窑、冯窑、黑鹿沟。
村域面积
村域面积478.92公顷（7183.8亩）
人口规模
全村下属4个自然村，11个村民小组。2013年，全村共818户，3443人，其中劳动力为1301人，外出务工人数为800人。
一产发展水平
传统耕种模式，单位产值较低
耕地49.34公顷（740亩），仅10、11组有耕地，主要作物水稻、小麦、玉米、大豆和薯类，传统种植方式，产出低。
林地252.35公顷（3785亩），主要树木桃树、核桃、杨树松树等，缺乏有效管理，果树收成低。
二产发展水平
产业基础较好
特色产业突出：耐火材料加工；四家规模企业：四家企业年产值约为12.5亿元，是村庄剩余劳动力的重要吸纳单位；61家小型工厂、作坊：依托规模企业衍生的家庭加工作坊
三产发展水平
发展萌芽阶段，发展水平低
目前只有3家农家乐位于朝阳沟水库，规模小，设施条件差，服务水平低缺少宣传，客源得不到保证。
生态环境：山清水秀、景观优质
朝阳沟森林公园、朝阳沟水库

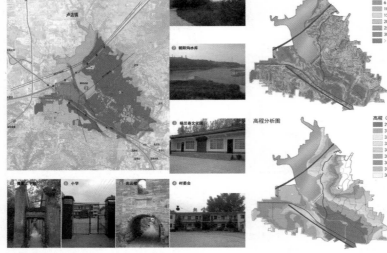
坡度分析图
高程分析图

现状调研
Investigation

重现状调研，"七分调研，三分规划"

■ 深入驻地：深入了解乡村现状
• 现场踏勘村域100%全覆盖，落实到每家每户，3天共完成818户入户调研。
• 规划组在村庄吃住工作，强化对村庄的感性认识

■ 多方交流：了解各方需求，平衡各方利益
• 村民访谈：按照3%比例，选取富裕户、一般户、困难户进行访谈，共入户访谈25户
• 村企领导、能人访谈：对家的村庄发展的期望与诉求
• 领导访谈：与镇领导访谈，了解其对村庄建设的工作思路、诉求

■ 问卷调研
• 以村民小组为单位，按照30%比例发放问卷，共发放215份问卷，回收196份，有效回收率91.2%
• 调研问卷包括基本信息、收入与就业情况、住房耕地资产情况、日常生活、美丽乡村建设五大类40个问题

■ 对于现状调研、问卷调查汇总梳理

基于不同主体的访谈提纲

村民访谈内容	村企领导、能人访谈	领导访谈
家庭人口组成	为何来朝阳沟	乡镇对村庄的发展规划
经济状况	村莊对村庄的印象	村镇各对朝阳沟村的发展期望
就业状况	对朝阳沟未来发展的期望	村庄产业发展的思路
建筑、宅院状况		村庄定位的建议
对现状公服市政设施是否满意		
未来发展、就业意愿		
对美丽村建设的愿望		

人口基本情况	收入和就业情况	建筑情况	公共服务设施	市政基础设施	未来发展意愿

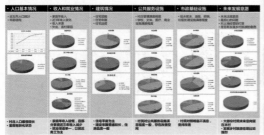

文化特色
Cultural Characteristics

■ 两部大戏：经典剧目《朝阳沟》&《卷席筒》同出一村

■ 一位戏剧巨匠：杨兰春，"国宝级人物"和"戏剧大师"

■ 一个村豫剧团：朝阳沟豫剧团，规模40余人，群众基础优越

· 河南豫剧作为中国五大戏曲剧种之一，中国第一大地方剧种，是国内最具有广泛影响力的戏曲剧种之一。《朝阳沟》作为豫剧经典剧目，河南唯一被选送建国40周年的展演剧目，在河南省广为传唱，区域影响力突出，是登封名片、中原文化品牌之一。

· 朝阳沟村戏曲文化群众基础优，戏曲活动分活跃。朝阳沟村豫剧团2012年挂牌成立，全团46名演职人员全部来自朝阳沟村，都是地地道道的农民。目前豫剧团已排练十余部大戏，先后在全省各地演出160余场，深受广大群众的喜爱。

· 朝阳沟村具备戏曲文化名村建设的天时、地利、人和的优势与特色，应充分发挥《朝阳沟》的品牌辐射力，深度挖掘村庄戏曲文化底蕴，通过建设戏曲文化表演、展示、体验等平台，塑造朝阳沟戏曲文化名村品牌形象。

卷席筒
朝阳沟

设计人员：裴新生 付志伟 彭灼 周青 黄华 虞飞 陈昱宇

登封市大冶镇朝阳沟村"美丽乡村"规划

上海同济城市规划设计研究院三所

目标定位
Goal & Purport

河南乡村休闲文化旅游第一村

1）结合森林公园建设，打造国家级旅游景区，中、高端乡村休闲度假目的地、养老养生度假区
2）依托现状曲艺文化优势资源，打造中国曲艺文化名村

规划布局方案
Planning Scheme

生态景观结构图　　功能分区图　　公共服务设施规划图　　道路等级规划图

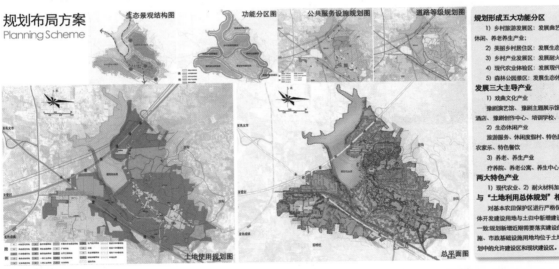

土地使用规划图　　　　　　　　　总平面图

规划形成五大功能分区

1）乡村旅游发展区：发展曲艺文化、生态休闲、养老养生产业；
2）美丽乡村居住区：发展生态休闲产业；
3）乡村产业发展区：发展耐火材料加工；
4）现代农业体验区：发展现代农业；
5）森林公园景区：发展生态休闲产业。

发展三大主导产业

1）戏曲文化产业
豫剧演艺馆、豫剧主题展示馆、豫剧主题酒店、豫剧创作中心、培训学校、卷席筒景点
2）生态休闲产业
旅游服务、休闲度假村、特色民宿、酒店、农家乐、特色餐饮
3）养老、养生产业
疗养院、养老公寓、养生中心、清修基地

两大特色产业

1）现代农业、2）耐火材料加工

与"土地利用总体规划"相衔接

对基本农田保护区进行严格保护控制村集体开发建设用地与土归中新增建设用地范围相一致规划新增近期需要落实建设的公共服务设施、市政基础设施用地均位于土地利用总体规划中的允许建设区和现状建设区。

支撑专项
Supportation

专项一 村庄发展专项规划
·土地整理
·宜居农房改造建设规划

专项二 生态系统专项规划
·街道村巷环境提升
·宅前公共空间环境提升
·重要节点环境提升
·滨水空间环境提升

专项三 公共服务设施专项规划
·生活性公共服务设施规划
·旅游接待公共服务设施规划

专项四 道路系统专项规划
·出入口改造
·交通设施布局
·道路系统优化

专项五 历史文化保护专项规划
·历史建筑保护与改造

专项六 基础设施专项规划
·电力工程规划　·通信工程规划
·燃气工程规划　·环卫工程规划
·给水工程规划　·竖向规划
·排水工程规划

专项七 失地农民再就业专项规划
·拓展农业就业渠道
·完善帮扶机制

农房改造

·建筑风格：尊重当地传统民居风格，塑造为北方民居风格。
·建筑色彩：青瓦白墙朱红大门

环境提升

1）道路硬化
主要道路采用水泥、沥青混凝土两种材质进行硬化，满足村庄各种机动车辆通行需求。次要道路以青石铺路为主，主要为村民现做安全舒适的游憩空间。

2）清理废弃闲置空间
清理村庄村巷堆放废弃物、垃圾等废弃闲置空间，对清理出的空间进行景观营造。

3）景观绿化
选取果树、本地花卉等乡土植物，营造具有田园风格的乡村小景。

基础设施

配套完善，实现"七有三集中"

"七有"：给水排水、电力、电信、燃气、供暖、有线电路、道路与城市市政设施、管网相对接、配套。

"三集中"：实现垃圾集中处理、污水集中处理、雨水集中处理。

结合乡村实际，发展绿色、经济的基础设施体系

供热：燃气壁挂炉；污水：人工湿地；新能源与可再生能源：太阳能、地热

设计人员：裴新生 付志伟 彭灼 周青 黄华 虞飞 陈昱宇

上海市青浦区朱家角镇张马村村庄调研

上海市城市规划设计研究院

张马村基本情况

张马村位于青浦区朱家角镇，村域面积4.6平方公里。2002年6月，原星光村、张马村两村合并组成现在的张马村。张马村共有6个自然村莫家村、施家浜、张字圩、小杨家埭、莫家浜、汶浜和17个村民小组。村内水网密布，民宅依河而建，500亩水源涵养林绿树成荫，具有典型的江南水乡风情。近年来，张马村引进了泖塔农情园、寻梦园香草农场、浦江蓝蓝莓园等项目，休闲观光农业蓬勃发展。2013年，张马村荣获上海市第二届"我喜爱的乡村"称号。

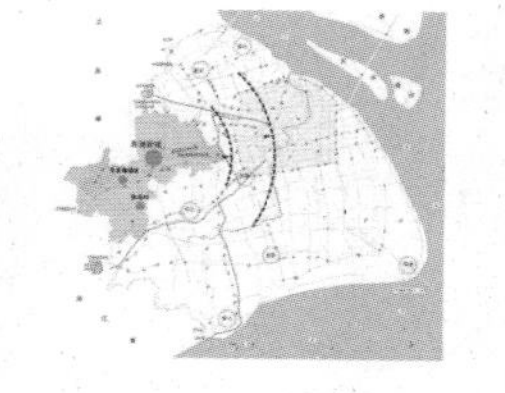

区位

上海西南，历史悠久

张马村位于上海市青浦区西南片区的朱家角镇境内，距离朱家角镇镇区约6公里，距离人民广场55公里。

张马村水陆交通便捷。张马村临近G50沪渝高速、沪青平公路，沈太路贯穿村庄。拦路港从村庄西南侧穿过，村内河道纵横。

上海西南地区历史悠久，多年来因为黄浦江上游水源涵养的要求，生态环境较好。

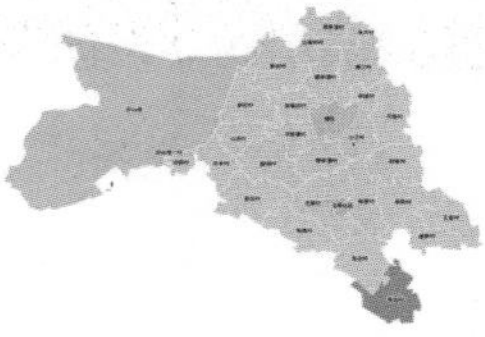

户籍人口

从过去五年的人口数据来看，张马村户籍人口总量较为稳定，仅有微量增长。张马村2013年年末户籍人口总数为2011人，总户数607户。其中，非农业户口1135人。

张马村户籍人口"空心化"现象显著。2013年年末户籍人口中的常住人口仅为1088人，占比54%。

张马村"老龄化"现象显著。2013年全村户籍人口中60岁以上占比超过27%。从近五年的统计数据看，60岁以上户籍人口占比一直在接近30%的水平。

常住人口

2013年年末，张马村常住人口1554人。其中，户籍人口1088人，外来人口466人。户籍人口占比70%，外来人口占比30%。常住总户数494户。其中，外来户数为30户。

外来人口

外来人口2013年466人，2014年外来人口较多约600-700人，主要来自邻近的松江区，一般租住在农户家中。外来人口中大部分都是务工，仅有少部分从事农业生产或服务业。

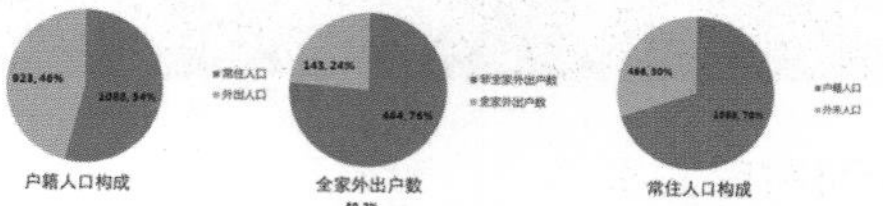

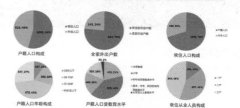

户籍人口构成　全家外出户数　常住人口构成

户籍人口年龄构成　户籍人口受教育水平　常住从业人员构成

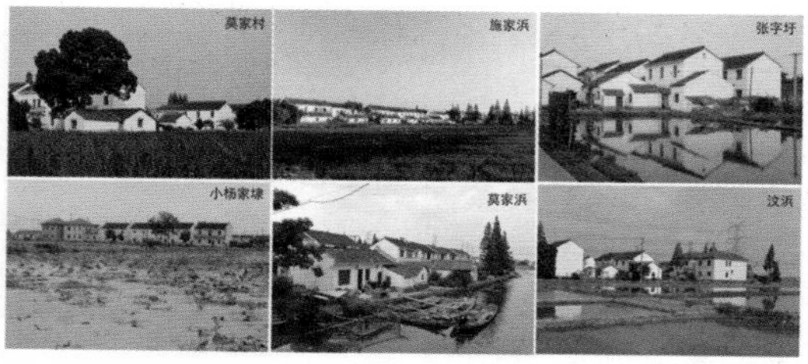

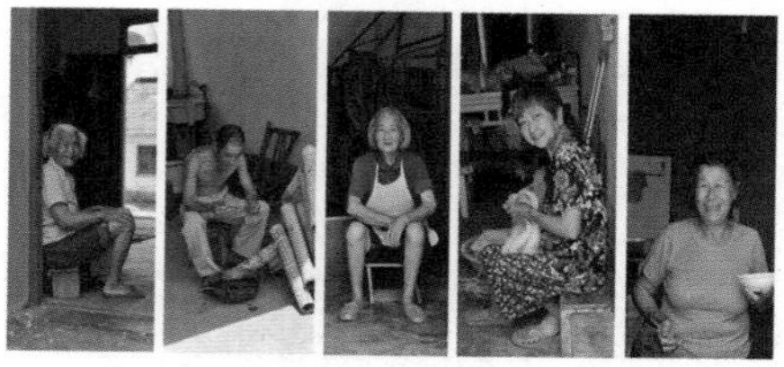

土地

张马村村域总面积约4.62平方公里。根据2013年二调更新数据，农用地面积为2.4平方公里，占比52%，建设用地面积为1.4平方公里，占比30%，水域和未利用地面积为0.8平方公里，占比18%。

张马村现状土地流转率达到100%，土地流转面积约2832亩。

流入方类型包括农业企业、合作社和家庭农场。主要包括寻梦园、蓝莓园、农情园，以及26个家庭农场。

土地流转价格，家庭农场一般为每年650元/亩，农业企业、合作社一般为每年1600元/亩。

家庭农场承包土地规模基本都在50亩以上，超过50亩的达到96%，超过80亩的达到46%，超过100亩的达到19%。

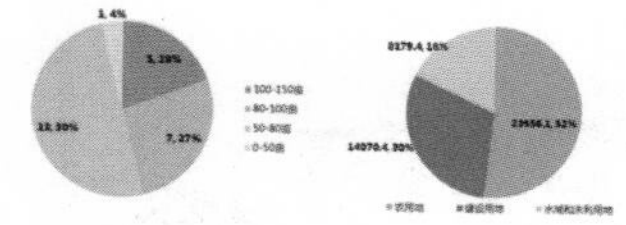

家庭农场土地承包经营权流转户数　土地使用现状构成（2013年）

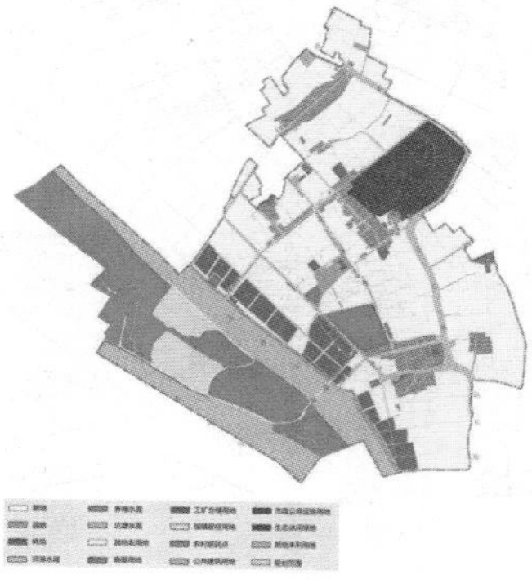

土地使用现状图（2013年）

公共服务设施

张马村现有村民委员会1处、卫生室1处、综合服务站1处、老年活动室2处、健身点2处、篮球场1处。张马村由原来的星光村和张马村两村合并组成，故现状公共服务设施主要集中分布在南北两个点。北部设施集中在村委会，大院内设有村委办公室、老年活动室、卫生室、健身点、综合服务站，以及室外篮球场等设施，使用频率较高，是村内最主要的服务设施点；南部设施集中在张字圩，即老张马村，设有一处健身点和一处老年活动室，设施陈旧，亟待改善。

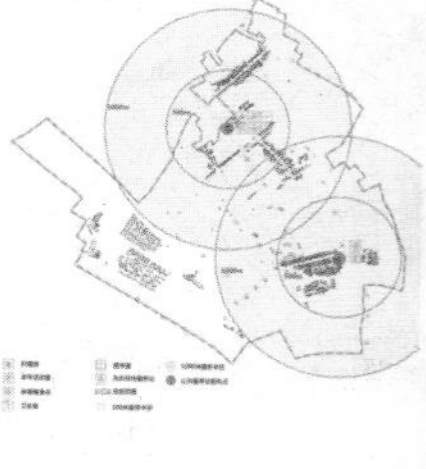

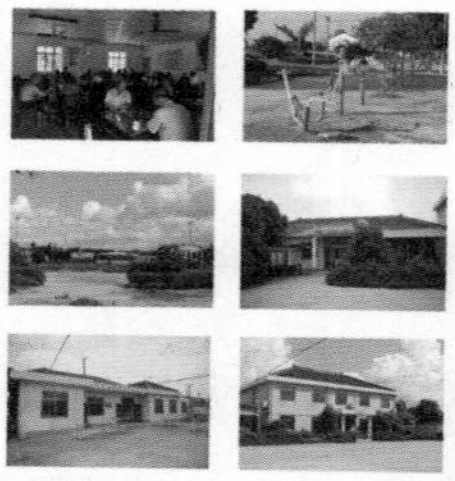

现状公共服务设施分布图

历史

三泖

上海文明始于"三泖九峰"，张马村正位于三泖地区。泖，意为水面。历史上的松郡三泖仅存位于松江、青浦之间的圆泖，今泖河也只是圆泖的一小部分。

泖河在张马村西部淤成一小洲，原名泻渡圩，后称泖岛，现为太阳岛，其大部分位于张马村内。"泖岛"，古为泖河中心，自唐朝起便积累了悠久的历史文化，商旅墨客在此云集，王安石、朱熹、赵孟頫、董其昌、林则徐等许多名人都在岛上留下踪迹。

中国五大古灯塔——泖塔

"泖塔"又名"长水塔"，是一座秀丽的五层方形宝塔。据志载为唐乾符年间（874-879年）福田寺僧如海所建。泖塔顶层曾挂灯作为泖河中往来船只的航标，跻身世界历史文物灯塔100强。1962年公布为上海市文物保护单位。

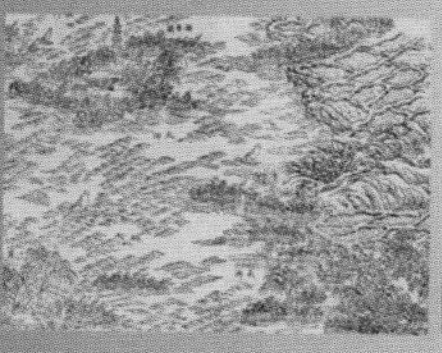

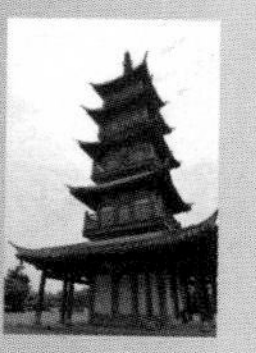

国家级非物质文化遗产——青浦田歌

"青浦田歌"现已被列入国家级非物质文化遗产名录。张马村现有10位老田歌手被授予"国家级非物质文化遗产田山歌（青浦田歌）代表性传承人"称号，为青浦各村之最。2005张马村年被评为青浦田山歌传承基地。

青浦田歌又称"邀卖山歌"、"耘耥山歌"，是农民在田间劳动时唱的劳动歌。青浦田歌曲调高亢嘹亮，悠扬婉转，既能抒发感情，又能丰富生活。这种寓情于歌、寓情于景、情景交融、声情并茂，发自内心的原生态的歌法真实反映了劳动人民的质朴和善良，特别是现场创作歌词这一项就是不可多得的民间传统文化。田歌的内容非常广泛，以爱情题材为主，感情深切，口口相传，流传至今。

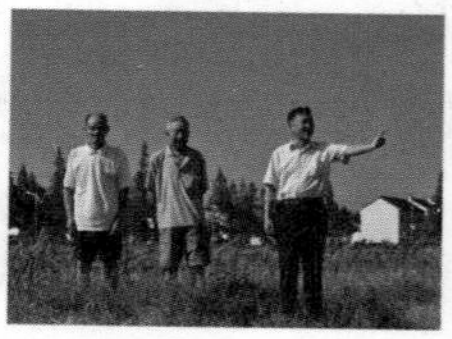

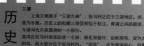

项目组成员：乐芸　秦战　陶楠　沈高洁　李坤恒

上海市青浦区朱家角镇张马村村庄调研

上海市城市规划设计研究院

产业发展

2013年张马村收入464.57万元，支出330.59万元，全年收益133.98万元。近年来，农副产值增长明显，已占品产值的50%以上。

第一产业以农产品种植为主，主要农产品包括茭白、水稻，其他农产品还有蓝莓、樱桃等。此外，村内还有500亩水淡渔业养殖。

张马村现有9处工业厂房，其中上海依泽妆裳有限公司主要为欧洲著名时尚品牌代工；盛宇包装材料有限公司主要生产海绵制品、原料供应及产品销售都主要集中在长三角地区；上海天天宝编织有限公司以尼龙、PE、涤纶、PP、棉纶等材料进行编织塑加工。产品90%出口日本。

张马村旅游业发展形势较好，有"三岛一岛"的基本格局，包括寻梦园香草农场、渔躺农情园、浦江蓝莓等四、太阳岛国际俱乐部。

村庄风貌

朱家角地区的农民习惯于"逐水而居、沿路而建"，农宅一般都以农村道路、河流为主线，呈"一"字形或"非"字形排列，或以历史形成的原宅村为中心，呈分散状的组团式散落群居。这种聚居的观念奠定了现在的农村居民点分布的主要特征。

张马村村庄在沈太路两侧沿道路和水系向外延伸，多呈带状组团，与沈太路构成树状结构。村与田毗分隔，内部亦有宅间农田网络，呈现村在田中的空间特征。建筑密度分布集中顶部，建筑多数为成排布局，前后间距8米，主屋占地90平米，小屋占地32平米，相邻宅基地之间轮少围墙隔离，空间整齐紧凑，但缺乏集中的公共活动空间。

寻梦园香草农场于2005年引进，占地400亩。寻梦园香草农场引进了多种香草品种，并设有种苗基地。园内提供摄影、观赏花草、烧烤野炊、木屋度假、特色餐饮等服务。

浦江蓝莓等园于2012年引进，占地300亩。园内以蓝莓种植为主，同时还培育了黑莓、红莓、大樱桃、小樱桃、石榴、苹果等多个品种，目前提供现场采摘与品尝，阳台盆栽、别墅种植等服务，但该项目约处于前期培育阶段，尚未正式运营。项目定位为"四季蓝莓园"，提供水果采摘、劳作体验、教育展示、餐饮等多种体验活动，同时打造蓝莓栽培科研基地。

渔躺农情园占地100亩，园里种植了各种无公害的绿色蔬菜，提供新鲜蔬菜及采摘体验。园内还开设了特色花卉欣赏区、休闲观光垂钓区、学生学农实践区、特色农产品展示区、农家菜餐馆等。

太阳岛国际俱乐部占地约160公顷，其中的80公顷土地位于张马村村域范围内。太阳岛国际俱乐部的建设始于1993年，由新加坡国际元立集团投资开发，1997年开业。目前，度假村内的康健管理部、养生农庄、国际高尔夫球场、沙滩泳场、马术俱乐部、禅寺、养生餐房，以及诸多娱乐和养生场所。

建筑风貌

现状农房的建筑平面布局主要以"三间式"为主，建造年代多集中于80年代、90年代，以二层为主。建筑结构多以砖混为主。外立面材质相对简单，单色粉刷饰面以及菜毛石灰浆等，颜色相对单一。少数为80年代以前建筑，一层，破败严重。而近期建造的建筑则以三层为主，建筑风格多为仿欧式风格，建筑结构以砖混为主；建筑单体的新颖基本在正面方向内与檐部略为夹息之内，这也是典型的江南水乡建筑的朝向布局方式。建筑外搁地基本上不用围墙进行围隔，而是几户连成一个整体的通道空间。地坪内部进行少量农具用具、蜍坛、禽畜养殖、瓜果花草种植、宅基地联系形成的场地空间成为村民日常生活最为集中的场所。

建筑年代

典型院落格局

典型农房建筑形式

三上三下双坡　三上三下四坡　两上两下多坡　四上四下双坡

- □ 2层，双坡，硬山，三开间
- □ 阳台位置于二楼中部一开间内，阳台南立面一门一窗。
- □ 木窗木门，南北开窗，上下楼层窗框外檐有灰色粉刷压线。
- □ 一层外立面有灰色压脚线

- □ 2层，四坡，三开间
- □ 阳台位置于二楼中部一开间内，阳台南立面一门一窗。
- □ 木窗木门，南北开窗
- □ 一层外立面有灰色压脚线

- □ 2层，多坡（或两坡），硬山，两开间
- □ 阳台串联起二楼两间房子。
- □ 木窗木门，南北开窗。
- □ 一层外立面有灰色压脚线

- □ 2层，双坡，硬山，四开间
- □ 阳台位置于二楼，串联起二楼四间房子，阳台南立面一门一窗。
- □ 木窗木门，南北开窗。
- □ 一层外立面有灰色压脚线

项目组成员：乐芸　秦战　陶楠　沈高洁　李坤恒

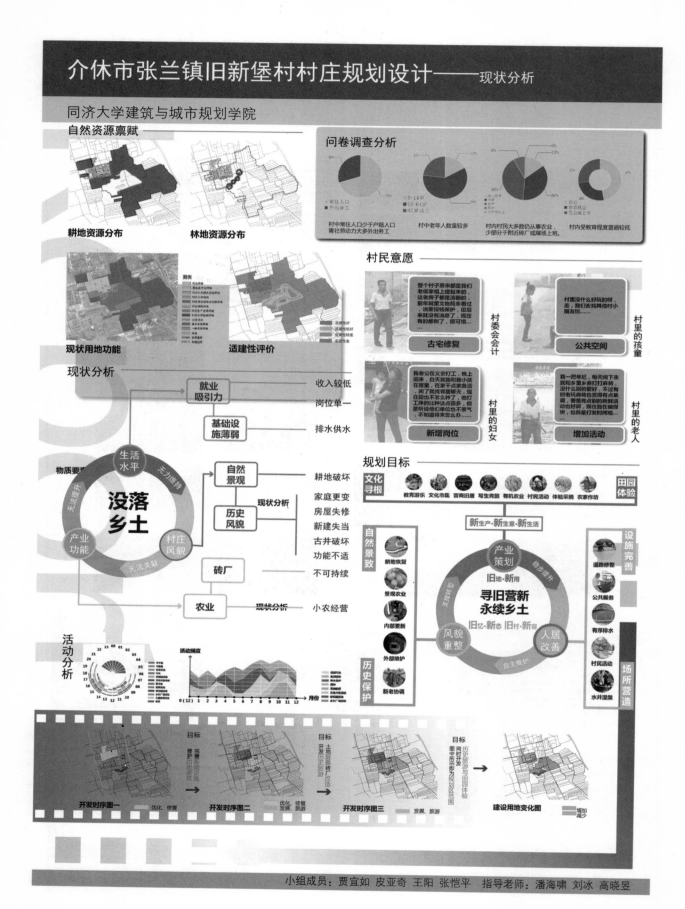

介休市张兰镇旧新堡村村庄规划设计——现状分析

同济大学建筑与城市规划学院

自然资源禀赋

问卷调查分析

耕地资源分布　　　林地资源分布

现状用地功能　　　适建性评价

现状分析

村民意愿

规划目标

活动分析

小组成员：贾宜如 皮亚奇 王阳 张恺平　指导老师：潘海啸 刘冰 高晓昱

介休市张兰镇旧新堡村村庄规划设计——现状分析

同济大学建筑与城市规划学院

位于大运发展主轴上
地处张兰镇域内，临近平遥

临近张兰镇和平遥古城
位于旅游发展活跃地带

旧新堡与旧堡、新堡、南贾村四
村集聚，其中旧堡是中心村

区位条件及上位规划

【介休市规划局】
　　介休市定位是"名山、秀水、古城、大文化"，旧新堡村是介休历史文化名村，村落格局和村庄建筑体现了典型的晋商文化，是大文化的重要组成部分

【介休市文物局】
　　旧新堡村与旧堡、新堡已一同被认定为介休市级文保单位，具有很高的历史文化价值，需要系统性妥善保护

【张兰镇定位】
　　张兰镇规划的定位是发展特色农牧业为主的第一产业，以旅游服务为辅助产业

旧新堡村简介

旧新堡村现状

　　旧新堡村是介休市张兰镇东北部的一个村庄，历史可追溯至南宋孝宗隆兴元年（1163）并昌盛于康熙之后。与旧堡、新堡并称为介休的重要历史名村，但通过调研，我们发现旧新堡村与印象中美丽古朴的历史文化名村有一定差距，虽然有较多历史民居，但相当部分呈现破败之相，整个村子也面临很多或大或小的问题，本文通过村庄基本现状的介绍和小组成员一些实地的观察思考，来发掘现状问题和背后的原因，并提出我们的改善性建议。

整齐的街道立面　　　围合的院落空间

与农家户内充满情调的院落空间截然相反的是村内公共空间的场地缺乏和活力不足，居民们已经养成了坐在路边聊天的习惯，而村民委员会的活动室和场地缺乏人问津

农家情调的院落空间

冷清的居民活动场地

村口的古井早已干涸，井边也没有聚集的人气，儿童们的没有合适的空间进行游憩

居民坐在道路两边聊天

儿童在路边玩耍　　没落的井边空间

工程设施的薄弱也阻碍着村子的发展，全村靠一口深井供水，仅能隔天停水一次

打水深井和泵站

到如今，村子的农业仍然依靠传统的人力畜力，缺乏必要的现代化发展，同时村内兴办的砖厂对周边环境危害极大

田间小路　　　砖厂取土留下的深坑

历史资源要素

村落形制遵循风水格局　　街道格局保存完好　　建筑保护质量堪忧

古堡墙　古水井　古街巷

古院落形制　土墙青瓦　建筑细部

小组成员：贾宜如　皮亚奇　王阳　张恺平　指导老师：潘海啸　刘冰　高晓昱

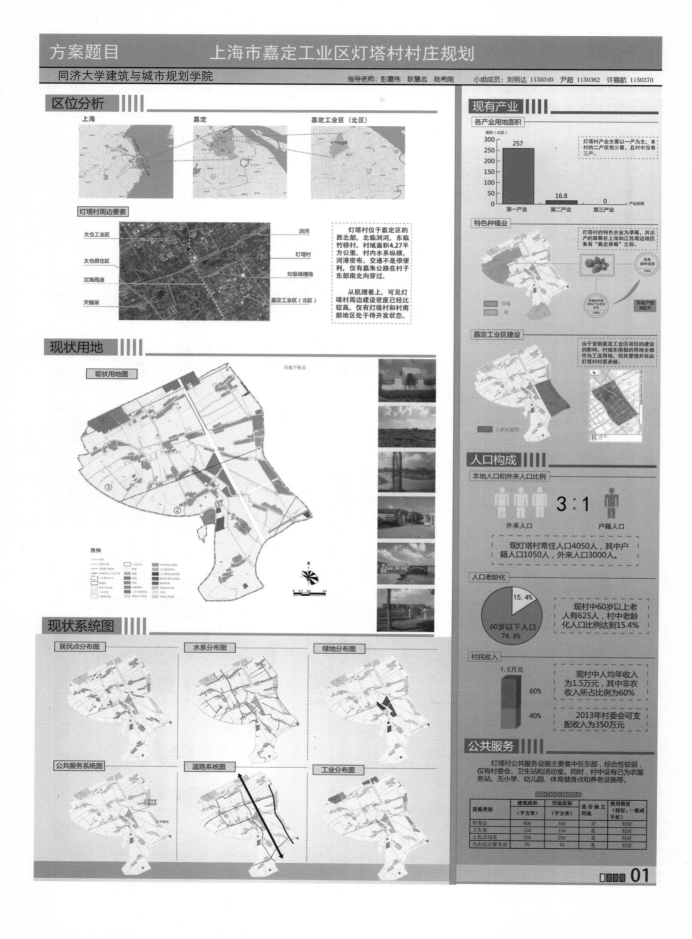

方案题目　　　上海市嘉定工业区灯塔村村庄规划

同济大学建筑与城市规划学院　指导老师：彭震伟　耿慧志　陆希刚　小组成员：刘明达 1150340　尹超 1150362　许展航 1150370

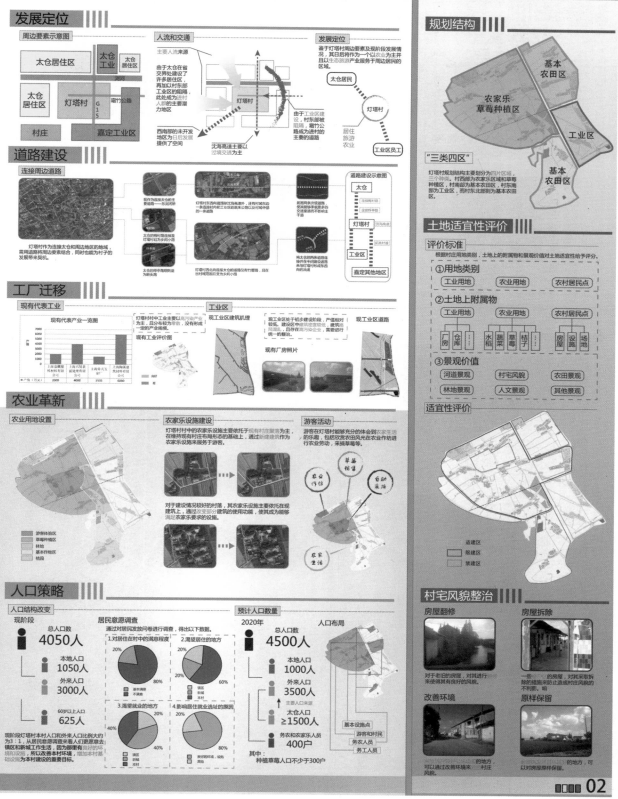

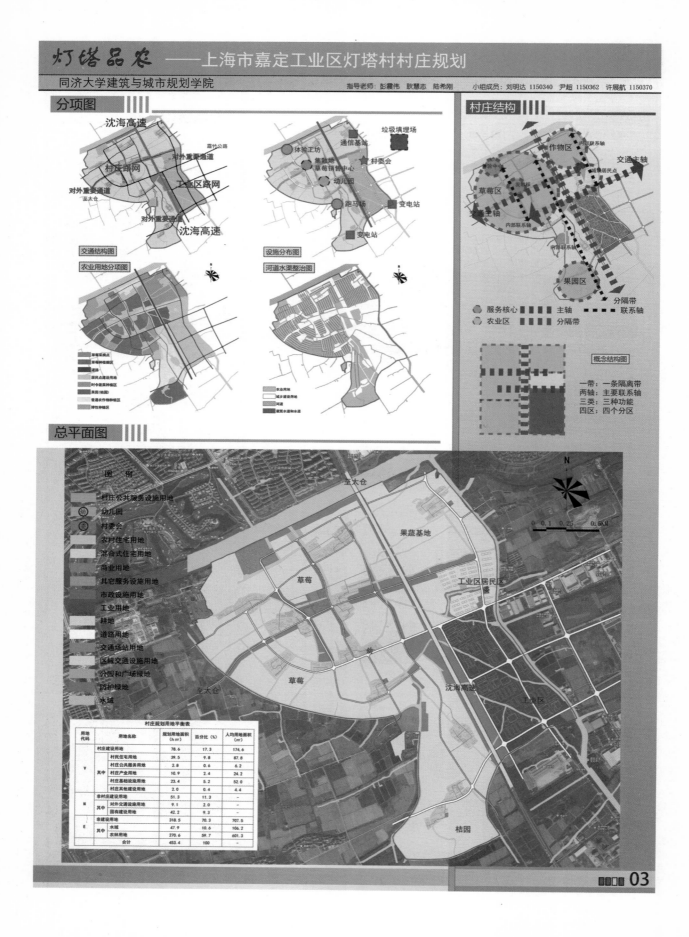

灯塔品农 ——上海市嘉定工业区灯塔村村庄规划

同济大学建筑与城市规划学院

指导老师：彭震伟　耿慧志　陆希刚　　小组成员：刘明达 1150340　尹超 1150362　许展航 1150370

详细规划平面图 ▊▊▊

详细规划鸟瞰图 ▊▊▊

结构图 ▊▊▊

透视图 ▊▊▊

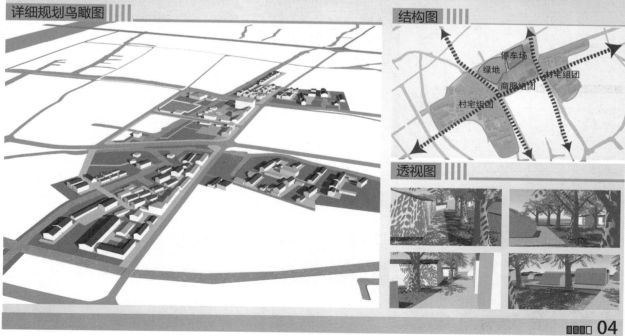

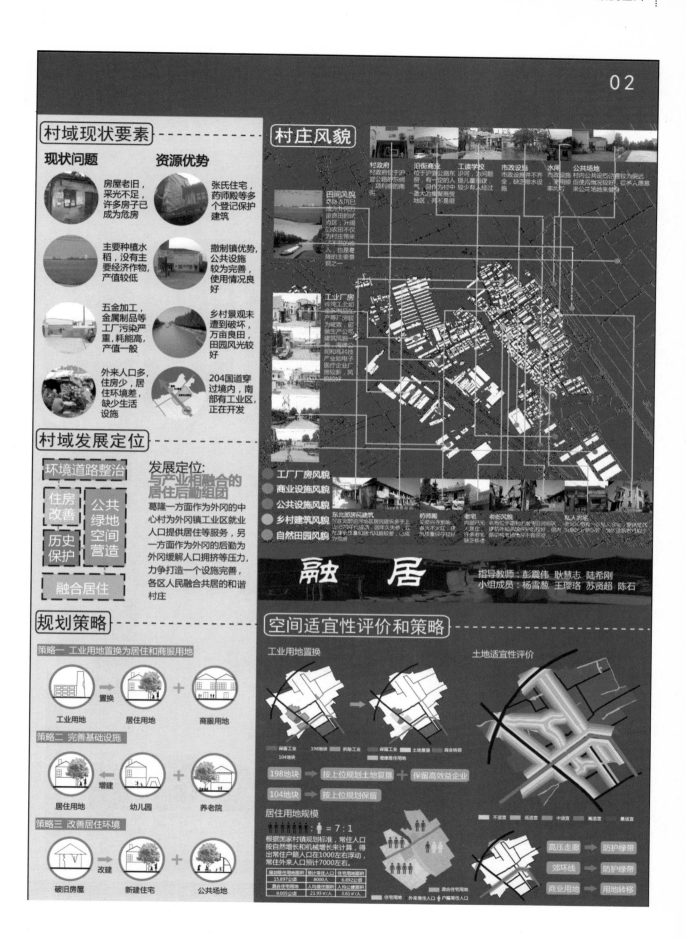

上海市外冈镇葛隆村概念性村庄规划设计——现状分析

同济大学建筑与城市规划学院

区位分析

宏观层面
葛隆村原来是一个小集镇，因其位于江苏与上海的交界处，故在古代贸易来往密集，经济较发达。但随着上海和江苏发展重点的转移，葛隆集镇逐渐衰落。

中观层面
外冈镇位于嘉定的西北部，葛隆村位于外冈和嘉定市级工业区的发展轴上，工业区吸引外来

人口就业人口较多，故葛隆集聚了较多的外来人口。

微观层面
葛隆村位于外冈镇的西北部，因为曾经是集镇，故拥有较完善的公共设施，葛隆作为外冈的中心村之一借助204国道的优势及完善的公共服务体系

宏观层面区位分析　　中观层面区位分析　　微观层面区位分析

葛隆村简介
Village Brief

葛隆村现状
葛隆村位于江苏与上海的交界处，是古代连接上海和江苏的重要村镇之一。葛隆所处的嘉定在古代是江南三大棉产地之一，棉纺产业十分发达，因以古代葛隆贸易发达。新中国成立后，外冈行政和经济中心转移，葛隆镇从此走向衰落，现已撤职成村，是外冈三个中心村之一。葛隆村具有公共设施较为完善，有一定的历史文化遗存等优势。同时也存在着交通和产业较薄弱的劣势，不改变自身难以持续发展；葛隆村内一部分建筑质量过低，人居环境较差，亟需整治；村内缺乏快捷的对外交通，工人到外冈工业区上班不方便；村庄历史悠久的古建筑没有得到良好的保护和利用，人迹罕至；村内公共场地和绿地空间较少，不能满足村民日常健身、娱乐的需求。
因此，本次规划的重点将放到如何开发现有资源和整治再利用不合理的空间。

药师殿　　田园风光　　张氏住宅

药师殿　　水景　　水闸

韩洋时装厂　　购物中心

磐源海绵有限公司

村委会

葛隆村基础设施较为完善，活动中心的使用率极高，污水处理是葛隆最薄弱的环节之一，生活污水尚未安装相应排水管道

村内集市

工读学校　　通信塔

健身场地

活动中心

葛隆村居民建筑分析

葛隆村内建筑质量参差不齐，北部的建筑多建于20世纪70、80年代，沿典建筑质量较高，现如今少为住房。葛隆村靠北面有一药师殿，坐北朝向，砖木结构，基瓦石材，单檐歇山式，灰砖墙，小青瓦屋面，八步架，硬山封瓦式两开间，镶了脊山形，供相同有儒也望墙，现内供奉药师像。山门内东南有小引口。葛隆分布在于郑村南南面沿河地区，老街建筑多属于民国时期，其中有一张氏住宅中西合璧，正立面及木构基基本保留传统形式，后立面则入眼现进，采用欧式多马拉风格，二层有走廊，粉刷后，内外有别，在当地独树一帜，但这类建筑内都也持有一定的风貌，故修缮护，其他的建筑质量都较差。

自建农宅　　老街风貌　　一般农宅　　北郊建筑　　老街风貌

小组成员：杨雪葱　王璎珞　苏贤超　陈石　指导老师：彭震伟　耿慧志　路希刚

上海市外冈镇葛隆村概念性村庄规划设计——现状分析

同济大学建筑与城市规划学院

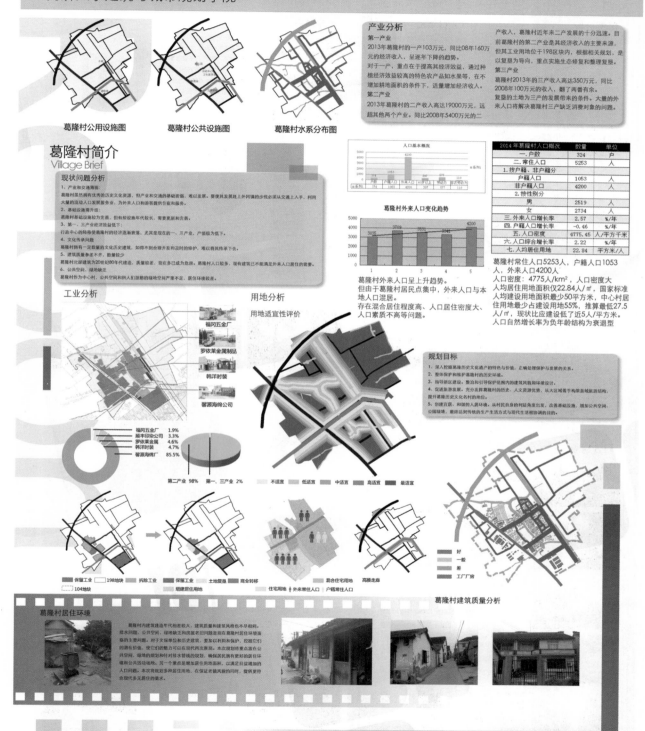

小组成员：杨雪葱 王璎珞 苏贤超 陈石　指导老师：彭震伟 耿慧志 路希刚

上海市嘉定区外冈镇泉泾村村庄规划——现状分析 01

同济大学建筑与城市规划学院

区位分析

高速公路
快速路

嘉定区位于上海西北部，与宝山、普陀两区接壤，与闵行、长宁、青浦三区一江相隔；西北分别与昆山市和太仓市相邻。

宏观区位

高速公路
快速路
主干路

外冈镇位于嘉定的西北部，东与嘉定新城相连，南邻安亭国际汽车城，西北分别与昆山市、太仓市相邻。

中观区位

高速公路
高速公路出入口
主干路

泉泾村地处嘉定西北部，北与太仓相邻，西与昆山一河之隔，皆以河为界。宝钱公路与外钱公路贯穿本村。

微观区位

村容村貌

泉泾村为三村合并，其中原钱门村历史悠久。钱门塘，南宋嘉定十年（1217）即成市镇，"居民鳞比，商贾辐集"。

原钱门塘镇区所在地，普繁荣一时，现在仍保留一条钱门塘老街，但只有少部分建筑能反映钱门塘的历史风貌。

村中少量民居较有特色。

村域内唯一的宗教设施冬家庙，不属于历史建筑但规模较大。

村内河道纵横，但水质普遍较差，大部分为五类，适用于农业用水及一般景观要求。有绿化景观的河道仅有六条。

人口结构

现状总人口7772人，其中外来人口与本地人口基本持平，户籍人口中60岁以上占比近三分之一。

外来人口
户籍人口

3800
3972
2264
1201
198
195 / 114

0-6岁
7-15岁
16-24岁
25-60岁
60岁以上

村民收入及福利

土地流转后的村民
土地流转费
区镇财政补贴
生活费补贴

到达退休年龄的村民
（每人每月最低1200元）
土地流转费
养老金（农保标准）
区镇财政补贴
生活费补贴

产业经济

2013年村可支配收入为1180万元，其中，基地收入大约为500万元。作为"高水平良田"试点，泉泾村正在全面推进农业生产机械化，现状耕地面积为5203亩。村内工业主要行业为电器制造、五金加工、化工等，污染较重的低能级企业较多。上海一核阀门制造有限公司和庆泰电气集团为年产值最高的企业，分别为13亿和12亿元。

	2009	2010	2011	2012	2013
年国民收入（万元）	4885.64	5443.36	6013.12	6300.20	7260.99

村民意愿

居住现状评价
非常满意
基本满意
不满意

村民居住意向调查
镇区
新城
本村

村民对现状居住较为满意，但大多村民倾向于搬迁至新城或镇区。原因是镇区环境好，交通便利，住房多样以及设施齐全。同时也与本地外来人口过多有关。本地村民普遍更倾向于从事服务业。

村民就业意向调查

务农	当工人	服务业	做生意	休息在家
2	3	15	4	4

用地布局

村委会

商业设施

派出所

城镇居住用地

泉泾桩原是嘉定外冈的一个西北偏远小村，2001年9月与原富高合并，2005年3月又与原钱门合并为现在的泉泾村，现村有34个村民小组，是外冈最大的行政村。

用地	用地面积（公顷）
农田	458.49
工业用地	71.96
商业服务用地	0.80
公共服务用地	2.55
居民点	58.55
水域	56.01
交通用地	20.58
市政设施用地	1.40
墓地	6.75
总计	677.09

0 0.2 0.5 1KM

N

太仓

昆山

住宅用地
村庄公共服务设施用地
村庄商业服务设施用地
村庄生产仓储用地
村庄公共交通用地
村庄公用设施用地
村庄其他建设用地
对外交通设施用地
国有建设用地
自然水域
其他农林用地
村域边界
500kv高压走廊

主要桥梁

墓葬产业

主要企业1

主要企业2

指导老师：彭震伟 耿慧志 陆希刚   小组成员：叶凌翎 姚鹏宇 王天尧 赵远 阿马尼

上海市嘉定区外冈镇泉泾村村庄规划——现状分析 02

同济大学建筑与城市规划学院

公共基础设施

泉泾村生活性市政基础设施配置一般。自来水、固定电话、有线电视、宽带网络较完备；村内建有2个公共厕所、6个垃圾中转站。但是生活污水未经处理排入河道，对环境影响较大。大雨后不存在内涝现象。

公共服务设施一览表

设施类别	建筑面积（平方米）	用地面积（平方米）	是否独立用地
村委会	820	4000	综合
卫生室	360		综合
文化活动室	220		综合
为农综合服务站	340		综合
广场			
体育健身点	350	750	独立
养老设施	0		
小学	0		
幼儿园	0		
其他			
无			

生态景观

河道名称	长度千米	绿化面积平方米	是否进行过综合整治	是否与周边水系连通	水质情况
吴塘	7.35	88393	是	是	IV-V
眠浦	6.9	1300	否	是	V
张泾	2.83		是	是	V
郭泽塘	4.43	1100	否	是	V
徐公河	0.71		是	是	V
高架河	1.36		是	是	V
宣黄河	1.15		是	是	V
黄泾河	1.7		是	是	V
天仙婆	0.97		是	是	V
杨泉泾	1.1		是	是	V
横双泾	2.24		是	是	V
野鸭浜	0.51		是	否	劣V类
双泾河	0.64		是	是	V
望新科泾河	1.21		是	是	V
小横泾河	0.8		否	否	V
车车泾	0.49	3600	否	是	V
车泰河	0.89	2100	是	是	V
洪家宅河	0.94	980	否	是	V
上泰泾	0.87		是	是	V
时泾河	0.65		否	否	V
横泾	0.32		否	是	V
九央浜	0.22		是	是	V

泉泾村共有22条河道流经，其中吴塘水质为四至五类，为境内水质最好；野鸭浜为劣五类水质，污染严重，其余河道水质均为五类。

村庄发展前景
村庄要素提取

有利因素	不利因素
农业机械化程度高，发展态势良好	地理位置偏远，地处嘉定最西端
公交站点、高等级道路较多	铁路、高架快速路、高压走廊穿越村域
有经营性墓园，贡献50%的村年可支配收入	工业能级低，污染严重
钱门塘及老街历史悠久，为原集镇中心	房屋质量差

村庄发展定位

经济发展	村庄整治	服务人群
农业加速规模化耕作进程	提升村民住房质量及生活环境	泉泾村居民：户籍常住人口 外来务工人员
工业减量、优质发展	完善公共服务设施及市政基础设施配套	
扩大墓葬经济，发展特色墓葬及周边产业	提高村庄生态环境质量，减少污染	清明、冬至时节前来扫墓踏青的访客

规划要点

- 2040年为规划目标年，以3230人为常住人口规模；
- 推广农业规模耕作；
- 强化墓葬特色产业；
- 减量发展工业；
- 疏浚河道，改善生态环境；
- 整治宅基地空间布局，整治村庄建成环境。

市政设施现状

图例
给水管径
公交车站
车辆独置站

公共服务与商业服务设施现状

图例
村庄公共服务设施用地
村庄商业服务设施用地

上位规划

规划中的沪通铁路、郊环切向线、墨玉北路穿过本村。宝钱公路上郊环的出入口。

工业用地

图例
一类工业
二类工业
三类工业

产业发展态势
农业

提升农业机械化水平，继续建设高水平麦田，"田成方，林成网，果相连，路相连，机能灌，涝能排，渍能降"，增加有效种植面积。

农产品以晚稻及冬小麦为主，结合种植油菜及西甜瓜等蔬菜。

油菜：2-4月开花 5月底收割

小麦：水旱轮作，5-6月收割

晚稻：10月下旬-11月收割

工业

全村的工业用地均为上海"198"区域工业用地，泉泾村未来淘汰及置换大量低能级企业，工业收入不再作为村支配收入的主要来源。

现有工业企业

墓葬产业

上海墓地资源紧缺，按平均计算，目前上海殡葬每年消耗土地在100亩至120亩，截至目前，上海可使用墓地资源还剩2000亩左右。泉泾墓葬仍有发展空间。

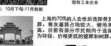
上海墓地用地预测

上海约70%的人去世后选择骨灰墓葬，骨灰墓葬占地较大，硬地率较高。上海约5%的市民倾向于选择更为环保、价格更低的壁葬和树葬。

建设泉泾特色墓园

泉泾村瞻仙安息园
为永久性经营性公墓，上海市共44座经营性公墓。交通方便，主营墓葬业务、骨灰安放（寄存、壁葬）。未来规划面积约500亩。

扩大传统墓葬区 / 结合外冈镇指标发展生态树葬 / 发展殡葬周边产业及季节性农家乐

空间特点及规划策略
宅基地整合

按照上位规划，墨玉北路向北延伸，外钱公路由交通性干道转变为生活性道路。同时尊重现有村路进行路网梳理。

按照高水平粮田的基本规模：350m×45m，在宝钱公路以北粮田中布置机耕路主干路，在宝钱公路以南主要依托村庄支路以兼具机耕路的功能。

宅基地整合

拆建的村民点特点
- 在大型基础设施的影响范围内
- 紧邻工业用地
- 远离村中心及服务设施，对高水平粮田建设不利

整合策略：延续原有村落沿河生长的空间特点，布置拆近安置的村民点

原有村民点
新增村民点

工业减量

保留单位产值高的工业企业，淘汰污染严重的企业，置换成高能级低污染的企业

优质企业

其余工业用地整合至镇区的产业园区

外冈工业园 / 污水处理产业园区

河道整治

打通、连结"断头河"
提升河流流速、自净能力及行洪排涝能力，构成"微循环"

严控工厂排污，提升河道水质

指导老师：彭震伟 耿慧志 陆希刚　小组成员：叶凌翎 姚鹏宇 王天尧 赵远 阿马尼

上海市嘉定区徐行镇小庙村村庄规划

01

绿色小庙

区位概况

嘉定区层面区位

徐行镇位于嘉定东北部，紧邻城区。

小庙村属徐行镇，东邻和桥村，西邻徐行镇区，南邻马陆镇，北临曹王村、钱桥村。

距嘉定城区5.4km。距徐行镇区1.3km。

上海市层面区位

嘉定区是上海西北部的郊区之一，东与宝山、普陀两区接壤，西与江苏省昆山市毗连，南襟吴淞江，与闵行、长宁、青浦三区相望。与青浦、松江、临港成为上海的副中心。

上位规划

《绿色徐行总体规划（2005-2020）》

规划确定徐行镇的域镇性质为：发展成为嘉定主城区外围较大规模，以科技研发产业为特色，生态环境优良的，具有"绿色、科技、人文"特色的新市镇。

"一心"是指在新建一路、澄浏路附近建设以行政中心、公园、商业服务等功能有机组合的城镇内核。"一轴"是指以新建一路为发展轴，两侧建设现代化居住社区，大力发展商业和住宅，联系新老镇区。"三区"是指以徐行老镇为依托建设的新镇区、盛创科技园以及曹王老镇新建设的工业区。小庙村西南部分用地已经划入镇区的规划建设用范围内。小庙村西北角部分用地规划为徐行镇区的居住用地，作为徐行镇的动迁基地。

《嘉定区区域总体规划实施方案（2006-2020年）》

小庙村位于处于四大板块中的北部板块的徐行新市镇片区内。规划北部板块发展以第一产业和第二产业为主。嘉宝北发展轴着眼于远期功能提升、空间整合，为徐行镇带来新的发展机遇。

在产业用地规划导向上，小庙村位于产业整合消减区内，规划产业用地在现状基础上进行适量优化、整合，进一步集约土地利用，提升产业用地效率。小庙村所在徐行新市镇地区的总体规模通过综合后适当消减。

徐行新市镇片区是人口基本控发区。需要结合产业结构和空间布局优化大规模整合现有零星建设用地。建设用地总量整合消减超过30%。

现状系统图

现状道路系统图

公共服务设施现状图

农田现状图

市政基础设施现状图

绿地系统现状图

土地使用现状图

图例

V11	村民住宅用地
V21	村庄公共服务设施用地
★	村委会
	社区卫生服务中心
	体育设施
	文化设施
V31	村庄商业服务设施用地
	菜场
V32	村庄生产专业设施用地
V41	村庄道路用地
N2-R11	一类居住用地
N2-A35	科研用地
N2-U12	供电用地
N2-G2	防护绿地
N2-G1	公共绿地
E11	自然水域
E21	设施农用地
E22	农用道路
E23	耕地
E23	园地
E23	林地
E23	特色农业种植用地
	在建用地
	村界
	500KV电力线
	220KV电力线

现状分析

经济

小庙村经济状况不佳，在徐行镇共9个行政村中排名第八。

产业以工业为主，工业产值占达到全部产业的80%。工业中则以制造业为主，由于规模小、科技含量低，经济效益较差，同时还对村内环境造成一定污染。

第一产业目前比重较小。大部分耕地种植水稻，经济效益低。但村内的黄瓜种植、鸟类养殖及林业具有较大发展潜力。黄瓜基地占地3000亩，每亩年产值可达三万元。村内嘉祥鸵鸟场占地127亩，饲养有鸵鸟、蓝孔雀等稀少鸟类。林业则是近年来小庙村产业的发展倾向。

二产效益低。一产目前萎靡，但特色产业发展前途光明，可带动小庙村产业提升。

产业

二三产业 18%

第一产业 82%

条村企业收入（万元）

人口变化趋势

| 村内企业情况一览表 |
| 企业名称 | 产业门类 | 用地面积（公顷） | 年产值（万元） | | 地址 |

人口

小庙村常住人口12182人，共有29个村民组，男性4953人，女性7229人。户籍人口4636人(总户数1561户)，其中60岁以上老人1810人，外来人口7546人。劳动力合计8435人，其中非农劳动力1100人。

人口变化趋势：户籍人口呈缓慢下降趋势。

每户平均人口由2008年的3.35人减少至2014年的2.97人，家庭规模逐渐缩小。

外来人口由3094人增加至7546人，劳动力由2328人增加至8435人。

老年人口年龄

35.8% 39.0%

27.5%

嘉定义 徐行镇 小庙村

现状

居住	1、建筑质量较差，大多建于上世纪80-90年代。2、宅基地占面积大3、居住构成（15.3%一代、20.7%两代、43.6%三代、11.2%四代）
公建配套	老年人口多（1810人，总人口15%，户籍人口39%）老龄化程度在嘉定(27.9%)和徐行(35.8%)都属较高水平。
工作	1、农业劳动力：非农劳动力 87%：13%2、户籍人口分别40%：54%：6%在本村；镇区或域区工作；其他区域工作流动人口分别32%：54%：14%在本村；镇区或域区；其他区域工作

户籍人口居住形式分布

户籍人口工作分布现状

外来人口工作分布现状

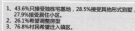

居民意愿

1、43.6%只接受独栋宅基地，28.5%接受其他形式别墅，27.9%接受居住小区。
2、26.1%希望调整房型。
3、76.8%村民希望迁入镇区。

1、对卫生院、医院、户外公共活动场地、日用品市场、集中垃圾收集处理有需求。
2、大部分对文化娱乐、休闲场地不满意。
3、对学校基本无需求。

1、仅8%人口希望在本村工作，90%希望在村外附近镇工作。

指导老师：彭震伟 耿慧志 陆希刚   成员：1150341 蔡纯婷   1150342 吴怡沁   1150357 景正旭

上海市嘉定区徐行镇小庙村村庄规划 02

绿色小庙

规划定位

小庙村的发展以"绿色、宜居"为核心，凭借紧邻镇区的区位优势，积极发展现代农业、林业、养殖业等第一产业，集科技研发、生态展示、健康人居等多种功能于一体。

概念诠释

自上而下

绿色徐行

生态环境良好，基本农田面积大

房屋建造年代久远，建筑质量差

市政基础薄弱，污水未纳管，未使用管道燃气

紧邻镇区公共服务中心，但自身缺乏商业文化活动设施

自下而上

- 绿色生态产业平台 兼顾经济环境效益
- 保护改善生态环境 合理布置防护绿地
- 人与自然相互融合

田园美 自然风光、田园景观

村庄美 农房院落、基础设施

生活美 居民收入、公共服务

美丽 宜居 村庄规划（住建部）

规划策略

绿色

产业
加强第一产业建设
（有机农业、养殖业以及林业）
缩减第二产业比重
填补第三产业空白

生态
复垦农田，增加农田面积
合理配置林带
（着重关注高压走廊、应用——物理分所等敏感区域）

宜居

村民居住 满足多样居住形式意愿并改善居住质量
保留部分宅基地面积（占现状总面积40%，需对其进行修缮）
新建居住小区（可容纳30%户籍人口，与镇区居住相结合）
新建联排别墅（可容纳30%户籍人口，区位便利）
外来人口居住 满足其居住需求
新建集体公寓（可容纳现有外来人口数量，位于镇区附近）

2008
2014

社区服务
倚靠镇区学校、医院等公共服务（距离小庙村委会1.1-1.8km不等）
教 医
配置医疗卫生室、文化活动中心（村内集中设置一处）
十 文
配置老年活动室、健身点和商业设施（各居民点组团均设置一处）
老 健
商业
配置农贸市场和综合性零售商场（村内交通便利处集中设置一处）
杂 菜

规划实现手段：土地流转

缩减工业用地 — 建设用地指标流转 — 获取资金 — 集中建设第一产业 — 转变产业结构／提高经济效益／改善生态环境质量

农民宅基地置换 — 实体流转 — 新建联排别墅／新建居住小区／新建外来人口集体公寓 — 满足村民不同居住需求／为外来人口提供安身之所

指标流转 — 获取资金 — 修缮更新保留宅基地房屋／跟进公共服务配套设施建设

工业用地减量对象筛选

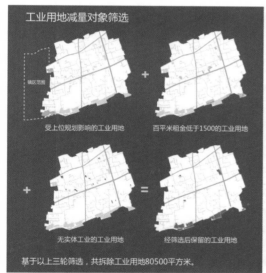

受上位规划影响的工业用地 ＋ 百平米租金低于1500的工业用地

无实体工业的工业用地 ＝ 经筛选后保留的工业用地

基于以上三轮筛选，共拆除工业用地80500平方米。

宅基地减量对象筛选

受上位规划影响的居民点 ＋ 户均宅基地面积较大的居民点 ＋ 建筑质量较差的居民点

受高压线影响的居民点 ＋ 户数较少的居民点 ＝ 经筛选后保留的居民点基本形成三大组团

基于以上五轮筛选，共拆除农民宅基地514167平方米（约占现状宅基地总面积的60%）。

绿色基础设施

防护高压走廊
扩大美瓜基地面积
隔离应用物理分所

疏通水道形成网络

建设用地增减挂钩

用地性质	用地面积变化(单位:m2)	村集体年收入变化(单位:RMB)
工业仓储	-89500	-492.66万（村内工业租金均价0.17元/平方米·天）
有机农业	+110920(不计入建设用地)	+499.12万（双窨蔬菜基地年产值3万/亩）
合计	-89500	+6.47万

居住用地规划

拆建联排别墅　保留居住小区　新建居住小区
拆建集体公寓　保留农宅小区　拆建农宅基地

居住形式	用地面积变化(单位:m2)	居住人口数
农民宅基地	-514160	-2782
联排别墅	+171957	+1391（4636*30%）
居住小区	+86043	+1391（4636*30%）
集体公寓	+76498	+7546
合计	-179662	

人均建筑面积以 75(联排) 75(小区) 15(公寓)计

资金平衡分析

建设用地增减挂钩

项目	金额	备注
土地出让金	+8.61亿	（科研及医疗用地）土地出让金以120万元/亩计
指标流转	+2.00亿	占补平衡指标费50万元/亩计
拆迁补偿	-7.3亿	2014年徐行房产均价15000元/平方米
建设费用	-2.48亿	公寓按每平方米1000元计 别墅按每平方米500元计
合计	+8300万元	

指导老师：彭震伟 耿慧志 陆希刚　　成员：1150341 蔡纯婷　1150342 吴怡沁　1150357 景正旭

上海市嘉定区徐行镇小庙村村庄规划

03

绿色小庙

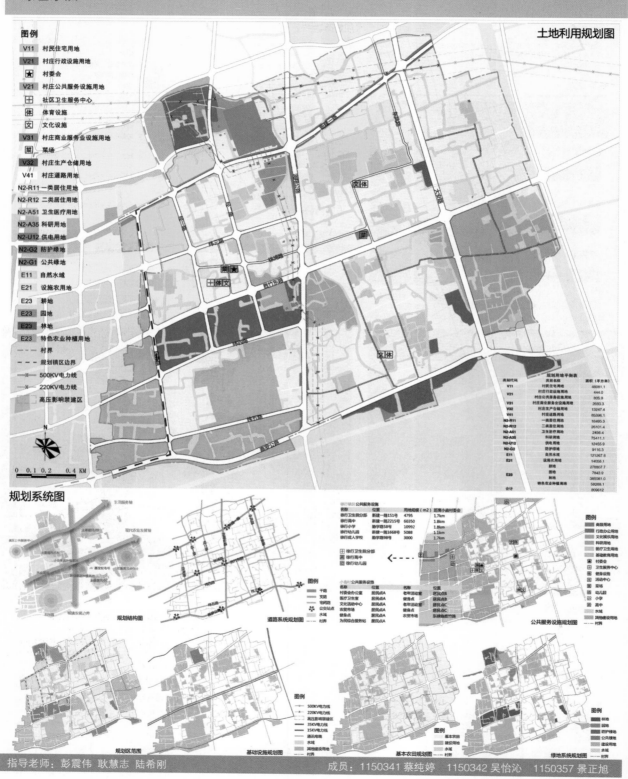

上海市嘉定区徐行镇小庙村村庄规划

04

绿色小庙

基地位置

道路交通

住宅肌理

公共空间关系

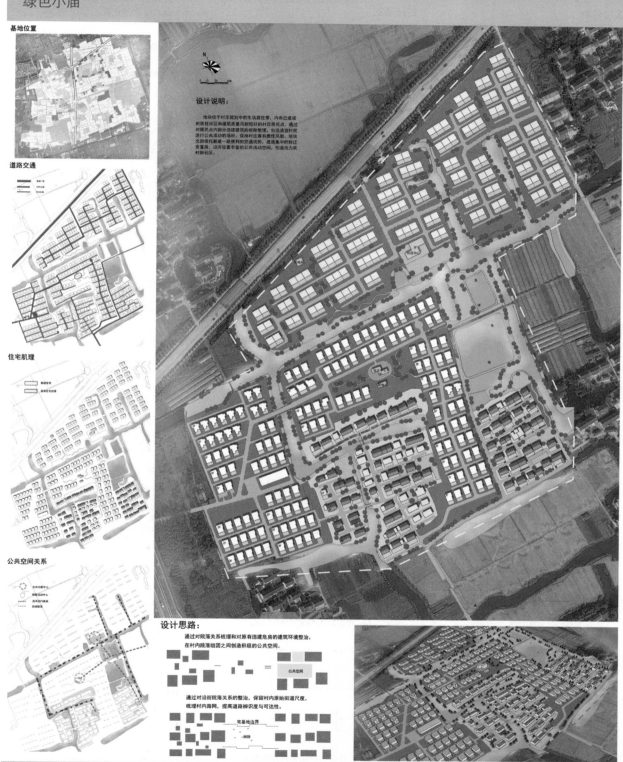

设计说明：

地块位于村庄规划中的生活居住带，内有已建成的居住社区和建筑质量风貌较好的村庄居民点，通过对居民点内部分连建建筑的拆除整理，创造适宜村民进行公共活动的场所，保持村庄原有居住风貌。地块北部依托新建一路便利的交通优势，建造集中的拆迁安置房，沿河设置丰富的公共活动空间，创造活力示范村新社区。

设计思路：

通过对院落关系梳理和对原有连建危房的建筑环境整治，在村内院落组团之间创造积极的公共空间。

通过对沿街院落关系的整治，保留村内原始街道尺度，梳理村内路网，提高道路辨识度与可达性。

宅基地边界

指导老师：彭震伟 耿慧志 陆希刚   成员：1150341 蔡纯婷   1150342 吴怡沁   1150357 景正旭

上海市崇明县三星镇育德村和绿华镇绿港村村庄调研

同济大学建筑与城市规划学院

区位分析

【上海层面】

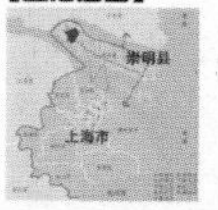
崇明县
上海市

【崇明县层面】

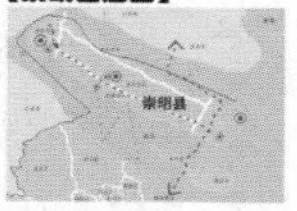
崇明县

【村镇域层面】

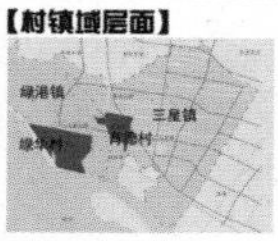
绿港镇
三星镇
绿华镇
育德村

村庄概况

【村域面积】

育德村的村域面积为 470.27ha

VS

绿港村的村域面积为 711.40ha

【户籍人口】

育德村的户籍人口为 3157 人

VS

绿港村的户籍人口为 1590 人

【家庭人均可支配收入】

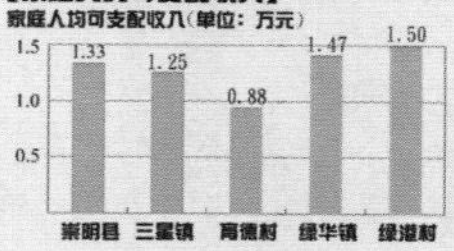
家庭人均可支配收入（单位：万元）
1.5
1.0
0.5
1.33
1.25
0.88
1.47
1.50
崇明县
三星镇
育德村
绿华镇
绿港村

育德村的人均可支配收入为 8800元/人

绿港村的人均可支配收入为 15000元/人

村域土地使用（以育德村为例）

【用地分类】

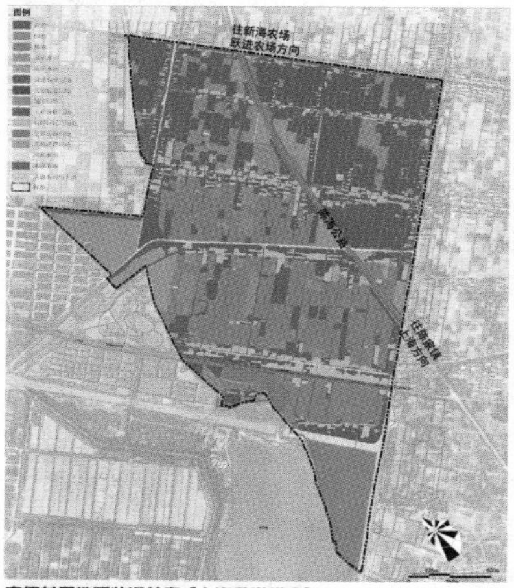
图例
往新海农场
跃进农场方向
往绿华镇方向
往三星镇方向

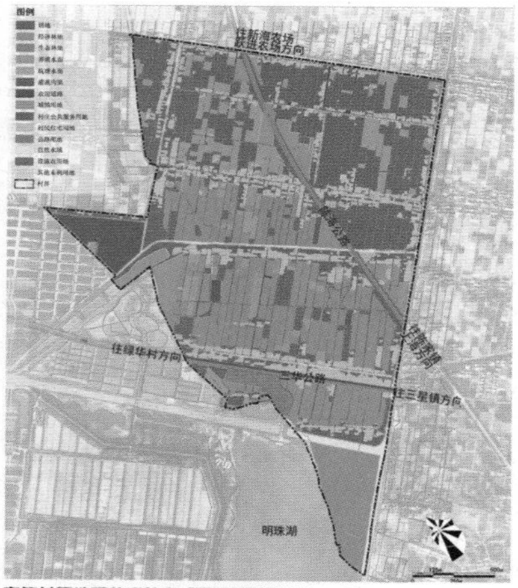
图例
往新海农场
跃进农场方向
往绿华镇方向
往三星镇方向
明珠湖

育德村用地现状汇总表（上海分类标准）

用地性质		用地面积（公顷）	占总用地比例（%）
城镇建设用地（H）	城镇建设用地	4.49	0.95
村庄建设用地（V）	村庄住宅用地(Vr)	42.5	9.03
	道路交通用地(Vs)	9.74	2.07
水域（E）	河湖水域（E1）	17.53	3.73
	养殖水域	31.41	6.68
	坑塘沟渠	3.1	0.66
农用地（N）	耕地（N1）	161.4	34.34
	园地（N2）	36.5	7.76
	林地（N3）	130.3	27.7
	农业设施用地	2.17	0.46
	其他农用地(N5)	31.14	6.62
规划范围总用地		470.27	100

资料来源：上海城市规划设计研究院

育德村用地现状汇总表（同济课题标准）

用地性质		用地面积（公顷）	占总用地比例（%）
城镇建设用地（H12）	绿地与广场用地（TG）	3.99	0.84
乡村建设用地（H13-14）	村民住宅用地（VR）	42.5	9.03
	乡村公共服务用地（VC）	0.5	0.11
	乡村基础设施用地（VU）	3.86	0.82
区域性重大设施用地（H2）	公路用地（H22）	5.88	1.25
水域（E1）	自然水域（E11）	17.53	3.73
	坑塘沟渠（E13）	17.92	3.81
农田用地（E2）	农田（E21-22）	161.4	34.34
	设施农用地（E22）	33.58	7.14
	农用道路（E23）	16.32	3.47
林地（E3）	经济林地（E31）	130.3	27.7
	生态林地（E32）	36.5	7.76
规划范围总用地		470.27	100

土地使用特征

课题研究制定的村庄用地分类涵盖镇乡域各类型用地，适用于村域范围内全覆盖用地规划时的用地分类需要，准确判断村域土地使用结构特征。

12% 村域范围内的实际建设用地共计12%左右，包括乡村建设用地、城镇建设用地、区与重大设施用地。

77% 村域范围内实际进行农业生产的用地面积约占总面积77%，包括农田、设施农用地、经济林地（果园）、生态林地。

7% 村域范围内非生产性水域约占总面积7%左右，包括自然水域和灌溉用沟渠，有养殖产出的坑塘水面不计入其中。

【用地统计口径】

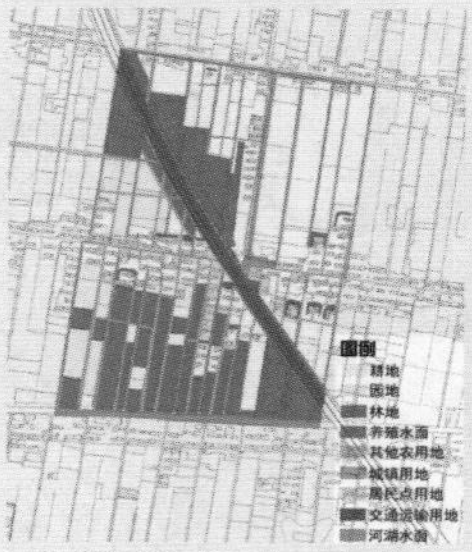
图例
耕地
园地
林地
养殖水面
其他农用地
村域用地
居民点用地
交通运输用地
河湖水面

前期调研数据

用地性质		所占比例（%）
农用地	耕地	35.17
	园地	7.85
	林地	17.42
	其他农用地	10.07
村庄建设用地	村庄住宅用地	8.16
	交通运输用地	5.61
水域	河湖水域	3.09
	养殖水域	11.22
城镇建设用地	城镇建设用地	1.39
总计		100

统计口径调整

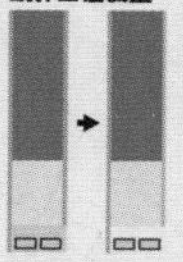

村民房前屋后的自留地大多都在进行耕种活动，计为耕地面积

将其他农用地中的灌溉沟渠与农用道路区进行区分

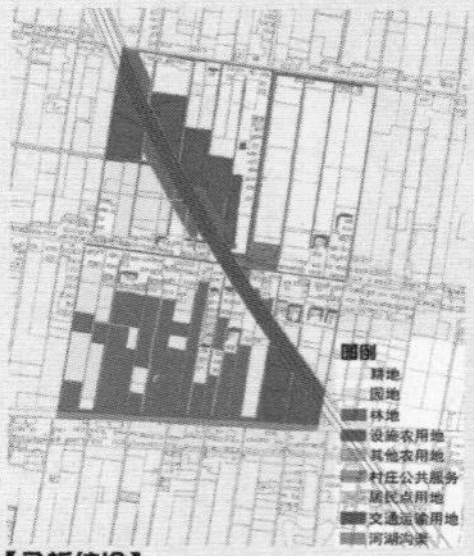
图例
耕地
园地
林地
设施农用地
其他农用地
村庄公共服务
居民点用地
交通运输用地
河湖沟渠

调整后的统计数据

用地性质		所占比例（%）
乡村建设用地H13~14	村民住宅用地V1	3.54
	村庄公共服务用地V2	0.94
	村庄基础设施用地V4	1.06
区域重大设施用地H2	公路用地H22	5.25
水域E1	自然水域E11	5.78
	坑塘沟渠E13	9.84
农田用地E2	基本农田	35.17
	一般农田	6.81
	设施农用地	9.84
	农用道路	3.47
林地E3	经济林地	7.92
	生态林地	20.22
总用地		100

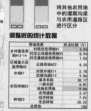

调整结果

有实际产出的耕地面积和村庄非住宅用地增多，更符合实际。

村民住宅实际使用用地更少，水域大类面积减少，养殖划入农用地。

【分析结论】

用地分类对接现有城市用地分类，准确覆盖全域

适用于村庄的用地分类如果能严格对接目前的城市用地分类，更有助于准确了解村庄的用地结构，理解生产要素、自然要素、生活要素在全村域的构成和比例。

有效区分生产与非生产用地，准确了解农村生产效率

有实际产出的用地面积比预想之中更多，包括零散的耕地和有生产效益的水面。村民对房前屋后、道路两边的零碎土地耕种利用效率极高。居民居住实际用地比预想中少，居住于耕种高度混合。

绿港村产业经济情况

【产业结构】

第一产业　第一产业种植业和水产养殖为主。种植业特色明显，以柑橘为主。水产养殖业以宝岛蟹庄为主。年产蟹3万斤。

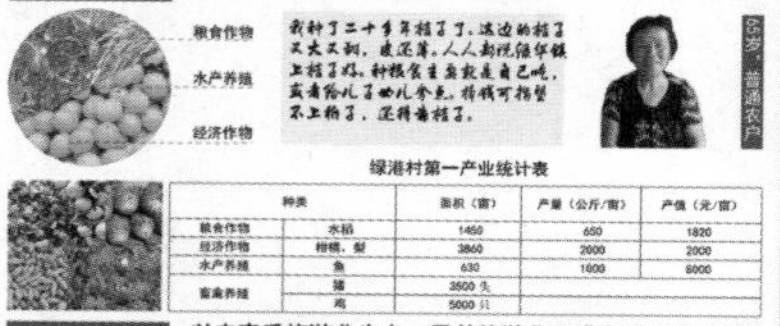
粮食作物
水产养殖
经济作物
65岁，普通农户

绿港村第一产业统计表

种类		面积（亩）	产量（公斤/亩）	产值（元/亩）
粮食作物	水稻	1450	650	1820
经济作物	柑橘、梨	3860	2000	2000
水产养殖	鱼	630	1000	8000
畜禽养殖	猪	3500 头		
	鸡	5000 只		

第三产业　以农家乐旅游业为主。目前旅游业已成为村经济发展的支柱产业。村中具有一定规模的农家乐有15家.

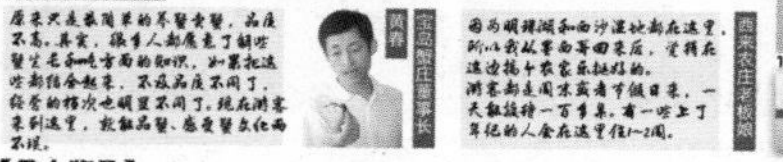
黄春
宝岛蟹庄董事长
西来农庄老板娘

【农家乐分布图】

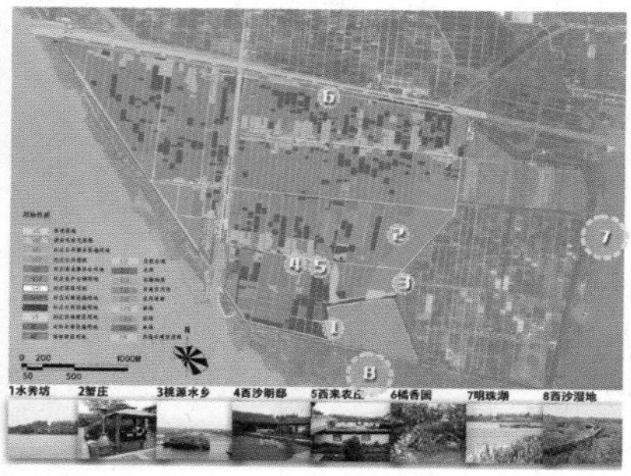
1水秀坊
2蟹庄
3桃源水乡
4西沙明珠
5西来农庄
6橘香园
7明珠湖
8西沙湿地

【个人收入】

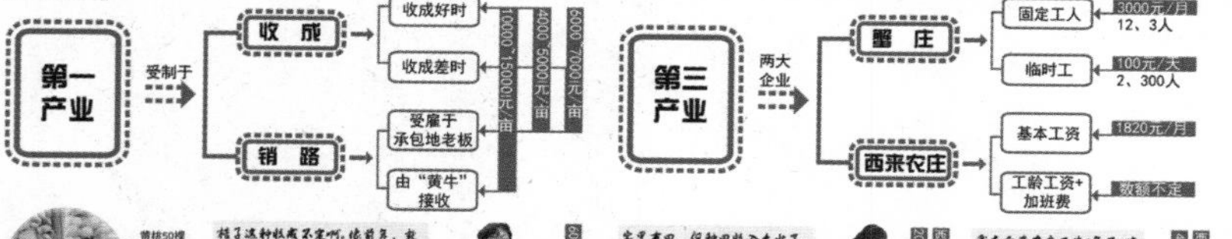
第一产业
受制于
收成
销路
收成好时
收成差时
受雇于承包地老板
由“黄牛”接收
10000~15000元/亩
4000~5000元/亩
6000~7000元/亩
第三产业
两大企业
蟹庄
西来农庄
固定工人
临时工
基本工资
工龄工资+加班费
3000元/月
12、3人
100元/天
2、300人
1820元/月
数额不定

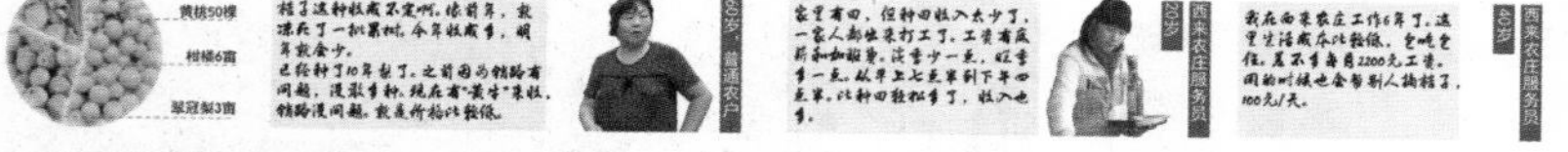
黄桃50棵
柑橘6亩
翠冠梨3亩
60岁，普通农户
西来农庄服务员
40岁
西来农庄服务员

一三产业对接

【自发产生】

单纯种地只能解决农民温饱问题。绿港村农民收入之所以居绿华镇首位，是依托了旅游业以及柑橘种植业的繁荣。村民已经有打造柑橘品牌、制作柑橘附加产品的意识。

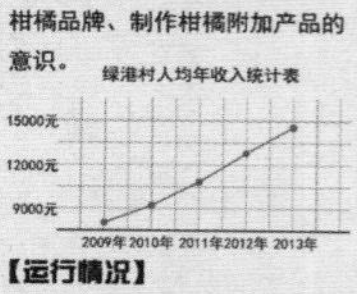
绿港村人均年收入统计表
15000元
12000元
9000元
2009年
2010年
2011年
2012年
2013年

西来农庄与蟹庄的投资者都是看重了绿港村毗邻西沙湿地和明珠湖的优越地理位置，通过向村委会申请，签订合同，承包租赁土地开设农家乐。

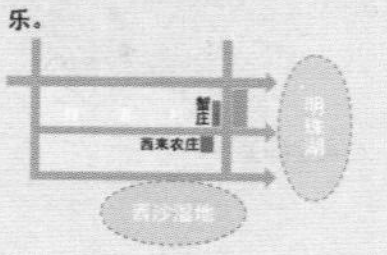
蟹庄
西来农庄

【运行情况】

西来农庄拥有40亩柑橘园。提供的旅游项目包括住宿、餐饮、体验采摘等。这里的柑橘种植不止是第一产业，同时成为供游客学习、体验乡村的服务业。

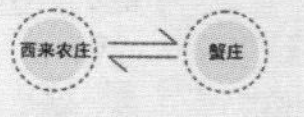
西来农庄
蟹庄

农家乐已经出现了初步合作联营的现象，在西来农庄和蟹庄，会相互介绍客源。蟹庄客满时会介绍到西来农庄。由于蟹庄的档次更高，西来农庄会主动将对住宿条件有更高要求的客人介绍到蟹庄。这种差异化的经营，包括产品差异和档次差异，形成了很强的互补性，对于放大经营效益具有明显作用。

【遭遇问题】

违

蟹庄所占用地性质为农业用地。但因为增设了文化和休闲接待的设施，蟹庄成为上海的1号违章建设建筑。下过正式文件。这对自发性一三产业对接造成困难。

小组成员：刘晓畅 李吉桓 茅天轶 王子鑫 徐鼎壹 田博文 廖舒文 李行健 李璋洁 杨楚昳 焦恺欣 赵莹 刘熠檀
研究生助教：徐幸子 魏丽 何瑛 刘亚微 孙嘉
指导老师：张尚武 栾峰 杨辰

1

上海市崇明县三星镇育德村和绿华镇绿港村村庄调研

同济大学建筑与城市规划学院

育德村社会人口特征

【村庄常住人口空心化严重】

【村庄老龄化严重】

【本地外出务工人员基本都涌向上海】

【村庄常住人口中外来人口比例高】

【来自上海周边省份的外来人口比例高】

【外来人口中居住时间较长者占大多数】

【外地人来育德村基本是为村民种地】

【本地人外出基本去上海开出租车谋生】

【极小部分本地人从事第三产业】

育德村社会关系框图

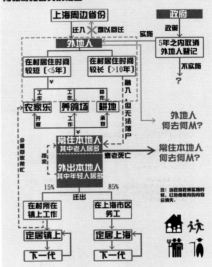

【分析问题阐述】
1、外地人向本地人转变，但无法落户，现有政策的不利；
2、常住本地人老年人居多，缺少劳动力，一三产都无法经营；
3、外出本地人年轻人居多，不会回归本地；

村容村貌

【水、路双棋盘街河】

【面水而居，背田而作】

【耕地逐步向林地转化】

【别具一格的院落空间】

【常见的院落模式一】

【常见的院落模式二】

【单体建筑风貌】

【传统江南乡村建筑特征】

【单体建筑风貌】

村民对村容村貌改造意愿

村庄规划设想〔以育德村为例〕——心肺复苏

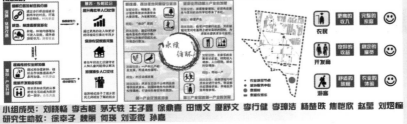
农民 / 开发商 / 游客

产业联动与社会复苏

依托全村域范围内种植业、养殖业等农业资源，整合度假村、家庭农家乐、自然学校的旅游开发项目，促进"1+3"产业发展模式与全村农民的互动，使得全村村民都能获得旅游业发展带来的收益。

高附加值的农业 / 体验型农业旅游 / 服务

小组成员：刘晓畅 李吉桓 茅天轶 王子鑫 徐鼎喜 田博文 廖野文 李行健 李璠洁 杨楚昳 焦恺欣 赵呈 刘烟樟
研究生助教：徐幸子 魏丽 何瑛 刘亚薇 孙嘉
指导老师：张尚武 栾峰 杨辰

卫辉市狮豹头乡小店河村村庄规划设计——现状分析

同济大学建筑与城市规划学院

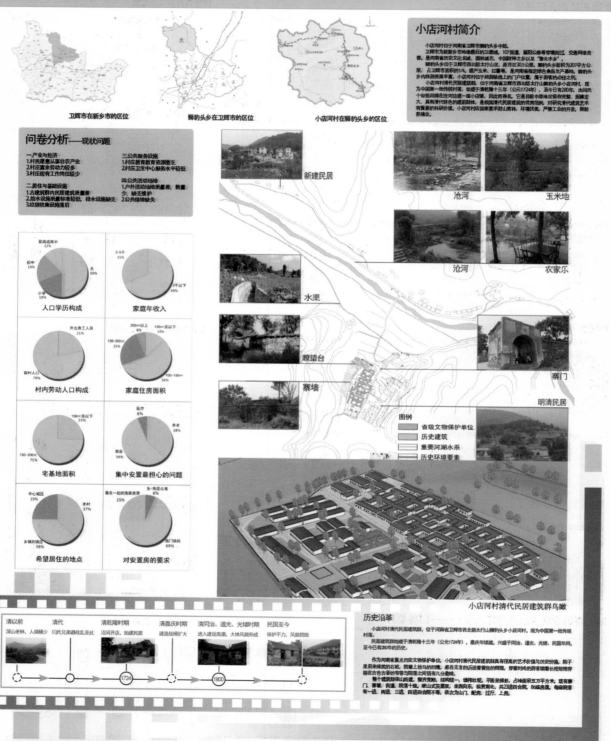

小组成员：朱晓宇 陈文笛 许康

卫辉市狮豹头乡小店河村村庄规划设计——现状分析

同济大学建筑与城市规划学院

小店河村鸟瞰

小店河村优劣势分析

现状优势:

1.自然生态良好,风景优美,能满足现代人养生休憩的需求;山环水绕的自然地缘条件结合防御文化,形成"神龟探水"的独特风水格局。

2.人文资源丰沛:占地五公顷的河南省重点文物保护单位——清代民居建筑群保存完整,规模庞大,是中原地区保存最为完整的古建筑群,具有较高的科研、观光价值。

现状问题:

主要矛盾

1.人口空心化——村内青壮年多外出打工,留守村内的以老人与小孩为主,缺乏应对灾害情况的能力。

2.经济发展滞后缓慢——以务农所得为主要生活来源,因不能发展工业而缺少经济收益;旅游业等尚处于萌芽状态,没有形成规模;小店河村目前依然为贫困村。

3.受自然地形影响,拓展空间有限——村城内大部分为荒山,部分田地也位于难以开发的陡坡之上。

次要矛盾

1.历史文物缺乏保护——目前明清古建筑群受损较为严重,宽度院落较多,居民在日常生活中便对曾视不高。私自加建、改建的现象较为严重。

2.基础设施落后——环卫设施缺乏,村容较差;路面状况差,雨天行走较为困难;全村只有一个小型的公用垃圾池。

3.公共服务设施标准低——教学点师资力量薄弱;卫生所条件简陋。

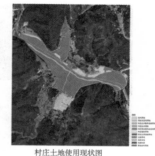

村庄土地使用现状图

村庄道路系统现状图

建筑高度现状图

建筑质量现状图

清代古民居建筑历史沿革

第1号院:同氏家祠,建于1820年。

第2号院:房主人同多灣,建于民国。门楼石碣"倚云山房"意思就是居住在极高地方。

第3号院:文秀才院,传梢漏水,喜从天降,福在眼前。

第4号院:文秀才院,书香门第。

第5号院:文秀才院,三门四户是封建家族的标志。

第6号院:最早的草房,后为下人所住。

第7号院:文秀才院住,"守身为大","作善降祥",封建家训,勉励后代,保守清白为大。

第8号院:木雕艺品"暗晗",半香宜庆幸福年年。两侧是墨八仙图,门楣楼书"太行叠翠"。

第9号院:武秀才练武场,建于1820年。

第10号院:为祠堂用于祭拜。

典型建筑平面 & 前店后住模式

3号院落平面图 · 3号院落鸟瞰图 · 1号老祠堂院落平面图 · 1号老祠堂院落鸟瞰图

建筑功能现状图 · 道路系统现状图

建筑细部特色

登高俯瞰这座豪门大宅,座西向东,由高向低呈阶梯状分布,且居次分明,错落有致。既有供前后行走的通道,又有连结各个院落的曲径小路,封闭独立,又各有其道,四通八达。其建筑风格全部采用流行于明清的硬山式建筑,有民间阁楼式,有民居相结合式建筑,令体现封建礼教森严的绸幔绣楼,又有为通向仕途之路而读的公子书房。更具有特色的临街门楼,它不仅外观设计精巧,雕刻精美,而且由于它的增高使其和屋居向上的各个院落遥遥相呼应,相互村托十分壮观。

砖雕照片

文革时期的字迹

门楼

地砖

窗洞

"守身为大"匾额

"作善降祥"匾额

练武的"查佰七"石桩

拴马的石扣

小组成员:朱晓宇 陈文笛 许康

浙江省台州市黄岩区屿头乡：沙滩村"美丽乡村"规划

同济大学建筑与城市规划学院

沙滩村在黄岩区的区位

沙滩村与邻近村庄区位关系图

沙滩村现状概况

1、区位
　　沙滩村位于浙江省台州市黄岩区屿头乡的东南部，东连大丘斗、南接屿头村，西毗石狮坦村，北邻上凤村。沙滩村属于屿头乡镇区的一部分，是屿头乡乡政府所地。村域面积将近200公顷。下辖一个自然村即东坞村。

2、人口情况
　　截止2012年，按户籍口径农村人口为1097人，308户；常住人口为952人，267户。18个村民小组，拥有劳动力714人。

3、自然条件
　　沙滩村村域多山，属亚热带季风气候，气候条件优越。常年主导风向为东南风和东北风，夏秋之交多台风，台风袭击时伴有暴雨，常发生洪水灾害。

规划基本思路
Planning Basic Approach

"三位一体"规划指导思想

　　美丽乡村规划从镇（乡）域、村域和村庄"三个层次"分别对乡村进行产业经济、社会文化和空间环境"三位一体"的分析。同时，在镇（乡）域分析层面强调产业经济的发展，村域分析层面强调社会文化的传承，村庄（居民点）层次强调空间环境的建设，从而体现美丽乡村规划的意义。

"美丽乡村"规划理论结构图

用地适宜性评价

　　沙滩村位于丘陵地区，根据用地适用性评价的要求，因着重对沙滩村村域的地形条件进行分析，分别为高程、坡度和坡向。

　　沙滩村基本属于低平原和高平原之间，现状建设用地基本位于35～85m的梯度内。沙滩村村域内35%的用地坡度在0～8%，平坦的地形相对集中，适合与建设与发展。太尉殿片区和东坞村用地主要面向西南向，不利于住宅用地的建筑，可以布置旅游项目区以及公共服务设施等非住宅用地。

沙滩村村域坡度分析图

沙滩村村域坡向分析图

沙滩村村域高程分析图

产业经济发展的总体目标

农业经济发展目标
　　利用现有产业特色，发展农产品加工业，实现农业高效化、生态化、品牌化、标准化发展，提高了农产品的附加值。在产业结构调整中，特色农业显现出引领作用。

工业发展目标
　　沙滩村第二产业主要为塑料加工业和农产品加工业。据屿头乡政府的统计表来，沙滩村现有11家企业，分别为牢冠塑料厂、红光塑料厂、长丰纸箱等，从业人近200人，每年创造了上亿元的产值，为沙滩村的发展奠定经济基础。
　　沙滩村应及时调整产业结构，以培养旅游文化和养生服务产业为主导，杜绝塑料制品在生产过程中造成的对空气和水的污染，避免搬迁此类工厂，以免造成对环境的污染和旅游文化产业的致命影响。

第三产业发展目标
　　沙滩村目前农家乐和部分休闲旅游项目，尚有待进一步发展。规划努力将沙滩村打造成为"台州市黄岩区西部山区旅游服务集散地"，以改建目前的沙滩村各站作为黄岩区乡村西部山区旅游服务中心，融合全市的旅游网络点。
　　规划充分挖掘沙滩村内蕴的文化内涵，引进著名的古迹，继承传统文化，及发展有地方特色的农耕文化，形成"道教文化—儒家文化—中医养生文化—农耕文化—建筑文化"五大文化集聚区，使沙滩村成为"中国美丽乡村"示范区。

　　（1）道教文化
　　沙滩村的太尉殿是为了纪念少年英雄黄易奇力救众生甚至牺牲自己的英勇事迹。太尉殿建于宋代元贞乙未年（1259年），距今已有754年。自太尉殿建起以来，各种奇故事不断，香火不断，威灵显赫扬四方，享誉台州大地，特别被椒江三区及临海一带。港、澳、台同胞也常来庙朝拜。

　　（2）儒家文化
　　沙滩村的太尉殿附近原是台州著名的"柔川书院"的原址。柔川书院是宋代贵超然之子黄中五所建，为了祀二程朱子邵雍、程颐和朱熹，此居隐居黄川的元朝诗人潘伯修精选天文地理律历，在此普书执教，延续前朝的香书影响。
　　规划充分挖掘原来有的传统文化，恢复"柔川书院"功能，在书院内设立培训基地、作坊，同时教授学生儒家经典，比如《易》、《诗》、《书》、《礼》、《春秋》等儒家基本著作，传授儒家的核心思想，传承中国的"仁"和"礼"优良传统，发扬中国传统文化。

　　（3）中医养生文化
　　在道教文化和儒家文化的基础上，再植入中医养生文化，契合人们当前的需求。规划引进国内著名中医名店，设置名医会诊室，名师讲座，重则消除疑难杂症，轻者治养生，在继承传统养生文化的同时增加当地的经济收入。

　　（4）建筑文化
　　上世纪六、七十年代的清水墙建筑、如意医站、乡公所等，规划加以合理利用，改建成为民生服务的公共设施和为旅游产业发展的商业设施，亦可成为中国近现代建筑文化的小型样板区。

　　（5）农耕文化
　　把现代文化与有地方特色的农耕文化相结合，把单纯的农业发展为参与式农业产业，推进当地农业特色产品和观光农业的开发。让到此的游客能充分的感受农作的辛苦和乐趣，切实的体会到"一份耕耘、一份收获"的真谛。

太尉殿正殿

太尉殿鸟瞰

沙滩村竹林

社会文化发展的总体目标

　　依托现有文化形成创新"五大文化"集聚示范区：

　　1、以"太尉殿"道教文化为特色，充分展示传统宗教文化内涵，学习传说故事中少年英雄的睦邻安邦的优秀道德品质；

　　2、深入挖掘"柔川书院"儒家文化精神遗产，营造当代读书学习的良好氛围；

　　3、培育中医养生文化，设置名医会诊，形成养生文化品牌和活动的集聚地；

　　4、培植新时代农耕文化，体现生态休闲乡村文化新景观；

　　5、修缮更新新中国1960-1970时期的建筑及其环境，加强民生公共设施建设，体现节省省地和可持续发展原则。

沙滩村保留的1970年代建筑群

空间环境发展的总体目标

村域用地空间结构
　　沙滩村作为集镇一部分，主要承担西部区域生产生活的功能。在维持现状部分用地布局结构与路网结构的基础上，增加新的路网用地以满足交通需求和远期的高山移民，同时绿化用地功能和空间形态营造。主要项目包括现状居住区的梳理，北部高山移民安置区的规划，太尉殿片区建筑和公共环境的功能再生和东坞商业项目的引进和原住民的安置等。

沙滩村用地总体布局结构为"四片三带三轴三点"
　　四片：沙滩村规划形成南片现状生活区，北片高山移民住宅区，太尉殿文化集聚片区，东坞旅游项目开发区。
　　三带：南边边以柔根溪和屿白线形成滨水生态景观廊道，中部据南北生活区之间形成水生态廊道，北边山林资源形成的自然山体绿化带。
　　三轴：由屿白线带动形成的东西沿路洪水线，东太路两侧的商业场，太尉殿为核心与东坞之间形成的景观轴线。
　　三点：住宅区结合乡政府发展成为生产生活公共服务设施中心，太尉殿前广场与步行街形成庭院旅游景观节点，东坞旅游项目区与停车场形成的景观节点。

沙滩村村庄土地利用规划结构图

沙滩村用地规划结构图

课题组成员：陈秉钊　杨贵庆　庞磊　宋代军等

浙江省台州市黄岩区屿头乡：沙滩村"美丽乡村"规划

同济大学建筑与城市规划学院

沙滩村"美丽乡村"建筑环境改建实验
Experiment of the Building Renewal

近现代建筑及公共环境再生

沙滩村的太尉殿片区保留了一系列近现代的建筑，主要有原乡公所、兽医站等。建筑保留完整，框架结实，外墙是直接由砖墙砌成的清水墙面，进行简单的勾缝，体现出高质量的砌砖工艺，灰浆饱满，砖缝规范美观，具有很好的观赏使用价值。规划保留原建筑外观，对内部进行改造和修固，重新植入功能，同时对建筑外的公共空间进行改造，重新布置景观环境，对废弃的建筑进行环境和功能再生。

兽医站的改建：近期作为同济大学美丽乡村工作室，远期作为黄岩西部山区游客信息中心。对兽医站重新布置，内部粉刷装修。一层布置为游客信息咨询室、咖啡茶座室、办公展示区；二层布置为展厅和资料储藏室，以及布置休息区。

兽医站建筑及周边环境
兽医站改建情况简介

据史料记载，兽医站曾为太尉殿的山房，供游人小憩，于70年代改为兽医站。

规划保留兽医站外观，对内部结构进行修固，并重新植入功能；对建筑外的公共空间重新布置，对废弃的建筑进行环境和功能再生。一层布置为展厅和游客信息咨询室、咖啡茶座室；二层布置为办公展示区和资料储藏室。兽医站近期作为同济大学美丽乡村工作室，远期作为黄岩西部山区游客信息中心。

兽医站的改建工作现已完成。并于2014年2月完成"美丽乡村"规划建设图片展厅的布置，作为乡级的乡村规划展示馆吸引村民也来此参观。村民们发出感叹，表示不敢想象曾经的破房子能焕然一新。

二层阳台景观　　叠水景观设计效果图　　叠水景观

兽医站改建设计图与建设效果
兽医站前停车场

将原有菜园改建为停车场，作为沙滩村旅游业发展的公共基础设施。可容纳小汽车24辆、中巴2辆或大巴3辆，同时有助于减少太尉殿片区内形成纯步行系统，减少机动车尾气的污染与潜在的安全隐患。

兽医站改建前后对比
太极潭

将原有坑塘水面扩大，取太尉殿之"太"，柔极溪之"极"，取名"太极潭"，同时与太尉殿的道教相联系，并保留周边古树名木，修建亭与步道，提升环境品质，成为沙滩村的公共绿地。并与周边兽医站（远期黄岩西部山区游客信息中心）相联系，形成沙滩村太尉殿片区的入口节点。

一年来，课题组专家、地方政府领导和规划设计人员进行了大量深入的调查研究，体现了广泛的专家领衔、村民参与、部门协作和科学决策的特色。

课题组成员合影　现场工作　现场工作　会议室讨论　村民参观"美丽乡村"建设展片展　杨贵庆教授与村民于改建后房屋交谈　师生与村民共同栽下"同济树"

课题组成员：陈秉钊　杨贵庆　庞磊　宋代军等

Tiny Touch微触——基于自然教育的乡土文化复兴实验

四叶草堂自然教育

乡村发展现状
The Development of Rural

小组成员：刘悦来 胡雪樱 袁子玉 杨静 常懿 范浩阳 魏闽 李春来 王硕 阳林娟

Tiny Touch微触——基于自然教育的乡土文化复兴实验

四叶草堂自然教育

4. 复兴乡土文化

社区营造

场地内定期举办社区营造活动并成立儿童营造社，通过社区营造的方法，联合城市中的自然爱好者、教育实践者和在地乡民、手工艺人的力量，共同建造场地设施，传承乡土工艺，传播乡土文化，建立城市连接，提高农业的附加值。

蔬菜花园

Edible garden——蔬菜花园、可食地景，通过设计的手段，将农产品变成观赏性强、富有吸引力的花园。农产品通过设计成为了市场价值更高的园艺产品。

文化创意活动
Cultural and creative activities

平凡的土地
不平凡的感动

土地是乡土文化的重要载体，文化创意活动可以激发一片平凡土地的潜在精神价值和乡土感染力。

"橘子红了"一亩布活动上海站现场

1. 乡村社区花园

总平面图 布局方式
鸟瞰图 场景图

"家乡项目"
The Project of Hometown

2. 乡村社区花园公约

美丽公约 — 乡村社区花园公约 — 文明公约

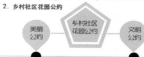

城乡互动
Urban and Rural Interaction

1. 城市优势资源

城乡资源结构一定程度上影响到乡村发展与乡土文化的流失。在面对乡村问题和提升乡土文化过程中，积极调动城市优势资源，建立城乡链接，缩小城乡在服务、人才、教育及经济上的差异，对复兴乡土文化，带动乡村产业结构优化起到重要作用。与此同时，通过自然教育，城市发展中滋生出的城市儿童成长问题也得到了改善。

优质服务

人才资源

资金支持

科学技术

2. 城市发展问题对儿童的影响

儿童自然缺失症
Children Natuue-deficit Disorder

男孩危机
Boy Crisis

儿童感觉统合失调
Children sensory integration dysfunction

3. 自然教育理论

森林学校
Forest School

户外教育
Outdoor Education

关于我们

四叶草堂做为一家旨在社区营造的自然教育机构，发起于同济，扎根上海，成员有坚实的多学科教育科研背景，着手从幼童开始创造体验自然之良机，让孩子们在互动中开启人与自然、人与人的深层次对话，让自然成为寓教于乐的最佳场所以及被尊重的神奇老师。

四叶草堂成立了"小鲁班营造社"并将建立上海自然地图。我们将继续用我们的力量，结合社区的力量，通过微小触动推动乡村城乡互动的道路，开启链接城乡的新篇章。

希望更多的有识之士能关注和支持四叶草堂。

小组成员：刘悦来 胡雪樱 袁子玉 杨静 常懿 范浩阳 魏闽 李春来 王硕 阳林娟

设计丰收：一个针灸式的可持续设计方略

同济大学设计创意学院

项目背景
Research Background

▼

设计丰收这个项目的萌生源于三点原因：
首先，是因为对目前主流单向城市化模式的担忧；
其次，是作为设计师和知识分子责任；
其三，是对新时代设计学科发展的思考。

基于以上思考，TekTao 事务所成立了专门的研究部门Studio TAO，并以崇明仙桥村为试点开展了这个名为"设计丰收"的设计研究项目，希望通过"设计思维"整合城乡资源，探索一条"自下而上"的乡村可持续发展道路。通过这些年来与国内外设计界、企业、专家以及村民的合作，我们团队充分讨论了基于农村资源、通过设计创新桥接城乡资源，推进乡村可持续发展的各种可能性。

将崇明岛作为研究对象有其特殊性和普遍性意义：

特殊性：崇明岛，一个1290平方公里位于上海长江三角洲口的冲击岛，目前有60万人口，同中国其他乡村地区一样，除环境问题，还面临着诸多社会和经济发展问题，较为典型的是乡村生活缺乏吸引力而导致的人力和经济资源的流失问题。崇明与上海这个国际大都市的特殊地理关系，加剧了这些问题的同时也使它成为基于城乡互动的可持续发展策略进行测试的绝佳基地，可以为其他正在城市化中的乡村地区发展提供借鉴与范式。

普遍性：研究团队在比较崇明县13个镇、1个乡下224个村的人口、户数、经济情况、教育情况和自然资源后，选择了崇明县竖新镇仙桥村作为研究和实践的主要场所。比较而言仙桥村未进行过针对某一主题进行整体规划，最大程度地保持了村落的原始状态，真实反映了城市化中乡村社会经济问题，使研究具有普遍性。

乡村问题
Rural Problems

世纪问题：乡村的挑战

除了日益严峻的环境问题，诸多社会经济问题也正不断影响中国乡村的可持续发展。以下列举的虽然大多是仙桥村的问题，但在中国农村却非常普遍：
1．落后的农业和低收入
2．人口流失和空巢现象
3．传统职业和技艺的消亡
4．环境保护和基础设施薄弱
5．匮乏的公共生活

设计丰收项目希望基于对整个社会经济体系的深度认识，如同针灸在关键穴位的适度刺激以实现对整个人体验脉产生影响一样，实现对整个社会肌体的调适。将设计过程融入到当地情境和乡村系统中，通过对乡村生活方式的潜力进行发掘、改良、提升和普及，架构在城市与乡村发展中一系列彼此联系的项目可能将成为迈向可持续发展的第一步。进而，将这些项目构成一个强有力的协作网络，在城市和农村两个领域中同时发挥启发与带动作用，从而对整个区域的社会系统产生影响。

工作方法
Working Methodology

思辨

与Rotterdamse Academie van Bouwkunst合作的工作坊中我们研究了一系列如今仍在运动变化的代表自然和人造发展进程的地图，以此来了解崇明的形态学状况。家庭农场在岛上占主导地位，特别是旧的土地。20世纪，新农场类型、不同的组织结构和作物种植方式被引入崇明。在已有的农场类型中又出现了军事农场，养猪场和果园等。每一种类型都有它自己的复合结构、组织类型和空间需求。

崇明项目工作方法

大都市化的思辨：
城市化是唯一的选择？

崇明既房项目工作坊

农村公共空间：
定义新的类型学工作坊

崇明未来创意企业家工作坊

商业服务设计头脑风暴

阿尔托实验室

DESIS罾阳工作坊

本项目采用开放式的研究策略，与意大利米兰理工大学、芬兰阿尔托大学、荷兰鹿特丹大学、丹麦科尔丁大学、瑞士伯尔尼大学、清华大学、香港理工大学、美国IDEO等国内外一流设计院校和企业合作，先后结合项目举办了十余个国际联合设计工作坊，推进项目同时也把这个地方性的问题和国际设计研究前沿相连接。

项目的研究涉及社区支持农业和旅游、乡村景观、乡村公共空间、乡村互动数字平台、系统设计、设计方法论等多个设计研究领域。

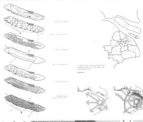

协同设计

基于前期设计研究成果，我们在崇明岛仙桥村以本地为基础进行实证研究，和社区居民、创业者、政府、企业等利益相关者开展协同设计、协同服务、协同管理和商业模式开发。

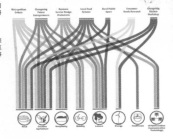

观察与沟通

在这些年中，我们通过一系列持续性的民族志原创调研和研究，获得了对于社会情境理解较深的知识。这些体验都是通过工作坊、会议、公众活动、调研总结关注乡村和城市的人的群体。参与能让我们积累信息、体验的多式各样的真验领域中获得的。完成材料搜集之后，设计团队需要汇总和分析所有信息，按照事先的计划彻底、全面的回顾材料，而调研和讨论的方法也包含于计划之中。

研究方法论
Research Methodology

民族志调研方法：
原型设计的方法……

发起人：娄永琪　团队：袁清华 雷炯 黄文明 张莲娥 蔡沅亨 徐航宇 朱明洁 宋东瑾 宋忆梦 范新我 陈茜茜 Francesca Valsecchi Serena Pollastri

设计丰收：一个针灸式的可持续设计方略

同济大学设计创意学院

研究实践
Design Research and Practice

1 乡村剩余空间 -- 以仙桥村为原型

- 概念:

乡村家庭剩余空间是客观剩余空间与主观剩余空间叠加的家庭区域。

- 乡村家庭房屋空间调研与类型分析:

乡村剩余居住空间按照所在院落与外部交通关系格局可以分为：点状、线装和簇状三种基础类型（见图右a.b.c）。

根据仙桥村家庭院落与路网空间布局类型的分布情况，经过调研我们收到有效的调查数据为231户。现场调研结束以后，我们将所得到的调研数据整理并绘制在仙桥村总平面图上，红色部分表示仙桥村现有的家庭剩余空间（见图右d）。

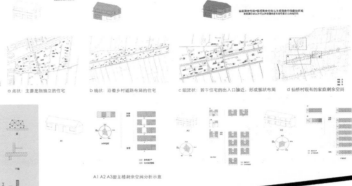

口点状：主要是指独立的住宅　　口线状：沿着乡村道路布局的住宅　　c组团状：若干住宅的出入口接近，形成簇状布局　　d仙桥村现有的家庭剩余空间

A1 A2 A3型主楼剩余空间分析示意

我们对收集来的乡村家庭数据进行了分类，将数据划分为A，B两种类状。A型涵代农户住房的主楼类型，B型涵代表主楼与铺接关系。在图为我国乡土民居剩余空间的类型数点、线、域。第三种不同乡村院落与外部空间关系类型情况下的数据。

- 需求分析:

2009年研究团队与设计咨询公司IDEO以上海地区为主要样本采集来源，进行了"上海用户乡村需求调研"工作坊，为研究团队对用户需求趋势的进一步分析提供了有力的支持。同时对城市居民在教育、休闲、养老、食品与创业等五个方面与乡村结合点进行文献调研、专家咨询与案例研究，发掘乡村已有资源和已有潜在发展可能性推演可以满足城市对乡村需求的发展趋势。

PERSONA
休闲

关于......

口城乡热点分析

口城乡闲情点分布

口时间轴

- 乡村家庭剩余空间公共使用类型设计:

我们结合仙桥村现有资源和情况，在可实现和可验证范围内选取有代表性的典型模式用服务体系设计的方法进行乡村家庭剩余空间公共使用典型的设计。将乡村养老类型、乡村食品类型、乡村休闲类型、乡村创业类型和乡村教育类型与剩余空间的对接，探讨社区支持型养老模式、现代农业服务业模式、休闲度假模式、自组织的创业社群模式和青少年乡村知识科普教育模式。

故事板设计

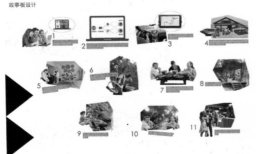

2 原型设计 -- 创意大棚、田埂民宿与禾井民宿

基于乡村家庭剩余空间公共使用型设计，设计丰收设计团队、同济大学设计创意学院，和仙桥当地匠人一同改造了仙桥创意大棚、田埂和禾井民宿。大量的剩余空间资源闲置带来了经济发展滞后、公共文化缺乏的弊端，设计丰收创新中心试图将这些限制的资源整合利用起来，让它们成为功能各异又相辅相成的服务体系。

设计丰收 大来

安于室

发起人：娄永琪　团队：袁清华 雷炯 黄文明 张莲娥 蔡沅亨 徐航宇 朱明洁 宋东瑾 宋忆梦 范新我 陈茜茜 Francesca Valsecchi Serena Pollastri

广西百色华润希望小镇乡村建设实验

同济大学建筑与城市空间研究所，同济大学建筑设计研究院（集团）有限公司

01 前言
Introduction

　　广西百色华润希望小镇乡村建设实验是国内首例由央企捐建、政府、村民及高校机构等联合运作的一起乡村建设探索。本乡村建设实验在对小镇当前乡村发展面临问题分析基础上，尝试构建起包括建成环境改善、产业经济扶持和社会组织重构"三位一体"的乡村建设框架，并在该框架下展开乡村建设探索。从2008年到今天，该探索已经持续进行了近6个年头。2009年建成环境改造初步完成，其后相继展开了产业经济帮扶和社会组织重构的实验工作。经过乡村建设，小镇人居环境得到改善，村民收入增加，社会组织结构得到优化，逐渐迈入良性循环发展道路。

区位

　　希望小镇交通区位良好，距离百色市中心城区20公里。百色市北线黄金旅游线路百色至乐业二级公路从规划区域北端穿越，路况良好。区域级交通设施南昆铁路、324国道位于区域西侧。

　　百色华润希望小镇选址百色市右江区永乐乡西北片区，下辖洞郁、塘雄、那平、那水四个自然屯，共有7个村民小组，348户，农业人口1428人。2007年农民人均年纯收入仅为2362元，是国家划定的重点贫困地区。

屯名	洞郁	那水	那平	塘雄
现有户数	116	17	61	154
总计		348		

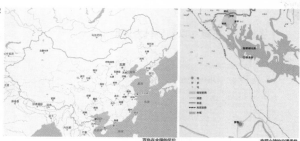

百色在全国的区位　　　　　幸福小镇的交通条件

02 现状调查
Investigation

项目成员：王伟强 王慧莹 丁国胜 胡颖蓓 任翔等

广西百色华润希望小镇乡村建设实验

同济大学建筑与城市空间研究所，同济大学建筑设计研究院（集团）有限公司

03 乡村建设框架
Frame

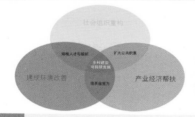

在分析"小镇"乡村发展的挑战基础上，本乡村建设实验建构起集建成环境改善、产业经济扶持和社会组织重构的"三位一体"乡村建设框架。

首先，从建成环境改善入手，特别是通过公共设施、尤其是基础设施的建设，快速改变农村生活生产条件，提高农民生活水平，同时通过倡导共建家园、鼓励协力建房，培养起农民进行乡村建设的自觉力。

其次，促进乡村社会组织重构，包括提高农民组织化程度、革新乡村社会关系和创新乡村社会管理体制等，为物质建设提供可持续的保障。社会组织重构不仅是制度建设，提供了人才、管理和技术的，同时改变了农民单家独户与市场交易的不利地位，提高农民在市场上的议价能力。

产业经济帮扶是乡村建设的核心之一，是以市场为导向，因地制宜地扶持乡村产业发展，并就地创造工作机会，增加农民收入，不断扩大公共积累，为建成环境改善和社会组织重构提供经济基础。

04 建成环境改善
Built Environment

目标	行动	关系
宜居小镇 良好的生态环境：保护田园风光，实现环境卫生，人与自然和谐相处 完善的市政设施：科学排布基础设施，使用生态能源，确保用水安全 清洁的能源供给：利用生物能源、可再生能源（如太阳能、沼气） 相宜的建筑设计：满足现代生活要求且与周边环境相融合	改造建成环境	相互牵制、相互支撑、相互协调，共建魅力小镇
人文小镇 满足现代化功能，健全教育、医疗、文体等公共服务设施 复兴具有当地特色的传统文化 提倡互帮、互助、和睦的邻里关系	重构社会组织	
活力小镇 通过技术支持，产销联动，构筑多元化经济结构，活跃农村经济，实现农村真正的有序、有机成长。	扶持经济产业	

公共设施效果图

规划总平面

公共设施规划

新建住宅设计

旧住宅改造

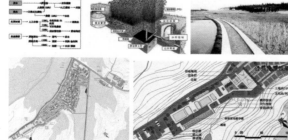

项目成员：王伟强 王慧莹 丁国胜 胡颖蓓 任翔等

广西百色华润希望小镇乡村建设实验

同济大学建筑与城市空间研究所，同济大学建筑设计研究院（集团）有限公司

05 产业经济帮扶
Economy

农民专业合作社作为产业帮扶的平台

小镇润农合作总社成立大会

小镇润农总社第三届社员大会

引导农民成立润农农民专业合作总社，搭建产业帮扶平台。

百色华润希望小镇润农农民专业合作总社由华润慈善基金会、永乐乡农业技术服务中心、百色华润希望小镇村民以货币出资入股的形式共同发起，于2009年1月19日正式成立，是百色市首家集农业开发、物资供应、产品加工、市场营销于一体的股份制公司性质的农民专业合作经济组织。润农总社共有社员425名，注册资本40万元。注册资本即为社员入股股金（100元/股），其中，华润慈善基金会出资20.26万元占2026股，永乐乡农业服务中心出资5000元占50股，当地村民出资19.24万元占1924股。考虑到润农总社组织管理逐渐成熟，经营活动步入正轨，2011年10月华润慈善基金将所占股份无偿转赠了永乐乡农业技术服务中心。

产业帮扶四个阶段

百色华润希望小镇项目启动后，华润通过"统购统销、引导起步"，"优化品种、合作经营"，"土地流转试验"，"农超对接基地建设"四个阶段开展了百色希望小镇产业帮扶工作。

第一阶段：统购统销 引导起步

华润对百色希望小镇的产业帮扶工作是从小镇现有的种植、养殖品种进行保护价收购开始的，统购统销可以一次性提高农民收入，并为选拔农村经济带头人创造条件，逐步引入合作经营理念，为组建合作社进行各项前期准备。2008年11月，华润万家开始对小镇范围内的圣女果进行保护价收购，当年共收购圣女果30万斤。

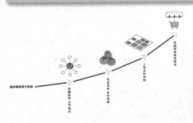

第二阶段：优化品种 合作经营

购统销工作初见成效后，华润随即开始帮助村民组建润农总社，并以农民专业合作社为平台，对现有的农产品进行优化改良，开展农产品和农资的统购统销，取得了良好的经济效益。通过品种改良，小镇农产品的市场竞争力大大增强，农民的收入也大幅提高。随后，西瓜、芒果等种植品种的产销帮扶工作也逐步展开。在养殖业方面，华润积极引导村民发展林下鸡养殖，2010年林下鸡销售达到5万羽。

第三阶段：土地流转试验

2010年华润引导润农总社组织农民开展适度规模化种养，把部分易于连片开发整理的分散农田流转到润农总社中来，统一规划、整理，形成100亩左右的小型试验希望农庄。2010年底希望农庄试种的一季圣女果实现销售收入75万元，纯利润17.8万元。希望农庄的试点成功后，百色市林业局还无偿配套给润农总社441亩林地，作为山地流转试点及建设希望养殖园的生产用地。通过土地流转试验，小镇农民切身体会到了"合作经营大有好处"。

第四阶段：农超对接基地建设

借鉴希望农庄的模式，华润进一步引导百色希望小镇村民开展土地与山林地流转，将大部分土地纳入希望农庄统一管理。华润还引导润农总社与华润万家超市签订采购合同，约定润农总社组织农民生产的圣女果、西瓜、芒果、生猪等农产品直接销往华润万家超市，将希望农庄打造成为高端农畜产品"农超对接"基地。

项目成员：王伟强 王慧莹 丁国胜 胡颖蓓 任翔等

广西百色华润希望小镇乡村建设实验

同济大学建筑与城市空间研究所，同济大学建筑设计研究院（集团）有限公司

06 社会组织重构
Society

社会组织重构

集体经济缺失，公共积累几乎为零，这是当前中国农村普遍存在的突出问题。在希望小镇的建设中，组建居委会组织、培养集体意识；发展壮大小镇集体经济，在农民个人收入增长的同时逐步实现公共积累的同步增长，保持小镇可持续发展，是华润希望小镇帮扶工作的最终目标。

农民专业合作社

2009年，第一个华润希望小镇润农农民专业合作社——百色华润希望小镇润农农民专业合作社顺利成立，在润农总社的章程中，明确规定了合作社的一部分利润将被用于小镇集体提留的公共积累，为小镇社区居委会行使行政及公共管理职能提供可靠的经济基础。目前希望小镇农民专业合作社和社区居委会已经成为希望小镇核心的经济及行政组织，这两大组织的协同发展将突破目前中国农村村委会管理薄弱、村级集体经济发展滞后的困局，重新塑造出一种新型的农村组织管理架构。

社区居民委员会

改造重建以前，百色希望小镇片区内的洞郁、塘雄、那平三个屯分属百色市永乐乡西乐村和北乐村两个自然村管辖，经过改造重建，小镇片区已经突破了原有的屯、村、乡三级行政管理框架，形成了一个全新的功能齐全的农村社区，在与百色市有关部门充分协商沟通以后，华润创新性地引入了城市社区管理的模式，成立新的希望小镇社区居民委员会，在永乐乡人民政府的领导下统一管理小镇的各项行政及公共事务。

社区党组织

百色华润希望小镇社区党支部成立于2009年7月，现有正式党员48名。小镇社区党支部充分发挥社区党组织在推进社区建设中的领导核心作用，在健全各级农村基层党组织建设，开创百色华润希望小镇党建工作新局面中，充分发挥了党员的先锋模范作用。

07 实施效果
Effect

农民收入增加： 农民年均收入从2007年2362元增加到2013年的12096元。

培育乡建人才： 大量农民在共建家园过程中，得到锻炼成为新型农民。

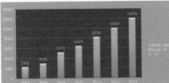

人居环境改善： 小镇公共设施与居住环境得到明显改善，村容村貌提升，成为广西省最大社会主义新农村建设示范点以及当年美丽乡村建设示范点。

项目成员：王伟强 王慧莹 丁国胜 胡颖蓓 任翔等

中国银川设施园艺产业园规划设计

农业部规划设计研究院　北京中宇瑞德建筑设计有限公司

项目概况

该项目由宁夏回族自治区农业综合开发办公室组织发起，由自治区各直属厅局成立建设领导小组进行统一指挥建设的自治区级农业项目，旨在该园区的建成能成为政府出台指导全区设施农业稳步健康发展宏观政策的智囊，聚焦宁夏、引领西北，成为引领国内设施园艺领域的示范性园区。

区域位置

用地现状

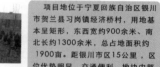

项目地位于宁夏回族自治区银川市贺兰县习岗镇经济桥村，用地基本呈矩形，东西宽约900余米、南北长约1300余米，总占地面积约1900亩。距银川市区15公里，区位优势明显，交通便利。地块内部大多为农田，有少量的建筑、农业设施、道路和池塘。由于该地区是引黄河水自流灌溉，地下水位较高，水质中性偏碱性，营养盐相对丰富，属河套平原盐渍化风蚀区。

规划设计

鸟瞰图

规划结构图

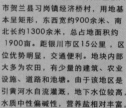

生态温室

日光温室内外景

温室塔

小组成员：齐飞　张秋玲　闫俊月　曹楠　曹干　杜孝明　李艳　鲜于开艳　盛宝永

中国银川设施园艺产业园规划设计

农业部规划设计研究院　北京中宇瑞德建筑设计有限公司

规划设计

会展中心

园区管理办公及宿舍楼

科研楼

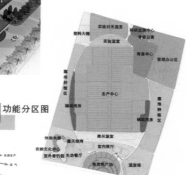

功能分区图

生态循环系统图

产业园设计从现状地形地貌出发，按照分区明确、便于生产、朝向合理、流线顺畅的原则形成"一片绿叶飘落塞上江南"的总体布局和"两横、一纵、一环"的规划结构。

产业园融会展博览、科技创新、示范培训、技术推广观光旅游、休闲娱乐于一体，分为五大功能区：科研开发区、生产示范区、会议展览区、休闲农业区、综合服务区。五位一体的建设布局，突出了园区的示范性、特色性和新颖性。

产业园内规划了一批颇具特色的建筑：弧形的会展中心是举办α大型博览会的理想场所；地标性的温室塔是青少年的科普教育基地；智能化控制的特色温室是为西北地区寒冬里的绿色现代农业公园。

各区农业废弃物通过生物质中心资源化处理所产生的沼气、有机肥、沼渣和沼液等分别可用于民用和农田生产。

休闲农业区和会议展览区产生的生活污水通过污水处理站处理后，用于园区园林绿化灌溉和人工湖用水。

水处理中心主要把生产示范区收集的生产废水经消毒灯处理后，重新用于生产示范区灌溉水源，一次循环。

建成运营

产业园于2009年5月份陆续开工，于2010年10月完成园区的整体建设，并于同年正式投入运行。

自建园以来，已经成功举办了五届园博会及一届嘉年华活动，得到社会各界的广泛好评。通过各类展会的举办，对外宣传了宁夏的形象，展示了宁夏及西北地区的设施园艺理念和技术，促进学习交流，推动了宁夏园艺产业、特色优势产业的快速发展，已成为我国设施园艺领域内有影响力和具有引领作用的园区。同时该园区的建成已成为银川市民接触设施农业的窗口、农业休闲观光的首选之地。

小组成员：齐飞 张秋玲 闫俊月 曹楠 曹干 杜孝明 李艳 鲜于开艳 盛宝永

永州市东安县烟竹村概念性村庄规划设计——现状分析

农业部规划设计研究院 北京中宇瑞德建筑设计有限公司

湖南省分析图　　　　市际层面区位分析图　　　　镇际层面区位　　　　烟竹村交通分析图

烟竹村区位优势分析

　　湖南省旅游资源丰富，地理位置优越，拥有毗邻港澳的地缘优势；虽然旅游业总体上处于大发展的前期阶段，产业总体效益与要素质量有待提高。但纵观近三十年的发展，旅游业产业地位不断增强，行业规模不断扩大，旅游市场不断成熟，旅游支持产业的地位已初步确立。湖南旅游业已进入大发展加速期，即将面临一次跨越式的提升。

　　东安县是永州市西北部旅游景区景点最多的区域，境内旅游资源丰富。从全国及湖南省的旅游环境来看，整体旅游市场趋向成熟，特别是休闲农业的发展已经进入新的阶段，市场氛围良好，建设经验充足，永州旅游业已经具备转型升级的条件。

　　首先，永州地处湘江源头，"湘"字号旅游资源丰富。其次，烟竹村现状用地面积为246公顷，用地地形态主要为丘陵和山地。用地内拥有梯田与悬崖地貌景观，拥有绝佳的自然生态环境。现状登山道路需要开发修缮，部分村域道路可直接使用，同时境内也具备一定的人文旅游资源，拥有浓厚的乡土文化（生产、生活习俗）和悠久的历史（女书习俗、瑶族长鼓舞、祁剧、祁阳小调）。

烟竹村简介
Village Brief

烟竹村现状

　　烟竹村位于永州市西北部，距东安县30公里，目前交通相对较差，行车时间需40分钟，部分路段道路等级相对偏远，远期随着市政规划的发展会有所改善。

　　规划区内村庄仍然保持原始风貌，居民建筑质量不高，道路等基础设施不完善，卫生条件相对落后。

　　项目周边1小时车程内旅游资源开发量不足，等级较低，集群效应不明显。

　　但烟竹村的发展机遇与优势明显。政府高度重视加上永州市相关旅游市场处于"蓝海"竞争战略阶段、桂林国家级旅游综合改革试验区的辐射、永州休闲农业养生的发展等所以烟竹村的发展前景十分广阔。

烟竹村乡村风光

山丘与稻田

稻田风景

烟竹塘

村中鱼塘

烟竹村民宅

烟竹村清代民宅

烟竹村清代民宅

竹林、码头

江边崖壁

山林古树　　　　浅滩

村主任与村中老人

马头墙　　　四水归堂　　　中庭　　　　影壁

入口　　　　　　　　　　　　　　　　　　　　　　　　柱础石墩

参与人员：李友军　傅晓耕　霍顺利　安学涛　杨华　冯潇潇　陈庆十

永州市东安县烟竹村概念性村庄规划设计——现状分析

农业部规划设计研究院 北京中宇瑞德建筑设计有限公司

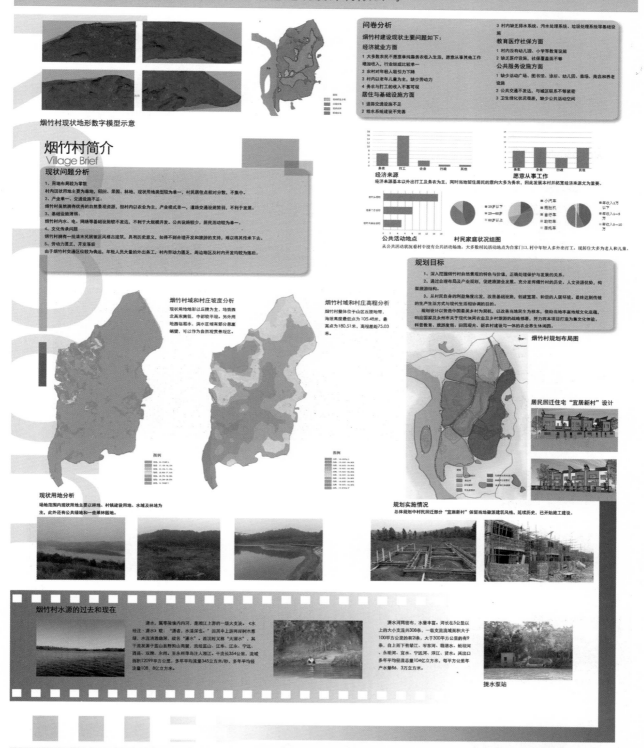

烟竹村现状地形数字模型示意

烟竹村简介
Village Brief

现状问题分析

1、用地布网较为零散
村内现状用地主要为草地、稻田、果园、林地。现状用地类型较为单一，村民居住点相对分散，不集中。

2、产业单一、交通设施不足
烟竹村虽然拥有优秀的自然景观资源，但村内以农业为主、产业模式单一，道路交通设施简阻，不利于发展。

3、基础设施滞后
烟竹村内水、电、网络等基础设施较不发达，不利于大规模开发。公共设施较少，居民活动较为单一。

4、文化传承问题
烟竹村拥有一批清末民居篝派风格古建筑，具有历史意义，如得不到合理开发和旅游的支持，难以将其传承下去。

5、劳动力匮乏，开发落后
由于烟竹村交通区位较为偏远，年轻人员大量的外出务工，村内劳动力匮乏，周边地区及村内开发均较为落后。

问卷分析

烟竹村建设现状主要问题如下：

经济就业方面
1 大多数农民不愿意单纯务农务收入生活，愿意从事其他工作增加收入，行业组织比较单一。
2 农村对年轻人吸引力下降
3 村内以老年儿童为主，缺少劳动力
4 务农与打工的收入不甚可观

居住与基础设施方面
1 道路交通设施不足
2 排水系统建设不完善

3 村内缺乏排水系统、污水处理系统、垃圾处理系统等基础设施

教育医疗社保方面
1 村内没有幼儿园、小学等教育设施
2 缺乏医疗设施，社保覆盖率不够

公共服务设施方面
1 缺少活动广场、图书馆、诊所、幼儿园、集市、商店和养老设施
2 公共交通不发达，与城区联系不够紧密
3 卫生绿化状况堪差，缺少公共活动空间

经济来源

愿意从事工作
经济来源基本以外出打工及务农为主，同时当地留住居民的意向中大多为务农，因此发展本村拓宽经济来源尤为重要。

公共活动地点

村民家庭状况组图
从公共活动状况看村中没有公共活动场地，大多数村民活动地点为自家门口。村中年轻人多外出打工，现居住大多为老人和儿童。

规划目标

1、深入挖掘烟竹村自然景观的特色与价值，正确处理保护与发展的关系。
2、通过合理布局及产业规划，促进旅游业发展。充分发挥烟竹村的历史、人文资源优势，构架旅游结构。
3、从村民自身的利益角度出发，改善基础设施，创造宜居、和谐的人居环境，最终达到优候的生产生活方式与现代生活相协调的目的。
规划设计以普通中国美丽乡村为契机，以改善当地民生为根本，借助当地冲丰富地域文化底蕴，响应国家及永州市关于现代休闲农业及乡村旅游的战略部署。另力将本项目打造为集文化体验、科普教育、旅游度假、田园观光、新农村建设为一体的农业养生休闲园。

烟竹村域和村庄坡度分析
现状用地地势以丘陵为主。地势西北高东南低。中部较平坦。另外用地靠临溪水，溪水区域有着约引县显屋峭壁，可以作为自然观赏景观区。

烟竹村域和村庄高程分析
烟竹村整体位于山区丘陵地带，海拔高度最低点为105.48米，最高点为180.51米，高程差距75.03米。

图例

图例

现状用地分析
场地范围内现状用地主要以耕地、村镇建设用地、水域及林地为主，此外还有公共绿地和一些果林园地。

烟竹村规划布局图

居民回迁住宅"宜居新村"设计

规划实施情况
总体规划中村民回迁部分"宜居新村"保留当地篝派建筑风格，延续历史，已开始地上建设。

烟竹村水源的过去和现在
溪水，属零陵集内河，是湘江上游的一大支流。《永经注·溪水》载："溪者，水溪深也。"因其中上游两岸树木悉绿，水流清适深故名为"溪水"。溪汉对又称"太阳水"，其干流发源于蓝山县野狗山鼠髻，流经蓝山、江华、江永、宁远、道县、双牌、永州。至永林降岛注入湘江，干流长354公里，流域面积12099平方公里。多年平均流量345立方米/秒，多年平均经流量108.8亿立方米。

溪水河网密布，水量丰富。河长在5公里以上的大小支流共308条，一级支流流域面积大于100平方公里的有2条，大于300平方公里的有9条，自上而下有粤江、冷东河、晒清水、蛇狼河、水朗河、宜本、宁远河、深江、贤水。其出口多年平均经流总量104亿立方米，每平方公里年产水量86.3万立方米。

提水泵站

参与人员：李友军 傅晓耕 霍顺利 安学涛 杨华 冯潇潇 陈庆十

内蒙古巴林左旗后兴隆地村整治规划——现状分析

中国人民大学公共管理学院规划与管理系

华润希望小镇区位图

赤峰市巴林左旗区位图

巴林左旗行政区划图

东阿阿胶希望乡村研究价值评判

华润集团以"整村推进、连片开发"的扶贫形式在广西白色和河北西柏坡、湖南韶山、福建古田建立了华润希望小镇，意图回馈社会，但投资成本巨大。

华润集团的下属企业东阿阿胶股份有限公司是国内最大的阿胶及系列产品生产企业，在我国北方第二大驴主产区的内蒙古赤峰市寻适合驴养殖的区域建设基地，采用公司+基地+示范村+农户的模式，约有1000多个中等规模乡村（每个乡村200-300户）农户养殖。

东阿阿胶股份有限公司基于现有企业规模，难以按照总部传统运作方式建设希望乡村，但仍希望能够探索"企业可承受、百姓能满意"的乡村治理范式。

后兴隆地村简介
Village Brief

后兴隆地村现状

后兴隆地村位于内蒙古自治区赤峰市巴林左旗东镇，辖1个自然村。总户数374户，总人口1563人。

产业基础。后兴隆地村是典型的北方山地平原传统农业村落，以农耕为主，但乡村本身具备的生态环境较好，与农业种植紧密结合，因此其治理模式可具有普适性、可复制性，而非有限样本和不可推广。

整治基础。乡村整体基础设施条件较差，但街道相对规整。

群众基础。本村基本的乡村社会秩序尚存，包括村长作为乡村精英所具有的无私奉献精神和相对淳朴的村民。

产业基础

全村土地面积1.2万亩，共有耕地5053亩，其中井灌地2600亩，旱地2453亩。村民收入主要以种养殖业和劳务输出为主，2011年底人均收入为4500元。养殖业以肉驴养殖及特色"乌驴"养殖为主，2012年6月全村共存栏优质肉驴1500多头，户均4头，其中"乌驴"为212头，乌驴存栏量为赤峰市巴林左旗之首，并拥有一个年配种量为1500多头的改良站，全村肉驴改良配种率为100/100。

产业基础和生态环境

整治基础

农户住宅大部分在1990年后建设，25.7%的住宅是90年代前建成，47.6%的住宅在1990-2000年间建成，2000年后的建成的住宅占25.7%。

住宅以一层砖瓦结构房屋为主，整体差别不大，但从院落状况可以发现存在一定的贫富差距。

相对富裕户

一般户

贫困户

后兴隆地村现状平面图

乡村整体基础设施条件较差，但街道相对规整，村庄道路为沙土路面。村里现有集中供水厂，但居民为节省支出仍有36.7%的居民使用自家水井。村庄只有少量公共排水设施，78.4的居民污水是随意倾倒的。

居民污水排放状况

群众基础

全村有358户居民，居住人口约1000人左右。家庭结构以2-5人为主，初中以下教育水平人口达到87.6%，符合我国乡村人口结构的基本特征。乡村居民职业构成也以种地为主，占调查人口的89.7%，有7.4%的家庭居民到县城打工的人员。这种就业结构和文化结构也预示者农牧业生产仍然是未来长期本村收入提高的主要来源之一。

居民用水情况

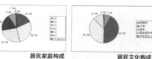

居民住宅建设时限

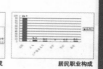

居民家庭构成

居民文化构成

居民职业构成

乡村治理主体模式的理论解释

乡村治理过程涉及多个层面：村民（村集体）、涉农企业、地方政府和团家，他们在参与治理过程时拥有的话语权是有差别的。

(1) "农民置下"模式解释

贫困当前的乡村治理大部分采用"农民置下"的治理模式，这主要取决于政府、企业和规划师在乡村治理理过程中占据政策、资金、智力等权威优势，思想观念中对农民在农村、农业、农民的了解甚少等方面的原因所采取站点模式。一次性、单方面决策的项目输出，进行至上而下的价值输出，并以显性表达的授之以"鱼"的方式体现。

"农民置下"模式下政府投入与多元投入效益解释图

(2) "农民置上"模式逻辑转换

"农民置上"决策过程一个关键的显性特征是居民决策话语权的提升，即"农民置上"的本源模式，是乡村治理理想态の心、长远性、协商式等系统性决策形式，并以"授之以鱼"的显性表达和"授之以鱼"的隐形显示两种方式并存体现。

"农民置上"模式下政府投入与多元投入效益解释图

内蒙古巴林左旗后兴隆地村整治规划——意愿调查

中国人民大学公共管理学院规划与管理系

后兴隆地村旱作农业图

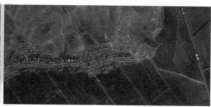

后兴隆地村卫星平面图

居民意愿调查问卷分析

受访者及家庭基本情况

中老年人群占比高，文化程度基本局限在初中文化以下，近90%的受访者从事农业生产活动；家庭结构一般是3~5人的规模，家庭收入水平内分布比较均匀。

基础设施使用状况

包括给排水、粪便处理、垃圾处理、能源、供电方面，其中污水、粪便、垃圾处理和燃料使用普遍技术非常落后。

公共服务设施状况

包括医疗、小学、洗浴场所、图书馆、购物、服务中心，各项服务项目的地点都较为分散，居民使用不便。

驴业养殖状况

现状拥有519头驴，户均2.13头驴。

生态景观现状

村民对于目前村庄的环境满意度不高，普遍认为政府或者村委会应承担起景观建设的任务。

相关建设意愿

基础设施

对道路、排水、沼气能源建设、垃圾处理的意愿都比较紧迫，而对饮水、服务中心改造意愿一般。

庭院改造

倾向于整齐划一的庭院整改方式，在原有基础上改建畜舍。

后兴隆地村简介
Village Brief

公共政策制定

（1）分工时序

乡村治理参与方为"政府+公司+村民及集体（养殖户）+大学"四方，在这一过程中采用联合运作模式，各方的作用统一不一，随着乡村治理进程的深入，各方角色、职责和任务也发生相应的转变。

（2）规划编制

村规划方案按照公共政策制定程序进行。2012年5月乡村规划工作开始启动，6月10日进行村庄预调研，确定案例村庄，测绘地形图。6月25日现场征求意愿分居民院落改造意见，选择院落改造户。7月15日对村庄整治规划进行公示、征求居民意见，对居民进行问卷调查，征求具体建设意见，与政府、企业、居民沟通，确定实施过程中各方责任。8月初，编制村庄整治节点、公共服务设施建设方案，形成规划评审成果并进行规划论证和居民公示。

（3）准则制定

乡村日常生活运营不可能像城市一样有固定的维护人员，因此任何设施的建造均需考虑最小的成本和最适宜的技术，形成投工投劳制度、运营管理制度、项目协商、公示制度三项准则。

后兴隆地乡村整治责任划分一览表

参与方	巴林左旗人民政府	中国人民大学	全洪司经营管理有限公司	村民及集体

规划编制

规划方案有如下特征：

①简单。具体方案设计依托现有土地产权，尽可能少拆迁，主要针对基础设施建设、环境整治和公共服务设施配置三个方面进行，因此规划图纸、规定极为简单，力求简单明了、一目了然。

②实用。规划方案切实考虑居民经济水平和生活特点，体现在院墙高度确定、建筑材料选择等。

准则制定

修建道路绿地带

规划公示（2012）

不同高度院墙测量

③可操作。如小公园的布置既考虑合理的服务半径，也需要考虑占用的道井宅基地权属、可否征收及征收费用等，因此由村长先与宅基地所有者沟通后确定，确保规划方案可实施。

④虑长远。如污水排放在暂时没有经济条件情况下近期改制，建渗水井，远期居民二次建房（楼房）前建设污水排水管网等措施。

铺装人行道

项目协商（2013）

修建公共有肥场

献计献策（2014）

受访者及家庭基本情况

基础设施使用状况

公共服务设施状况

生态景观现状

相关建设意愿

庭院改造方式意愿统计表

庭院改造方式	户数	百分比
统一建设	149	72.8
统一风格自己建设	42	19.5
保持目前状态不变	19	8.2
留空	321	100

庭院改造相关内容意愿统计

各项设施需求程度对比示意图

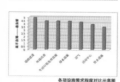
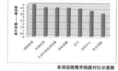

村庄原有道路（2012）　　道路改造现场（2013）　　道路改造后（2014）

后兴隆地村平面规划图

案例实施效果评价

现场指导（2012.9）·初步成效（2012.8）·花香四溢（2013.9）

（1）乡村居住环境初见成效

居民院落整治示范户于2012年7月在专业指导下开始进行院落美化，主要进行院墙建设、院落地表铺装、护会和厕所改造，改造原则是适用、简洁、美观。内部护墙建议高度约0.9米，墙体装饰画面由居民自己设计，墙头设计为可以栽种草本时花，就助居民在院落内种花种树，并迅速得到成效。随着道路硬化，街道空间发生了较大的变化，改变了晴天一身土，雨天一身泥的局面，居民交通出行更为方便。

（2）居民积极参与社区治理

在乡村治理进程中，随着乡村改造的逐步推进，后兴隆村村民主动参与乡村治理的意愿提高，集体意识逐渐增强，居民整治意识提升，乡村互助互助的风尚更加浓郁，促进了乡村和谐秩序的重构。如到道路建筑施工质量监督，踊跃参加公共区域的改造等。

居民一起植树

后 记

　　2015 年 1 月，中国城市规划学会乡村规划与建设学术委员会正式成立。2015 年 1 月 10 日，乡村规划与建设学委会的首次学术研讨会"乡村发展与乡村规划"在同济大学召开、同期举办了"乡村规划实践案例展"的揭幕仪式。

　　该次学术活动吸引了国内大量学者和相关人士的积极参与。学术研讨会当天据不完全统计有超过500 余人现场参加，案例展在同济大学综合楼连续展出了十二天，不仅吸引了大量城乡规划专业人员，也吸引了多家公共媒体。这些充分说明了乡村问题和乡村规划，不仅已经成为专业热点，而且成为公共话题。

　　根据前期部署和收到的反馈信息，我们将学术研讨会和展览的有关成果分别整理出版。本专辑是"乡村规划实践案例展"中所展出的所有案例资料，共计 95 个案例。这些案例，分别由乡村规划与建设学术委员会的委员专家推荐，以及同济大学建筑与城市规划学院和艺术创意学院、上海同济城市规划设计研究院从事乡村规划及相关工作的教师和规划设计人员提供。所征集的这些案例，重点强调对乡村现状的调查研究、乡村规划实施效果的调查评估，以及乡村社会的治理实践等若干方面。

　　积极收集有关案例展出和出版的目的，是为了提供更多交流机会和交流平台，学委会因此也并未安排评选等活动，而是希望通过这样更为宽松的方式，吸引更多的专家学者和社会人士的关注和思考。而创造交流机会和提供交流平台，并进而推动相关学术发展，也是乡村规划与建设学术委员会成立的重要目的。我们今后将不断推动有关学术工作的开展，并及时分享学术成果。学委会的委员专家、学会的有关专家和广大会员、乡村规划与建设的有关从业者和关心者，是本项工作不断推进的重要动力来源。

　　除了学会、学委会及其挂靠单位上海同济城市规划设计研究院的直接支持和工作，无论是案例的收集、展览还是出版等工作，都得到了同济大学建筑与城市规划学院多位教师，以及上海同济城市规划设计研究院有关工作人员的积极支持，在此一并感谢。同时，也要感谢中国建筑工业出版社的一贯支持。

　　由于初次开展该项工作，难免有所纰漏，欢迎大家提出意见和建议。

编者
2015.3